Veröffentlichungen des Instituts Wiener Kreis

Volume 32

Series Editors

Esther Heinrich-Ramharter, Department of Philosophy, University of Vienna, Wien, Austria

Martin Kusch, Department of Philosophy and Institute Vienna Circle, University of Vienna, Wien, Austria

Georg Schiemer, Department of Philosophy, University of Vienna, Wien, Austria

Friedrich Stadler, Institute Vienna Circle, University of Vienna and Vienna Circle Society, Wien, Austria

Diese peer reviewed Reihe, begonnen bei Hölder-Pichler-Tempsky, wird im Springer-Verlag fortgesetzt. Der Wiener Kreis, eine Gruppe von rund drei Dutzend WissenschaftlerInnen aus den Bereichen der Philosophie, Logik, Mathematik, Natur- und Sozialwissenschaften im Wien der Zwischenkriegszeit, zählt unbestritten zu den bedeutendsten und einflußreichsten philosophischen Strömungen des 20. Jahrhunderts, speziell als Wegbereiter der (sprach)analytischen Philosophie und Wissenschaftstheorie. Die dem Wiener Kreis nahestehenden Persönlichkeiten haben bis heute nichts von ihrer Ausstrahlung und Bedeutung für die moderne Philosophie und Wissenschaft verloren: Schlick, Carnap, Neurath, Kraft, Gödel, Zilsel, Kaufmann, von Mises, Reichenbach, Wittgenstein, Popper, Gomperz – um nur einige zu nennen –zählen heute unbestritten zu den großen Denkern unseres Jahrhunderts. Gemeinsames Ziel dieses Diskussionszirkels war eine Verwissenschaftlichung der Philosophie mit Hilfe der modernen Logik auf der Basis von Alltagserfahrung und einzelwissenschaftlicher Emperie. Aber während ihre Ideen im Ausland breite Bedeutung gewannen, wurden sie in ihrer Heimat aus sogenannten „rassischen" und/oder politisch-weltanschaulichen Gründen verdrängt und blieben hier oft auch nach 1945 in Vergessenheit. Diese Reihe hat es sich zur Aufgabe gemacht, diese DenkerInnen und ihren Einfluß wieder ins öffentliche Bewußtsein des deutschsprachigen Raumes zurückzuholen und im aktuellen wissenschaftlichen Diskurs zu präsentieren.

Weitere Bände in der Reihe http://link.springer.com/series/3410

Christian Damböck • Günther Sandner
Meike G. Werner

Editors

Logischer Empirismus, Lebensreform und die deutsche Jugendbewegung

Logical Empiricism, Life Reform, and the German Youth Movement

 Springer

Editors
Christian Damböck
Institut Wiener Kreis
Universität Wien
Wien, Austria

Günther Sandner
Institut Wiener Kreis
Universität Wien
Wien, Austria

Meike G. Werner
Dept. of German, Russian & East Eur. St.
Vanderbilt University
Nashville, USA

Der Wissenschaftsfonds.

Veröffentlicht mit Unterstützung des Austrian Science
Fund (FWF): PUB 839

ISSN 2363-5118   ISSN 2363-5126 (electronic)
Veröffentlichungen des Instituts Wiener Kreis
ISBN 978-3-030-84889-7   ISBN 978-3-030-84887-3 (eBook)
https://doi.org/10.1007/978-3-030-84887-3

Springer
© The Editor(s) (if applicable) and The Author(s) 2022
This book is an open access publication.

This Springer imprint is published by the registered company Springer Nature Switzerland AG
The registered company address is: Gewerbestrasse 11, 6330 Cham, Switzerland

Für Ingrid Belke

Contents

1

Einleitung: Logischer Empirismus, Lebensreform und die deutsche Jugendbewegung

Christian Damböck, Günther Sandner und Meike G. Werner

1.1 Jugendbewegung und Lebensreform als Kontexte des Logischen Empirismus

Der Logische Empirismus entstand in den 1920er-Jahren. Entscheidend für die intellektuelle Formierung dieser philosophischen Strömung waren die von Rudolf Carnap und Hans Reichenbach organisierte Erlanger Tagung von 1923 sowie die Diskussionen im Wiener Kreis, der sich 1924 gründete. Zu diesem Zeitpunkt hatten die Lebensreform und deutsche Jugendbewegung den Höhepunkt ihrer Entwicklung – der in den Jahren vor, während und unmittelbar nach dem Ersten Weltkrieg zu verorten ist – bereits hinter sich. Bekannt ist auch, dass sowohl Carnap als auch Reichenbach in frühen Jahren durch lebensreformerische und jugendbewegte Strömungen geprägt wurden. Bei der Frage nach möglichen Verbindungen der Lebensreform und (deutschen bzw. österreichischen) Jugendbewegung mit dem Logischen Empirismus geht es also zunächst darum, die intellektuellen Biografien dieser beiden 1891 geborenen Philosophen genauer in den Blick zu nehmen. Inwiefern gingen die frühen intellektuellen Aktivitäten von Carnap und Reichenbach – ihre Vorträge, Aufsätze und Publikationen sowie ihr Engagement in diversen studentischen Reforminitiativen – aus der Lebensreform und Jugendbewegung hervor? Inwiefern wirkten deren intellektuelle Interventionen auf Jugendbewegung und Lebensreform zurück? Hat sich das spätere Werk von Carnap und/oder Reichenbach von den Grundgedanken der Jugendbewegung im Laufe der Jahre entfernt und wo gibt es nachweisbare Kontinuitäten?

C. Damböck (✉) · G. Sandner
Universität Wien, Wien, Österreich
E-Mail: christian.damboeck@univie.ac.at; guenther.sandner@univie.ac.at

M. G. Werner
Vanderbilt University, Nashville, USA
E-Mail: meike.werner@vanderbilt.edu

Während die frühen intellektuellen Biografien von Carnap und Reichenbach im Zentrum dieses Buches stehen, lassen sich Verbindungslinien zu einer Reihe weiterer Persönlichkeiten herstellen. Zunächst zu Otto Neurath, wie Carnap ein Mitglied des Wiener Kreises und Schlüsselfigur des frühen Logischen Empirismus. Obwohl Neurath selbst nicht der Jugendbewegung angehört hat, sind Begegnungen mit Repräsentanten der Lebensreform und Jugendbewegung in seiner intellektuellen Biografie nachweisbar. In der Berliner Gruppe um Hans Reichenbach gab es mit Kurt Grelling und Kurt Lewin zwei weitere Mitglieder, die aus der Jugendbewegung im weiteren Sinn, nämlich, wie Reichenbach selbst, aus der Freistudenten-Bewegung kamen (Wipf, 2005). Zudem finden sich in der Jugendbewegung Persönlichkeiten, die zwar nicht dem Logischen Empirismus zuzurechnen sind, die aber dadurch, dass sie in intensivem Austausch mit späteren Logischen Empiristen standen, indirekt auf diesen gewirkt haben. Zu nennen sind hier der Jurist, Hochschullehrer, Politiker und marxistische Theoretiker Karl Korsch, der vor allem zu Reichenbach, aber auch zu Carnap Kontakt hatte. Für den jungen Carnap waren der nachmalige Pädagoge Wilhelm Flitner, der Kunsthistoriker Franz Roh, der Soziologe Hans Freyer sowie der Philosoph Herman Nohl wichtige Bezugspersonen. Während der Dilthey-Schüler Nohl vor allem als akademischer Lehrer an der Universität Jena prägend wirkte, war Carnap mit Flitner, Roh und Freyer freundschaftlich verbunden, nicht zuletzt durch die Aktivitäten im freistudentischen Serakreis um den Verleger Eugen Diederichs. Die Lebenswege dieser jungen Intellektuellen blieben zumindest bis zum Ende der 1920er-Jahre mit dem von Carnap verschränkt, auch wenn sie eher der Dilthey-Schule und verwandten Strömungen zuzurechnen sind. Für Reichenbach und Grelling wiederum spielte der intellektuelle Austausch mit Philosophen, die wie Leonard Nelson und Walter Benjamin nicht dem Logischen Empirismus zuzurechnen sind, eine wichtige Rolle. Schließlich waren für alle Genannten bestimmte Schlüsselfiguren der Lebensreform und Jugendbewegung auf unterschiedliche Weise bedeutsam. Das gilt vor allem für Eugen Diederichs, dessen Jenaer Verlag für junge Intellektuelle einen neuromantischen „Versammlungsort moderner Geister" (Hübinger, 1996) in Philosophie, Religion, Literatur, Pädagogik und (Buch-)Kunst sowie diverser praktischer Reformbewegungen bot (Heidler, 1998; Ulbricht & Werner, 1999; Werner, 2003); Gustav Wyneken, der mit der Gründung der Freien Schulgemeinde Wickersdorf den zeitgenössischen Debatten über Schulreform und Jugend entscheidende praktische und theoretische Impulse gab (Dudek, 2009); sowie den protestantischen Theologen Johannes Müller, der auf Schloss Mainberg (ab 1916 Schloss Elmau) eine freireligiös orientierte Pflegestätte persönlichen Lebens für ein kirchenfernes bildungsbürgerliches Publikum betrieb (Haury, 2005).

Wechselt man von einzelnen Protagonisten und deren Biografien auf die Ebene von Institutionen und Gruppenbildungen, dann sind folgende Kontexte relevant: Für den jungen Carnap und die bereits genannten Flitner, Roh und Freyer prägend wurde der von Diederichs in Jena gegründete freistudentische Serakreis, ein außeruniversitärer Freundschaftsbund (Werner, 2003, 231–307). Während Hans Reichenbach sich der hochschulpolitisch fortschrittlichen Freistudentenschaft anschloss und erheblichen Einfluss auf deren Programmatik ausübte, wurde Carnap zum Mitbegründer von Akademischen Freischaren, zunächst in Freiburg und dann in Jena. 1907 aus dem Wandervogel hervorgegangen war die Deutsche Akademische Freischar eine studentische Reformverbindung mit besonders aktiven Gruppen an den Universitäten Göttingen, München und Berlin. Neben diesen im engeren Sinn der Jugendbewegung zuzurechnenden Institutionen ist außerdem die Esperanto-Bewegung zu nennen, in der sich Carnap bereits als Schüler engagierte und die einen bleibenden Einfluss auf seine Vorstellungen von internationaler Sprachplanung ausübte. Der Jugendbewegung verwandt war die zeitgleich entstandene Lebensreform-Bewegung. Wie die Jugendbewegung war auch diese eine vornehmlich bildungsbürgerliche Bewegung, die bis in die Universitäten hineinwirkte, unter anderem durch die Forderung verschiedener Reformverbindungen, im studentischen Alltag auf Alkohol und Nikotin zu verzichten und vegetarisch zu leben. Andere lebensreformerische Anliegen waren eine naturnahe Lebensweise durch Wandern, Turnen und Rudern; die Bevorzugung korsettfreier Reformkleidung; die Wiederentdeckung von Volkstänzen, Volksliedern und Singspielen; das Ideal eines kameradschaftlichen Umgangs zwischen den Geschlechtern und die Diskussion einer neuen Erotik. Gemeinsam war Lebensreform und Jugendbewegung der Wunsch nach der Hervorbringung eines „neuen Menschen", der inspiriert durch die zeitgenössische Nietzsche-Rezeption als deutsch, willensstark und formschöpfend vorgestellt wurde (Wedemeyer-Kolwe, 2017; Buchholz et al., 2001). Die als sinnentleerte Rituale empfundenen studentischen Gesellungsformen wurden als diesen sozialreformerischen Vorstellungen diametral entgegengesetzt betrachtet. Dies führte in lebensreformerisch-jugendbewegten Zusammenschlüssen zur Ablehnung des in traditionellen Korporationen praktizierten Bier-Komments, der Mensur, des Duells und überhaupt männerbündlerischer Vereinskultur. Die u. a. von Hans Reichenbach propagierte Forderung einer grundlegenden Hochschulreform ist in diesem Kontext zu verorten.

1.2   Das weltanschauliche Spektrum der Jugendbewegung

Wie die Arbeiter- und Frauenbewegung waren die Lebensreform und Jugendbewegung soziale Emanzipationsbestrebungen. Propagierten die verschiedenen Ausformungen der Lebensreform einen freieren, naturnahen, gesünderen Umgang mit dem menschlichen Körper, forderte man in der Jugendbewegung das Eigenrecht der Jugend. Damit waren Lebensreform und Jugendbewegung zugleich Produkt und Katalysator fundamentaler historischer Umwälzungen, wie sie infolge von rapider Industrialisierung und Urbanisierung sowie bahnbrechenden Fortschritten in Technik, Medizin und Wissenschaft möglich wurden. In den aufgeklärten Fortschrittsglauben mischten sich seit der Jahrhundertwende vermehrt Fortschrittsängste, die u. a. in der kraftsuchenden Rückwendung ins archaische Griechenland, in mittelalterliche Mystik und die deutsche Romantik Ausdruck fanden. Man las Platon in der neuen Übersetzung von Rudolf Kassner, Meister Eckhart und Eichendorff, man entdeckte

Novalis und Hölderlin neu, und man interessierte sich für die volkstümlichen Zeugnisse der eigenen und fremder Kulturen. Das bescheinigen die Neuauflagen von Grimms *Kinder- und Hausmärchen*, die bis heute erfolgreiche Diederichs Serie *Märchen der Weltliteratur* oder auch die Hinwendung zu deutschem Brauchtum in Kleidung, Lied und Tanz. „Mit uns zieht die neue Zeit" – in dieser oft beschworenen Liedzeile eines Gedichtes von Hermann Claudius kristallisierte sich der Anspruch der jungen Generation, gleichzeitig Hoffnungsträger und Akteur einer umfassenden Kulturreform zu sein (Koebner et al., 1985). Kulturphilosophisch verteidigte man mit Nachdruck, wenn auch unter divergierenden weltanschaulichen Vorzeichen, die Idee des freien Entwurfs neuer Werte und damit der (in jeder Generation zu erfolgenden) radikalen Neugründung der Gesellschaft durch die Jugend.

Politisch finden sich fortschrittliche Positionen, wie die Befürwortung der Gleichberechtigung von Frauen, die Zurückweisung von Antisemitismus und die Hinwendung zu einem aufgeschlossenen Internationalismus, die nach 1918 vielfach nahtlos in die Bauhausmoderne und unterschiedliche Spielarten linker Ideologie übergingen. Diese Positionen standen jedoch innerhalb der Jugend- und Lebensreformbewegung in durchaus konfliktreicher Spannung mit einem dort ebenso zu findenden sich verhärtenden Nationalismus, Antisemitismus und völkischem Denken, die in der Weimarer Republik in rechten Ideologien, einschließlich des Nationalsozialismus, aufgingen. Dieses aus heutiger Sicht irritierend widersprüchliche Nebeneinander fortschrittlicher und fortschrittskritischer Positionen war möglich, weil die Jugendbewegung sich zunächst als Plattform zur freien Entfaltung aller denkbaren Wert- und Lebensentwürfe verstand und sich dementsprechend nicht auf eine gemeinsame Ideologie verpflichtete, sondern nur darauf, die neuen Lebensentwürfe bedingungslos in all ihren wechselseitigen Spannungen zu akzeptieren. „Das ethische Ideal ist der Mensch", so Hans Reichenbach 1913 in einem im Anhang dieses Bandes auszugsweise abgedruckten programmatischen Aufsatz zur „Idee" der Freistudentenschaft, „der in freier Selbstbestimmung sich seine Werte schafft und als Glied der sozialen Gemeinschaft diese Autonomie für alle und von allen Gliedern fordert". Diese bedingungslose Verpflichtung auf Selbstbestimmung (die über jede Tendenz zu Vermittlung und Kompromiss gestellt wurde) stand auch im Zentrum des Ersten Freideutschen Jugendtages auf dem Hohen Meißner im Oktober 1913 (Mogge & Reulecke, 1988; Stambolis & Reulecke, 2015). Die jugendbewegten Akteure versuchten bei diesem Treffen die Einheit in der Vielfalt zu finden, in einer von Ideologien und politischen Inanspruchnahmen freien Entfaltung, die einzig durch die gemeinsame Verpflichtung auf den Verzicht von Alkohol- und Tabakkonsum restringiert war. Dies diente der Abgrenzung von dem traditionellen studentischen Verbindungswesen, aber auch dem Ideal einer nicht durch vernebelnde Substanzen getrübten freien Selbstentfaltung. Debatten waren in diesem Zusammenhang von zentraler Bedeutung, aber nicht mit dem Ziel einer Kompromiss- oder gar Konsensfindung. Es ging vielmehr um die Freilegung innerer, individueller Werte, ohne den Anspruch, andere von diesen Wertvorstellungen überzeugen zu wollen.

Ein solcher bis zum Anarchismus getriebener Pluralismus war nicht auf Dauer aufrechtzuhalten. Er endete historisch erzwungen bereits ein Jahr nach dem Treffen auf dem Hohen Meißner mit dem Ausbruch des Ersten Weltkriegs. Angesichts der befohlenen Mobilisierung im August 1914 mussten sich die Mitglieder der Jugendbewegung entscheiden. Die Mehrheit der Wandervögel, Freideutschen, Freischärler und Freistudenten folgte dem nationalen Schulterschluss der „Ideen von 1914" und meldete sich freiwillig zum Krieg. Nur eine verschwindend kleine Minderheit stellte sich gegen den Krieg (Laqueur, 1978; Fiedler, 1989). Bemerkenswert im Vergleich der Biografien der späteren Freunde und Kollegen ist, dass Reichenbach von Beginn an als konsequenter Kriegsgegner auftrat, während Carnap zunächst mit Zustimmung in den Krieg zog und erst gegen Ende der großen Katastrophe den Weg zu pazifistischen Positionen fand. Die im Krieg spätestens mit der Aufkündigung des Burgfriedens von 1914 manifest gewordene Unmöglichkeit, alle politisch-weltanschaulichen Strömungen und kulturellen Entwürfe unter dem gemeinsamen Dach der Freideutschen Jugend zu vereinigen, führte ab 1916 zu einer Polarisierung in national-völkische, bürgerlich-linksliberale und sozialistisch-kommunistische Gruppierungen. Die verschiedentlichen Versuche nach Kriegsende, an die Meißnererfahrung anzuknüpfen und eine Einigung der Freideutschen jenseits der sich radikalisierenden politischen Positionen zu finden, scheiterten. Dennoch blieben Reichenbach und Carnap, wie auch Grelling, Lewin, Flitner, Freyer, Korsch und Roh in Habitus, Lebensgestaltung und der Wahl ihrer Betätigungsfelder den Ideen der freideutschen Bewegung Zeit ihres Lebens verbunden.

1.3 Die Dramaturgie dieses Bandes

Ausgehend von einer internationalen und interdisziplinären Tagung, die die Herausgeber im Juni 2016 am Institut Wiener Kreis der Universität Wien organisiert haben, widmet sich der vorliegende Band erstmals auf breiter Basis dem skizzierten Zusammenhang von Logischem Empirismus, Lebensreform und Jugendbewegung. Alle hier abgedruckten Beiträge beruhen auf den Vorträgen für diese Tagung. Der Band gliedert sich in vier Teile, die unter den Überschriften *Vordenker und Kontexte*, *Jugend und Reform*, *Parallelen und Schnittmengen* sowie *Dokumente und Bilder* die Lebensreform und Jugendbewegung in Beziehung zum Logischen Empirismus vorstellen.

1.3.1 Vordenker und Kontexte

Günther Sandner bietet in seinem Beitrag einen Überblick zur Jugendbewegung und ihrer Rezeptionsgeschichte. Daran anschließend analysiert er anhand von kurzen Fallstudien die spezifischen Zusammenhänge zwischen den Ideen späterer Vertreter des Logischen Empirismus und verschiedenen Aspekten der Jugendbewegung, wobei vor allem Politik, Gesellschafts- und Lebensreform als aus der Jugendbewegung stammende formative Faktoren für spätere Logische Empiristen betont werden. Zudem thematisiert der Autor Unterschiede zwischen der Jugendbewegung in Deutschland und in Österreich. Insgesamt wird in Sandners Beitrag die inhaltliche Agenda dieses Bandes präsentiert, gleichzeitig aber auch ein Überblick zum Stand der Forschung zur Jugendbewegung geboten.

Ingrid Belke gedenkt mit ihrem Beitrag zu Friedrich Jodl eines Vorausgängers des Logischen Empirismus, der durch seine zentrale Stellung in der Wiener Philosophie, sein nahes Verhältnis zum Positivismus, aber auch aufgrund seiner Affinitäten zu Reform- und Jugendbewegungen auf verschiedenen Ebenen für diesen Band relevant ist. Jodl, auch daran sei erinnert, war mit einem Grußwort auf dem Ersten Freideutschen Jugendtag 1913 auf dem Hohen Meißner vertreten. Wir drucken hier die letzte verfügbare Fassung von Belkes Aufsatz, den Meike Werner um die Nachweise der zitierten Primärtexte und Forschungsliteratur ergänzt hat.

Einen weiteren formativen Kontext stellt Ulrich Lins mit seiner archivgestützten Studie zu Carnaps Engagement in der Esperanto-Bewegung vor. Bei dieser handelte es sich um einen zeitgleich mit Lebensreform und Jugendbewegung in Westeuropa Fuß fassenden Versuch, über eine Plansprache die nationalen Grenzen in der internationalen Verständigung sprachlich zu überschreiten. Carnaps Interesse an Esperanto hielt, wie Lins aufzeigt, von den Anfängen im Jahr 1908 bis zu seinem Lebensende an und bildet somit einen durchgängig bedeutsamen Faktor seiner intellektuellen Biografie.

1.3.2 Jugend und Reform: Religion, Ethik, Politik und Wissenschaft

Im Zentrum dieses Bandes stehen eine Reihe von Studien, die sich mit unterschiedlichen Aspekten der intellektuellen Biografien von Carnap und Reichenbach vor deren Hinwendung zum Logischen Empirismus Anfang der 20er-Jahre befassen. Diskutiert werden Politik und Krieg, Religion, Ethik und Wissenschaft, wobei es immer um deren zeitbezogene Umformung aus jugendbewegt-lebensreformerischer Perspektive geht. Reichenbach allein ist nur der Beitrag von Flavia Padovani gewidmet, die seine Tätigkeit in der Freistudentenschaft philosophiehistorisch untersucht und sein spannungsgeladenes Verhältnis zu Gustav Wyneken beleuchtet vor dem Hintergrund von deren ab Spätherbst 1914 konträrer Haltung zum Krieg.

In der neueren Forschungsliteratur zum Ersten Weltkrieg ist eine Abkehr von normativen Geschichtserzählungen zu konstatieren, die den „deutschen Sonderweg" betont haben. Ziel dieser Erzählungen war, die „Ideen von 1914" als spezifisch deutsches Merkmal und Wendepunkt der deutschen Geschichte zu identifizieren, an dem sich ein kultureller Niedergang seit dem 18. Jahrhundert, aber auch die Keimzelle des Nationalsozialismus festmachen lässt.[1] Demgegenüber gelangt die neuere Forschung zu einer differenzierteren Sicht, die sich etwa wie folgt charakterisieren lässt: Die „Ideen von 1914" werden nicht als singulär deutsch gesehen, sondern als Parteinahmen in einem „Krieg der Philosophen", der etwa auch in Frankreich oder Großbritannien zu vergleichbaren Phänomenen nationaler Schulterschlüsse und idealistischer Emphase geführt hat (Hoeres, 2004). Diese Parteinahmen traten zunächst vornehmlich in eher gemäßigtem Ton auf, so zum Beispiel in den Appellen des Nobelpreisträgers Rudolf Eucken (Sieg, 2013, 59–150). Erst mit der Fortdauer des Krieges bildeten sich in Deutschland nationalistische Mythen von neuer Qualität heraus, die sich durch einen rassischen Antisemitismus auszeichneten, so etwa prominent bei dem Neukantianer Bruno Bauch. Diese neuen Konzepte, jenseits des „Burgfriedens" der Ideen von 1914, mündeten direkt in die konservative Revolution und den Nationalsozialismus, waren allerdings von Beginn an nicht konsensfähig (Sieg, 2013, 59–150). Die durch entsprechende Mikrostudien gewonnene neue Komplexität des Bildes der deutschen Philosophie im Ersten Weltkrieg muss, wie ein Gutachter dieses Bandes angemerkt hat, den Hintergrund für die hier diskutierten Fallstudien von späteren Logischen Empiristen wie Carnap, Reichenbach und Moritz Schlick bilden, bieten sich diese doch ausgezeichnet an, die in der neueren Forschung hervorgehobene Komplexität des Geschichtsbildes weiter zu differenzieren.

So gab es – auch hier eine Parallele zur Situation in Großbritannien mit prominenten Kriegsgegnern wie Bertrand Russell – in Deutschland durchaus kritische Intellektuelle, die bereits zu Kriegsbeginn eine pazifistische Haltung eingenommen haben. Im vorliegenden Band wird dies am Beispiel von Hans Reichenbach illustriert (siehe die Beiträge von Günther Sandner, Flavia Padovani und Gereon Wolters). Darüber hinaus findet man unter den späteren Logischen Empiristen auch eine Reihe von frühen Unterstützern des nationalen Konsenses der Ideen von 1914, die jedoch die spätere Radikalisierung nicht mitvollzogen haben. Entweder sind sie, wie Moritz Schlick, zu einem sich apolitisch verstehenden Liberalismus mit pazifistischer Tendenz zurückgekehrt oder gelangten, wie Carnap, nach 1914 zu einer am Ende stark politischen, dabei sozialistischen und pazifistischen Weltauffassung. Diese Zusammenhänge legt Meike Werner in ihrem Beitrag dar. Zugleich liefert sie eine umfassende Mikrostudie zu den für Carnaps intellektuelle Entwicklung überaus wichtigen „Politischen Rundbriefen", die er im letzten Jahr des Krieges initiiert

---

[1] Mit Blick auf die Philosophie steht hierfür exemplarisch Hermann Lübbe (1974). Problematisch an Lübbe ist auch die abwertende Einordnung der Zeit der deutschen Philosophie und Wissenschaft nach 1830. Tatsächlich erlebten die deutschen Universitäten im 19. Jahrhundert eine Blütezeit, die erst im 20. Jahrhundert jenem Zeitalter universitärer „Mandarine" wich, wie es – allerdings mit wie bei Lübbe zu früher Datierung der Abwärtsbewegung – beschrieben ist in (Ringer, 1969).

und im Dialog mit den Freunden an der Front moderiert hat. Dies geschieht im Kontext von Carnaps Prägungen durch den freistudentischen Serakreis und die akademischen Freischaren sowie seine Kriegserfahrungen an der Front zunächst in den Karpaten und dann im Westen.

Gereon Wolters thematisiert in seinem Beitrag eben diese Erfahrungen des Ersten Weltkrieges für Carnap, aber auch andere Vertreter der zeitgenössischen Philosophie. Eine Sonderstellung nimmt Otto Neurath ein, dessen Haltung von Beginn an pazifistisch und sozialdemokratisch gewesen ist, aber darüber hinaus durch den komplexen Ansatz einer „Kriegswirtschaftslehre" differenziert wurde (Sandner, 2014, 60–121). In seiner eng an den Quellen orientierten Fallstudie liefert der Beitrag von Gereon Wolters eine Reihe von wichtigen Belegen für diese das Spektrum der philosophischen Rezeption des Ersten Weltkrieges bereichernden Sichtweisen späterer Logischer Empiristen.

Anhand von zwei weitgehend unbekannten (und im Anhang dieses Bandes erstmals edierten) Texten von Carnap zur Religion aus den Jahren 1911 und 1916 diskutiert André Carus dessen frühe intellektuelle Entwicklung im Hinblick auf die Religions- und Wertfrage. Dabei erweisen sich Carnaps Interaktionen mit dem Zirkel um den freireligiösen Lebensreformer Johannes Müller (Elmau) als bedeutsam. Wie Carus befasst sich auch Christian Damböck in seinem Beitrag mit der Frühgeschichte von Carnaps Wertphilosophie, indem er die philosophischen Positionen von Carnap und Reichenbach vergleicht, deren Wurzeln bis in die Jugendbewegung zurückreichen. Als biografische Schlüsselfigur wird dabei Hans Freyer identifiziert, der spätere konservative Revolutionär und zeitweilige Freund Carnaps, dessen Wertphilosophie die nonkognitiven Grundannahmen von Carnap und Reichenbach ebenfalls beinhaltet, politisch jedoch in eine entgegengesetzte Richtung weist. Die Auswirkungen der Freundschaft Carnaps mit Hans Freyer auf Carnaps erste große Studie *Der logische Aufbau der Welt* werden von Adam Tamas Tuboly in seinem Beitrag anhand des Beispiels der „Konstitution geistiger Gegenstände" diskutiert.

1.3.3   Parallelen und Schnittmengen

Die Beiträge von Gangolf Hübinger, Peter Bernhard und Michael Buckmiller zeigen parallele Entwicklungen in Philosophie und Kunst auf, aus denen sich Schnittmengen mit dem zentralen Motiv dieses Bandes ergeben. Im Mittelpunkt von Gangolf Hübingers Beitrag stehen die vielfältigen Interaktionen zwischen Otto Neurath und dem Zirkel um die Soziologen Emil Lederer und Max Weber, die für die Entwicklung der Soziologie des Logischen Empirismus, aber auch des übergeordneten Narrativs der Wissenschaftlichen Weltauffassung bedeutsam waren. Peter Bernhard untersucht eine für Carnaps Philosophie wichtige Episode, die zeitlich gesehen in der post-jugendbewegten Phase liegt, nämlich die Vorträge, die er im Herbst 1929 am Dessauer Bauhaus hielt. Der lebensreformerische Impetus des Bauhauses wird dabei in seiner Bedeutung für die Philosophie sowohl von Carnap als auch von Neurath in den späten 1920er-Jahren sichtbar. Michael Buckmiller diskutiert in seinem Beitrag das ambivalente Verhältnis von Karl Korsch, der wie Reichenbach vor dem Ersten Weltkrieg ein engagierter Freistudent war, zum Logischen Empirismus. Dieses Verhältnis war einerseits von wichtigen politischen Übereinstimmungen und einer gewissen Nähe auf der Ebene der theoretischen Philosophie gekennzeichnet, aber auch von sehr grundlegenden Unterschieden in methodologischen Fragen.

1.3.4 Dokumente und Bilder

Versehen mit kontextualisierenden Einleitungen werden einige schwer zugängliche, für das Thema jedoch einschlägige Texte und bislang nicht publizierte Archivalien abgedruckt. Für Carnap wurden von André Carus zwei frühe in Kurzschrift bzw. Sütterlin geschriebene Texte zu Religions- und Wertfragen transkribiert und eingeleitet, nämlich der Vortrag „Religion und Kirche" von 1911 und der „Brief an Le Seur" von 1916. Für Reichenbach wurde der von Flavia Padovani bearbeitete Briefwechsel zwischen Reichenbach und Wyneken zur Kriegsfrage sowie ein von Christian Damböck und Meike Werner eingeführter Auszug aus Reichenbachs Aufsatz „Die freistudentische Idee. Ihr Inhalt als Einheit" von 1913 aufgenommen. Außerdem wurde das bereits vor einigen Jahren von Thomas Mormann transkribierte und online gestellte Typoskript „Deutschlands Niederlage: Sinnloses Schicksal oder Schuld", das Carnap im Herbst 1918 unter dem Pseudonym Kernberger verfasst, aber nicht publizierte hatte, von Christian Damböck durchgesehen und eingeleitet. Ein kurzer Abbildungsteil schließt diesen Dokumententeil ab.

1.4 Danksagungen und Widmung

Der Dank der Herausgeber gilt dem Institut Wiener Kreis (Universität Wien) für die engagierte Zusammenarbeit; Friedrich Stadler für die finanzielle Unterstützung, die diese Tagung ermöglicht hat; Sabine Koch für die Mithilfe bei der Organisation. Ein Teil der Tagung fand am Institut für Wissenschaft und Kunst (Wien) statt. Wir bedanken uns bei Barbara Litsauer für die Mithilfe bei der Organisation, die Bereitstellung der Institutsräumlichkeiten und die finanzielle Unterstützung vonseiten des IWK. Für die finanzielle Unterstützung der Tagung bedanken wir uns außerdem bei der Fakultät für Philosophie und Bildungswissenschaft der Universität Wien. Die Tagung war überdies Teil des FWF-Projekts P27733 *Der frühe Carnap im Kontext* und wurde zu einem großen Teil aus dem Budget dieses Projekts finanziert. Die Drucklegung dieses Bandes im Open-Access-Format erfolgt auf der Grundlage eines vom FWF gewährten Druckkostenzuschusses (PUB 839).

Diese Tagung war der letzte öffentliche Auftritt unserer geschätzten Kollegin und Freundin Ingrid Belke, die wenige Monate nach der Übermittlung ihres Beitrages, nach kurzer schwerer Krankheit, verstorben ist. Friedrich Stadler danken wir für seinen Nachruf auf Ingrid Belke, die dem Institut Wiener Kreis und ihm über Jahrzehnte freundschaftlich und intellektuell verbunden gewesen ist. Ihr, die, wie ein Gutachter dieses Bandes treffend bemerkte, „die Wiener Geisteswelt vorzüglich kannte, sich um intellektuelle Moden nicht scherte und früh eigene Wege ging", widmen wir dieses Buch.

Literatur

Buchholz, K., et al. (Hrsg.). (2001). *Die Lebensreform. Entwürfe zur Neugestaltung von Leben und Kunst um 1900* (Bde. 2). Institut Mathildenhöhe.

Dudek, P. (2009). *„Versuchsacker für eine neue Jugend." Die Freie Schulgemeinde Wickersdorf 1906–1945.* Julius Klinkhardt.

Fiedler, G. (1989). *Jugend im Krieg: Bürgerliche Jugendbewegung, Erster Weltkrieg und sozialer Wandel 1914–1923.* Wissenschaft und Politik.

Haury, H. (2005). *Von Riesa nach Schloss Elmau. Johannes Müller (1864–1949) als Prophet, Unternehmer und Seelenführer eines völkisch naturfrommen Protestantismus.* Gütersloher Verlagshaus.

Heidler, I. (1998). *Der Verleger Eugen Diederichs und seine Welt 1896–1930.* Harrassowitz.

Hoeres, P. (2004). *Krieg der Philosophen. Die deutsche und die britische Philosophie im Ersten Weltkrieg.* Verlag Ferdinand Schöningh.

Hübinger, G. (Hrsg.). (1996). *Versammlungsort moderner Geister. Der Eugen Diederichs Verlag – Aufbruch ins Jahrhundert der Extreme.* Diederichs.

Koebner, T., et al. (Hrsg.). (1985). *„Mit uns zieht die neue Zeit." Der Mythos Jugend.* Suhrkamp.

Laqueur, W. (1978). *Die deutsche Jugendbewegung. Eine historische Studie.* Wissenschaft und Politik.

Lübbe, H. (1974). *Politische Philosophie in Deutschland.* Deutscher Taschenbuch Verlag.

Mogge, W., & Reulecke, J. (Hrsg.). (1988). *Hoher Meißner 1913 – Der Erste Freideutsche Jugendtag in Dokumenten, Deutungen und Bildern.* Wissenschaft und Politik.

Ringer, F. K. (1969). *The decline of the German mandarins. The German academic community, 1890–1933.* University Press of New England.

Sandner, G. (2014). *Otto Neurath. Eine politische Biographie.* Zsolnay.

Sieg, U. (2013). *Geist und Gewalt. Deutsche Philosophen zwischen Kaiserreich und Nationalsozialismus.* Carl Hanser.

Stambolis, B., & Reulecke, J. (Hrsg.). (2015). *100 Jahre Hoher Meißner (1913–2013) – Quellen zur Geschichte der Jugendbewegung.* V & R unipress.

Ulbricht, J. H., & Werner, M. G. (Hrsg.). (1999). *Romantik, Revolution & Reform. Der Eugen Diederichs Verlag im Epochenkontext 1900–1949.* Wallstein.

Wedemeyer-Kolwe, B. (2017). *Aufbruch. Lebensreform in Deutschland.* Philipp von Zabern.

Werner, M. G. (2003). *Moderne in der Provinz. Kulturelle Experimente im Fin de Siècle Jena.* Wallstein.

Wipf, H.-U. (2005). *Studentische Politik und Kulturreform. Geschichte der Freistudenten-Bewegung 1896–1918.* Wochenschau.

Teil I
Vordenker und Kontexte

Chapter 2
The Winding Road to Logical Empiricism: Philosophers of Science and the Youth Movement

Günther Sandner

2.1 A New Perspective on the History of Logical Empiricism

Many representatives of the Logical Empiricist movement in interwar Germany (organised into the Berlin Group and the Berlin Society for Empirical/Scientific Philosophy)[1] were active in the Youth Movement that preceded the period. This remarkable fact indicates important parallels in the early intellectual biographies of Logical Empiricism's subsequent membership. Thus, the examination of certain such biographies promises a new understanding of this philosophical movement. Rudolf Carnap, Hans Reichenbach, Kurt Grelling, Kurt Lewin, and Karl Korsch are the most prominent examples; from approximately 1910 onwards, all these individuals who would later become logical empiricists were active in the Youth Movement.[2] That a number of leading representatives of the logical empiricist movement played important roles in what Walter Laqueur referred to as "Young

---

[1] From the second half of the 1920s, the Berlin Group was a discussion group consisting of progressive, liberal, and/or left-oriented scholars from a variety of scientific disciplines. The Berlin Society for Empirical (later: Scientific) Philosophy addressed a wider public and organised lectures and seminars in addition to coediting the journal *Erkenntnis* with the Ernst Mach Association. See, for instance, Reichenbach 1936, Strauss 1963, Rescher 2006, Milkov 2013, and Sandner and Pape 2017.

[2] The term Logical Empiricism' was coined by the Finnish philosopher Eino Kaila and Otto Neurath (see Stadler 2011, n. 59). There are, however, other names for the same phenomenon, such as Logical Positivism' or Neo-Positivism.' In fact, 'there was no uniform use of these terms [i.e., Logical Empiricism' and Logical Positivism,' G.S.] either among the members, opponents, or sympathisers of the Vienna Circle and the Berlin Group' (Uebel 2013, 87). Hans Reichenbach preferred the term Logistic Empiricism', and Karl Korsch was, strictly speaking, not a representative—or at least not a 'full member'—of the movement.

G. Sandner (✉)
University of Vienna, Vienna, Austria
e-mail: guenther.sandner@univie.ac.at

© The Author(s) 2022   15
C. Damböck et al. (eds.), *Logischer Empirismus, Lebensreform und die
deutsche Jugendbewegung*, Veröffentlichungen des Instituts Wiener Kreis 32,
https://doi.org/10.1007/978-3-030-84887-3_2

Germany" (Laqueur 1984) does not suffice to demonstrate a programmatic coherence or even ideological continuity between the two movements. However, the fact does warrant a closer look.

The German Youth Movement was 'no monolithic movement' (Laqueur 2015, 28). Even political agents and groups that opposed one another could make use of its broad ideological reservoir. As various authors have suggested, the Youth Movement's ideological spectrum ranged from left- to right-wing, from socialist to *völkisch*, and from religious to gymnastic groups. All of the movement's participants envisaged an alternative society and political order that would allow young individuals to lead autonomous and independent lives while experiencing a strong sense of community. The Youth Movement included Christian, nationalist, socialist, and idealist groups, among them the "Bird of Passage" (*Wandervogel*) group, Scouts (*Pfadfinder*), the Free German Youth (*Freideutsche Jugend*), the Free Student Movement (*Freistudenten-Bewegung*), and many others.[3] Was there common ground or a shared ideology among these different groups?

The question of the connection between the philosophical movement of Logical Empiricism and the Youth Movement in Germany and Austria affords an answer whose various facets structure this essay. First, the essay focuses on the German Youth Movement itself, its history, its programme, its worldview, and its ideology. Second, it presents similarities and differences between the Youth Movement in Germany and Austria, as both Berlin and Vienna were centres of the logical empiricist movement in continental Europe. Third, the essay discusses concrete examples of the Youth Movement's effects on Logical Empiricism. What are the intellectual biographies, themes and ideological content, philosophical ideas, and approaches to the philosophy of science that could help clarify these possible connections?

2.2   The German Youth Movement

2.2.1   A Controversial History

In 1925, Elisabeth Busse-Wilson, a member of the Sera Circle (*Serakreis*),[4] wrote a book-length history of the Youth Movement. Her book addressed a number of ideas and issues that were crucial to the movement's development, such as social pedagogy and education, the question of generation, youth culture, socialism and communism, and anti-Semitism. Most importantly, Busse-Wilson was one of the very first representatives of the movement to recognise the importance of the question of

---

[3] Ahrens (2015, 27–47) provides an overview of the prewar history of the *Wandervogel* and *Pfadfinder* movements/groups.

[4] The Sera Circle was a branch of the Youth Movement led by publisher Eugen Diederichs (see sect. 2.4 in this essay, the contributions by Damböck and Werner in this volume, as well as Werner 2003, 275–307).

women.[5] She critically examined the movement's relevance and its consequences. Yet despite her admiration for the movement's focus on freedom and autonomy, she saw no long-term effects.[6]

Until the 1960s, historical studies on and documentary accounts of the Youth Movement in German-speaking Europe were mostly written and/or published by the movement's (former) members.[7] The authors of these publications often tried to downplay the movement's problematic aspects, such as German nationalism and anti-Semitism or the role it played in National Socialism.[8] Obviously, the necessary distance between the authors and their subject was often missing.

German-Jewish intellectual Walter Laqueur (b. 1921) was one of the first historians from the "outside"[9] to present an analytical study on the subject. In an intelligent and differentiated book from 1962, he coined the term Young Germany' (*Young Germany. A History of the German Youth Movement*). Laqueur analysed ideological traditions and influential representatives, discussed mainstream as well as peripheral ideas, and focused on problematic topics that were undoubtedly part of the Youth Movement's history, including anti-Semitism, anti-feminism, elitism, and hostility to democracy.[10] The movement also included factions, however, that represented opposing, more progressive interests, including the fight against anti-Semitism, equal rights for men and women (including co-education), and the demand for democratisation.

In 1964, German author Harry Pross published a study that sought to address this wide ideological range. Pross provided many facts and observations without ignoring the many problems the movement posed.[11] Ten years later, in his pioneering and informative studies on the alternative ideological milieu, historian Ulrich Linse concentrated on the left wing of the German Youth Movement and life reform.[12] Decades later, in the early 1990s, Reinhard Preuß examined the liberal and partially

---

[5] For a critical approach to Busse-Wilson, see Großmann 2017.

[6] Busse-Wilson 1925, 8.

[7] See, for instance, Kindt (1963), Kindt (1968), and Kindt (1974). The publisher of Kindt's books was *Eugen Diederichs Verlag*, managed at the time of these publications by the sons of the legendary publisher. Werner Kindt is a particularly informative example. In 1934, he contributed the essay 'Kriegswandervogel und Nachkriegswandervogel' to the volume *Deutsche Jugend. 30 Jahre Geschichte einer Bewegung*, edited by the well-known Nazi author Will Vesper. The book's aim was to demonstrate a continuity between the German Youth Movement and National Socialism. Kindt was director of the *Pressestelle des Reichsbundes für Volkstum und Heimat* in National Socialist Germany. After 1945, he became one of the most active writers and documentarists of the history of the Youth Movement. See also the critical remarks in Ahrens 2015, 13–17.

[8] See Flitner 1968, 10–17.

[9] Nevertheless, it should not be forgotten that Walter Laqueur was a member of two groups of the Jewish Youth Movement. See Laqueur 1995, 106.

[10] See Laqueur 1984, especially the sections on the war between the sexes (56–65) and the Jewish question (74–86).

[11] See Pross 1964.

[12] See especially Linse 1974 and Linse 1981.

left-oriented wing of the Youth Movement.[13] A number of open questions remain, and the Youth Movement continues to be a subject of critical investigation.[14]

2.2.2 Youth Re-evaluated

In its early stages, the Youth Movement was primarily a movement of high-school and university students.[15] According to pedagogue Gustav Wyneken, the term youth' designates young people between the ages of fifteen and twenty-five years.[16] At the turn of the century, a fundamental re-evaluation of the phenomenon of youth can be observed. Approximately 1900, the prefix youth-' was a nearly magical term that appeared in many different contexts. On the semantic level, it included not only temporal but also biological and, above all, aesthetic and political dimensions.[17] Different political movements from both the left and right campaigned for a new appreciation of youth, and many reform movements and ideologies (e.g., life reform, return to nature, new forms of settlement, nudism, reform pedagogy) were included in this trend.[18] Most of these movements viewed youth as an agent of change.

In her bestselling *The Century of the Child* (1900), famous reform pedagogue and women's activist Ellen Key insisted that the purity and innocence of childhood had to be protected from external threats. Adolescents (rather than children) who were adequately educated as children appeared as the saviours of a threatened human culture.

Higher birth rates, lower infant mortality, and longer periods of education resulted in what Austrian psychologist and Youth Movement activist Siegfried Bernfeld termed 'extended puberty' (*gestreckte Pubertät*).[19] Bernfeld was referring to the concept of adolescence of American scholar Stanley Hall.[20] For the first time in the history of modern society, the bourgeois middle class came to perceive the transition between childhood and adulthood as a problematic period and the apparent the source of particular psychosocial issues. The temporal distance between puberty and marriage increased. While sexual maturity had begun a few years earlier in the nineteenth century, marriage now was delayed because of extended education.[21] It was precisely this extended gap that marked the limits of the period of youth.

---

[13] See Preuß 1991.

[14] See, for instance, Stambolis and Reulecke 2013 and Stambolis 2015.

[15] See Pross 1964, 12.

[16] See Wyneken 1913.

[17] See Brunotte 2004, 17.

[18] See Dahlke 2008, 112–113.

[19] See Bernfeld 2010, 139–160.

[20] See Hall 1904.

[21] See Brunotte 2004, 17.

2.2.3 *The* Wandervogel

The *Wandervogel* was only one of the Youth Movement's many affiliated organisations, albeit one of the most important and influential. Karl Fischer, a teacher, founded the *Wandervogel* in 1896 in Steglitz (today a district of Berlin).[22] The organisation's history, however, did not unfold along a straightforward course. In fact, the *Wandervogel* underwent many splits and reunifications in its history, the latter especially prevalent in 1912/13, but the Old *Wandervogel* (*Alt-Wandervogel*), a group that considered itself to represent the organisation's original idea, continued to be a separate entity.[23] Hiking, living in communities, emphasising nature, and singing folk songs were the group's central attitudes and activities. Its core ideology was education, specifically self-education, aimed at complementing and improving the traditional education of both the repressive school system and parenting.[24]

The *Wandervogel* included high-school students but not university students. Additionally, it was a male-oriented movement that mostly excluded girls. However, there was also a *Mädchenwandervogel*.[25] Prior to the Great War, the question of girls (*Mädchenfrage*) and that of homosexuality were among the most important issues dividing the movement. One of the movement's most eccentric representatives was Hans Blüher (1888–1955), who was not only one of the first members of the *Wandervogel* but also one of its earliest historians. His three-volume history of the movement—first published in 1912—was extremely controversial and isolated him within the group.[26] By interpreting the *Wandervogel* as an 'erotic phenomenon' (Blüher 1912a, b, c) and advocating for homosexuality, Blüher elicited a strong rejection from a vast majority of *Wandervogel* members.[27] However, he remained influential within the movement. Blüher was also an anti-feminist. 'What is Anti-Feminism?' was the title of one of his essays, a question that he answered as follows: 'It is the will to achieve the immaculateness of male societies' ('Der Wille zur Reinheit der Männerbünde', Blüher 1915). Blüher was a contradictory thinker, and in any case, he was not only an anti-feminist but also an anti-Semite.[28]

The reform pedagogue Gustav Wyneken (1875–1964) was probably both the Youth Movement's most important educational theoretician and its most important practitioner. His lectures and writings contested the educational authority of not

---

[22] See Bias-Engels 1988.

[23] For examples of the conflicts in the history of the *Wandervogel*, see Bias-Engels 1988, 23–26.

[24] See Ahrens 2015, 29.

[25] See Busse-Wilson 1925, 93–103. For the controversial debate on the role of girls in the *Wandervogel*, see, for instance, Kindt 1968, 97–98, 139, 190–192.

[26] For more information on the controversy surrounding Blüher, see the documents in the Hans Blüher Papers, Sign. N 4, 13, Archiv der deutschen Jugendbewegung, Witzenhausen (Germany).

[27] One of the many polemics against Blüher was written by the leader of the Austrian *Wandervogel*. See Keil 1913.

[28] Nevertheless, in the debate surrounding his *Wandervogel* history, certain right-wing factions in the movement denounced Blüher as a Jew. See Wilker 1913, 48–50.

only parents but also schools. For Wyneken and his followers, youth meant purity, and this purity was threatened by the rules and regulations of civilisation and modern society. To shelter youth from these harmful outside influences, Wyneken established a free school community in the German village of Wickersdorf. This reformed school was free from traditional authority figures and encouraged young people's independence and autonomy. In this particular context, Wyneken coined the term youth culture' (*Jugendkultur*). He defined youth culture as a unity, a collective sensibility, a style, and a creative instinct.[29] While Wyneken appreciated that the *Wandervogel* movement provided an alternative model to the traditional family, he concluded that youth culture required more. It also required opposition to the existing school system.[30] With respect to his own project, he was convinced that the free school community had the ability to form and establish a new youth culture. A key term in Wyneken's booklet, which was based on a lecture he delivered to the pedagogical section of the Free Students of Munich, was the 'intrinsic value' (*Eigenwert*) of youth. This phenomenon was envisioned by Wyneken, but it was one that other educators, such as Hermann Lietz (1868–1919), did not share.[31]

According to the already noted study by Pross, the decisive representatives of the Youth Movement were not people such as Gustav Wyneken but rather younger ones, especially those born in the years following 1890. This is the first—albeit indirect—link between the Youth Movement and Logical Empiricism, for both of the later editors of the logical empiricist journal *Erkenntnis*, Hans Reichenbach and Rudolf Carnap, were born in 1891. Kurt Grelling and Karl Korsch were born in 1886, and Kurt Lewin was born in 1890.

2.2.4 *Hans Reichenbach and the* Wandervogel

Hans Reichenbach's involvement in the Youth Movement started with the *Wandervogel* before the war. As one of its Jewish members, Reichenbach participated in the movement's debates on anti-Semitism. A controversy on Jews and their possible exclusion had already commenced. The Austrian section of the *Wandervogel* introduced an Aryan paragraph in 1913, and at approximately the same time, the so-called Jewish crisis began in Germany.[32] In 1913, Reichenbach elaborated in an article opposing anti-Semitism that polemicising against Jews was unacceptable for anyone who adhered to the Youth Movement's idea of community.[33] His article was

---

[29] 'Kultur ist eben eine Einheit, ein einheitliches Empfinden, ein Stil, ein gemeinsamer Instinkt, der sich schöpferisch äußert, und das verstehen wir auch unter Jugendkultur' (Wyneken 1913, 27).

[30] See Wyneken 1913, 12–13.

[31] See Wyneken 1913, 14.

[32] See Laqueur 1984, 42. For examples of aggressive anti-Semitism within the *Wandervogel* see, for instance, Wandervogelführerzeitung, Heft 11, October 1913. See also Winnecken 1991.

[33] See Reichenbach 1913. The periodical's (*Berliner Börsen-Curier*) supplement included a number of contributions on anti-Semitism.

a reaction to the *völkisch* publication *Deutsch oder National!* edited by Wilhelm Fulda in 1914, which favoured the exclusion of Jews. For Reichenbach, it was shameful that his movement had published such a booklet. Although he was not the only opponent of anti-Semitism in the organisation, he clearly did not represent the majority.

2.2.5   From the Meißner Meeting to the War and Afterwards

The most important event in the history of the Youth Movement was the meeting at the *Hoher Meißner*, a mountain in Hesse, Germany, that occurred on 11 and 12 October 1913. The various groups that participated in the meeting were referred to with the umbrella term 'Free German Youth' (*Freideutsche Jugend*). At the event, the so-called Meißner formula was issued, and in the context of the meeting, a Festschrift was published. The brief formula was a crucial programmatic text of the Youth Movement. It stressed the Free German Youth's destiny and responsibility, its authenticity, and its inner liberty. The text added that all future meetings would be nonalcoholic and tobacco-free.[34] Many well-established scholars were invited by Eugen Diederichs and Arthur Kracke, to contribute to the Festschrift, including Friedrich Jodl, Gustav Wyneken, Ludwig Klages, Alfred Weber, Paul Natorp, Leonard Nelson, and many others (approximately 30 in total).[35]

The meeting was directed against the official festivities celebrating the 100th anniversary of the Battle of Nations in Leipzig.[36] Both Carnap and Reichenbach participated in the Meißner Meeting – Reichenbach as a representative of the Free Student Movement and Carnap as a member of the Sera Circle. The meeting sparked a controversial debate about youth, morality, and the destiny of youth in Wilhelmine Germany. This debate, however, did not continue for long. With large numbers of Youth Movement adherents joining in the euphoria of August 1914 and placing their other activities on hold, World War I was a caesura in the movement's history. In the years after 1918/19, the Youth Movement lost its former relevance. In the words of Laqueur:

> The *Wandervogel* had been a movement of reform and protest, but the society it hoped to reform and against which it protested—that of Wilhelmian Germany—had been swept away by war. Just as the *Wandervogel* would have been unthinkable fifty years before it

---

[34] In their monograph on the Hoher Meißner meeting, Winfried Mogge and Jürgen Reulecke 1988 include a facsimile of the Festschrift. The formula reads: 'Die Freideutsche Jugend will aus eigener Bestimmung, vor eigener Verantwortung, mit innerer Wahrhaftigkeit ihr Leben gestalten. Für diese innere Freiheit tritt sie unter allen Umständen geschlossen ein. Zur gegenseitigen Verständigung werden Freideutsche Jugendtage abgehalten. Alle gemeinsamen Veranstaltungen der Freideutschen Jugend sind alkohol- und nikotinfrei' (Mogge and Reulecke 1988, 52).

[35] See Kracke 1913.

[36] For Bias-Engels (1988, 143), the Meißnerfest was a 'counter-event' (*Gegenveranstaltung*) and a 'counter-celebration' (*Gegenfest*).

appeared, so it was itself out-of-date in the post-war Germany of inflation and permanent political crisis. The old romanticism, the songs with lute accompaniment, the mixed groups—in fact, everything in the old *Wandervogel* spirit—seemed totally out of place in this new Germany (Laqueur 1984, 129).

2.3   The Student Movement

2.3.1   *The Free Student Movement*

Many former members of the *Wandervogel* joined student groups on beginning their university studies. Most of these groups were so-called corporations with a strong German national and/or confessional Christian identity. However, there was also a group that had the objective of representing the students outside these corporations: the Free Students (*Freistudenten*), also called finches (*Finken*) or savages (*Wilde/ Wildenschaft*).[37] It was this particular formation within the larger Youth Movement that appealed to the later philosophers of Logical Empiricism.

The Free Student Movement was established at the turn of the century, mainly centred at the Universities of Leipzig and Berlin but also at the Technical University of Charlottenburg (which was not part of Berlin at the time).[38] The Free Students fought for rights equal to those of the corporate students, whose ideology and rituals they rejected. The opposition to duelling, drinking rituals, social exclusiveness, and courts of honour was constitutive of the self-image of the Free Student Movement. Although the Free Students represented the non-incorporated students, they were far from being a homogeneous group. Their programme included contradictory ideological elements, and their political orientation ranged from national-liberal to social-liberal to social-democratic. Additionally, the movement was open to Jewish students, and it was one of the very few student movements that did not exclude women. Questions of women's rights and feminism were not only major issues in those days but also crucial themes in the Free Student Movement's debates.[39] Most Free Students supported the eligibility to study for women, while the student corporations rejected it.

In the summer of 1900, a nationwide association of the Free Student Movement was created. However, its development in Germany differed regionally, and not all Free Student groups became members of the German Free Student association.[40] Ideologically, the movement drew inspiration from the idea of community versus society. It stressed the importance of the community of teachers and students, which

---

[37] See Wipf 2004, 12.

[38] See Wipf 2004, 31.

[39] The Free Students of Charlottenburg, for instance, organised lectures by women's rights activists such as Alice Salomon, Lilly Braun, Marie-Elisabeth Lüders, Minna Cauer and Adele Schreiber. See Wipf 2004, 49.

[40] See Wipf 2004, 11.

was viewed as a community opposed to the capitalist exploitation of science. This exploitation, as the Free Students put it, was a typical element of modern society. In the worldview of the Free Student Movement, the agrarian, organic community stood against the modern and rational, individualistic society. Politically, this antagonism between community and society was ambivalent. It had not only a progressive but also a conservative meaning. The influence of Ferdinand Tönnies and his book *Community and Society* (1887) was obvious. Its second edition (1912) and later editions in the 1920s provoked much discussion. The antagonism was mostly interpreted in the form referred to above: The agrarian, organic community stood against the modern and rational, individualistic society.[41] It is evident that the Free Student Movement's programme addressed not only university politics but also politics in general.

The movement had strong educational ambitions.[42] One of the Free Students' core ideas was to transform society by means of scientifically oriented education. Humanism, self-, and co-education were among the programmatic cornerstones of the movement's educational vision. School revolution and the seizure (or at least equal distribution) of power in the universities were political catchwords. There were three main fields of interest: (1) the improvement of the social standard of living of students; (2) scientific events, such as lectures and seminars; and (3) educational activities for workers.[43] The Free Student activist Ernst Joël (1883–1929), for instance, focused on the social dimension of Free Student activity. Such activity included the organisation of courses and seminars for workers, the provision of legal assistance in juvenile courts and social help for students, and the development of educational, cultural and travel activities, including civic education and the promotion of a community spirit.[44]

2.3.2 The Great War

Only a few Free Students were pacifists. The vast majority were enthusiastic regarding the war, especially at its outset.[45] Hans Reichenbach was among the movement's few pacifists. He rejected the militarisation of education and strictly opposed any form of nationalistic indoctrination.[46] Prior to the war, Reichenbach was a follower of Gustav Wyneken. In a public debate, he strongly opposed Leonard Nelson (1882–1927), who had identified the pedagogue Hermann Lietz as the leader of a new educational movement. For Reichenbach, none other than Wyneken could play

---

[41] See Lichtblau 2012.
[42] See Reichenbach 1978b, 122.
[43] See Harms 1909 and Wipf 2004, 49–50.
[44] See Joël 1913, 27.
[45] See Wipf 2004, 237, and Werner 2014.
[46] See Reichenbach 1914c.

this role. Whereas Reichenbach questioned Lietz's role as an educational leader, mathematician Hans Adolph Rademacher defended Nelson and his views.[47]

Shortly afterwards, Reichenbach changed his view of Wyneken and criticised his booklet *The War and Youth* (*Der Krieg und die Jugend*, 1914).[48] This booklet was the written version of a lecture the educator had presented to the Free Students of Munich. Wyneken's booklet was an unmistakable justification of the war. Conversely, Reichenbach represented a nearly militant pacifist position within the Youth Movement as (not only) his letters to Wyneken show. In his view, the army represented the most restrictive form of community, one that left no room for individual freedom and autonomy. For him, a war produced nothing but apathy and madness ('Dumpfheit und Wahnsinn'). He was convinced it was the older generation that had brought war upon the youth and that the youth must reject it. It was clearly not *their* war.[49] Reichenbach was convinced that youth should fight against war as such and not against the perceived enemies of other nations. Wyneken, in contrast, made few concessions. He expected Reichenbach to admit that he, Wyneken, was right and invited him to return to his camp.[50] Reichenbach did not even consider the proposal. Instead, he summarised his position in an article in which he rejected the idea that the military could educate young people. According to Reichenbach, there was a non-reconcilable contradiction between the military and the idea of education.[51]

2.3.3 Programme and Ideology

The President of the Free Student Movement in Berlin was none other than Walter Benjamin, and the Vice Chair was Hans Reichenbach's brother Bernhard,[52] who had developed a strong political profile. The Berlin Free Students established the partially radical and socialist journal *Der Aufbruch*, published by Diederichs. In addition to Hermann Kranold, Herbert Kühnert, and others, Hans Reichenbach was one of the major contributors to the movement's programme. In contrast to another leading representative, Felix Behrend, Reichenbach rebuked the idea that there were 'objective interests.' There was broad debate on the question of whom exactly the Free Student Movement represented. Did it represent the entirety of non-corporate students or only its declared followers? In Reichenbach's view, interests were strictly subjective. He argued that only the individual could formulate their own

---

[47] See Reichenbach 1914a, Reichenbach 1914b, and Rademacher 1914.

[48] See the essay of Flavia Padovani in this volume and the correspondence between Reichenbach and Wyneken in the appendix.

[49] See Hans Reichenbach to Gustav Wyneken, 18.2.1915, N 35, 1716, Gustav Wyneken Papers, Archiv der deutschen Jugendbewegung, Witzenhausen (Germany).

[50] See Gustav Wyneken to Hans Reichenbach, 18.3.1915. According to Wyneken, Reichenbach should return 'mit fliegender Fahne'. For more details on this controversy, see Gerner 1997, 20–27.

[51] See Reichenbach 1916, 66–67.

[52] See Wipf 2004, 192.

interests, depending on personal values that did not function according to the rules of logic. Therefore, there are no such things as 'public interests.' Reichenbach concluded that the interests represented by the Free Student Movement were those of a particular group. It was 'only the free volitional decision of the individual (that) can determine membership in this group' (Reichenbach 1978b, 109). He continued as follows:

> We require the autonomous creation of the ideal; that is, we require that each person, of his own free will, set the goal to which we will aspire and follow none but a suitable course of action. The individual may do whatever he considers to be right. Indeed, he ought to do it; in general, we consider as immoral nothing but an inconsistency between goal and action (Reichenbach 1978b, 110).

For Reichenbach, the Free Student Movement could never embody the non-corporate students as a whole, which would contradict his strong position on the autonomy of the individual and the right to self-determination. Obviously, his position was a programmatic one with far-reaching strategic consequences. Reichenbach's manifesto-like text regarding the Free Student Movement was also a demand for democratisation. The core element of such a demand was a student committee or parliament.[53]

2.3.4 The Socialist Student Party of Berlin

Hans Reichenbach had already left the Free Student Movement before the war. During the war period, he wrote an article in which he reflected on his years in the movement. His conclusions were ambivalent. According to him, the movement was effective as a party in university politics but had failed to develop a new style of living and a new youth culture.[54]

After 1918, left-wing and liberal students insistently called for the autonomy of the universities and participated in what Ulrich Linse refers to as the 'university revolution' (Linse 1974). During the Weimar Republic, Hans Reichenbach became involved with the Socialist Student Party. In 1918, he wrote his remarkable manifesto *Socialising the University*.[55] Although references to socialism had already appeared previously in a variety of Reichenbach's publications, his final turn towards a socialist worldview occurred with his 1919 booklet *Student and Socialism*.

For Reichenbach, socialism at the university meant that gifted proletarian students would have an opportunity to study, while many less-gifted upper-class students would not. He concluded that studying at a university should be a question of

---

[53] See Reichenbach 1978b, 119–120.

[54] See Reichenbach 1914c.

[55] See Reichenbach 1978d. Additionally, see the typescript *The Socialisation of the University* (*Die Sozialisierung der Hochschule*) he prepared for the Socialist Student Party Berlin in 1918: Reichenbach Papers, HR 023–23-02, Philosophisches Archiv, Universität Konstanz (Germany).

merit rather than one of money and social class. However, his approach remained paternalistic in that he was convinced that the intellectual class had to enlighten the proletariat regarding socialism, and he viewed it as the duty of the intellectual class to disseminate the treasures of cultural knowledge. In Reichenbach's opinion, no one was better destined to perform this task than university students. The Socialist Student Party wanted to guide students towards socialism and transform the old university into a new, democratic, and socialist institution.[56] In summary, an elitist ideology of education and claims for emancipation occur concurrently in Reichenbach.

The political manifesto of the Socialist Student Party of Berlin, which was included in Reichenbach's booklet, asked students to become members of one of the socialist parties. Interestingly, the booklet did not mention any particular party. Given the rivalry, hostility, and even political violence between the Majority Social Democrats (SPD), Independent Social Democrats (USPD), Spartacists (Spartacist League), and the Communists (KPD), this restraint was remarkable.[57]

It makes sense at this point to review the biographies of the Reichenbach brothers. Hans Reichenbach was one of the Youth Movement's most colourful characters: a *Wandervogel*, Free Student, member of the left-leaning *Aufbruchkreis*, and Chairperson of the Socialist Student Party of Berlin.[58] His brother Bernhard was also part of the *Aufbruchkreis*, which was based on the previously mentioned journal *Der Aufbruch*.[59] Bernhard Reichenbach was an important left-wing activist in the Youth Movement. In contrast to Hans, he also followed this path during the interwar period, both in Germany and during his exile in Great British exile, where he remained after the war and until the end of his life.[60] A third brother, Herman Reichenbach (1898–1958), was also a *Wandervogel* and Free Student. Herman helped shape the short history and policy of the left-wing youth organisation Resolute Youth (*Entschiedene Jugend*).[61]

2.4   Grelling, Reichenbach, and Young Germany

A brief overview of the history of Logical Empiricism in Germany reveals that many of the philosophical movement's representatives were followers or even protagonists of the German Youth Movement. To underline this observation, I list the

---

[56] See Reichenbach 1919, 8–10.

[57] See Jones 2016.

[58] See Linse 1974, 12.

[59] See, for instance, B. Reichenbach 1915. This article was partially censored; see B. Reichenbach 1954.

[60] See Linse 1981, 248–251.

[61] See Linse 1981, 252–256.

most important examples and address the cases of Hans Reichenbach and Kurt Grelling in more detail.

Rudolf Carnap was a leading representative of the Sera Circle around publisher Eugen Diederichs (1867–1930).[62] The name 'Sera' originated from a processional dance, and it was also part of a salutation. The group did not last very long. Following the war, the circle discontinued its activities. Carnap was also active in other Youth Movement organisations, such as the *Akademische Freischar* in Jena and the Free German Youth.[63]

Another representative of the Berlin Group who was a member of the Free Student Movement was psychologist Kurt Lewin. Although he attracted the attention of the scientific community of the time, his earlier days in the Youth Movement went largely unnoticed.[64] More striking were the undertakings of Karl Korsch, who had been a friend of Lewin since their student days in Berlin.[65] Korsch was an important activist in the Free Student Movement in Jena and published a number of articles in the movement's journals. In contrast to Lewin research, scholarship has previously examined Korsch's role during this period.[66]

Around the time of World War I, both Hans Reichenbach and Kurt Grelling were political writers and, at least to a certain degree, political activists. As young students and philosophers, they were followers of Immanuel Kant. In the late 1920s, they became members of the Berlin Group and the Berlin Society for Empirical/Scientific Philosophy. Their later careers, however, differed considerably. While Hans Reichenbach became a widely acknowledged philosopher of science, the author of successful books, a university professor and standard-bearer of Logical Empiricism, Grelling was comparatively unknown. He headed the Berlin Society, remained in the city until 1936, and left Germany relatively late. He had already been forced into retirement in March 1933 but escaped to Brussels in 1937. He was captured and held in a French internment camp before eventually being transported to Auschwitz, where he was murdered together with his non-Jewish wife.[67]

Reichenbach and Grelling probably first became acquainted in 1912/13 as students in Munich, but they had most certainly met by 1914 in Göttingen. Grelling was a cofounder of the Free Student Group in Göttingen, and in 1914, both he and Reichenbach were delegates for Göttingen at the Free Student meeting in Weimar.[68] Within the movement, Reichenbach was widely known in Germany as a contributor to various Free Student journals, whereas Grelling was active only in the regional Göttingen group.

---

[62] For further information on Carnap, see the essays of Christian Damböck and Meike G. Werner in this book. For further information on Eugen Diederichs, see Bias-Engels 1988, 126–132; Hübinger 1996, 259–274; Sontheimer 1959; Werner 2003; and Heidler 1998.

[63] See Kindt 1963, 1050.

[64] See Schönpflug 2007.

[65] See Elteren 2007, 224.

[66] See Buckmiller 1980. See also Michael Buckmiller's article in this volume.

[67] See Peckhaus 1994, 64–69.

[68] See Peckhaus 1994, 58–59.

A central personality within the German Youth Movement who played a decisive role in the relation between Reichenbach and Grelling was Leonard Nelson. Nelson was the founder of the Friesian School and edited the respected *Proceedings of the Friesian School* (*Abhandlungen der Fries'schen Schule*). Grelling came to know him in Göttingen. Initially, Nelson was a liberal but became a non-Marxist radical socialist who founded organisations such as the International Youth Association (*Internationaler Jugend-Bund*) and later the International Socialist Combat League (*Internationaler Sozialistischer Kampf-Bund*).[69] These organisations were radical in many ways and applied high standards to their young members in regard to leaving the church, vegetarianism, and an 'abstinent' way of life (which included the refusal not only of alcohol and tobacco but also of sex).[70] Despite a temporary alliance with the Social Democratic Party, Nelson's Youth Association remained marginal and was of little political importance. Nevertheless, Nelson represents an intersection of the German Youth Movement and Logical Empiricism not only through his decisive influence on Grelling[71] but also because of his formative impact on an organisation close to the Free Students, the so-called *Freibund*, to which Grelling also belonged.

2.4.1 Pacifism

As previously discussed, Hans Reichenbach was one of the few intellectuals in the Youth Movement who opposed the war in 1914. He polemicised against the militarisation of youth education, questioned authoritarian hierarchies requiring blind obedience, and staunchly defended the concept of an autonomous, free individual will. The case of Kurt Grelling was more complicated. Although he was no warmonger, Grelling did not side with radical anti-war positions in the debate over German war guilt. Rather, he railed against the anonymous pamphlet *J'accuse*, in which Germany was blamed for the war's outbreak. He repeatedly quoted British anti-war activists, such as Bertrand Russell, who criticised their government, and used these quotations to support his own German critique of Britain (Grelling, incidentally, translated certain of Russell's writings into German). The anonymous German opponent of war was none other than Grelling's father, Richard Grelling, a well-known writer and peace activist.[72] The controversy regarding his pamphlet foreshadowed the later Fischer controversy on German war guilt.[73] At the beginning of the war, Grelling and Nelson wrote a memorandum, which was unpublished.[74]

---

[69] See Link 1964.

[70] See Franke 1991, 152–154.

[71] See Berger et al. 2011.

[72] See Grelling 1915 and Grelling 1916a, b.

[73] Wolfgang Beutin has also drawn this parallel; see Beutin 1968, 99–142. In the early 1960s, German historian Fritz Fischer advanced the controversial thesis of sole German responsibility for the outbreak of the First World War.

[74] See Grelling and Nelson 1914.

Strictly speaking, this memorandum was not a pacifist manifesto. In addition to defending the *Burgfrieden* policy of the SPD, it conceptualised the model of a confederation of different national states collaborating in a peaceful Europe. In addition, the memorandum favoured a democratic future following the war's end. However, the war lasted much longer than Nelson and Grelling expected.

Both Reichenbach and Grelling were far from idealising or welcoming the war in the manner of many of their contemporaries. Reichenbach's pacifist position, however, was definitely more radical than that of Grelling.

2.4.2 Socialism

When they were members of the Free Student Movement, both Reichenbach and Grelling were socialists. For Reichenbach, the crucial question was what socialism meant with respect to the universities. Among other university and pedagogical reforms, he demanded open access to the universities for both women and the lower classes, argued against an exclusion of radical left-wing university teachers, and would accept no faculty members in theology. With respect to politics in a broader sense, he outlined that a general vote alone did not lead to equality as long as material and social inequalities continued.[75]

In summary, Reichenbach's ideas were not based on Marxist analysis but rather embraced the viewpoint of idealist socialism. Nonetheless, his political writings later caused problems in the negotiations regarding his professorship at the University of Berlin in 1925 and 1926. Various members of the commission referred to his publications, especially *Student and Socialism* (1919), and questioned whether a serious scientist could write such political texts.[76]

Grelling was also active as a socialist, especially as an author of articles and columns in the social democratic Socialist Monthly (*Sozialistische Monatshefte*) from 1911 onwards. In 1916, he contributed an essay to the 'Philosophical Foundations of Politics'. In his column 'Philosophy', he promoted the philosophical ideas of Fries and Nelson.[77] This journal, however, belonged to the socialism's 'revisionist' wing. Grelling participated as a delegate in the SPD party convention in Weimar in 1919 and advocated a socialist trade union. His political convictions as a Free Student included open access to education for all, the satisfaction of material needs and social egalitarianism. Political topics, questions of economy, and issues concerning standards of living played an important role in his intellectual activity.

---

[75] See Reichenbach 1978d.

[76] See Hecht and Hoffmann 1982, 654. See also Flavia Padovani's article in this volume.

[77] See Peckhaus 1994, 56.

2.4.3   Education

Reichenbach adhered to anti-authoritarian concepts, which involved the idea of self-education. Accordingly, education was not only the responsibility of teachers and educators but also that of autonomous individuals themselves. Freedom of decision and self-determination were basic elements of the ideology of the Youth Movement's left wing. Reichenbach advocated new didactics and novel forms of teaching in which pupils played a more active role.[78]

Grelling criticised the numerous students who were not interested in pedagogical matters. He maintained that as future teachers, they required special pedagogical training. Students could not rely on the state but had to help themselves. With this philosophy, Grelling encouraged critical self-reflection. Students, he stated, were privileged because access to higher education was determined by a 'coincidence of birth' (Grelling 1914, 12) and social conditions. Therefore, he concluded that the student had the social duty to work as an 'educator of the people' (Grelling 1914, 12).

2.5   The Austrian Youth Movement

2.5.1   The Austrian Case

Was the Youth Movement only a *German* phenomenon, a German peculiarity? Various scholars (such as Laqueur) answered this question affirmatively. They identified the German traditions of Romanticism and Neo-romanticism as responsible for the robust development of the nation's Youth Movement in the early twentieth century.[79] However, there was also a sizeable Youth Movement in Austria. This movement's links to Logical Empiricism are not perfectly obvious. To my knowledge, there are no direct connections between the Austrian Youth Movement and the development of Logical Empiricism and its Austrian organisations, especially the Vienna Circle (*Wiener Kreis*) and the Ernst Mach Society. The exception is Rudolf Carnap, who moved from Germany to Vienna in 1926.

Within the Austrian Youth Movement, there was also a section of the *Wandervogel*. According to Laqueur, the Austrian *Wandervogel*—a subject he comments on only marginally—was even more political than its German counterpart. Its members emphasised the specifically German character of the monarchy and polemicised against Jews and Slavs. A German-Bohemian section of the *Wandervogel* pressed very early for the exclusion of Jews, and in 1913, the Austrian organisation introduced an Aryan paragraph. At approximately the same time in Germany, massive manifestations of anti-Semitism resulted in the de facto separation between 'Aryans'

---

[78] See Reichenbach 1912.
[79] See Laqueur 1984, 29–30.

and Jews in the *Wandervogel* as well as in large parts of the Youth Movement.[80] The Austrian Youth Movement was not only part of the German nationalist political camp but also the anti-Semitic avant-garde. In a footnote of his book, Laqueur framed the matter as follows:

> The role of the Austrian *Wandervogel* is usually disregarded in this context, although (from the very beginning) it was more consistently chauvinistic and racialist than the right wing of the German youth movement and, according to some evidence, has remained so to this very day. Austria has been a small country since 1918, and the antics of some of Hitler's compatriots have attracted little or no attention (Laqueur 1984, 110).[81]

Already in 1913, the Austrian *Wandervogel* wanted to join the German organisation. Werner Kindt's collection of sources and documents pertaining to the movement also features striking examples of the aggressive political right-wing orientation of the Austrian section.[82] However, there was also another history of the Youth Movement in Austria, a socialist one. In a way, the leftist Youth Movement in Austria developed in parallel to the Social Democratic Workers' Party (SDAP). At the turn of the century, there was already an association of young Austrian workers (*Verband jugendlicher Arbeiter Österreichs*) as a precursor of the Socialist Youth (*Sozialistische Jugend*).[83] Socialist pupils and students were also part of the Youth Movement.[84]

The socialist intellectual Käthe Leichter wrote in her memoirs that although the Austrian Youth Movement initially shared the goals and convictions of the German movement, it remained different because of the important role in it played by Jewish youth.[85] In contrast to its German counterpart, she continued, the Viennese Youth Movement was not a strictly male society.[86] The most important topics its members discussed were education and future relations between the sexes. Moreover, there was a difference between the Youth Movement among the bourgeoisie and that of the proletariat. Adolescents from working-class families, both girls and boys, began to work at the age of fourteen. Thus, youth was experienced differently by different social classes. In retrospect, Leichter remained sceptical and distanced. Did the Austrian Youth Movement exert any political influence?[87] Obviously, she was not persuaded that it did.

Laqueur and Leichter seemed to have had different aspects of the Austrian Youth Movement in mind. In fact, in Austria, nearly the same or similar political contradictions and antagonisms were at work as in Germany. While Laqueur focused on

---

[80] See Winnecken 1991.

[81] See Pross 1964, 171–175. For a representation of the *völkisch* Austrian Wandervogel by one its members, see Keil 1913.

[82] See Kindt 1963, 323–349.

[83] See Neugebauer 1975.

[84] See Scheu 1985.

[85] See Leichter 1997, 327.

[86] See Leichter 1997, 330.

[87] See Leichter 1997, 330.

the more powerful German national, anti-Semitic faction, Leichter was only aware of an obviously small part of the Youth Movement: its Jewish intellectual socialist version in Red Vienna.

In the Youth Movement's left wing, there were also connections between Germany and Austria. Between 1911 and 1914, the Austrian Siegfried Bernfeld (Vienna) and the German Georges Barbízon (whose real name was Georg Gretor) edited the left-wing journal *Der Anfang*, a publication that the movement's right wing did not approve of. This periodical and its writers had a bearing on the development of the Youth Movement, even though these writers formed only a marginal group.

As this short historical overview confirms, the Youth Movement in Austria consisted of various very different ideological groups.[88] During the interwar years, these groups ranged from strongly anti-Semitic German nationalistic to socialist/communist formations and included both Catholic and Jewish groups. In the late 1920s, the National Socialists became stronger. Although the degree of organisation among the groups differed considerably, the Youth Movement in Austria was, without doubt, similarly heterogeneous as the German Movement.

2.5.2 The Case of Otto Neurath

Otto Neurath was most likely never a member of any of the organisations affiliated with the Youth Movement in Germany or Austria. Starting from the very beginning of his intellectual career, however, we find many references to thinkers and intellectuals who considerably influenced the Youth Movement. Tönnies and Key, for instance, had a great and extensive effect on the young Neurath. As discussed earlier, Tönnies' concept of community and society was a reference point for the Youth Movement's programmatic discussions, and Key's writings on education considerably influenced these debates.[89]

There is no evidence that Neurath had contact with the Free Student Movement as a student in Berlin (1903–1906). If there had been such contact, however, it would come as no surprise, and in any case, a number of important movement representatives crossed his path. As a young man, Neurath published several articles in the journal *Der Kunstwart*, edited by Ferdinand Avenarius in Munich. Avenarius' son-in-law was Wolfgang Schumann (1867–1964), who became a close friend of Neurath. Hermann Kranold (1888–1942) was a dominant figure at the German Free Student journal *The New University* (*Die Neue Hochschule*). In 1919, Kranold, Neurath, and Schumann together published their plan for the economic socialisation of Saxony.[90] Schumann later became a coworker of Neurath at the War Museum of

[88] See Gehmacher 1995.

[89] See Sandner 2014, 28–53.

[90] See Sandner 2014, 112.

Leipzig and the Central Economic Office in Munich. In British exile, Neurath and Kranold re-established contact and occasionally corresponded.[91]

There was also a link between Neurath and Diederichs, who organised three meetings at Burg Lauenstein during World War I. At one of these meetings in autumn 1917, which had the objective of addressing the *Führerproblem*, he invited Neurath to present a lecture. Although Diederichs did not mention Neurath in his biography, it has been established that they knew one another and occasionally exchanged letters.[92]

When Neurath became president of the Central Economic Office in Munich in the spring of 1919, he collaborated with Ernst Niekisch. Niekisch was head of the Central Council and belonged to the political leadership of the country.[93] Although he was later contested as National Bolshevik,[94] he was an important authority in the German Youth Movement. Based on their common experiences in the Bavarian Soviet Republic, he presented a rather doubtful memorial of Neurath in his memoirs.[95]

Another example is Friedrich Bauermeister, who belonged to the left-wing element of the Youth Movement. He advocated a nonmaterialist socialism that was typical for the movement, particularly in the pages of the journal *Der Aufbruch* (Bauermeister 1915), where Reichenbach was also active. Bauermeister moved to Vienna after the war and became active in the Settlement Movement, where he met Neurath. Later, he was one of Neurath's coworkers at the Viennese Social and Economic Museum. Interestingly, Bauermeister belonged to the small team that trained Russian statisticians in Neurath's Vienna Method of Picture Statistics in Moscow between 1931 and 1934; he married a Russian and remained in Russia thereafter.[96]

Finally, there was also a connection between Neurath and Wyneken. In 1923, in the socialist *Arbeiter-Zeitung*, Neurath wrote a rather sorrowful article in defence of Wyneken who was accused of sexually abusing boys in his school.[97] Conservative periodicals strongly and systematically attacked Neurath.[98]

It is of interest that in the years of his British exile, Neurath returned, at least indirectly, to the question of the German Youth Movement and interpreted the

---

[91] See the Correspondence Otto Neurath – Hermann Kranold, Papers Otto and Marie Neurath, Sign. 1220–70, Handschriftensammlung, Österreichische Nationalbibliothek.

[92] See the Correspondence Eugen Diederichs – Otto Neurath, Karton II, 1433-1-20, Teilnachlass Otto Neurath, Archiv der Republik, Österreichisches Staatsarchiv (ehemals Sonderarchiv Moskau). Additionally, see Diederichs 1938.

[93] See Sandner 2014, 129–131.

[94] See Rätsch-Langejürgen 1997.

[95] See Niekisch 1958, 53.

[96] See Sandner 2014, 174, 185, 230, 233.

[97] See Neurath 1923.

[98] Seelenfang mit Steuergeldern. Wer ist Otto Neurath? In: Reichspost, 17 November 1923, 2. Was geschieht mit unseren Christenkindern, in: Schulwacht, 9 (1923) 2, 19–20.

movement as an intellectual expression of a particular 'German climate'.[99] The Youth Movement's intellectual references included authors and scholars such as Julius Langbehn and his book *Rembrandt as Educator* (*Rembrandt als Erzieher*) and Paul de Lagarde. Neurath referred to the ideas of these writers, especially in his letters.[100] Thus, Neurath was not only active within the ideological environment of the Youth Movement but later also contributed to the movement's critical evaluation.

2.6 Continuities and Open Research Questions

There seem to be considerable ideological differences between the Youth Movement and Logical Empiricism. When reading certain of the Youth Movement's most important programmatic texts (such as Wyneken's 'What is Youth Culture?' [1913] and Bauermeister's 'Class Struggle of the Youth' [1915]), their metaphysical and idealist character is obvious. While Wyneken focused on metaphysical categories (such as *Geist*), Bauermeister did not present a materialist analysis, despite the Marxist-sounding title of his essay. In contrast, he strongly supported the fight for what he termed the 'spiritual autonomy' of youth. For him, class struggle seemed not to have been a struggle between social classes but among different ways of thinking, attitudes, and ideas. These texts by Wyneken and Bauermeister are significant not only for the Youth Movement but also for the liberal left wing to which later certain logical empiricists belonged. Without doubt, Neurath would have banished much of the left wing's wording to his index verborum prohibitorum.[101] Moreover, there were a number of publications in which Reichenbach, Carnap, and other subsequent logical empiricists followed similar approaches. Reichenbach, for instance, proclaimed a new ethics based on the Nietzschean 'revaluation of values' and shared the idealistic sentiments that were a common element in the Youth Movement's publications.[102]

One can also observe a number of theoretical and programmatic continuities between the Youth Movement and Logical Empiricism, especially with respect to science, education, and knowledge transfer. Hans Reichenbach, for instance, was highly active as a student in the cultural struggles of his time and strictly opposed Roman Catholicism, which he viewed as opposing intellectual and scientific freedom. When the question arose as to whether Catholic students could become members of the Free Student Movement, Reichenbach vehemently opposed the possibility: 'Unlimited dominance of Catholicism would be the death of science',

---

[99] See Sandner (2011).

[100] For Neurath's reflections on the German social climate, see Sandner 2011.

[101] With his proposal for an 'index verborum prohibitorum,' Otto Neurath promoted efforts to unravel linguistic tangles that led to metaphysical confusion.

[102] See Reichenbach 1912, 94. The logical empiricist's non-cognitivism in regard to ethics and politics and its possible roots in the debates of the Youth Movement is the subject of Christian Damböck's essay in this book.

he stated, and continued as follows: 'Freedom from every extra-scientific authority is thus a condition for the existence of science' (Reichenbach 1978a, 106). He was convinced there was an unsolvable contradiction between dogmatic religious thinking and the idea of science. In particular, the progressive wing of the Youth Movement, including the Free Student Movement, rejected any attack on the freedom of science by Christian churches, nationalists, and other political forces.

These progressives had good reason to do so because many of the later logical empiricists were Jews or had Jewish family backgrounds (such as Reichenbach, Grelling, Neurath, and Lewin). For them, a strict orientation towards scientific reasoning and a view of science as the only decisive, politically nonpartisan authority in both public discourse and internal debates was probably a necessary strategy. They insisted that scientific and academic arguments could not be rejected simply on the grounds that their proponents were Jewish, left wing, liberal, or all of these things. This is probably the reason why Reichenbach, Neurath, and others so often asserted that their research was 'unpolitical.' This declaration was of course ambiguous, as an insistence on scientific expertise was not unpolitical per se. Political neutrality in this context only meant that controversial issues had to be addressed in a scientific manner grounded on an empirical and logical basis.

There was also the matter of education and democratisation of knowledge, which played a vital role not only in the Youth Movement but also in Logical Empiricism. Only in 1930 did Reichenbach publish an essay on Maria Montessori and her alternative, anti-authoritarian approach to education. Reichenbach continued to favour education centred on the autonomy of the educated individual,[103] and in this sense, he kept the Youth Movement's idea of self-education alive even after his years as an activist were long over. The new education would not be a top-down approach from teachers or parents to children involving knowledge transfer from above via authoritarian means but primarily an autonomous activity (*Selbsttätigkeit*). In this respect, Reichenbach remained a political thinker.

The idea that the dissemination of scientific knowledge contributes to social and political reform became popular. Neurath was perhaps the idea's most important proponent.[104] The focus on education combined with an emancipatory understanding of science represents a decisive continuity between the logical empiricists' early days in the Youth Movement and their careers as philosophers of science. The activities of the Berlin Society and the Mach Association are compelling evidence of this continuity.[105]

During the interwar years, the heyday of the Youth Movement had definitely passed. In 1926, a writer named Ignaz Wrobel raised the question in the journal *Weltbühne* of what exactly the Youth Movement had achieved. Had it been at all successful? Had it been only an end in itself? What had been the movement's impact? 'I just don't see it' (Wrobel 1926a, b, 969), he concluded. Wrobel, however,

---

[103] See Reichenbach 1931.
[104] See Neurath 1996.
[105] See Sandner and Pape 2017.

was the pseudonym of a well-known author: Kurt Tucholsky. Although he might have only been considering the Youth Movement's right wing (which he condemned, naturally), his article is worthy of discussion. Did the Youth Movement achieve its goals? Did it even formulate its aims and ideas clearly and sufficiently align them with social tendencies? Käthe Leichter and Kurt Tucholsky were not the movement's only critics, and to a certain extent, they were probably right in their scepticism.

With respect to the philosophical movement of Logical Empiricism, however, the ideas of the Youth Movement had several long-term effects that have been overlooked in the literature. Thus, the continuities between the Youth Movement and Logical Empiricism, understood as a broad cultural and intellectual movement in interwar Europe, clearly merit a closer look.

References

Ahrens, R. (2015). *Bündische Jugend. Eine neue Geschichte 1918–1938*. Göttingen: Wallstein.

Bauermeister, F. (1915). Der Klassenkampf der Jugend. *Aufbruch* 1. Jg., Heft 1: 2–14.

Berger, A. et al. (Hrsg.). (2011). Leonard Nelson – ein früher Denker der analytischen Philosophie? Münster: Lit Verlag.

Bernfeld, S. (2010). Über eine typische Form der männlichen Pubertät (1923). In *Siegfried Bernfeld: Theorie des Jugendalters, Werke: Band 1*, Hrsg. Ulrich Hermann, 139–160. Gießen: Psychosozial-Verlag.

Beutin, W. (1968). Fritz Fischer oder wurde der Erste Weltkrieg „inszeniert"? In *Wer lehrt an deutschen Universitäten?*, Hrsg. Karlheinz Deschner, 99–142. Wiesbaden: Limes 1968.

Bias-Engels, S. (1988). *Zwischen Wandervogel und Wissenschaft. Zur Geschichte der Jugendbewegung und Studentenschaft 1896–1920*. Köln: Verlag Wissenschaft und Politik.

Blüher, H. (1912a). *Wandervogel. Geschichte einer Jugendbewegung. Erster Teil: Heimat und Aufgang*. Berlin: Weise.

Blüher, H. (1912b). *Wandervogel. Geschichte einer Jugendbewegung. Zweiter Teil: Blüte und Niedergang*. Berlin: Weise.

Blüher, H. (1912c). Die deutsche Wandervogelbewegung als erotisches Phänomen. *Ein Beitrag zur Erkenntnis der sexuellen Inversion*. Berlin: Weise.

Blüher, H. (1915). Was ist Antifeminismus? *Aufbruch* Jahrgang?, Heft 2/3: 39–44.

Brunotte, U. (2004). Zwischen Eros und Krieg. *Männerbund und Ritual in der Moderne*. Berlin: Wagenbach.

Buckmiller, M. (1980). Praxis als soziale Pflicht. Korsch und die freistudentische Bewegung. In *Karl Korsch-Gesamtausgabe Band 1: Recht, Geist und Kultur*, Hrsg. Michael Buckmiller, 13–47. Frankfurt am Main: Europäische Verlagsanstalt.

Busse-Wilson, E.. (1925). Stufen der Jugendbewegung. *Ein Abschnitt aus der ungeschriebenen Geschichte Deutschlands*. Jena: Eugen Diederichs.

Dahlke, B.. (2008). Proletarische und bürgerliche Jünglinge in der Moderne. Jugendkult als Emanzipationsstrategie und Krisenreaktion um 1900. In *Männlichkeiten und Moderne. Geschlecht in den Wissenskulturen um 1900*, Hrsg. Ulrike Brunotte und Rainer Herrn, 111–130. Bielefeld: Transcript.

Diederichs, E. (1938). *Aus meinem Leben*. 2. Auflage. Leipzig: Meiner.

Elteren, M. (2007). Sozialpolitische Konzeptionen in Lewins Arbeitspsychologie vor und nach seiner Emigration in die Vereinigten Staaten. In *Kurt Lewin – Person, Werk, Umfeld. Historische*

Rekonstruktionen und aktuelle Wertungen, Hrsg. Wolfgang Schönpflug, 219–246. Frankfurt am Main: Peter Lang.

Flitner, W. (1968). Ideengeschichtliche Einführung in die Dokumentation der Jugendbewegung. In *Die Wandervogelzeit. Quellenschriften zur deutschen Jugendbewegung 1896–1919*, Hrsg. Werner Kindt, 10–17. Düsseldorf/Köln: Eugen Diederichs.

Franke, H. (1991). Leonard Nelson. *Ein biographischer Beitrag unter besonderer Berücksichtigung seiner rechts- und staatspolitischen Arbeiten.* Ammersbeck bei Hamburg: Verlag an der Lottbek Jensen.

Fulda, F. W. (Hrsg.). (1914). *Deutsch oder national? Beiträge des Wandervogels zur Rassenfrage.* Leipzig: Matthes.

Gehmacher, J. (1995). Jugendbewegung und Jugendorganisationen in der Ersten Republik. In *Handbuch des politischen Systems Österreichs. Erste Republik 1918–1933*, Hrsg. Emmerich Tálos, 292–303. Wien: Manz.

Gerner, K. (1997). Hans Reichenbach – sein Leben und sein Wirken. *Eine wissenschaftliche Biographie.* Osnabrück: Phoebe-Autorenpress.

Grelling, K. (1914). Student und Pädagogik. *Göttinger Akademische Wochenschau* 10 (1914): 1, 4; 10 (1914): 2, 12; 10 (1914): 3.

Grelling, R. (1915). J'accuse. *Von einem Deutschen.* Lausanne: Von Payot & Co.

Grelling, K. (1916a). Anti-J'accuse. *Eine deutsche Antwort.* Zürich: Orell Füssli.

Grelling, K. (1916b). Philosophische Grundlagen der Politik. *Sozialistische Monatshefte* (1916): 1045–1055.

Grelling, K., und Nelson, L. (1914). *Denkschrift betreffend die Einführung eines Staatenbundes und der damit zu verbindenden inneren Reformen zum Behufe der Stabilisierung eines auf der Grundlage eines deutschen Sieges möglichen Friedenszustandes.* Bonn: Friedrich Ebert Stiftung/Archiv der sozialen Demokratie. [Leonard Nelson Papers].

Großmann, B. (2017). *Elisabeth Busse-Wilson (1890–1974). Eine Werk- und Netzwerkanalyse.* Weinheim/Basel: Beltz.

Hall, S. (1904). *Adolescence. Its psychology and its relations to physiology, anthropology, sociology. Sex, crime, religion, and education.* London/New York: Verlag.

Harms, B. (1909). Zur Neugründung der Berliner Freien Studentenschaft. *Berliner Freistudentische Blätter* 2. Jg., Heft 5: 71–79.

Hecht, H., und Hoffmann, D. (1982). Die Berufung Hans Reichenbachs an die Berliner Universität. *Deutsche Zeitschrift für Philosophie* 30/5: 651–662.

Heidler, I. (1998). *Der Verleger Eugen Diederichs und seine Welt.* Wiesbaden: Harrassowitz 1998.

Hübinger, G. (1996). Eugen Diederichs' Bemühungen um die Grundlegung einer neuen Geisteskultur. In *Kultur und Krieg: Die Rolle der Intellektuellen, Künstler und Schriftsteller im Ersten Weltkrieg*, Hrsg. Wolfgang J. Mommsen, 259–274. München: Oldenbourg.

Joël, E. (1913). Über die Notwendigkeit sozialer Studentenarbeit im Sinne der freistudentischen Idee. *Rheinische Hochschul-Zeitung*, 11. Juni.

Jones, M. (2016). *Founding Weimar. Violence and the German revolution of 1918–1919.* Cambridge: Cambridge University Press.

Keil, E. (1913). Die Geschichte einer Jugendbewegung. *Deutsche soziale Rundschau* 3. Jg., Heft 5/6 (Sonder-Abdruck Archiv der Jugendbewegung).

Key, E. (1909). *The century of the child.* London/New York: Putnam.

Kindt, W. (Hrsg.). (1963). *Grundschriften der Deutschen Jugendbewegung.* Düsseldorf/Köln: Eugen Diederichs.

Kindt, W. (Hrsg.). (1968). *Die Wandervogelzeit. Quellenschriften zur deutschen Jugendbewegung 1896–1919.* Düsseldorf/Köln: Eugen Diederichs.

Kindt, W. (Hrsg.). (1974). *Die deutsche Jugendbewegung 1920–1933. Die bündische Zeit.* Düsseldorf/Köln: Eugen Diederichs.

Kracke, A. (Hrsg.). (1913). *Freideutsche Jugend. Zur Jahrhundertfeier auf dem Hohen Meißner 1913.* Jena: Eugen Diederichs.

Laqueur, W. (1984). *Young Germany. A History of the German Youth Movement* (1962). London/ New Brunswick:Verlag.

Laqueur, W. (1995). *Wanderer wider Willen. Erinnerungen 1921–1951*. Berlin: Edition Q.

Laqueur, W. (2015). Jugendbewegung – historische Betrachtungen „in einem weiten Bogen". In *Die Jugendbewegung und ihre Wirkungen. Prägungen, Vernetzungen, gesellschaftliche Einflussnahmen*, Hrsg. Barbara Stambolis, 27–38. Göttingen: V&R unipress.

Leichter, K. (1997). *Lebenserinnerungen. In Käthe Leichter. Leben und Werk, Hrsg. Herbert Steiner*, 231–381. Wien: Molden 1997.

Lichtblau, K. (Hrsg.). (2012). *Studien zu Gemeinschaft und Gesellschaft*. Wiesbaden: Springer.

Link, W. (1964). *Die Geschichte des Internationalen Jugend-Bundes (IJB) und des Internationalen Sozialistischen Kampf-Bundes (ISK). Ein Beitrag zur Geschichte der Arbeiterbewegung in der Weimarer Republik und im Dritten Reich*. Meisenheim: Hain.

Linse, U. (1974). Hochschulrevolution. Zur Ideologie und Praxis sozialistischer Studentengruppen während der deutschen Revolutionszeit 1918/19. *Archiv für Sozialgeschichte Band, 14*, 1–114.

Linse, U. (1981). *Entschiedene Jugend 1919–1921. Deutschlands erste revolutionäre Schüler- und Studentenbewegung*. Frankfurt am Main: Dipa.

Milkov, N. (2013). The Berlin group and the Vienna circle: Affinities and divergences. In *The Berlin group and the philosophy of logical empiricism*, eds. Nikolay Milkov and Volker Peckhaus, 3–32. Dordrecht et al.: Springer.

Mogge, W., und Reulecke, J (Hrsg.). (1988). *Hoher Meißner 1913. Der erste freideutsche Jugendtag in Dokumenten, Deutungen und Bildern*. Köln: Verlag für Wissenschaft und Politik.

Neugebauer, W. (1975). *Bauvolk der kommenden Welt. Geschichte der sozialistischen Jugendbewegung in Österreich*. Wien: Europaverlag.

Neurath, O. (1923). Erziehung und Eros. *Arbeiter-Zeitung*, 28. Juli.

Neurath, O. (1996). Visual education. Humanisation versus popularisation. In *Encyclopedia and Utopia. The life and work of Otto Neurath (1882–1945)* [Vienna Circle Yearbook], eds. Elisabeth Nemeth and Friedrich Stadler, 245–335. Dordrecht et al.: Kluwer Academic Publishers.

Niekisch, E. (1958). *Gewagtes Leben. Erinnerungen eines deutschen Revolutionärs 1889–1945*. Köln: Kiepenheuer & Witsch.

Peckhaus, V. (1994). Von Nelson zu Reichenbach: Kurt Grelling in Göttingen und Berlin. In *Hans Reichenbach und die Berliner Gruppe*, eds. Lutz Danneberg et al.„ 53–86. Braunschweig: Vieweg & Sohn.

Peckhaus, V. (2013). The third man: Kurt Grelling and the Berlin group. In *The Berlin group and the philosophy of logical empiricism*, eds. Nikolay Milkov and Volker Peckhaus, 231–243. Heidelberg et al.: Springer.

Preuß, R. (1991). Verlorene Söhne des Bürgertums. *Linke Strömungen in der deutschen Jugendbewegung 1913–1919*. Köln: Verlag für Wissenschaft und Politik.

Pross, H. (1964). *Jugend, Eros, Politik. Die Geschichte der deutschen Jugendverbände*. München: Scherz.

Rademacher, H. A. (1914). Zum Lietz'schen Vortragsabend. *Göttinger Akademische Wochenschau, 10*(5), 27–28.

Rätsch-Langejürgen, B. (1997). *Das Prinzip Widerstand. Leben und Wirken von Ernst Niekisch*. Bonn: Bouvier.

Reichenbach, H. (1912a). Student und Schulproblem. Ein neuer Zweig studentischer Bildungsarbeit. *Münchner Akademische Rundschau*, 16. Dezember.

Reichenbach, H. (1912b). Studentenschaft und Katholizismus. *Monistisches Jahrhundert*, November 1912.

Reichenbach, H. (1913a). Die freistudentische Idee. Ihr Inhalt als Einheit. In *Freistudententum. Versuch einer Synthese der freistudentischen Ideen*, Hrsg. Hermann Kranold, 23–40. München: Verlag.

Reichenbach, H. (1913b). Der Wandervogel und die Juden. *Berliner Börsen-Courier*, 16. November.

Reichenbach, H. (1914a). Von der Georgia Augusta. *Göttinger Akademische Wochenschau* 10 (1914): 4, 21.

Reichenbach, H. (1914b). Zum Lietz'schen Vortragsabend. *Göttinger Akademische Wochenschau* 10 (1914): 10, 38.

Reichenbach, H. (1914c). Die Jugendbewegungen der Gegenwart und ihre Bedeutung für die Hochschule. Die Jungdeutschlandbewegung. In *Studentenschaft und Jugendbewegung*, Hrsg. Hans Reichenbach et al., 12–33. München: Steinebach

Reichenbach, H. (1914d). Die Jugendbewegung und die Freie Studentenschaft. *Münchener Akademische Rundschau*, 25. Februar.

Reichenbach, B. (1915). *Anti-Barbarus. Aufbruch*, Heft 2-3: 66–68.

Reichenbach, H. (1916). Leitsätze zur militärischen Jugenderziehung. *Die Neue Hochschule* 1. Jg., Heft 9: 66–67.

Reichenbach, H. (1919). Student und Sozialismus. *Der Aufbau. Flugblätter an Jugend*, Datum?.

Reichenbach, H. (1931). Montessori-Erziehung – Erziehung zur Gegenwart. *Die neue Erziehung. Monatsschrift für entschiedene Schulreform und freiheitliche Schulpolitik* 13. Jg. (1931): 91-99.

Reichenbach, H. (1936). Logistic empiricism in Germany and the present state of its problems. *The Journal of Philosophy, 33*(6), 141–160.

Reichenbach, B. (1954). *Planung und Freiheit. Die Lehren des englischen Experiments.* Frankfurt am Main: Verlag.

Reichenbach, H. (1978a). The student body and Catholicism (1912). In M. Reichenbach & R. S. Cohen (Eds.), *Hans Reichenbach: Selected Writings 1909–1953* (Vol. 1, pp. 104–107). Reidel.

Reichenbach, H. (1978b). The free student idea: Its unified contents (1913). In M. Reichenbach & R. S. Cohen (Eds.), *Hans Reichenbach: Selected Writings 1909–1953* (Vol. 1, pp. 108–123). Reidel.

Reichenbach, H. (1978c). Platform of the socialist students' party (1918). In M. Reichenbach & R. S. Cohen (Eds.), *Hans Reichenbach: Selected writings 1909–1953* (Vol. 1, pp. 132–135). Reidel.

Reichenbach, H. (1978d). Socializing the university (1918). In M. Reichenbach & R. S. Cohen (Eds.), *Hans Reichenbach: Selected writings 1909–1953* (Vol. 1, pp. 136–180). Reidel.

Rescher, N. (2006). The Berlin school of logical empiricism and its legacy. *Erkenntnis, 64*, 281–304.

Sandner, G. (2011). The German climate and its opposite. Otto Neurath in England, 1940–45. In A. Grenville & A. Reiter (Eds.), *Political exile and exile politics in Britain after 1933* (pp. 67–85). Rodopi.

Sandner, G. (2014). *Otto Neurath. Eine politische Biographie.* Wien: Zsolnay.

Sandner, G., & Pape, C. (2017). From "Late enlightenment to logical empiricism". The Berlin Society of Empirical/Scientific Philosophy and the Ernst Mach Association in Vienna. In S. Pihlström et al. (Eds.), *Logical empiricism and pragmatism [Vienna circle institute yearbook, vol. 19]* (pp. 209–224). Springer.

Scheu, F. (1985). *Ein Band der Freundschaft. Schwarzwald-Kreis und Entstehung der Vereinigung sozialistischer Mittelschüler.* Wien et al.: Böhlau.

Schönpflug, W. (Hrsg.). (2007). *Kurt Lewin – Person, Werk, Umfeld. Historische Rekonstruktionen und aktuelle Wertungen.* 2. überarbeitete und ergänzte Auflage. Frankfurt am Main: Peter Lang.

Sontheimer, K. (1959). Der Tatkreis. *Vierteljahreshefte für Zeitgeschichte* 7 (1959): 3, 229–260.

Stadler, F. (2011). The road to experience and prediction from within: Hans Reichenbach's scientific correspondence from Berlin to Istanbul. *Synthese, 181*, 137–155.

Stambolis, B. (Hrsg.). (2015). *Die Jugendbewegung und ihre Wirkungen: Prägungen, Vernetzungen, gesellschaftliche Einflussnahmen.* Göttingen: V&R unipress.

Stambolis, B, and Reulecke, J. (eds.). (2013). *100 Jahre Hoher Meißner (1913–2013). Quellen zur Geschichte der Jugendbewegung.* Göttingen: V&R unipress.

Strauss, M (1963). Hans Reichenbach und die Berliner Schule. In *Naturwissenschaft, Tradition, Fortschritt (Beiheft)*, Hrsg. ?, 268–278. Berlin: Deutscher Verlag der Wissenschaften.

Tönnies, F. (1887). *Gemeinschaft und Gesellschaft. Abhandlung des Communismus und des Socialismus als empirischer Culturformen*. Berlin: Fues.

Uebel, T. (2013). "Logical positivism" – "Logical empiricism": What's in a name? *Perspectives on Science, 21*(1), 58–99.

Vesper, W. (Hrsg.). (1934). *Deutsche Jugend. 30 Jahre Geschichte einer Bewegung*. Berlin: Holle &

Werner, M. G. (2003). *Moderne in der Provinz. Kulturelle Experimente im Fin de Siècle Jena*. Göttingen: Wallstein.

Werner, M. G. (2014). Jugend im Feuer. August 1914 im Serakreis. *Zeitschrift für Ideengeschichte* VIII/2: 19–34.

Wilker, K. (1913). *Freie Schulgemeinde und Wandervogel. Wandervogelführerzeitung*, Februar.

Winnecken, A. (1991). *Ein Fall von Antisemitismus. Zur Geschichte und Pathogenese der deutschen Jugendbewegung vor dem Ersten Weltkrieg*. Köln: Verlag Wissenschaft und Politik.

Wipf, H-U. (1994). „Es war das Gefühl, daß die Universitätsbildung in irgend einem Punkte versagte…" – Hans Reichenbach als Freistudent 1910 bis 1916. In *Hans Reichenbach und die Berliner Gruppe*, Hrsg. Lutz Danneberg et al., 161–181. Braunschweig: Vieweg & Sohn.

Wipf, H-U. (2004). *Studentische Politik und Kulturreform. Geschichte der Freistudenten-Bewegung 1896–1918*. Schwalbach/Ts.: Wochenschau-Verlag.

Wrobel, I (Kurt Tucholsky). (1926a). Alte Wandervögel. *Weltbühne* 22. Jg. (Erstes Halbjahr): 966–969.

Wrobel, I (Kurt Tucholsky). (1926b). Die tote Last. *Weltbühne* 22. Jg. (Zweites Halbjahr): 855–857.

Wyneken, G. (1913). *Was ist Jugendkultur? Schriften der Münchner Freien Studentenschaft*. Erstes Heft. München: Steinicke.

Wyneken, G. (1914). *Der Krieg und die Jugend. Schriften der Münchner Freien Studentenschaft*. Viertes Heft. München: Steinicke.

3
Friedrich Jodl (1849–1914) – ein Vorausgänger des Wiener Kreises

Ingrid Belke (†)

Friedrich Jodl war – nach seinem relativ frühen Tod 1914 – schon Ende der 1920er-Jahre fast vergessen, obwohl seine Frau, Margarete Jodl, mit einer Biographie und Freunde und Schüler mit der Edition seiner Werke dafür sorgten, dass er in Erinnerung bleibe. Mit seinem mutigen Auftreten gegen den Klerikalismus in Österreich, mit seinen Veröffentlichungen, die ihn als engagierten Verfechter der Aufklärung und Anhänger von Ludwig Feuerbach ausweisen, galt er schon zu Lebzeiten als „unbequem". Soweit ich weiß, gab es im deutschsprachigen Gebiet keinen Philosophieprofessor, der sich so freimütig und öffentlich zu Ludwig Feuerbach bekannte wie Jodl. Der Widerstand blieb nicht aus. Als Jodl während des österreichischen Hochschulkampfes 1908 in Wien für die streikenden Studenten Partei ergriff, habe Prälat Dr. Ernst Commer in einer Sitzung der theologischen Fakultät ausgerufen: „Maledictus iste Jodl, diabolicus atheista!" („Verflucht sei dieser Jodl, dieser teuflische Atheist!", zitiert nach Jodl M., 1920, 231). Vielleicht hat man ihn ganz bewusst vergessen und verdrängt – bis auf eine Ausnahme, den Historiker Albert Fuchs, der in seinen *Geistigen Strömungen in Österreich* (1949) auch ein kenntnisreiches Portrait von Jodl entwarf. In fast allen größeren Darstellungen des Wiener Kreises wird Jodl als engagiertes Mitglied der Wiener Reformbewegung wenigstens genannt – im Unterschied zu dem Physiker und Philosophen Ernst Mach, dessen Leben und Werk bis heute in vielen Monographien, Aufsätzen und Ausstellungen gewürdigt wird. Ich möchte deshalb im Folgenden Friedrich Jodl in einigen Schwerpunkten vorstellen.

Friedrich Jodl war 1849 als ältestes Kind – von acht Geschwistern – einer angesehenen Beamtenfamilie in München geboren. Schon den jungen lernbegierigen Gymnasiasten zeichneten rhetorisches Talent, ein gutes Gedächtnis und die Fähigkeit aus, Erfahrungen und Probleme in einem angemessenen und flüssigen Stil darzustellen. Seine exzellenten Englisch- und Französisch-Kenntnisse verdankte er

---

I. Belke (Deceased)

© The Author(s) 2022
C. Damböck et al. (eds.), *Logischer Empirismus, Lebensreform und die deutsche Jugendbewegung*, Veröffentlichungen des Instituts Wiener Kreis 32,
https://doi.org/10.1007/978-3-030-84887-3_3

der Schwester seines Vaters, die als Erzieherin im Hause von Herzog Maximilian gewirkt hatte. Nach dem erfolgreichen Abschluss des Humanistischen Gymnasiums begann er in München – abgeneigt gegen jede Spezialisierung – ein vielseitiges Studium der Geschichte, Kunstgeschichte und Philosophie. Die Unsicherheit angesichts seines zukünftigen Berufsziels wurde intensiviert durch eine religiöse Krise. Die religiöse Erziehung in Familie und Schule hatte in dem Zwölf- bis Fünfzehnjährigen einen tiefen Eindruck hinterlassen. Unter dem Einfluss seines Studiums jedoch vollzog sich schon 1868 der Übergang von den beschränkten Anschauungen der katholischen Dogmatik zu einer freien Vernunftreligion. „Wie bei Fichte", so vertraute der Neunzehnjährige seinem Tagebuch an, „ging es auch bei mir mit dem Theologismus erst langsam, dann rasch und rascher bergab" (zitiert nach Jodl M., 1920, 32). Diese Wende sollte auch für seine wissenschaftliche Zukunft so entscheidend werden wie der Rat seines Universitätslehrers Johannes Huber, er möge sich um die von der philosophischen Abteilung der Fakultät gestellte Preisfrage bewerben. Ihr Thema war die „Kritische Darstellung der philosophischen Lehren David Humes". Das ermöglichte Jodl, sich intensiv mit einem der bedeutendsten und einflussreichsten Vertreter der schottisch-englischen Aufklärung zu beschäftigen. David Hume hatte mit fünfundzwanzig Jahren sein erstes und reifstes Werk *A Treatise of Human Nature* (*Abhandlung über die menschliche Natur*) geschrieben, das „alle wesentlichen Gedanken seiner Psychologie, Erkenntnistheorie und Ethik" (Jodl, 1916c, 16 f.) enthielt. Es begründete seinen Ruf als Atheist; folglich scheiterte 1746 seine Bewerbung auf den Lehrstuhl für Ethik in Edinburgh. Jodl war beeindruckt von den Erkenntnissen des schottischen Empirikers, der, etwa fünfundzwanzig Jahre später, gern gesehener Gast des französischen Philosophen Paul Henri Thiry d'Holbach war, in dessen Haus sich damals regelmäßig die radikalsten Philosophen der französischen Aufklärung trafen.

Jodl gewann die Preisfrage und promovierte mit der Arbeit 1871. Sie erschien in erweiterter Fassung 1872. Es war sein erstes Buch, und es war der Ausgangspunkt, der seiner Philosophie die Richtung gab – hin auf die ethisch-religiöse Frage, die ihn bewegte. Er selbst hat 1911 in der auch von ihm bevorzugten kleinen Form, in dem Vortrag „Aus der Werkstätte der Philosophie", im Wiener Volksbildungsverein von der Entstehung seines Hauptwerks über die *Geschichte der Ethik als philosophischer Wissenschaft* Zeugnis abgelegt. Dank dieser Dissertation wurde Jodl 1873 Dozent für Universalgeschichte an der Königlich Bayerischen Kriegsakademie, wo er bis 1885 Vorlesungen für ältere Offiziere hielt, die sich auf die Generalstabskarriere vorbereiteten. Die Stelle sicherte sein Einkommen, eine Entwicklung seiner Ideen konnte er jedoch nur an der Universität verfolgen.

Die Universität München sei damals „einer der interessantesten Kriegsschauplätze" (Jodl 16c, 12) der Wissenschaft gegen den Ultramontanismus gewesen, erinnerte sich Jodl. Der schon genannte Johannes Huber, einst Anhänger Friedrich Wilhelm Joseph Schellings, kämpfte damals an der Seite des mutigen Kirchenhistorikers Ignaz Döllinger als Altkatholik gegen die Dogmatisierung der päpstlichen Unfehlbarkeit. Er hatte dann auch Jodl gedrängt, sich mit einer kulturgeschichtlichen Arbeit an der Technischen Hochschule zu habilitieren. Als dieser Plan fehlschlug, wandte sich Jodl an seinen Universitätslehrer Carl Prantl, der mit der Losung „Unerkennbarkeit des Absoluten" zu positivistischem Denken aufrief. (Jodl, 1916c, 13) Das sei damals noch selten von deutschen Kathedern zu hören gewesen. Jodl habilitierte sich 1880 erfolgreich bei ihm mit der Arbeit *Studien zur Geschichte und Kritik über den Ursprung des Sittlichen: Hobbes und seine Gegner im 17. Jahrhundert.* Ein Teil der Arbeit wurde in die *Geschichte der Ethik* eingebaut, an der Jodl intensiv fortarbeitete, mit dem Ziel, „den Ausgleich der Philosophie mit der Naturwissenschaft" zu leisten und die Philosophie zu einer „positiven Wissenschaft" (Jodl, 1916c, 15) auszubauen.

Ursprünglich wollte Jodl nur die Geschichte der Ethik darstellen, wie sie sich in den drei europäischen Ländern England, Frankreich und Deutschland entwickelt hat. Doch dann veranlassten ihn zwei Entdeckungen, schon mit der Antike zu beginnen: 1. dass schon die frühen Naturphilosophen, wie Thales von Milet (etwa 625–545), sich mit vorhandenen Kenntnissen und Denkweisen auseinandergesetzt hatten, und 2. dass es seit den Anfängen des griechischen Geisteslebens zwei große Ströme gegeben habe, die auch die spätere Fortbildung der wissenschaftlichen Ethik kennzeichneten. Die „religiöse oder metaphysische Strömung" beginnt bei der orphisch-pythagoreischen Überlieferung und findet sich in neuer Gestalt bei Platon und den Neuplatonikern. In ihr dominiert die Vorstellung von einer sittlichen Ordnung, die in göttlichen Händen liegt und zu welcher der Unsterblichkeitsgedanke und die feindliche Gegenüberstellung von Sinnlichem und Geistigem im Menschen gehören. Die „antitheologische oder antimetaphysische" Richtung dagegen, verbreitet vor allem in Ionien, war früh verbunden mit bestimmten rationalistischen und aufklärerischen Tendenzen, auch mit naturwissenschaftlicher Forschung; sie kennt keine göttliche Strafgerechtigkeit und vertritt eine Ethik des zweckmäßigen, sinnvollen Handelns und einer individuellen und staatlichen Gerechtigkeit. Sie wird vertreten von Sokrates, von den Sophisten und später von Epikur und den Epikureern, die eine neue, weitverbreitete Lebensform ausbildeten, mit dem Doppelbegriff von Lust und Schmerz als dem Fundament der ethischen Lebensführung. Sie war die einzige Lebensform, die der religiösen Umbildung der Spätantike durch das Christentum widerstand.

Die Entdeckung dieser zwei Richtungen in der Antike erinnert an das Manifest *Wissenschaftliche Weltauffassung – Der Wiener Kreis* von 1929: „Alles ist dem Menschen zugänglich; und der Mensch ist das Maß aller Dinge. Hier zeigt sich Verwandtschaft mit den Sophisten, nicht mit den Platonikern; mit den Epikureern, nicht mit den Pythagoreern; mit allen, die irdisches Wesen und Diesseitigkeit vertreten" (Carnap et al., 2012, 25). Hier stehen die Epikureer im gleichen Zusammenhang wie vierzig Jahrzehnte vorher in Jodls *Geschichte der Ethik,* in der dieser eine Kontinuität der Fortbildung von Erkenntnistheorie und Ethik ohne Zuhilfenahme von Metaphysik oder kirchlicher Dogmatik aufzeigt, wenn auch mit Rückschritten und Zwischenstufen.

Obwohl jahrhundertelang verschüttet, tauchte der Epikureismus im italienischen Humanismus wieder auf und erfuhr in der umfangreichen Darstellung Epikurs durch den Franzosen Pierre Gassendi eine Wiederbelebung in den Zirkeln französischer Aufklärer, wie bei Claude Adrien Helvétius und d'Holbach. Bei den englisch-schottischen Utilitariern erhielten die dezidiert individualistischen Theorien der Epikureer eine soziale Ergänzung.

Angelpunkt von Jodls *Geschichte der Ethik* ist die Frage nach dem Verhältnis der Sittlichkeit zur Religion. In seiner Darstellung der neueren Ethik neigte sich die Mehrheit der Stimmen immer entschiedener auf die Seite der Unabhängigkeit des Ethischen vom Religiösen, wobei die Unabhängigkeit selbst jeweils verschiedene Nuancen haben konnte. Giordano Brunos Pantheismus ist von theistischen Anklängen nicht frei; und selbst Baruch de Spinoza, der große Häretiker des siebzehnten und achtzehnten Jahrhunderts, hatte seinem Naturalismus eine pantheistische Färbung gegeben und trotz der Gleichsetzung von Gott und Natur in den späteren Büchern seiner Ethik den Gottes-Begriff bevorzugt. David Hume hatte die Identität der wahren Religion mit der Sittlichkeit proklamiert und daraus die Überflüssigkeit der Religion gefolgert. In der französischen Aufklärung fällt die Vielfalt der Antworten noch größer aus. Kein Autor hat übrigens auf diesem Gebiet den systematischen Aufbau einer neuen Ethik versucht, galten doch ihre Veröffentlichungen mit ihrer scharfen und zugespitzten Polemik der praktischen Anwendung. Während Pierre Bayle bereits im siebzehnten Jahrhundert ausgesprochen hatte, dass Atheismus nicht notwendig mit Sittenlosigkeit verbunden sei, hob schon Helvétius die ethisch bedenklichen Wirkungen der Religion hervor. Denis Diderot war allein durch die Rücksicht auf die *Enzyklopädie* (1751–1772) gezwungen, nach außen hin einen Deismus zu vertreten. D'Holbach schnitt dagegen in seinem *Système de la Nature* (1770) sehr kühn alle Assoziationsverbindungen ab, die bisher im Denken der Menschheit zwischen Welt und Gott bestanden hatten. Er verkündete erstmals eine rein mechanistische Weltanschauung. Allen Schriften, die bisher zumindest von einem rationalisierten Gottesbegriff ausgegangen waren, stellte er in seinem *Système de la Nature* ein entschiedenes Nein entgegen. Mit ihm lebte der alte Kampfgeist der epikureischen Schule wieder auf, der in der Religion die Feindin der menschlichen Gemütsruhe und des Friedens sah.

Jodl vermisste bei den Aufklärern den konstruktiven Zusammenhang mit der Welt, mit dem Staat. Ihre ethischen Vorstellungen waren ihm zu individualistisch, da sie sich mit ihrer ganzen polemischen Vehemenz gegen den damaligen absoluten Staat richteten, der in ihren Augen eine mit dem „Schimmer des Gottesgnadentums umkleidete Rauborganisation" (Jodl, 1906, 470) war. Eine Ausnahme bildete da der französische Geschichtsphilosoph Marquis de Condorcet, den Jodl mit spürbarer Sympathie schilderte. Diese Sympathie spiegelt sich auch in seiner Darstellung. Während sein Stil sonst in ruhigen, langen ciceronischen Perioden dahinfließt, werden nun die Sätze kürzer, die Worte verraten die Empathie, und am Ende folgt der Einspruch Jodls an die Leser. Hatte doch der mutige und so warmherzige Condorcet noch kurz vor seinem Kerkertod den Zusammenhang der Generationen betont und begeistert von der ursprünglichen Güte des Menschen gesprochen und von dessen unbegrenzter Fähigkeit, sich zu vervollkommnen und einen intellektuellen und technischen Fortschritt herbeizuführen. Und da der Einspruch Jodls aus der Gegenwart:

> Ob freilich die Individuen als solche mit dem gewaltigen Gang der Zeit Schritt halten? Sind sie größer geworden oder kleiner mit den verbesserten Hilfsmitteln? Oder stehen sie zu allen Zeitaltern im gleichen Verhältnisse: sie überragend und vorauseilend, angepasst und repräsentierend oder hinter ihnen zurückbleibend? Ist der Durchschnitt der Menschen heute

klüger als ehedem, weil er mehr weiß? Ist er besser, weil die sozialen Schutzwehren voll-kommener geworden sind? Wer kann diese Fragen beantworten? (Jodl, 1906, 485).[1]

Mit der *deutschen* Aufklärung, die ihm zeitlebens als zu „zaghaft" erschien, schloss Jodl den ersten Band seiner *Geschichte der Ethik*. Sie erschien 1882 im Cotta Verlag und brachte ihm viel positive Resonanz ein, auch im Ausland, und end-lich, nach vielen Intrigen, 1885 auch eine ordentliche Professur für Philosophie an der deutschen Universität in Prag, die er bis 1896 innehatte.

Jodl folgte diesem Ruf zunächst mit Freude und Bewunderung für das schöne Prag, die „Goldene Stadt der hundert Türme". Die Enttäuschung setzte rasch ein: Prag hatte seine seit dem achtzehnten Jahrhundert bestehende deutsche Bevölkerungsmehrheit verloren. Tschechische Politiker forderten eine konsequente Zweisprachigkeit, die 1880 formell eingeführt wurde. 1882 war nach leidenschaft-lichen Auseinandersetzungen die ehrwürdige alte Karl-Ferdinands-Universität in eine tschechische und eine deutsche Hochschule aufgeteilt worden.

Jodl, der bisher nur die Auseinandersetzungen des zaghaften bayerischen Liberalismus mit der klerikalen Opposition gewohnt war, geriet damals in den Nationalitätenstreit, der die Politik des Wiener Parlaments bestimmte. Er verstand kaum die heftigen nationalen Konflikte, schon gar nicht deren soziale Ursachen. Die deutschsprachige Philosophische Fakultät war in dem alten, von den Jesuiten gegründeten Clementinum mit düsteren kleinen Hörsälen untergebracht. Die Universitätsbibliothek erwies sich für seine Interessen als schlecht ausgestattet. Das Gros der deutschen Studentenschaften bildeten Mediziner und vor allem Juristen, die alternierend bei den zwei Professoren der Philosophie ein Kolleg absolvieren mussten. Infolge der scharfen Trennung zwischen Deutschen und Tschechen und der aufgeheizten Politik, die ihm völlig fremd war, erschienen Jodl die deutschen Kollegen als die „Deutschesten der Deutschen" (zitiert nach Jodl M., 1920, 117). Er verbrachte daher die Prager Jahre von 1885 bis 1896 zunächst sehr zurückgezogen und mit intensiver Arbeit.

Die dringendste Aufgabe war der zweite Band der *Geschichte der Ethik*, zu deren Fertigstellung er sich bei Cotta verpflichtet hatte. Die ersten und schwierigsten Kapitel sollten Immanuel Kant, den Gegnern und Fortbildnern Kants und anschlie-ßend dem spekulativen Idealismus gewidmet werden. Kants Philosophie ist nach Jodl als „ein geistiger Knotenpunkt" (Jodl, 1916a, 112) zu verstehen. Mit seiner Entwicklung treffen alle Hauptrichtungen des europäischen Denkens zusammen: die Leibniz–Wolff'sche Schulphilosophie, der englische Empirismus, die damalige Naturwissenschaft und auch der Einfluss Jean-Jacques Rousseaus. So sehr Jodl in den frühen Schriften Kants den „kühnen Vorkämpfer einer kritischen Vernunftwissenschaft" (Jodl, 1916a, 118) verehrt hatte, so dringlich erschien es ihm, nach dem Einbruch des Entwicklungsgedanken in die Geisteswissenschaften, Kant kritisch zu lesen. Die Beschäftigung Kants mit ethischen Ideen in den *Träumen eines Geistersehers* sei noch von David Humes sozialem Eudämonismus

---

[1]Zu Religion und Ethik bei Reichenbach und Carnap vgl. die Beiträge von A.W. Carus und Christian Damböck in diesem Band.

beeinflusst, der auf das Prinzip der Sympathie gegründet ist. Nachdem ihn Hume „aus dem dogmatischen Schlummer geweckt" (Jodl, 1916a, 113) habe, wollte Kant – so Jodl – auch mit der empirisch-psychologischen Methode in der Ethik brechen und ihr in der Aktivität der Vernunft als „Erstem" und „Ursprünglichstem" ein Fundament geben. (Vgl. Jodl, 1912, 7) Erst in der Vorrede zur *Grundlegung zur Metaphysik der Sitten* (1785) hat er das Sittliche definiert: als den guten Willen, das eigentliche Objekt sittlicher Wertschätzung. Mehrfach betonte er, „dass alle Moralität der Handlungen in die Notwendigkeit derselben aus Pflicht und aus Achtung fürs Gesetz, nicht aus Liebe und Zuneigung zu dem, was die Handlungen hervorbringen sollen, gesetzt werden müsse" (Jodl, 1912, 12). Hier setzte die Kritik ein. Da sittlich gut oder pflichtmäßig nur das genannt wird, was dem Sittengesetz entspricht, da alle anderen Antriebe wegfallen, bleibt nur die Forderung übrig: „Handle so, als ob die Maxime deiner Handlung durch deinen Willen zum allgemeinen Naturgesetz werden sollte!" (Jodl, 1912, 13 f.) Diese Forderung nennt Kant den Kategorischen Imperativ, kategorisch, weil er unmittelbar gebietet, ohne irgendeine Absicht. Jodl erinnert daran, dass der große Kritiker Kant, von einer frommen Mutter großgezogen, einmal gestanden habe, er „sei in die Metaphysik verliebt." (Jodl, 1916a, 114). „Die wesentlichen Bestandsstücke der theologischen Weltansicht" seien bei Kant „niemals ganz abgestorben" und eine Einbruchstelle in das System der kritischen Vernunft sei das Sittengesetz, das von „der höheren Abkunft des Menschen" (Jodl, 1916a, 115) zeuge. So viel zu KANT.

Im November 1887 endlich schrieb Jodl an seine Frau: „In der nächsten Zeit steht mir eine mich innerlich sehr aufregende Darstellung bevor: die Schilderung des modernen ethischen Atheismus bei J. St. Mill […], parallel Proudhon und Feuerbach. Das soll ein ‚capitales Kapitel' werden" (zitiert nach Jodl M., 1920, 122). Es sollten mehrere Kapitel werden, denn dazwischen sollte auch noch der französische Positivist Auguste Comte abgehandelt werden. Jodl betrachtete sich als Nachfahre der empirischen Positivisten Auguste Comte, John Stuart Mill und Ludwig Feuerbach, später bezeichnete er seine Philosophie als „empirische Wirklichkeitsphilosophie". Es sind die Kapitel, in denen Jodl am meisten von sich selbst verrät. Er beginnt mit dem französischen Sozialphilosophen Pierre-Joseph Proudhon und dem Werk *De la Justice dans la Révolution et dans l'Église*, in dem dieser 1858–1859 seine ethischen und rechtsphilosophischen Grundanschauungen entwickelte. Das Nebeneinander von Revolution und Kirche im Titel ist als schärfste Antithese zu fassen. Ähnlich wie Comte sieht Proudhon nur einen Weg, aus der geschilderten sittlich-sozialen Auflösung der Gegenwart herauszukommen: die Wissenschaft. Comtes Losung „Wissen ist Vorauswissen" lautet bei Proudhon: Man muss Geschichte a priori schreiben, noch bevor die Ereignisse da sind, d. h. den Gang der Menschheit durch Wissenschaft bestimmen. Dabei, so betont Jodl, ist Proudhon „vielleicht der erste neuere Denker, welcher auf die eminente praktische Bedeutung der Phantasie für die Entwicklung von Wertmaßstäben und Normen, wie für die Fortbildung von Zuständen aufmerksam gemacht hat" (Jodl, 1912, 323), also für den Fortschritt. Mir scheint, da spricht Jodl auch von eigenen Erfahrungen. Jodl hat sich ja damals mehrfach Gedanken über eine adäquate Methode der

Geisteswissenschaften gemacht, unter anderem brieflich an den Historiker Felix Stieve in München:

> Ein Empirismus, der ganz im Sammeln einer möglichst großen Zahl von Tatsachen aufgeht, hat gar keine Ähnlichkeit mit jener Methode, durch welche die Naturwissenschaft groß geworden ist. Denn die Methode der Naturwissenschaft ist eine Verbindung von Induktion und Deduktion oder die Verbindung jenes Empirismus mit einem hypothetisch-konstruierenden Verfahren. Nicht Tatsachen als solche haben Wert, sondern bedeutungsvolle Tatsachen, aus denen etwas folgt, aus denen man andere Tatsachen ableiten kann. Nicht das Einzelne, sondern nur das Allgemeine ist bedeutungsvoll (zitiert nach Jodl M., 1920, 122 f.).

Erkenntnisgewinn schafft zum Beispiel der historische Vergleich. Voraussetzung dafür ist natürlich die souveräne Beherrschung der Materie. So hat Jodl dem Kapitel über Comte ein umfangreiches Kapitel über den Spiritualismus in Frankreich und seinem bedeutendsten und erfolgreichen Vertreter Victor Cousin vorangestellt. Gegen Cousin stellte Jodl – als Kontrast – den äußerlich erfolglosen Comte und dessen Fähigkeit der Abstraktion, des phantasielosen, aber exakten und mathematischen Denkens. Comtes Philosophie habe ihre Wurzeln in der Mathematik und in den Naturwissenschaften, bei denen die großen französischen Astronomen Pate gestanden hätten. Mit der Gegenüberstellung von Spiritualismus und Positivismus in Frankreich charakterisiert er nicht nur zwei verschiedene Zeitströmungen, sondern, indirekt – wie am Beispiel der Antike – auch seine eigene Sicht und methodische Herangehensweise. (Vgl. Jodl, 1912, 327) Religiöser Glaube und metaphysische Spekulation haben ihren vollen notwendigen Anteil an der Entwicklung unseres Menschengeschlechtes; sie haben die Stufen gebaut, auf denen sich der Tempel des heutigen Wissens erhebt. Aus dem Gefühl der Dankbarkeit dürfe man jedoch nicht, wie der Spiritualismus und Cousin, geistige Verpflichtungen für die Gegenwart ableiten. Cousin suche eklektisch Bruchstücke der ganzen und vollen Wahrheit in den Gedanken der Vergangenheit. Der Positivist strebt dagegen

> aus einem Gesetz der geistigen Entwicklung zu verstehen, weshalb vergangene Zeiten so denken mussten, wie sie taten; aber er stellt sich auch, ausgerüstet mit neuen Kriterien und neuer Methode, über die Vergangenheit, deren Studium uns zwar belehren kann, was geschichtlich notwendig gewesen, aber nicht, was an sich wahr ist (Jodl, 1912, 329).

Abgelehnt wurde schon damals die als willkürlich empfundene Systemisierung der Wissenschaften bei Comte, deren oberste Stelle die Biologie und die Soziologie einnehmen, d. h. die Wissenschaften vom einzelnen und kollektiven Menschen. Jodl dagegen hebt als „das viel zu wenig gewürdigte und noch viel zu wenig angewandte Verdienst" den methodologischen Gedanken Comtes hervor, „dass es keine fruchtbringende Erkenntnis des individuellen menschlichen Geistes geben könne ohne Studium der menschlichen Gesellschaft und der geschichtlichen Entwicklung" (Jodl, 1912, 334). Im Gegensatz zu einer Methode, die alles, Welt und Ideen, in einsamer Beobachtung aus dem isolierten, zufälligen Ich herausspinnt – für welche in Frankreich die Spiritualisten repräsentativ sind, in Deutschland Kant, Johann Gottlieb Fichte und Johann Friedrich Herbart – lege Comte das Hauptgewicht auf das, was als ein objektives Faktum der allgemeinen Prüfung zugänglich ist: die Gesamterscheinungen menschlichen Zusammenlebens, die Tatsachen der

Geschichte. Das gelte sowohl für die geistige wie für die sittliche Geschichte der Menschheit. (Vgl. Jodl, 1912, 335)

Auch im Kapitel über John Stuart Mill berichtet Jodl, ähnlich wie bei Comte, mehr über biographische Details und Einzelheiten, die ihn anrühren, wie zum Beispiel sein Eintreten für die Emanzipation der Frauen. Und auch in diesem Kapitel teilt Jodl – direkt an den Leser gewandt – mit, was ihm theoretisch wichtig ist, was ihn dazu bewogen hat, den Utilitaristen darin zuzustimmen, dass sich das Sittliche oder die ethischen Normen allmählich aus der Wechselwirkung zwischen der psychischen Organisation des Individuums und der Gesellschaft entwickelt haben:

> Jeder Mensch weiß im ganzen recht wohl, wie er den andern haben möchte, was ihm an diesem gefällt und von diesem wehetut; und es müßte wahrlich sonderbar zugehen, wenn daraus nicht für jede Zeit und jedes Volk ein Inbegriff dessen, was jeder von den andern begehrt, also ein Maßstab der Beurteilung nach dem ‚allgemeinen Wohl', entstände (Jodl, 1912, 445).

Mehrfach hat Jodl in seiner *Geschichte der Ethik* und so auch zu Beginn des Kapitels über den Eudämonismus und Ludwig Feuerbach beklagt, dass die Systeme der Ethik in Deutschland „formalistisch und metaphysisch" (Jodl, 1912, 236) seien. Immer wieder bezog er sich dabei kritisch auf Kant. Mit großer Zustimmung hob er deshalb „die ungemein große Bedeutung Feuerbachs für die philosophierende Gegenwart" (Jodl, 1912, 255) hervor. Feuerbachs Hauptargument sei darauf gerichtet

> die Grundlinien einer neuen, realistischen Weltansicht zu verzeichnen. Den kühnen Konstruktionen und abstrakten Begriffsgebilden der idealistischen Metaphysik tritt er mit der durchgreifenden Forderung entgegen: „Begnüge Dich mit der gegebenen Welt!" Er wird damit der geistige Vater des Positivismus in Deutschland, […] und das zu einer Zeit, wo man in der deutschen Literatur weder von Auguste Comte noch von John Stuart Mill irgend welche Kenntnis genommen hatte (Jodl, 1912, 256).

Feuerbach betont

> dass die Gemeinschaft des Menschen mit dem Menschen das erste Prinzip und Kriterium der Wahrheit und auch der Ethik sei. Zwei Menschen gehörten zur Erzeugung des Menschen, sowohl des physischen wie des denkenden. Fundament seiner Ethik ist der Glückseligkeitstrieb: „Ich will", sagt der eigene Glückseligkeitstrieb, „Du sollst", der des Anderen (Jodl, 1912, 260).

Leider fehle, so Jodl mit Recht, der Hinweis darauf, dass der Gegensatz von Ich und Du, der als die treibende Kraft der ethischen Entwicklung in der Geschichte bezeichnet werde, nicht nur der Gegensatz zweier Individuen, sondern in Wahrheit der Gegensatz des Individuums und der Gesellschaft sei. Wichtig war ihm die Religionskritik. Die Götter sind nach Feuerbach Phantasiegeschöpfe, die mit dem Abhängigkeitsgefühl und Glückseligkeitstrieb des Menschen in Verbindung stehen. Gott sei der Spiegel des Menschen; das Geheimnis der Theologie ist die Anthropologie: „Aller geschichtliche Fortschritt in den Religionen besteht darin, dass das, was der früheren Religion für etwas Objektives, als Göttliches oder Gott galt, jetzt als etwas Subjektives, als Menschliches erkannt wird" (Jodl, 1912, 276). Das ist die Erkenntnis Feuerbachs – und die Jodls, der das Kapitel mit der

Überzeugung schließt, „dass das Schicksal der Menschheit nicht von einem Wesen außer oder über ihr, sondern von ihr selbst abhängt, dass der einzige Teufel des Menschen, der Mensch, der rohe, abergläubische, selbstsüchtige, böse Mensch, aber auch der einzige Gott des Menschen der Mensch selbst ist" (Jodl, 1912, 280).

Im Frühjahr 1889 endlich – nach sechs Jahren intensiver Arbeit – erschien der zweite Band der *Geschichte der Ethik,* der Jodl viel Zustimmung und Lob einbrachte, und den persönlichen Kontakt mit Wilhelm Wundt in Leipzig, Harald Höffding in Kopenhagen und Georg von Gizycki in Berlin, den er fortan beim Aufbau der Ethischen Gesellschaft in Deutschland unterstützte. Kein Kontakt war aber so folgenreich wie der mit dem jüngeren Dozenten und Bibliotheksdirektor der finnischen Universität Helsingfors, Wilhelm Bolin, der mütterlicherseits deutscher Herkunft und daher deutschsprachig war und seit 1857 in freundschaftlicher Beziehung zu Ludwig Feuerbach gestanden hatte. Bei der Arbeit an seinem Buch *Ludwig Feuerbach. Sein Wirken und seine Zeitgenossen* (1891) war er auf Jodls *Geschichte der Ethik* gestoßen und hatte daraufhin voller Anerkennung an Jodl geschrieben, besonders entzückt von dessen Würdigung Ludwig Feuerbachs. Jodl hatte darauf mit einem warmherzigen Brief geantwortet und Bolin reagierte auf die begonnene Korrespondenz mit einem persönlichen Besuch im Sommer 1890 in Prag, über den Jodl anschließend in seinem Tagebuch schrieb:

Von der Grundvoraussetzung unseres Einverständnisses über die wichtigsten Lebensfragen aus, machte dieser Mann einfach einen Sturmlauf auf mein Herz, sichtlich entschlossen, es zu gewinnen. [...] Es ist ein Mensch von größter persönlicher Warmherzigkeit, der Vertrauen erzwingt, indem er es voll und ganz gibt (zitiert nach Jodl M., 1920, 136).

Das war der Beginn einer lebenslangen Freundschaft, die eine gemeinsame zehnbändige Werkausgabe von Ludwig Feuerbach zur Folge hatte, deren erster Band 1904 und deren letzter Band 1911 erschien. Die zunehmende Vertrautheit mit dem Leben und Werk Feuerbachs veranlasste Jodl, eine eigene Monographie zum hundertsten Geburtstag von Feuerbach zu schreiben, die, ebenfalls unterstützt von Bolin, pünktlich 1904 erschien. Erst beim systematischen Lesen und Gruppieren von Feuerbachs Werken entdeckte Jodl, wie vieles er sich im Laufe der Jahre zu eigen gemacht hatte. 1903 schrieb er an Bolin:

Es ist ja ein ganzes System, was der Alte im Kopfe herumgetragen hat; ein wahres Programm alles dessen, was sich heute wissenschaftliche Philosophie nennt. Mir ist, als schriebe ich mein eigenes *testament philosophique*: ein unendlich beruhigender Gedanke. Denn wenn ich auch niemals dazu kommen sollte, meine eigene Weltanschauung zu skizzieren; in ihren Grundzügen läge sie in Feuerbach vollständig vor (zitiert nach Jodl M., 1920, 205).

In diesen Jahren lehrte Jodl bereits als ordentlicher Professor der Philosophie an der Universität in Wien und brauchte nicht mehr zu fürchten, dass ihm das offene Bekenntnis zu Feuerbach existentiell schaden könnte. Nach Erscheinen des zweiten Ethik-Bandes hatte ihn allerdings ein sehr angesehener Kollege in Prag gewarnt, dass er sich mit diesem Buch „zum exponiertesten unter allen Professoren der Philosophie gemacht" habe (zitiert nach Jodl M., 1920, 134). Die Tatsache, dass Jodl sich, trotz öffentlicher Anerkennung, zweimal vergeblich auf den vakanten

Lehrstuhl für Philosophie in München (Nachfolge Prantl) beworben hatte, sprach für die Berechtigung dieser Sorge.

Obwohl Jodl für jedes Semester ein neues großes Kolleg ausarbeitete, entwarf er im Sommer 1890 den Grundriss eines systematischen *Lehrbuchs der Psychologie,* das er von vornherein als den Versuch einer „offenen Forschung" konzipierte, offen für Neues, Selbst-Entdecktes ebenso wie für die Forschungsergebnisse anderer. Er hat daher auch umfangreiche Quellenforschungen in Berlin, London und München auf sich genommen und zu seinem Schrecken festgestellt, dass sich das Buch – ebenso wie die neue, damals explodierende Disziplin selbst – zu einem „gefräßigen Ungeheuer" (zitiert nach Jodl M., 1920, 159) entwickelte und erst 1896 erscheinen konnte. Schon nach der dritten Auflage (2 Bände, 1908) erkannte Jodl, dass diese Arbeit nur im Teamwork weitergeführt werden könne. So ist es auch für die fünfte und sechste Auflage (2 Bände, 1924) geschehen, unter anderem mit Beteiligung seines Schülers Viktor Kraft – als ein Vorläufer des Wissenschaftsparadigmas des Wiener Kreises. Da Georg Gimpl (2015) über den architektonischen Aufbau und die Themen dieses interessanten „Lehrbuchs" publiziert hat, kann ich mich hier auf diesen Hinweis beschränken.

Ich bin der Zeit vorausgeeilt: Die intensive Beschäftigung mit Feuerbach begann Jodl erst, nachdem er, schon gar nicht mehr erhofft, im Frühjahr 1896 zum ordentlichen Professor für Philosophie in Wien ernannt worden war. Ein politischer Zufall – Freiherr von Gautsch wurde zum zweiten Mal Minister für Kultus und Unterricht – bewirkte diese Beförderung. Erfreut über den größeren Wirkungskreis, wollte sich Jodl zunächst ganz auf seine akademische Tätigkeit konzentrieren, auf die Vorlesungen und Seminare, die in steigender Anzahl von den Studenten besucht wurden. Für die fortgeschrittenen Studenten richtete er sogar Privatsprechstunden in seiner Wohnung ein. Angenehm war auch das Verhältnis zu seinen unmittelbaren Fachkollegen: Ernst Mach, der nur über philosophische Grenzgebiete zu seinem Hauptfach Physik las, Theodor Gomperz – als Vertreter antiker Philosophie und Übersetzer von John Stuart Mills Werken, der Jodl besonders nahestand – der Theologe Laurenz Müllner und der Herbartianer Theodor Vogt.

Bereits im Oktober 1896 wird unter den Mitgliedern des Wahlkomitees der Sozialpolitischen Partei Friedrich Jodl genannt. Die kleine, aber dank ihrer bekannten und sozial engagierten Mitglieder nicht unbedeutende Partei setzte sich für das allgemeine und gleiche Wahlrecht ein, für tiefergreifende Sozialreformen, gegen den Antisemitismus und Klerikalismus. In ihren Forderungen stand sie den Sozialdemokraten näher als den altliberalen Parteien. Eugen von Philippovich, ordentlicher Professor für politische Ökonomie, von dem Jodl sehr beeindruckt war, gehörte zu den führenden Figuren. Eine Kandidatur 1899 für den Gemeinderat Wien und die Reichsratswahlen 1901 lehnte Jodl jedoch nach reiflicher Überlegung ab. Waren doch seit der Jahrhundertwende seine öffentlichen Verpflichtungen sprunghaft angestiegen. 1898 übernahm er die Leitung des Wiener Volksbildungsvereins. Zwölf Jahre blieb er an der Spitze der weitverzweigten Organisation und war von 1910 bis 1914 deren Ehrenpräsident. In dieser Funktion lernte er erstmals das Elend der Arbeiter und deren waches geistiges Interesse kennen. 1903 übernahm er die Obmannschaft der Philosophischen Gesellschaft, etwas später den Vorsitz im Verein Kunstschule für Frauen und Mädchen und in der Gesellschaft für Kinderforschung; außerdem unterstützte er die Ziele des Bundes der österreichischen Frauenvereine.

Auf besonderen Wunsch von Wilhelm Wundt wurde Jodl 1903 Mitherausgeber des *Archivs für die gesamte Psychologie*. Das Ausmaß der Ergänzungen für die zweite Auflage seiner *Geschichte der Ethik* hatte er völlig unterschätzt. Für den ersten Band, der 1906 erschien, hatte er nicht nur den Anmerkungsteil aktualisiert, sondern mehrere Kapitel völlig neu geschrieben, und für den zweiten Band, der 1912 erschien, hatte er neben den notwendigen Ergänzungen und Neufassungen die Ethik im letzten Drittel des neunzehnten Jahrhunderts in einem „vierten Buch" nachgetragen. Die vielen Vorträge und politischen Reden, zum Beispiel zum vierzigjährigen österreichischen Reichsvolksschulgesetz, die Aufsätze, die er für wissenschaftliche Tagungen, auch für die Ethische Gesellschaft, schrieb, sie können hier nur summarisch genannt werden.[2]

Auch die Universität forderte ihren Tribut. Neben den vielen Prüfungen und der Betreuung von Doktoranden hatte Jodl im Studienjahr 1906/1907 noch die Geschäfte des Dekanats zu führen. Mit großer Hoffnung sah er den Sommerferien 1908 entgegen, in denen er endlich – statt der früher geplanten „Wirklichkeitsphilosophie" – mit der Niederschrift seiner *Kritik des Idealismus* begann. Die ersten zwei Kapitel hatte er kontinuierlich und mit ungewöhnlichem Schwung niedergeschrieben; er schien den Inhalt, mehrfach bedacht, nur abrufen zu müssen. Im Winter und in den Osterferien 1909 setzte er die Arbeit fort. Es sollte sein „philosophisches Testament" (Jodl, 1920, 189) werden. Das Buch, das eine umfassende Kritik des theoretischen Idealismus darstellt, war auch als ein Bekenntnis zum Realismus gedacht. (Vgl. Jodl, 1920, 3) Jodl begann mit einer historischen Einführung, charakterisierte anschließend, geübt als Autor ideengeschichtlicher Darstellungen, mit wenigen knappen Strichen die Grundlehren des Idealismus und setzte dann seine kritische Analyse dagegen, wobei es ihm auch um das historisch gewandelte Verhältnis zwischen Philosophie und Naturwissenschaften ging. In diesem Zusammenhang äußerte sich Jodl mehrmals kritisch über zwei Bücher seines ehemaligen Kollegen Ernst Mach, wenn auch mit ausdrücklicher Anerkennung für dessen große Verdienste auf verschiedenen Gebieten der Physik. (Vgl. Jodl, 1916b, 473 f.) Dabei ging es um *Die Analyse der Empfindungen* (1886) und *Erkenntnis und Irrtum* (1905), das Jodl schon 1905 in der Neuen Freien Presse kritisch besprochen hatte. (Vgl. Jodl, 1916b, 469–478) Jodl kritisierte unter anderem Machs Begriff der Empfindungen, aus der die Welt bestehe; er bezeichnete den Begriff als zweideutig, da die „Empfindungen" zugleich den Inhalt, den Gegenstand der Empfindungen bedeuten, als auch die Tätigkeit des Empfindens, welche ohne einen Empfindenden nicht denkbar sei.

---

[2] Für den jugendbewegten Kontext sei hier auf den Beitrag von Günther Sandner im vorliegenden Band hingewiesen sowie daran erinnert, dass Jodl in der Festschrift des Ersten Freideutschen Jugendtages auf dem Hohen Meißner mit einem Freundeswort vertreten war: „1813-2013. Ein Programm", abgedruckt in: Jodl, 1917, 83–87.

(Vgl. Jodl, 1920, 121 f.) „Empfindungen", so Jodl, „die niemand hat, die als bloße Tatsachen existieren, sind ein Widersinn. [...] Nicht alles, was existiert, muss wahrgenommen werden; und nicht alles, was wahrgenommen wird, muß existieren" (Jodl, 1916b, 473 f.). Mach hatte die Differenz der beiden Darstellungen anerkannt, indem er in *Erkenntnis und Irrtum* von „einer früheren, mehr idealistischen Phase seines Denkens spricht" (Jodl, 1916b, 474). Auf Jodls ausführliche Kritik am Phänomenalismus des Zeitgenossen Franz von Brentano und seiner Anhänger, die nicht mit Namen genannt werden, kann hier nur hingewiesen werden.

Am 12. Juni 1909 erlitt Jodl einen schweren lebensbedrohenden stenokardischen Anfall, und nur der Fürsorge und Güte seines „langjährigen wissenschaftlichen Freundes und ärztlichen Beraters, Dr. Josef Breuer" (Jodl M., 1920, 236), war es zu verdanken, dass er dem Tode entrissen wurde. Nach langem Urlaub in Bad Aussee und anschließend Meran kehrte er Ende Dezember, äußerlich gestärkt, nach Wien zurück und nahm zu Beginn des Jahres 1910 seine Tätigkeit an der Universität wieder auf, mit Beschränkung der Kollegien und der Examenslast sowie Abgabe aller Vereinspräsidien. Im Frühjahr 1910 wurde er zum ordentlichen Mitglied der Akademie der Wissenschaften gewählt. Die einstimmige Wahl zum Rektor der Universität für das Studienjahr 1911/1912 musste er mit Dank ablehnen. Zu spät. Zu spät ging die Regierung damals auch auf den von Jodl lange urgierten Wunsch ein, ein psychophysisches und philosophisches Institut zu errichten. Er hat die Eröffnung nicht mehr erlebt.

Mit großem Glücksgefühl erfüllte ihn, dass er in den Osterferien 1910 den zehnten und letzten Band der Feuerbach-Ausgabe druckfertig machen konnte. Die zweite Auflage des zweiten Bandes der *Geschichte der Ethik* konnte er – mit der Hilfe seines Schülers Wilhelm Börner – erst Anfang des Jahres 1912 zum Druck befördern. Gegen den Rat seines Arztes hielt er in Hamburg auf dem ersten internationalen Monistenkongress am 11. September 1911 seine Rede „Der Monismus und die Kulturprobleme der Gegenwart", in der er sich zum evolutionistischen Sozialismus bekannte. Der Beifall von Tausenden zeigte, dass er dem Monistenbund, der sich in einer Krise befand, die Richtung aufgezeigt hatte. Mit Trauer musste er erkennen, dass er seine *Kritik des Idealismus* nicht mehr vollenden konnte. Sie erschien posthum 1920, herausgegeben von seinen Schülern Carl Siegel und Walther Schmied-Kowarzik, die – bezeichnenderweise – die Widmung des Originalmanuskripts, „Dem Andenken Ludwig Feuerbachs gewidmet", in die Anmerkungen verbannten. Friedrich Jodl starb am 26. Januar 1914 in Wien. In seinen letztwilligen Bestimmungen wünschte er, dass er ohne „Zuziehung eines Priesters der katholischen Kirche, überhaupt ohne eine wie immer geartete religiöse Zeremonie" (zitiert nach Jodl M., 1920, 255) bestattet werde. Ich schließe mit einem Zitat aus den letzten Seiten seiner *Kritik des Idealismus*, in der er forderte, dass alle echte Kultur für alle da sein müsse: „Sich der Natur gegenüber zu stellen als ganzer Mensch, ohne jeden Mittler außer dem eigenen mutigen Willen: im Erkennen Realist, im Handeln Idealist, das soll der Lebensgrundsatz des modernen Menschen sein" (Jodl, 1920, 186).

Literatur

Carnap, R. et al. (2012). *Wissenschaftliche Weltauffassung. Der Wiener Kreis* (1929). Hrsg. von Friedrich Stadler und Thomas Uebel. Springer.

Fuchs, A. (1949). *Geistige Strömungen in Österreich 1867–1918.* Globus.

Gimpl, G. (2015). Friedrich Jodls Psychologie. Wiederentdeckung eines monistischen Klassikers. *Aufklärung und Kritik. Schwerpunktausgabe 2014: Friedrich Jodl und das Erbe der Aufklärung, 21*(3), 82–90.

Jodl, F. (1906). *Geschichte der Ethik als Philosophischer Wissenschaft* (Bd. 1). Cotta'sche Buchhandlung Nachfolger.

Jodl, F. (1911). *Der Monismus und die Kulturprobleme der Gegenwart.* Vortrag gehalten auf dem Ersten Monisten-Kongresse am 11. September 1911 zu Hamburg. A. Kröner.

Jodl, F. (1912). *Geschichte der Ethik als Philosophischer Wissenschaft* (Bd. 2, 2., vollst. durchgearb. u. vermeh. Aufl.). Cotta'sche Buchhandlung Nachfolger.

Jodl, F. (1916a). Kant und der Monismus (1905). In W. Börner (Hrsg.), *Friedrich Jodl. Vom Lebenswege. Gesammelte Vorträge und Aufsätze in 2 Bänden* (Bd. 1, S. 112–118). Cotta'sche Buchhandlung Nachfolger.

Jodl, F. (1916b). Ernst Mach und seine Arbeit „Erkenntnis und Irrtum" (1905). In W. Börner (Hrsg.), *Friedrich Jodl. Vom Lebenswege. Gesammelte Vorträge und Aufsätze in 2 Bänden* (Bd. 1, S. 469–478). Cotta'sche Buchhandlung Nachfolger.

Jodl, F. (1916c). Aus der Werkstätte der Philosophie (1911). In W. Börner (Hrsg.), *Friedrich Jodl. Vom Lebenswege. Gesammelte Vorträge und Aufsätze in 2 Bänden* (Bd. 1, S. 3–22). Cotta'sche Buchhandlung Nachfolger.

Jodl, F. (1917). Ein Programm 1813-2013. In W. Börner (Hrsg.), *Freideutsche Jugend. Zur Jahrhundertfeier auf dem Hohen Meißner 1913, Jena: Diederichs, 83-87. Wiederabdruck in Friedrich Jodl. Vom Lebenswege. Gesammelte Vorträge und Aufsätze in 2 Bänden* (Bd. 2, S. 497–502). Cotta'sche Buchhandlung Nachfolger.

Jodl, F. (1920). *Kritik des Idealismus.* Bearbeitet und hrsg. v. Carl Siegel und Walther Schmied-Kowarzik. Akademische Verlagsgesellschaft.

Jodl, M. (1920). *Friedrich Jodl. Sein Leben und Wirken. Dargestellt nach Tagebüchern und Briefen von Margarete Jodl* (1. u. 2. Aufl.). Cotta'sche Buchhandlung Nachfolger.

Lanser, E. (2018). Von der Kulturgeschichtsschreibung zur historischen Soziologie. Betrachtungen zum Werk von Friedrich Jodl. *Archiv für Kulturgeschichte, 100*(1), 159–190.

Mach, E. (1886). *Beiträge zur Analyse der Empfindungen.* G. Fischer.

Mach, E. (1905). *Erkenntnis und Irrtum. Skizzen zur Psychologie der Forschung.* J. A. Barth.

4

Sprache transnational: Rudolf Carnap und die Esperantobewegung

Ulrich Lins

Dass Rudolf Carnap eine Beziehung zu Esperanto hatte, ist seit Erscheinen seiner Autobiographie (1963) bekannt. Er beschreibt darin kurz, aber eindringlich, wie sehr ihn in seinen Jugendjahren diese internationale Plansprache angezogen hat. Die Beschäftigung damit war, wie ich erläutern werde, zeitlebens. Obwohl kein Carnap-Experte, fühle ich mich zu diesem Beitrag über den Esperantisten Carnap durch die Tatsache ermutigt, dass sein außerakademisches Wirken erst spät – lange nach seinem Tod, wenn ich es recht sehe – entdeckt und gewürdigt worden ist.[1]

„Als ich etwa vierzehn war", schreibt Carnap, „fiel mir eine kleine Broschüre mit dem Titel ‚Die Weltsprache Esperanto' in die Hände" (Carnap, 1993, 107). Unter diesem Titel war 1891 in Nürnberg ein Büchlein erschienen, als dessen Autor Ludwig Lazarus Zamenhof firmierte, der Schöpfer des Esperanto.[2] Carnap könnte aber auch eine andere Publikation gemeint haben: *Die Weltsprache* (1908) von W.B. Mielck.[3] Etliche namhafte Personen, in deren Leben Esperanto eine Rolle spielte, haben die Sprache im Alter von vierzehn bis fünfzehn Jahren gelernt.[4] So also auch Carnap: „Ich war sofort begeistert von der Regelmäßigkeit und dem

---

[1] Für Bezüge zur zeitgenössischen Lebensreform und Jugendbewegung sei auf Günther Sandners Beitrag im vorliegenden Band verwiesen.

[2] Es handelte sich dabei um eine von Wilhelm Heinrich Trompeter herausgegebene deutsche Fassung des russischen Originals.

[3] Erschienen erstmals 1904 als Nr. 613/616 in der „Miniatur-Bibliothek". Danach mehrmals neu aufgelegt, ab 1908 unter dem Titel *Die Weltsprache „Esperanto"*.

[4] Beispiele sind J.R.R Tolkien (1892–1973) und der österreichische Interlinguist Eugen Wüster (1898–1977), die beide mit fünfzehn Jahren Esperanto lernten. Mit vierzehn lernten es der Schweizer Edmond Privat (s. unten S. 58f.) und der sowjetische Linguist Jewgenij Bokarjow (1904–1971).

U. Lins (✉)
Gesellschaft für Interlinguistik, Berlin, Deutschland

© The Author(s) 2022
C. Damböck et al. (eds.), *Logischer Empirismus, Lebensreform und die deutsche Jugendbewegung*, Veröffentlichungen des Instituts Wiener Kreis 32, https://doi.org/10.1007/978-3-030-84887-3_4

genialen Aufbau dieser Sprache, die ich begierig lernte" (Carnap, 1993, 107). In der ungekürzten, nicht veröffentlichten Fassung seiner Autobiographie steht noch, dass er autodidaktisch gelernt und bald auf Esperanto mit Brieffreunden in anderen Ländern korrespondiert habe.[5] Am 14. Februar 1908 beginnt sein Tagebuch. Schon am 19. Februar trägt er ein, seine Schwester Agnes bringe ihm „Esperantosachen aus Berlin mit. Da freu' ich mich drauf" (Carnap, 2022a, 68).

Unter dem Datum des 19. Mai 1908 bekennt er: „Ich schwärme wieder tüchtig für Esperanto" (Carnap, 2022a, 73). In seinem Nachlass hat sich eine vom Esperanto-Weltbund ausgestellte „membrokarto" erhalten[6]; dieser war erst am 28. April desselben Jahres gegründet worden. Carnap war bekannt, dass im Sommer in Dresden unter dem Patronat des sächsischen Königs der Vierte Esperanto-Weltkongress stattfinden werde. Die Mutter erlaubte ihm die Teilnahme. Der Siebzehnjährige machte sich Sorgen, ob er dazu die Genehmigung der Schule bekäme, ja, ob er vorher in die Esperantogruppe Barmen-Elberfeld eintreten dürfe, was er zur Einübung in die mündliche Konversation für nötig hielt. Es gab eine Liste der Wirtshäuser, in die Primaner gehen durften, und auf dieser Liste stand der Versammlungsort der Esperantogruppe nicht. Strenge Sitten: Der junge Rudi war sich nicht sicher, ob er nach der Schulordnung überhaupt Esperanto-Zeitschriften abonnieren durfte – drei bezog er schon. Am Ende dürfte Rudi, da die Mutter ihm die Reise nach Dresden erlaubt hatte, es vorgezogen zu haben, die Schulleitung nicht zu fragen. Er war da auch bereits Mitglied der Deutschen Esperantisten-Gesellschaft.[7] „Gott wolle alles zum Besten fügen!" (Carnap, 2022a, 74), schreibt er hoffnungsvoll. Damit, am 19. Mai 1908, bricht das Tagebuch für drei Jahre ab.

Dass Carnaps Teilnahme am Dresdner Kongress zustande kam, wissen wir aus der gedruckten Teilnehmerliste (er wohnte im Hotel Reichspost) und vor allem aus seiner Autobiographie, in der er das Kongresserlebnis („wie ein Wunder", Carnap, 1993, 107) begeistert schildert. Carnap hatte laut Tagebucheintrag vom 5. März 1908 die Nachricht beunruhigt, dass Zamenhof kränklich sei.[8] Mit umso größerer Freude war er dann im Sommer des gleichen Jahres Zeuge, wie sich Zamenhof von den 1500 Kongressteilnehmern in Dresden feiern ließ. Es war der bis dahin größte Esperantokongress. Carnap bekennt später, im nichtveröffentlichten Teil der Autobiographie, dass Zamenhofs Rede auf dem Kongress ihn besonders beeindruckt, ja fortan sein ganzes Leben bestimmt habe:

> He talked in a modest, unpretentious way, but his deep feeling for the cause to which he devoted his whole life, was impressive and moving. Throughout my life the idea that our

---

[5] Vgl. Carnap (o. J.-a, N 13).

[6] RC 028-18-03. Hier und im Folgenden werden Nachlassdokumente mit der Signatur RC zitiert, die sich in der University of Pittsburgh („Carnap Papers") befinden.

[7] Carnap (2022a, 73f.). In einer Adressenliste der Deutschen Esperantisten-Gesellschaft ist der „gimnaziano" R. Carnap als Einzelmitglied in Barmen-Elberfeld verzeichnet: Schramm (1908, 60).

[8] Vgl. Carnap (2022a, 69).

work should serve not only our own nation but the whole of humanity has remained one of my guiding ideas (Carnap, o. J.-a, N 14).[9]

Weitere Quellen zu Carnaps Kongressteilnahme sind nicht überliefert – bis auf zwei Postkarten, die er im September 1908, etwa drei Wochen nach dem Kongress, von dem Philosophen und Theologen Otto Flügel (1842–1914), einem Herbartianer, bekommen hat.[10] Offenbar hatte Carnap den als Landpfarrer in Wansleben tätigen Flügel, der mit seiner Mutter und Schwester gut bekannt war, ins Esperanto eingeführt. Dieser machte nun dem jungen Mann die Freude, ihm zwei Postkarten zu schreiben, die auf Esperanto – sprachlich noch etwas ungelenk – verfasst waren. Darauf komme ich später noch zurück.

Durch den Kongress wurde Carnap zu einem richtigen Esperantisten: Rund fünf Wochen später bringt die wichtigste Zeitschrift der Esperantobewegung eine Anzeige, in der Carnap seinen Wunsch nach Brieffreundschaften kundtut – „mit Nichtdeutschen", wie er vorsorglich präzisiert.[11] Um die gleiche Zeit oder etwas später beschäftigt er sich mit Denksportaufgaben. Für *Mußestunden*, die literarische Beilage der Verbandszeitschrift *Germana Esperantisto*, nimmt er an einem Aufsatzwettbewerb teil. Thema seines Beitrags (Carnap, 1909) ist der Nutzen von Rätseln zum Sprachenlernen; als Beispiele werden vorgestellt Scharaden, Homonyme, Logogriphen, Palindrome, Anagramme und Zahlenrätsel. Der Achtzehnjährige erzielt mit seinem Aufsatz ein gutes Ergebnis: Er kommt auf den dritten Platz (ihn übertreffen ein Dr. Kandt und ein Prof. Rohrbach). Carnap gab gleich auch selbst Rätsel auf. Sie waren, merkte die Schriftleitung an, keineswegs einfach. Fünfundzwanzig Leser sandten Lösungen ein, nur zwei bewältigten alle achtzehn Aufgaben fehlerlos.

1909 übersiedelte Carnap mit seiner Mutter und jüngeren Schwester von Barmen nach Jena. Er wurde dort örtlicher Delegierter des Esperanto-Weltbundes. Als solcher ist er in dessen Jahrbuch 1910/11 verzeichnet.[12] Der Name Rudolf Carnap („in Jena, Lindenhöhe") findet sich auch unter den Beziehern des *Volapükabled*, nämlich in einer handschriftlichen, vom Volapükgründer Johann Martin Schleyer (1831–1912) angefertigten Liste der Abonnenten (März 1911).[13] Dies ist ein früher Beleg, dass sich Carnap über Esperanto hinaus für Plansprachen interessierte. Er gehörte nicht zu den Esperantisten, die zum Ido, dem 1907 von Louis Couturat (1868–1914) geschaffenen Reform-Esperanto, überliefen (vgl. Aray, 2019), aber die Diskussion über dieses und andere Sprachprojekte verfolgte er aufmerksam.[14]

---

[9] Hierauf folgt der häufig zitierte Passus zur Iphigenie-Aufführung (vgl. Carnap, 1993, 108; vgl. unten S. 71). Der Text der Rede Zamenhofs findet sich in Itō (1991, 2177–85), und, mit deutscher Übersetzung, in Pfeffer (1929, 94–113).

[10] Diese Postkarten sind nicht im Nachlass in Pittsburgh, sondern nur im Philosophischen Archiv der Universität Konstanz zugänglich.

[11] *Esperanto* (Genf), 4. Jg., 1908, Nr. 40 (1. Okt.), 4.

[12] Vgl. auch Carnaps „karto de delegito" für die Region Jena 1910/11 (RC 028-18-02).

[13] Vgl. Eichner (2012, 125 f).

[14] Die Broschüre von Brugmann und Leskien (1907) ist an erster Stelle verzeichnet (mit Datum Jena, April 1909) in der Liste der von Carnap gelesenen Bücher (RC 25-98-01). In Carnaps

Carnap las in dieser Zeit auch die Schriften von Wilhelm Ostwald (1853–1932), möglicherweise auch die zu Esperanto.[15] Ergänzend zu dem Aufsatz von Hans Joachim Dahms möchte ich festhalten, dass die beiden einander auf keinem Esperantokongress begegnet sind, denn Ostwald war seit 1907 Anhänger des Ido. Dass Ostwald sich später (1915) zum Verfechter eines „Weltdeutsch" wandelte,[16] dürfte Carnap mit Unverständnis zur Kenntnis genommen haben.

Den Weltkrieg überspringe ich, zitiere nur kurz aus einem Brief Carnaps an Bertrand Russell vom 17. November 1921. In diesem Brief, dem Carnap ein Exemplar seiner kürzlich fertiggestellten Doktorarbeit *Der Raum* (1922) beifügte, kommt besonders schön zum Ausdruck, in welchen Zusammenhängen Carnap dachte. Er dankt Russell nämlich dafür, dass er „schon zur Zeit des Krieges so freimütig gegen Geistesknechtung durch Völkerhass, und für menschlich-reine Gesinnung eingetreten" (RC 102-68-34) sei.[17] Mit den gleichen Worten könnte man auch die Gründe für Carnaps Engagement für Esperanto kennzeichnen.

1922, vierzehn Jahre nach Dresden, konnte Carnap wieder an einem (dem 14.) Esperanto-Weltkongress teilnehmen. Die Reise ging nach Helsinki. Er schreibt darüber im Tagebuch und später in seiner Autobiographie.[18] Als weitere Quelle hat sich ein Brief Carnaps vom 22. September 1922 erhalten. Darin berichtet Carnap seinem in Mexiko lebenden Schwiegervater Heinrich Schöndube, der ihn finanziell unterstützt hatte, von der „langen und interessanten Reise" (RC 102-23-02). Carnap war am 1. August in Freiburg abgereist. Die ersten Esperantisten lernt er auf der „Mira" kennen, dem Schiff, das am 3. August von Lübeck abfährt in Richtung Helsinki. Man reist in der Dritten Klasse, dort herrscht „eine Seekrankheitsatmosphäre, die man sich kaum vorstellen kann" (RC 102-23-02). Nach drei Tagen kommt das Schiff in Helsinki an, der Kongress beginnt am 6. August.

Auf der Eröffnungssitzung hält der Sprachwissenschaftler Eemil Nestor Setälä (1864–1935) den Festvortrag. Anschließend spricht der Schweizer Edmond Privat (1889–1962), für dessen Rede Carnap lobende Worte findet. Neun Regierungen hatten Vertreter entsandt, was Carnap im Brief an den Schwiegervater als einen Beleg dafür nimmt, „dass jetzt nach dem Kriege das Interesse für die Hilfssprache sehr erhöht ist" (RC 102-23-02).

Um den Kontext etwas zu verdeutlichen: Der genannte Edmond Privat spielte eine wichtige Rolle bei den Bemühungen der Esperantobewegung, im 1918

Büchernachlass in Pittsburgh finden sich etwa sechzig interlinguistische Publikationen. Carnap erwähnte einmal, dass er auch Ido, Novial und Basic English gelernt habe, vgl. Brief an A.L. Guérard, 29.04.1939 (RC 102-045-10). Bei anderer Gelegenheit nannte er auch noch Latino sine flexione, vgl. Brief an Mary Bray, 27.07.1939 (RC 095-29-26).

[15] Vgl. Ostwald (1904). Dies ist der Text eines 1903 vor dem Verein Deutscher Ingenieure (VDI) in München gehaltenen Vortrags. Vgl. dazu auch Dahms (2016). Anders als Dahms (166) angibt, gehörte Ostwald jedoch nicht zu den Organisatoren des Ersten Esperanto-Weltkongresses (1905).

[16] Vgl. Kloe (2014, 102), Krajewski (2014, 62–4).

[17] Zu Carnaps Haltung zu Krieg und Politik während des Ersten Weltkrieges vgl. Meike G. Werners und Gereon Wolters Beiträge im vorliegenden Band.

[18] Vgl. Carnap (2022b, 115–122); Carnap (1993, 108).

gegründeten Völkerbund Gehör zu finden. Er arbeitete im Völkerbund als Übersetzer für Englisch und Französisch. Als Berater der persischen Delegation hatte er Zugang zum Völkerbund-Sekretariat in Genf, seiner Heimatstadt. Esperanto hatte im Völkerbund manche Freunde. Länder wie China und Japan bekundeten Sympathie. Aber die Hoffnungen der Esperantisten auf einen Durchbruch mit Hilfe des Völkerbundes wurden enttäuscht. Dies lag besonders an der esperantofeindlichen Haltung Frankreichs. Erziehungsminister Léon Bérard hatte im Juni 1922 angeordnet, dass öffentliche Schulen keine Räume für den Unterricht des Esperanto bereitstellen durften. Die Folgen waren in Helsinki noch nicht so recht erkennbar. Privat nährte weiter die optimistischen Erwartungen.

Carnaps Wertschätzung für Privat ist bezeichnend. Beide verband eine gemäßigte, nichtdoktrinäre Einstellung zum Sozialismus. Besonders bei Privat war diese auch religiös geprägt. Privat schrieb eine der ersten Biographien Zamenhofs und popularisierte dessen humanitäre Motivation. Mit seinem Einsatz für die Unabhängigkeit Polens machte er sich darüber hinaus einen Namen als Anwalt unterdrückter Völker.[19] Er war Romain Rolland freundschaftlich verbunden, bewunderte Rabindranath Tagore und begleitete in den dreißiger Jahren Mahatma Gandhi auf Reisen in Europa und sogar nach Indien.[20] Privat verkörperte die enge Verbindung der Esperantobewegung mit dem Kampf um eine neue Weltordnung nach dem Krieg. Wie Carnap war er zeitlebens ein Anhänger der Idee des Weltföderalismus.

Es ist unverkennbar, dass für Carnap auf dem Kongress neben Touristischem die Frage im Vordergrund steht, wie Esperanto zur Schaffung einer friedlicheren Welt beitragen könne. Er nimmt an einer Zusammenkunft esperantokundiger Pazifisten teil und erwähnt das Detail, dass der Holländer Christiaan Kamper Kritik am „bürgerlichen Pazifismus" geübt habe. Auf einer Schiffsexkursion kommt Carnap mit zwei namhaften finnischen Pazifisten ins Gespräch, Aarne Selinheimo (1898–1939) und Felix Iversen (1887–1973).[21] Er trifft außerhalb des Kongresses den schon damals renommierten Sozialanthropologen Gunnar Landtman (1878–1940), der zwei Jahre Feldforschung auf Neuguinea betrieben hatte.[22] Erwähnt ist im Tagebuch auch ein Japaner.[23] Gemeint ist wahrscheinlich der Kunsthistoriker Shigeo Narita (1893–1982), der aus Paris, seinem Studienort, angereist war.[24] Man versteht, warum Carnap dem Schwiegervater „das Kennenlernen so vieler Menschen aus ver-

---

[19] Edmond Privats Dissertation *L'Europe et l'odyssée de la Pologne aux XIXe siècle* (1918) handelt vom polnischen Novemberaufstand 1830 gegen die russische Herrschaft.

[20] Vgl. Farrokh (1991). 1907/1908 traf Privat auf einer Amerikareise unter anderem William James und Théodore Flournoy, vgl. Privat (1963, 29 f).

[21] Vgl. Carnap (2022b, 117). Dem Mathematiker Iversen wurde 1954, also mehr als dreißig Jahre später, der Stalin-Preis zur Festigung des Friedens zwischen den Völkern verliehen.

[22] Landtman war von 1916 bis 1922 Professor für Praktische Philosophie an der Universität Helsinki. Im Juli 1922 war er für die Schwedische Volkspartei in den finnischen Reichstag gewählt worden. Ein Thema des Gesprächs mit Carnap war die Stellung des Schwedischen in Finnland. Vgl. Carnap (2022b, 117).

[23] Vgl. Carnap (2022b, 116).

[24] Shigeo Narita studierte von 1921 bis 1926 Kunstgeschichte an der Sorbonne.

schiedenen Völkern, und darunter mancher sehr interessanter" (RC 102-23-02), als
Hauptmerkmal der Kongresstage in Helsinki schildert.

Zum Kongress kamen rund neunhundert Teilnehmer aus einunddreißig Ländern.
Die engste Verbindung hatte Carnap mit einem bulgarischen Studenten geknüpft. Es
handelt sich um Atanas D. Atanassow (1897–1957). Die beiden hatten sich auf der
„Mira" kennengelernt.[25] „[V]ier Wochen lang waren wir fast ständig zusammen und
wurden enge Freunde" (Carnap, 1993, 108), berichtet Carnap später.[26] Von
Atanassow ist bekannt, dass er fast ein Jahrzehnt, bis 1929, im Ausland lebte. Von
Ende 1920 bis April 1923 studierte er in Halle Landwirtschaft. 1928 wurde er an der
Sorbonne promoviert. Die Doktorarbeit – ein Beitrag zur Weizenforschung – ist auf
Französisch verfasst, hat aber ein Resümee auf Esperanto. Im Kreis der Esperantisten
wurde Atanassow „doktoro Agro" genannt. Der Esperanto-Weltbund brachte nach
seinem Tod – Atanassow war dessen Ehrenmitglied – einen Nachruf, in dem es
heißt: „Überall, wo er war, auch in Bulgarien, sprach er mit Esperantisten immer
und nur Esperanto".[27] Ähnlich hatte sich Carnap ausgedrückt. Mit Atanassow habe
er sich „über alle möglichen Probleme des öffentlichen und persönlichen Lebens"
unterhalten, „immer, selbstverständlich, in Esperanto", und er nennt dies einen
Beleg dafür, dass Esperanto „einfach eine lebende Sprache" (Carnap, 1993, 108) sei.

Manche nicht publizierte Details der Autobiographie, die sich auf Atanassow
beziehen, sind hier interessant. Carnap gibt an, dass die beiden sich in ihrer Haltung
zum Pazifismus etwas unterschieden hätten. Er selbst neige zu einem eher rationa-
len Zugang, Atanassow hingegen tendiere zu einem religiösen Pazifismus im Geiste
Leo Tolstois.[28] Auch bei der Einstellung der Freunde zum Sozialismus, schreibt
Carnap, habe es in der Motivation Unterschiede gegeben, aber ebenfalls nur gering-
fügige. Gern sprachen die beiden offenbar über Themen wie Nationalismus und die
Zukunft der Menschheit. Auch das Verhältnis zwischen den Geschlechtern kam zur
Sprache. Seinen Freund Atanas habe die Frage sehr beschäftigt, wovon sich ein
Mann bei der Wahl seiner Lebenspartnerin leiten lassen solle.[29] Carnap schreibt
seinem Schwiegervater, ihn und Atanassow habe auf der Reise auch die Neigung zu
vegetarischer Kost miteinander verbunden.[30] „[W]ir hielten uns beide in Helsingfors
und später mehr an Marktbuden und Bäckerläden [auf] als an Restaurationen" (RC
102-23-02).

Von Finnland war Carnap sehr beeindruckt. Er berichtet: „[E]rfreulicherweise ist
auch die Arbeiterschaft in den Städten nicht etwa degeneriert […] und ist gesunden
und fortschrittlichen Gedanken sehr zugänglich" (RC 102-23-02). Jeder Bauer habe

---

[25] Vgl. Carnap (2022b, 115).

[26] Vgl. auch Carnap (o. J.-a, N 15). In der publizierten Fassung von Carnaps Autobiographie
erscheint der Name des Bulgaren nicht. In Frankreich benutzte er für seinen Namen die
Schreibweise „Athanas D. Athanassoff".

[27] *Esperanto* (Rotterdam), Jg. 51, 1958, 34.

[28] Vgl. Carnap (o. J.-a, N 15).

[29] Vgl. Carnap (o. J.-a, N 16), Carnap (2022b, 118ff.).

[30] Atanassow propagierte unter bulgarischen Studenten in Deutschland das Vegetariertum, zu dem
er von Tolstoi inspiriert worden war.

neben seinem Wohnhaus eine Sauna-Hütte. Carnap genießt das heiße Bad und rühmt auch das seit zwei Jahren in Finnland bestehende Alkoholverbot; nur „die gebildeten Schichten der Städte" (RC 102-23-02) seien dagegen.

Nach dem Kongress reisen Carnap und Atanassow per Anhalter durch Finnland und die neuen baltischen Republiken. „Wir wohnten bei gastfreundlichen Esperantisten und kamen mit vielen Leuten in Kontakt" (Carnap, 1993, 108). Drei junge Estinnen, die Carnap in Helsinki kennengelernt hatte, die Schwestern Helmi, Hilda und Agnes Dresen, laden ihn zum Mittagessen ein und führen ihn danach durch Tallinn (Reval).[31] In der provisorischen Hauptstadt Litauens, dem jüdisch geprägten Kaunas (Kowno), erwirbt Carnap viele Esperantobücher. Er trifft den Baltendeutschen Paul Medem (1862-1925) wieder, einen führenden litauischen Esperantisten, der ebenfalls in Helsinki gewesen war und unter anderem Tolstoi ins Esperanto übersetzt hatte.

Die Freunde trennen sich erst in Halle, an Atanassows Studienort. Carnap notiert am 9. September 1922: „Mit *Esp.* gelebt" (Carnap 2022b, 123), und meint damit die fünfunddreißig Tage des Zusammenseins mit Atanassow. Schon nach neun Tagen, inzwischen wurde Carnaps Sohn Johannes geboren[32], sehen sie sich wieder – in Buchenbach. Gemeinsam besuchen sie am 21. September 1922 die Freiburger Esperantogruppe. Dort stößt ein prominenter Bulgare hinzu: Iwan Dimitrow Schischmanow (1862–1928) mit seiner aus Kiew stammenden Ehefrau Lidija. Schischmanow, in Leipzig promoviert, war vor dem Krieg, von 1903 bis 1907, bulgarischer Bildungsminister. Er wurde in Freiburg der erste Professor für Slawistik.[33] Schischmanow war ein großer Freund des Esperanto, seine ukrainische Ehefrau sprach es.[34] In Bulgarien rief er 1927 eine bulgarische Sektion der Paneuropa-Bewegung des Grafen Richard Coudenhove-Kalergi ins Leben.

Carnaps Tagebuch zufolge wird die Zeit neben Ausflügen mit Atanassow zum Feldberg vor allem für Esperanto-Aktivitäten genutzt. Er berichtet auch, dass er an einer Übersetzung des Buches von Traugott Konstantin Oesterreich, *Der Okkultismus im modernen Weltbild* (1921), ins Esperanto arbeite,[35] sowie von häufigen Zusammentreffen mit dem Leiter der Gruppe, dem wohlhabenden Holzkaufmann

---

[31] Vgl. Carnap (2022b, 121). Helmi Dresen (1892–1941) wurde von den deutschen Besatzern erschossen, Hilda (1896–1981) machte sich in Estland und international einen Namen als Esperanto-Dichterin, Agnes (1900–1989) floh während des Krieges nach Schweden und wanderte später nach Kanada aus.

[32] Johannes wurde am 16. September 1922 geboren. Carnap machte dies durch eine Anzeige in der Wochenzeitung *Esperanto Triumfonta* (29.10.1922, S. 4) publik.

[33] Schischmanow lebte von 1921 bis 1924 in Freiburg (im Wintersemester 1923/24 als Gastprofessor).

[34] Vgl. Koneva, 2011, 129–131. Die Beziehung Schischmanows zu dem Freiburger Esperantisten Franz Döring wird hier erwähnt, nicht jedoch die zu Carnap und Atanassow.

[35] Vgl. Carnap (2022b, 125). Die Übersetzung wurde vermutlich nicht fertiggestellt.

Franz Döring (1889–1959); ihn berät Carnap bei dessen Esperanto-Übersetzungen.[36] Am 27. September 1922 nimmt Carnap vorläufig Abschied von Atanassow.

Am 5. Januar 1923 wird in Carnaps Tagebuch die erste Esperantostunde mit Elisabeth, seiner ersten Ehefrau, erwähnt.[37] Der Unterricht wird während des Aufenthalts der beiden in Mexiko fortgesetzt, wo Elisabeth 1895 geboren war. Ihr Interesse an Esperanto, und auch das ihrer jüngsten Schwester Octavia, auch Mädele genannt, erlahmt bald.[38] Aber dafür ist ihr dauerhaft in Mexiko lebender Vater Heinrich Schöndube, dem Carnap so begeistert vom Kongress in Helsinki berichtet hatte, Feuer und Flamme. Bis zum 25. September hat Schöndube das Lehrbuch durchgearbeitet, am 29. schon Tolstoi auf Esperanto gelesen.[39] Wegen der Mexikoreise verpasst Carnap 1923 den in Nürnberg stattfindenden Weltkongress, der mit fünftausend Teilnehmern einen Rekord markiert. Atanassow berichtet ihm über den Kongress, als Carnap ihn am 6. November 1923 in Halle besucht.[40]

Anfang August 1924, als in Wien der nächste Weltkongress stattfindet, ist Carnap wieder dabei. „Auf dem Dampfer [nach Wien] viel Esperantisten", notiert er sich. Von Edmond Privat, der auf diesem Kongress zum Präsidenten des Esperanto-Weltbundes gewählt wird, ist Carnap abermals beeindruckt: „Feierliche Eröffnungssitzung" […], „ergreifende Rede von Privat", vermerkt er.[41]

Wir lesen: „Prof. Schlick und [Arthur Erich] Haas vergeblich zu treffen gesucht. Nachmittags mit dem spanischen Kommandanten Mangada lange gesprochen (friedlicher Charakter des spanischen Volkes; er selbst friedliebend trotz Uniform)" (Carnap, 2022b, 215).[42] Carnap lernt auf dem Wiener Kongress Atanassows Schwester Elena kennen. Zusammen mit Lidija Schischmanowa wohnt er der Enthüllung einer Gedenktafel am Hotel Hammerand (Ecke Florianigasse/

---

[36] Döring, der sich in Berlin-Charlottenburg vor dem Krieg als Pazifist betätigt hatte, lebte seit 1919 in Freiburg. Er nahm ebenfalls am Kongress in Helsinki teil. Seine Übersetzungen waren besonders für Blinde bestimmt.

[37] Vgl. Carnap (2022b, 132).

[38] Vgl. Carnap (2022b, 176ff.). Auch Carnaps zweite Ehefrau Ina fing an, Esperanto zu lernen, wie ein Tagebucheintrag vom 16.12.1930 belegt (vgl. Carnap, 2022b, 498).

[39] Vgl. Carnap (2022b, 176, 177). Schöndube wurde im Mai 1927 auf seinem Landgut Esperanza von Aufständischen ermordet. Er hatte Esperanto mit dem Engagement für Vegetarismus und Pazifismus verbunden, hierin Carnaps bulgarischem Esperantofreund Atanassow ähnlich. Vgl. den Nachruf von Magnus Schwantje (Schwantje, 1929).

[40] Carnap gibt im Tagebuch (06.11.1923) ein offenherziges Urteil Atanassows über die eigenen Landsleute wieder, nämlich „daß die Bulgaren sich nicht für Disziplin, Geschäftsordnung und Staat eignen" (Carnap 2022b, 186). Am 25. November 1923 war Carnap zusammen mit Schischmanow bei Edmund Husserl zum Tee, vgl. Carnap (2022b, 189). Vgl. auch Koneva, 2011, 129.

[41] Vgl. Carnap (2022b, 216). Dem Kongressbericht in *Esperanto Triumfonta* zufolge bekam Privat für seine Rede „donnernden Applaus" (Jung, 1924, Nr. 206, S. 1–2). Privat war jahrzehntelang ein gefeierter Redner der Esperantobewegung.

[42] Zwölf Jahre später spielte der Oberst Julio Mangada Rosenörn (1877–1946) eine Rolle bei der Verteidigung Madrids gegen die Truppen Francos. Hugh Thomas nennt ihn einen „excentric poet-officer" (Thomas, 2012, 307).

Schlösselgasse) bei, in dem Zamenhof 1886 und 1895 gewohnt hatte.[43] Mit dessen Witwe Klara Zamenhof und anderen fährt er nach Schönbrunn. Zwischendurch kommt Nicht-Esperantistisches zur Sprache, wie der Tagebucheintrag vom 8. August 1924 zeigt:

> Nachmittags Lichtbildvortrag in Esperanto über Geburtenbeschränkung. Dann Radiogesellschaft; ich zeichne eine Aktie für 100 Franc für die Esperanto Radiostation. Abends mit Neuraths essen gegangen; über Großstadt gesprochen, über die Geschichte vom wirtschaftlichen Gesichtspunkt aus, Napoleons Rolle, Molos Roman vom Befreiungskrieg. Dann bei Neuraths, auch der Physiker Levy dort, über Verbundenheit mit dem Proletariat, proletarische Weltanschauung, Anwendung von Kaffee. Bis Mitternacht diskutiert, ging sehr gut (Carnap 2022b, 215).[44]

Im Wiener Bürgertheater wird ein Theaterstück auf Esperanto aufgeführt: *Der Verschwender* (UA 1834) von Ferdinand Raimund. Winfried Löffler meint, dass hier vielleicht eine Erklärung für Wittgensteins Ablehnung des Esperanto liege; dieser dürfte mitbekommen haben, dass die konservative Presse in Wien gegen das Sakrileg zu Felde gezogen war, das Stück eines Vertreters des Alt-Wiener Volkstheaters in eine Plansprache zu übersetzen.[45] Ähnlich war der Tenor im Deutschen Reich. Goethes *Iphigenie* (UA 1779, Goethe, 1908) ins Esperanto zu übersetzen – die Aufführung war für Carnap ein „Höhepunkt des [Dresdner] Kongresses" (Carnap, 1993, 108) – wurde von deutschnationaler Seite als „ein Frevel am Heiligen" (Streicher, 1926, Sp. 138) gebrandmarkt. Es ist allerdings wahrscheinlicher, dass Wittgenstein von Fritz Mauthner inspiriert wurde, der „die Erfindung einer brauchbaren Kunstsprache ein Ding der Unmöglichkeit" (Mauthner, 1920, 19) genannt und seiner Abneigung speziell des Esperanto mehrmals in sehr polemischer Form Ausdruck verliehen hatte.[46] Anders ausgedrückt: Es bedurfte wohl nicht der Theateraufführung in Wien, um bei Wittgenstein Antipathie gegen Esperanto zu wecken.[47]

Im Jahr darauf, 1925, findet der nächste Kongress statt – dieses Mal in Genf. Und wieder gibt es, notiert Carnap, eine „schöne Rede von Privat" (Carnap 2022b, 252).[48] „Esperanto ist das Konkrete des Pazifismus oder Internationalismus oder Völkerbund" (ebd.), hält er stenographisch fest. Er selbst hat Esperanto und Pazifismus publizistisch weit weniger miteinander verknüpft als Edmond Privat oder der Österreicher Alfred Hermann Fried.[49] Carnap hört in Genf mehrere

---

[43] 1959 wurde im Beisein von Bürgermeister Franz Jonas eine neue Gedenktafel (jetzt mit einem längeren Text) angebracht.

[44] Vermutlich ist Walter von Molos Romantrilogie *Ein Volk wacht auf* (1918–1921) gemeint.

[45] Vgl. Löffler (2005, 204–11, bes. 211).

[46] Mauthner schimpfte auf „das embryonische Monstrum Esperanto", diese „Spottgeburt" (Mauthner 1910, 317). Ähnlich schon Mauthner (1906, 40).

[47] Für diesen Hinweis danke ich Herrn Professor Heiner Eichner (Wien).

[48] Der Text der Genfer Rede Privats findet sich im Kongressprotokoll, *Esperanto* (Genf), Jg. 21, 1925, 146 f. Otto Jespersen traf Privat in Genf (außerhalb des Kongresses) und lobte seine „burning eloquence" (Jespersen, 1995, 221), fand für ihn aber auch kritische Worte.

[49] Vgl. Tuider (2016).

Vorträge, so den eines Chinesen über Konfuzius,[50] und, im Rahmen der Kongressuniversität, einen Vortrag von John Carl Flügel von der Londoner Universität. „[S]ehr guter kurzer Überblick über Geschichte und Theorie [der Psychoanalyse]; spricht frei und interessant" (Carnap 2022b, 253), hält Carnap im Tagebuch fest.[51]

Fasst man Carnaps knappe Bemerkungen zu den drei Nachkriegskongressen zusammen, an denen er teilnahm, so spürt man, dass er mit wachem Interesse den Ablauf der Kongresse verfolgte und Gespräche mit den Teilnehmern führte. Er ist nicht unkritisch. Über eine Pazifistensitzung in Helsinki notiert er, es sei „nicht viel los" (Carnap 2022b, 117) gewesen. Zu der Wiener Theateraufführung meint er: „gut gespielt, etwas deutsche Aussprache" (Carnap 2022b, 216) – er verschweigt, dass es Berufsschauspieler waren, keine Esperantisten. Zu einem Vortrag des Deutschen Johannes Dietterle (1862–1942) in Genf heißt es: „über Esperantosyntax; spricht korrekt, aber umständlich, und schlechte, deutsche Aussprache" (Carnap 2022b, 253).[52] In Helsinki notierte Carnap am 9. August 1922: „Sitzung der Wissenschaftler, langweilig, Dr. Döhler" (Carnap 2022b, 116).[53] Der Psychologe Charles Baudouin redet in Genf „etwas zu salbungsvoll" über Esperanto und Bahai, der Exilrusse Peter Stojan „nicht sehr gründlich" (Carnap 2022b, 253) über Wissenschaft und Religion.[54] Manche Beobachtung bleibt unkommentiert, wie etwa der kurze Tagebucheintrag vom 3. März 1927: „Lösung des Sprachproblems der Kleinvölker durch Esperanto" (Carnap 2022b, 320).

Nach Genf nahm Carnap an keinem Esperantokongress mehr teil. Überhaupt sind die Quellen zu seinem weiteren Esperanto-Engagement spärlich. In Wien, wo er von 1926 bis 1931 lebte und wirkte, und in den Jahrzehnten danach, also auch in den USA, widmete er sich nahezu ausschließlich wissenschaftlichen Fragen. Zwar hatte er spätestens 1922 deutlich gemacht, dass Esperanto auch in der Wissenschaft Raum haben könnte. In diesem Jahr ist er als Mitglied der Internacia Scienca Asocio Esperantista (ISAE) verzeichnet.[55] Er übernahm in der ISAE die Aufgabe eines „Fachleiters für ein Wörterbuch der Philosophie und Psychologie" und erklärte sich bereit, eine philosophische und psychologische Terminologie in Esperanto

---

[50] Der Vortragende war Won Kenn [Huang Zunsheng] (1894–1990), ein chinesischer Anarchist, der aus seinem Studienort Lyon nach Genf gekommen war. Vgl. Carnap (2022b, 252ff.).

[51] Der Psychoanalytiker Flügel (1884–1955) ist mit dem zuvor erwähnten Otto Flügel nicht verwandt.

[52] Dietterle war Direktor des Esperanto-Instituts für das Deutsche Reich (in Leipzig).

[53] Walter Döhler (1891–1988) gehörte zu den Mitarbeitern Eugen Wüsters (Wüster, 1923). Er gilt heute als Nestor der Köcherfliegenforschung (Trichopterologie). Zu ihm vgl. auch Carnap (2022b, 253).

[54] Carnap schreibt, Baudouin (1893–1963) „ist nicht Anhänger, hat aber Sympathie mit der [Esperanto-] Bewegung" (2022b, 253). Dieser hatte die Sprache als Volksschüler gelernt. Baudouins Kongressvertrag (ebd.) wurde publiziert (Baudouin, 1926).

[55] Internacia Scienca Revuo, 1922, Nr. 4/6, S. 35. Zur ISAE vgl. Gordin (2015, 125–128).

aufzustellen.[56] Darüber und über Esperanto-Wörterbücher allgemein, auch über die Arbeiten von Eugen Wüster, dem Begründer der Wiener Schule der Terminologielehre,[57] tauschte er sich mit mehreren Gleichgesinnten aus. Flügel sagte ihm zu, „am Terminaro [i.e. dem Begriffswörterbuch, U.L.] über Psychologie" mitzuarbeiten.[58] Aus dem Projekt wurde nichts oder nur wenig. Im Mai 1926 berichtete Carnap, er habe eine Liste der in Frage kommenden Begriffe zusammengestellt und etwa 1500 Zettel angelegt, die Arbeit aber schon vor fast einem Jahr unterbrochen.[59] Nebst Zeitmangel führte er das bevorstehende Erscheinen des *Vocabulaire technique et critique de la philosophie* von André Lalande an.[60] Gleichzeitig schlug er vor, seine Aufgabe an den Slowaken Stanislav Kamarýt (1883–1956) abzugeben.[61]

Carnap blieb jedoch Esperantist, mit Interesse an allen Feinheiten der Sprache.[62] Gleichzeitig konnte er auch kämpferisch sein. Davon zeugt der häufig zitierte Zusammenstoß mit Ludwig Wittgenstein am 20. Mai 1927, von dem Carnap im Tagebuch und später in der Autobiographie berichtet.[63] Widerstände gegen Esperanto als eine nicht „organisch gewachsene" Sprache hat es immer gegeben. Der emotionale Ausbruch Wittgensteins gegen Esperanto hingegen überraschte und befremdete Carnap. Wittgenstein schrieb Jahre später (1936), es mute seltsam an, „einen Ausdruck der Herzlichkeit in diese Kunstsprache übersetzt zu hören" (zitiert nach Löffler, 2005, 211). Auf ihn mag es geradezu abstoßend gewirkt haben, dass binationale esperantistische Eltern, wie dies damals öfter vorzukommen begann, ihre Kinder mit Esperanto als erster Sprache aufzogen.[64]

Carnap wirft Wittgenstein in diesem Zusammenhang in seiner Autobiographie verallgemeinernd vor, ihm seien „alle Ideen, die im Geruch der ‚Aufklärung' standen" (Carnap, 1993, 41), zuwider gewesen. Ob dies so zutrifft, kann hier nicht genauer untersucht werden. Aber zweifellos hat Esperanto mit Fortschritt, Aufklärung und Sozialismus viel zu tun. Carnap schreibt seinem Schwiegervater: „[D]ie hauptsächlichen Vorkämpfer des Esperanto kommen meist von der Seite des Sozialismus und der Arbeiterbewegung" (RC 102-23-02). Nicht nur Parteiführer und Zeitungsleute sollen „sich verstehen können, sondern die Arbeiter selbst" (RC

---

[56] Carnap berichtete Ferdinand Tönnies am 28.08.1924 von diesem Auftrag. Vgl. Schmitz (1985).

[57] Ein direkter Kontakt zwischen Carnap und Wüster ist nicht belegt. Aber Gerhard Budin (2016, 11–14) zufolge ist Wüster von Carnap beeinflusst worden.

[58] Vgl. Carnap (2022b, 253f.).

[59] Vgl. Carnap an Maurice Rollet de l'Isle (ISAE), 17.05.1926 (RC 28-19-01).

[60] Das *Vocabulaire* erschien 1926. An Vorarbeiten von Louis Couturat anknüpfend, enthielt das mehrsprachige Wörterbuch dem Ido entnommene „internationale Wurzeln".

[61] Kamarýt arbeitete bereits an einer kleinen Enzyklopädie, die 1934 in Olmütz unter dem Titel *Filozofia terminaro* erschien (Kamarýt, 1934).

[62] Carnap schlug Kamarýt am 26.04.1926 vor, „Kritik der reinen Vernunft" besser mit „Kritiko al la pura racio" (statt „… de la racio") zu übersetzen. Bei einer Übertragung aus dem Deutschen ins Esperanto könne der Unterschied zwischen Subjekts- und Objektsgenitiv berücksichtigt werden. Vgl. RC 28-19-03.

[63] Vgl. Carnap (2022b, 339, 342), Carnap (1993, 41 f).

[64] Vgl. Gordin (2015, 110).

102-23-02). Freilich blieb Carnap dem politisch neutralen Esperanto-Weltbund treu. Von der zwischen den Weltkriegen starken Arbeiter-Esperantobewegung hielt er sich fern, vielleicht auch, weil dort in den zwanziger Jahren sowjetfreundliche Kommunisten den Ton angaben. Von Kontakten Carnaps zur österreichischen Esperantobewegung ist, abgesehen von seiner Teilnahme am Wiener Kongress, nichts bekannt, auch nicht von Beziehungen zu deren sozialistischem Zweig (in dem Franz Jonas, der spätere Bundespräsident, sehr aktiv war).

In den Tagebüchern finden sich verstreut weitere Hinweise auf Esperanto. Am 28. Mai 1927 notiert Carnap nach einem Besuch der Familie Schlick erfreut: „Mit Albert [i.e. dem knapp achtzehnjährigen Sohn Schlicks, U.L.] Esperanto gesprochen, er hat ganz alleine gelernt, hat keine Übung im Sprechen, spricht aber gut" (Carnap 2022b, 340f.). Am 22. Dezember 1930 ist vermerkt: „Metaphysik gearbeitet. Abends oft Esperanto" (Carnap 2022b, 498).[65] An anderen Stellen der Tagebücher erwähnt er Gespräche über Esperanto, so mit dem Polen Tadeusz Kotarbiński (1886–1981) und dem Japaner Tomoharu Hirano (1897–1979).[66] Bei zwei Besuchen (am 28.04.1923 in New York und 26.12.1935 in Harvard) unterhielt sich Carnap mit dem Mathematiker Edward V. Huntington (1874–1952) auf Esperanto.[67] Gern nahm er Gelegenheiten wahr, für Esperanto zu werben. Auf eine „sehr gegen Esperanto" eingestellte Wiener Anwaltsgattin wirkte er so lange ein, bis – „sie meint, sie muss es also doch lernen".[68] Wann immer ein neues Plansprachenprojekt veröffentlicht wurde, reagierte Carnap mit Neugier und Unvoreingenommenheit. Esperanto stand da nicht im Wege. „Wie ich für das Toleranzprinzip auf dem Gebiet logischer Sprachen eintrat", lesen wir in seiner Autobiographie, „so stehe ich auf dem Gebiet internationaler Sprachen auf der Seite derer, die für ein gemeinsames Ziel und die Gerechtigkeit der dafür vorgeschlagenen Mittel eintreten" (Carnap, 1993, 109). Carnap wusste vermutlich, dass Zamenhof bereit gewesen war, auf sein Esperanto zu verzichten, wenn sich zeigen sollte, dass die Idee einer internationalen Sprache auf einem anderen Wege besser und schneller verwirklicht werden könnte. Man darf sicher sein, dass ein Wesenszug Zamenhofs Carnap besonders beeindruckt hat, nämlich dessen Verzicht auf jegliche persönliche Rechte am Esperanto.[69] Damit unterschied sich Zamenhof von Schleyer, dem Gründer des Volapük, der seine Sprache als persönliches Eigentum betrachtete. Zamenhof beharrte darauf, selbst nicht Schöpfer, sondern nur der Initiator der Sprache zu sein. Eine ähnliche Einstellung findet sich in Carnaps Vorwort zu *Der logische Aufbau der Welt* (1928):

---

[65] Wenige Tage zuvor, am 16.12.1930, hatte er mit Ina, seiner zweiten Frau, „Esperanto angefangen".

[66] Vgl. Carnap (2022b, 494), Carnap (1993, 49). – Anfang der sechziger Jahre nannte Kotarbiński (1886–1981) in einem Interview Esperanto „die rationalste aller mir bekannten Sprachen" (Włodarczyk, 1964, 56). Der Mathematiker Tomoharu Hirano war nach dem Krieg Mitbegründer einer Russell-Gesellschaft.

[67] Vgl. Carnap (2022b, 145, 730).

[68] Carnap (2022b, 336).

[69] In Zamenhofs Worten: „Die internationale Sprache soll, gleich jeder nationalen, ein allgemeines Eigenthum sein, wesshalb der Verfasser für immer auf seine persönlichen Rechte darüber verzichtet" (Zamenhof, 1887, 2).

„Die *Grundeinstellung* und die Gedankengänge dieses Buches sind nicht Eigentum und Sache des Verfassers allein, sondern gehören einer bestimmten wissenschaftlichen Atmosphäre an, die ein Einzelner weder erzeugt hat, noch umfassen kann" (Carnap, 1928, IV). Der Verzicht Zamenhofs auf Autorenrechte ist in der Geschichte der Plansprachenprojekte einzigartig. Er gilt allgemein als eine der Ursachen dafür, dass Esperanto seine Konkurrenten hinter sich gelassen hat.[70]

In der Autobiographie spielt Carnap darauf an, dass zwischen den Befürwortern der verschiedenen Projekte „heftige, sektiererische Debatten" (Carnap, 1993, 109) stattfanden. Er blieb unparteiisch. Ihn interessierten die Projekte, die dem Esperanto überlegen zu sein beanspruchten, die wenig verbreitet, aber theoretisch interessanter waren, da sie sich auf die Erfahrungen mit Esperanto stützten. Er räumte sogar ein, dass Ido besonders für die Wissenschaft geeigneter sei als Esperanto.[71] 1931 wurde er von dem italienischen Mathematiker Giuseppe Peano (1858–1932) gebeten, einen Beitrag über Latino sine flexione zu schreiben und Ehrenmitglied in der Academia pro Interlingua zu werden. Er sagte ab. Peanos Projekt erschien ihm zu archaisch, für Nichteuropäer sei es zu schwer zu erlernen.[72]

Carnaps einzige öffentliche Stellungnahme zum Thema blieb, abgesehen von verschiedentlichen Anmerkungen in seiner Autobiographie, ein kurzer Leserbrief, der 1944 in *Books Abroad* erschien.[73] Auslöser war ein dort zuvor erschienener Artikel, in dem Kritik am Basic English geübt worden war. Carnap nahm dies zum Anlass, die Notwendigkeit einer internationalen Sprache zu betonen und gleichzeitig darauf hinzuweisen, dass es kein perfektes System geben werde. Angeregt von Otto Neurath (1882–1945), hatte sich Carnap Ende 1933 von C.K.Ogden (1889–1957), dem Autor des Basic English, einige Lehrbücher schicken lassen und dazu angemerkt, dass er auf Esperanto „nicht dogmatisch festgelegt"[74] sei. Carnap räumte gegenüber Ogden ein, dass Basic English mehr Chancen habe, sich durchzusetzen, denn anders als Esperanto sei es den natürlichen Sprachen nicht so fern und könne sofort in Gebrauch genommen werden. Aber ihm missfiel der Anglozentrismus des Basic English. Anders als Neurath war Carnap von Basic English, das er aufmerksam studierte, nicht überzeugt. Er hielt Esperanto für einfacher. Vergeblich drängte Ogden ihn, sich für Basic English öffentlich einzusetzen.[75]

Anfang September 1939, wenige Tage nach Ausbruch des Krieges in Europa, nahm Carnap an Harvard am Fünften Kongress für die Einheit der Wissenschaft teil. Er berichtet darüber in seiner Autobiographie. Der Passus, der in der „aufregenden

---

[70] Vgl. Guérard (1922, 128), Garvía (2015), Schor (2016, 16, 73).

[71] Vgl. Carnap (o. J.-a, N 20).

[72] Vgl. Carnap (o. J.-a, N 21); Carnap an Bray, 27.07.1939 (RC 095-29-26). Blanke (1985, 161) zufolge zeichnen sich die naturalistischen Projekte durch „Eurozentrismus" aus. Vgl. auch Falk (1999, 64 f), Gordin (2015, 111 f), sowie Bréard (2016, 283 f).

[73] Vgl. Carnap (1944).

[74] Brief von Carnap an Ogden vom 07.12.1933, zitiert nach McElvenny (2018, 136).

[75] McElvenny (2018, 142 f). Vgl. Carnap (2022b, 604, 611). Zum Basic English allgemein vgl. Huber (2021).

Weltlage" die Hoffnung auf eine bessere Zukunft ausdrückte, fiel den Kürzungen für die Publikation zum Opfer.[76] Der Kongress hatte zwei Resolutionen verabschiedet Die erste bekräftigte die Absicht, den nächsten Kongress in Warschau, der gerade von Hitlers Armee besetzten Stadt, abzuhalten.[77] Die zweite empfahl, sich auf künftigen Kongressen mit der Frage einer internationalen Hilfssprache zu befassen.

1939 und unmittelbar nach Kriegsende hatte Carnap Kontakt zur 1924 gegründeten International Auxiliary Language Association (IALA).[78] Am 27. Juli 1939 schrieb Carnap einen längeren Brief an Mary Bray, Executive Secretary der IALA, worin er unter anderem berichtete, wie sehr ihn Zamenhofs Rede (in Dresden) beeindruckt und dass die Beschäftigung mit Esperanto auch sein Interesse an den theoretischen Fragen der Schaffung einer Plansprache geweckt habe. Er habe dafür in der Nachfolge von Couturat und Peano die Methoden der logischen Analyse anwenden wollen, aber dazu werde ihm wohl auch in den nächsten Jahren die Zeit fehlen. Er bot der IALA seine Kooperation an.[79] Mary Bray versprach ihm, seinen Brief an Alice Vanderbilt Morris (1874–1950), die auch finanziell maßgebliche Förderin der IALA, weiterzuleiten.[80] Für die Arbeit der IALA fand Carnap lobende Worte, allerdings verbunden mit der Kritik, dass die IALA zu sehr auf Forschungsergebnisse setze und die Beteiligten nicht genug miteinander kommunizierten.[81]

1946 beantwortete Carnap einen Fragenkatalog der IALA[82] und fügte ein langes Memorandum („Additional Comments on IALA Questionnaire") hinzu,[83] von dem er in der Autobiographie schreibt: „[T]his is the only active contribution which I have made in the field of planning an international language" (Carnap, o. J.-a, N 26). Carnap hatte für seinen Beitrag große Sorgfalt aufgewendet und die Fragen der IALA zum wünschenswerten Charakter einer internationalen Hilfssprache bis ins kleinste Detail beantwortet. Sehr ausführlich bewertete er das Für und Wider bestimmter Eigenschaften der verschiedenen Sprachprojekte. Was von seinen Anregungen aufgenommen worden ist, müsste von interlinguistischen Spezialisten noch untersucht werden.

Das Ergebnis der Arbeit der IALA war das hauptsächlich von dem deutschstämmigen Amerikaner Alexander Gode (1906–1970) verantwortete Projekt Interlingua,

---

[76]Vgl. Carnap (o. J.-b, U 6–U 7), Carnap (1993, 55 f).

[77]Indirekt wurde Warschau damit auch als Geburtsstadt des Esperanto gewürdigt.

[78]Vgl. Blanke (1985, 167 ff), Gordin (2015, 219).

[79]Vgl. Carnap an Bray, 27.07.1939 (RC 095-29-26).

[80]Vgl. Bray an Carnap, 31.07.1939 (RC 095-29-25).

[81]Vgl. Carnap (o. J.-a, N 24 f). Carnap hielt die Schaffung eines Periodikums als Diskussionsform für unerlässlich und erklärte sich zur Mitarbeit bereit.

[82]Das Questionnaire, von André Martinet und Jean Paul Vinay kompiliert, war 1946 von der IALA veröffentlicht worden. Es enthielt, auf Englisch und Französisch, 127 Fragen zur Struktur einer Plansprache. Vgl. Blanke (1985, 172), und Falk (1999, 76).

[83]Carnaps Memorandum (vom Oktober 1946) umfasst 38 maschinenschriftliche Seiten: RC 095-20-01. Martinet dankte Carnap mit einem Schreiben vom 18.07.1947 (RC 095-28-06).

dessen Endfassung 1951 präsentiert wurde.[84] Interlingua stieß nur auf mäßiges Interesse. Die internationale Dominanz des Englischen hatte sich weiter gefestigt. Mit dem Tod von Allice Morris im August 1950 verlor die IALA ihre wichtigste Stütze, drei Jahre später löste sie sich auf. Damit endete die Zeit, in der Wissenschaftler, Publizisten und Politiker über eine internationale Plansprache diskutierten.[85]

Carnap dürfte schon vor seiner Übersiedlung in die USA klar geworden sein, dass – von Wittgensteins Antipathie einmal abgesehen – die Widerstände gegen eine künstliche internationale Sprache erheblich waren. Nach einem Gespräch mit dem schwedischen Philosophen und Sozialdemokraten Malte Jacobsson (1885–1966) notierte er am 16. November 1932 dessen Skepsis: „Er glaubt nicht, dass einmal ein Esperanto kommen wird" (Carnap 2022b, 565). Ähnlich äußerte sich Neurath ihm gegenüber offenbar wiederholt: „Esperanto wird sich nicht durchsetzen, weil für die Menschen nicht genügend Nutzen und damit Anreiz" (Carnap 2022b, 611).[86]

Angesichts des Misserfolgs der IALA wurden viele Interlinguisten von Resignation erfasst. Die Aussicht, gegen das Englische noch anzukommen, erschien zu gering.[87] Carnap jedoch bewahrte seinen Enthusiasmus. Seine Gründe hierfür werden auch aus der Korrespondenz deutlich, die er 1939 und nach Kriegsende mit dem aus Frankreich stammenden, in Stanford lehrenden Literaturwissenschaftler Albert Léon Guérard (1880–1959) führte. Guérard hatte ihm den Kontakt zur IALA vermittelt.[88] Er war Autor der 1922 erschienenen *Short History of the International Language Movement*, in der die Arbeit für eine internationale Zweitsprache als Bestandteil der Bestrebungen des Völkerbundes präsentiert worden war.[89] Guérard interessierte sich vor allem für die politischen Aspekte des Sprachenproblems. Obwohl kein Esperantist, argumentierte er überwiegend im Sinne der Esperantobewegung. Für Zamenhof und seine „interna ideo" fand er Worte der

---

[84] Vgl. Carnap (o. J.-a, N 26); Carnap (1993, 109). In einem Brief an Gode vom 30.11.1949 äußerte sich Carnap positiv zu den ersten „specimens" von Interlingua. Deren Erfolgsaussichten beurteilte er jedoch skeptisch, vgl. RC 102-45-12. Die von der IALA ausgearbeitete Interlingua ist nicht identisch mit Peanos Projekt Latino sine flexione, das ebenfalls Interlingua genannt wurde.

[85] Zu Interlingua vgl. auch Kloe (2014, 133–136).

[86] Carnaps Bericht über ein Gespräch mit Neurath vom 03.03.1934. Ein Jahr zuvor war Neuraths Isotype in der *New York Times* (10.1.1933) als „Picture Esperanto" vorgestellt worden, vgl. Schor (2016, 160). Noch skeptischer zu den Erfolgsaussichten des Esperanto äußerte sich Neurath während des Krieges: Brief an Carnap, 22.12.1942, in Cat & Tuboly (2019, 563–70 hier 565).

[87] Dies wird zum Beispiel deutlich in einem Brief von Pavle Mitrović an Carnap, 05.08.1965: „Martinet ist kleinmütig geworden: nur ein Milliardär könne die Idee einer Weltsprache zum Siege bringen!" (RC 095-23-02). Siehe auch Martinets Äußerung von 1952, zitiert von Falk (1999, 76). Zu Martinet vgl. Klare (2010).

[88] Vgl. Carnap (o. J.-a, N 24); Carnap an Guérard, 29.04.1939 (RC 102-45-10); Carnap an Mary Bray, 27.07.1939 (RC 102-29-26).

[89] Vgl. Panchasi (2009, 135–139). Carnap konnte Guérards Buch erst nach dem Zweiten Weltkrieg erwerben (Carnap an Guérard, 05.07.1945, RC 102-45-02).

Bewunderung.[90] Ende April 1945 nahm Carnap den Kontakt zu Guérard wieder auf.[91] Carnaps Einschätzung der Lage in der Welt war düster, er bekräftigte aber: „I keep my optimism for the long-range development of humanity" (RC 102-45-02).[92] Er forderte Guérard auf, etwas über das „deprimierende Babel" auf der Konferenz von San Francisco zu veröffentlichen.[93] Carnap ermunterte ihn auch zu einer Neuauflage seines Buches von 1922; diese „würde großes Interesse finden, auch die Ideen über Menschheit und ihre Institutionen" (RC 102-45-05).[94] Wenn Guérard das Esperanto mit Frieden und Fortschritt identifizierte,[95] so entsprach dies sicherlich auch Carnaps Einstellung.

Ob Carnap wirklich ein aktives Mitglied der Esperantobewegung war, wie André Carus an einer Stelle hervorhebt, ist letztlich eine Frage der Interpretation.[96] Seit Mitte der zwanziger Jahre hat er wohl kaum mehr getan, als Mitgliederbeiträge zu zahlen. Er schickte dem Esperanto-Weltbund ein Autorenexemplar des *Abriss der Logistik* (1929).[97] Den Funktionsträgern des Weltbundes wurde erst spät, nämlich in den sechziger Jahren bewusst, welche Berühmtheit sich in ihren Reihen befand. Dies durch einen Hinweis von nichtesperantistischer Seite, dem Verlag Mouton, mit dem man damals über die Herausgabe einer Zeitschrift zum internationalen Sprachenproblem verhandelte.

Einige kalifornische Esperantisten hatten erfahren, dass in ihrer Nähe ein interessanter Gelehrter mit Esperantobezug lebte. Ab und zu korrespondierte Carnap, meist auf Esperanto, mit dem Fabrikanten Donald E. Parrish (1889–1969) in Los Angeles, dem Chefdelegierten des Esperanto-Weltbundes für die USA. Thema war unter anderem eine esperantofreundliche Resolution der UNESCO.[98] Parrish bestätigt den Zahlungseingang für Esperanto-Zeitschriften (darunter das Organ der esperantosprechenden Weltföderalisten) und dankt Carnap für seinen Beitritt zur

---

[90] Guérard malte sich eine Zukunft aus, in der im Völkerbund Einigung über ein Projekt namens Cosmoglotta als eine Art „Latein der Demokratie" erzielt sein würde, vgl. Guérard (1922, 205, 209). Gemeint war aber offensichtlich Esperanto. Vgl. auch Guérard (1941, 176 f), und Panchasi (2009, 137).

[91] Vgl. Carnap an Guérard, 02.05.1945 (RC 102-45-04). Carnaps Autobiographie zufolge war er von Guérard angeregt worden, sich mehr mit „naturalistischen" Projekten, besonders dem Occidental (Interlingue), sowie den psychologischen Aspekten der Sprachplanung zu befassen. Vgl. Carnap (o. J.-a, N 22 f).

[92] Carnap an Guérard, 05.07.1945.

[93] Gemeint ist die United Nations Conference on International Organization (UNCIO) vom 25.4. bis 26.6.1945. Guérard hatte Carnap seinen Eindruck vom auf der Konferenz erlebten Sprachenwirrwarr in einem Brief vom 02.05.1945 (RC 102-45-04) übermittelt.

[94] Carnap an Guérard, 28.04.1945 (stenographischer Entwurf). (RC 102-45-05).

[95] So Guérards Einstellung laut Panchasi (2009, 137). Vgl. auch Guérard (1922, 131).

[96] Vgl. Carus (2007, 16).

[97] Das Exemplar hat sich in der Bibliothek des Weltbundes trotz vieler Umzüge (der Sitz war anfangs Genf, jetzt Rotterdam) erhalten.

[98] Am 10. Dezember 1954 hatte eine Resolution der Generalversammlung der UNESCO in Montevideo die Erfolge des Esperanto in der Völkerverständigung gewürdigt.

Nordamerikanischen Esperanto-Liga.[99] Parrish berichtet von den ersten Erfolgen der Liga. Carnap nimmt das, wie seine Unterstreichungen im Brieftext zeigen, mit Interesse zur Kenntnis; ihm war vermutlich bekannt, dass die Liga beschuldigt wurde, unter dem Einfluss „marxistischer Elemente" zu stehen.[100] Er lädt Parrish ein, ihn einmal zu besuchen.[101]

Als 1963 Carnaps Autobiographie erschien, enthielt sie ein Kapitel „Sprachen planen".[102] Bevor er begonnen habe, sich mit der Sprachplanung in der symbolischen Logik zu befassen, schreibt er, habe ihn die Frage einer internationalen Hilfssprache beschäftigt. Da er dieses Thema in seinen Veröffentlichungen bisher nicht behandelt hatte,[103] wollte er etwas ausführlicher darauf eingehen. Für die publizierte Fassung wurde auch hier gekürzt. Geblieben ist die lebendige Schilderung seines Esperanto-Engagements, dessen Einzelheiten gerade auch für die meisten Esperantisten gänzlich neu waren. Zwei Passagen sind seitdem mehrfach zitiert worden.[104] Zum einen Carnaps Erinnerung an den Dresdner Kongress von 1908:

> Ein Höhepunkt des Kongresses war eine Aufführung von Goethes *Iphigenie* in Esperanto. Mir war es eine bewegende und erhebende Erfahrung, dieses Drama, durchzogen vom Geist der Menschlichkeit, in einem neuen Medium ausgedrückt zu hören, das es tausend Zuschauern aus vielen Ländern verständlich machte, so daß sie sich geistig zusammengehörig fühlen konnten (Carnap, 1993, 108).[105]

Sowie eine Passage, die sich an die Skeptiker richtete:

> Nach solchen Erfahrungen kann man die Argumente derjenigen nicht sonderlich ernst nehmen, die behaupten, eine internationale Hilfssprache könne ja für Geschäftsangelegenheiten und vielleicht noch für die Naturwissenschaft taugen, sei aber kein geeignetes Kommunikationsmittel für Persönliches, für Diskussionen in den Sozial- und Geisteswissenschaften, ganz zu schweigen von Romanen oder Dramen. Ich stellte fest, daß die meisten, die so etwas behaupten, keinerlei praktische Erfahrung mit dieser Sprache hatten (Carnap, 1993, 108).

Zusammenfassend schreibt Carnap: „Was in der Jugend mein Interesse an einer internationalen Sprache weckte, waren einmal das humanitäre Ideal einer Verbesserung des Verständnisses zwischen den Nationen, zum anderen das

---

[99] Parrish an Carnap, 23.02.1955 (RC 095-16-24). Parrish teilt Carnap mit, er sei vor dem Ersten Weltkrieg zweimal bei Zamenhof in Warschau zu Gast gewesen.

[100] Dies ist ein kleines, aber nicht unwichtiges Detail: Die Liga hatte sich 1953 von einer älteren, seit 1905 bestehenden Organisation abgespalten, die ins Fahrwasser fanatischer Antikommunisten geraten war. Bekanntlich stand Carnap zu dieser Zeit wegen angeblich prokommunistischer Tätigkeit auf der Schwarzen Liste des Federal Bureau of Investigation (FBI).

[101] Vgl. Carnap an Parrish, 07.12.1955 (RC 095-16-23). Vgl. auch Parrish an Carnap, 05.01.1957 (RC 095-16-18). Wie unter Esperantisten seit langem üblich redete Parrish Carnap als Gleichgesinnten an: „Kara Samideano" (RC 095-16-24).

[102] Vgl. Carnap (1993, 105–111).

[103] Vgl. Carnap (o. J.-a, N 13).

[104] Vgl. Eco (1994, 330), Eichner (2012, 124), Garvía (2015, 87 f.).

[105] Vgl. Guérard (1922, 118). Zur kulturgeschichtlichen Bedeutung dieser Esperanto-Aufführung vgl. Hall (2012, 215–217).

Vergnügen, eine Sprache zu benutzen, die erstaunliche Flexibilität der Ausdrucksmittel mit großer struktureller Einfachheit verband" (Carnap, 1993, 108 f).[106]
Im Anschluss daran führt er aus, dass sich sein Interesse im Lauf der Zeit „mehr den
theoretischen Problemen" der Sprachplanung zugewandt habe. Beispiele dafür sind
seine Ratschläge an die IALA und seine Korrespondenz mit Gode und Guérard.
Dies war insgesamt eine eher bescheidene Aktivität. Seine wissenschaftlichen
Arbeiten scheinen ihm kein stärkeres Engagement erlaubt zu haben.

Im Februar 1968 wird Carnap vom Esperanto-Weltbund eingeladen, Mitglied im
redaktionellen Beirat der von Mouton geplanten neuen Zeitschrift zu werden, was
er wegen Arbeitsüberlastung und Krankheit ablehnt.[107] Gegen Ende seines Lebens
erwacht sein Interesse erneut. Dass ihn nicht nur Esperanto, sondern auch neue
Projekte weiterhin interessierten, zeigen entsprechende Karteikarten in seinem
Nachlass, die er offenbar überwiegend in seinen letzten Lebensjahren angelegt hat.

Am 1. Juli 1970 schreibt Carnap dem Nachfolger von Donald Parrish, Armin
F. Doneis (1906–2000) in Texas,[108] seine vielleicht letzten Esperanto-Zeilen. Er entschuldigt sich für die handschriftliche Form. Er habe gerade eine Augenoperation
hinter sich. Jetzt könne er zwar wieder lesen und schreiben. Aber er könne nicht
Schreibmaschine schreiben und seine studentische Hilfskraft sei des Esperanto
nicht mächtig.[109] Ebenfalls Anfang Juli 1970 erhält Carnap einen Anruf von dem in
Reseda, also in seiner Nähe lebenden Esperantisten R.C. Marble (1914–2003).[110]
Der pensionierte Hauptmann berichtet Carnap, dass Pavle Mitrović (geb. 1887), ein
Interlinguist in Sarajevo, gern wieder von ihm hören würde,[111] und lädt ihn für den
19. Juli zu einem Treffen mit dem schottischen Esperanto-Dichter William Auld
(1924–2006) in Pasadena ein; man werde ihn abholen.[112]

Das gleichbleibende Interesse an Sprachplanung weckt bei Carnap zu dieser
Zeit, kurz vor seinem Tod, die Erinnerung an weit zurückliegende Jugenderlebnisse.
Er meldet sich bei Mitrović sofort und nimmt dabei Bezug auf ein Buch des in
Uppsala lehrenden Esten Valter Tauli (1907–1986), *Introduction to a Theory of*

---

[106] Den hierauf folgenden Passus „especially because of the possibility of forming new words with
the help of fixed word roots and a number of prefixes and suffixes" (Carnap, o. J.-a, N 18) strich
Carnap in der zur Veröffentlichung bestimmten Fassung.

[107] Die Zeitschrift begann 1969 ihr Erscheinen unter dem Titel *La Monda Lingvo-Problemo*. Seit
1977 unter dem Titel *Language Problems and Language Planning*, erscheint sie bis heute, jetzt bei
Benjamins.

[108] Doneis war aktiver Methodist und ein radikaler Pazifist.

[109] Vgl. RC 095-21-17.

[110] Vgl. eine stenographische Notiz von Carnap (RC 095-21-01). Die beiden sprachen offenbar
miteinander Esperanto. Vgl. Marbles esperantosprachige Notizen vom 03. und 05.07.1970 (RC
095-21-02,03,04).

[111] Vgl. Marble an Carnap, 03.07.1970 (RC 095-21-04).

[112] Vgl. Marble an Carnap, 03.07.1970 (RC 095-21-03); stenographische Notiz von Carnap (RC
095-21-05). Ob Carnap der Einladung gefolgt ist, lässt sich nicht feststellen. Auld war zu einem
Esperanto-Sommerkurs ans San Francisco State College gekommen. Zu ihm vgl. jetzt Setz
(2020, 282 f, 286 f, 315 ff).

Language Planning, das er gerade gelesen hatte.[113] Carnap schreibt Tauli bald selbst und lobt das Buch.[114] Es sei das bisher beste auf diesem Gebiet. Allerdings hatte Carnap wohl einen anderen Inhalt erwartet – Tauli ging es besonders um Sprachneuerungen in ethnischen Sprachen, nur am Rande um internationale Plansprachen.[115] Mit seinem Brief an Tauli macht Carnap seinem Ruf eines „pedantischen Rationalisten" alle Ehre.[116] Er bemängelt, dass Tauli dem Leser durch viele Abkürzungen die Lektüre erschwere. Verwirrenderweise bedeute „AL" auf S. 25 „Applied Linguistics", auf S. 83 und 216 „arbitrary lexeme" und auf S. 204 „Acta Linguistica". Gleichsam als versöhnlichen Ausgleich bringt Carnap eine historische Reminiszenz. Er erinnert an die fast fünfzig Jahre zurückliegende Reise mit seinem bulgarischen Freund nach Estland, auch nach Tartu (Dorpat), wo Tauli studiert hatte, und richtet den Blick zugleich in die Zukunft. Carnap begrüßt es, dass Tauli, anders als die meisten Interlinguisten, auch den ästhetischen Aspekten der Sprachplanung Aufmerksamkeit schenke.

Weiterhin gibt er Tauli darin recht, dass für die Bildung einer internationalen Sprache mehr Forschung vonnöten sei, deutet dann aber an, dass dies einstweilen nichts bringe, denn die Durchsetzung einer solchen Sprache sei eine Machtfrage. Schon im März 1934 hatte er nach einem Gespräch mit Neurath dessen Meinung notiert, eine „offizielle Einführung [des Esperanto] durch Staaten" werde nicht kommen. Carnap fand an der Aussicht keinen Gefallen, „das einfachere Esperanto verlassen zu müssen" (Carnap 2022b, 611), wenn sich Basic English verbreite. Jahrzehnte später – Basic English hatte sich nicht durchgesetzt, dafür stärkte Englisch seine Stellung als Verkehrssprache – übermittelt Carnap Tauli seine Einschätzung, dass die Kosten für Dolmetschen und Übersetzen in naher Zukunft auf ein unerträgliches Maß steigen würden. Dann könnten die Vereinten Nationen (beziehungsweise Europa) gezwungen sein, sich mit einer Lösung durch eine internationale Hilfssprache zu befassen und dafür Forschungen in Auftrag zu geben.[117]

Abschließend bietet Carnap Tauli an, ihm seine Bücher zu schicken, wobei er ihn gleichzeitig warnt, es gehe in diesen nicht um „word languages, either natural or constructed", sondern ausschließlich um „languages of symbolic logic".[118] Vermutlich ist dies einer der letzten Briefe Carnaps mit Bezug auf Plansprachen.

---

[113] Carnap an Mitrović, stenographischer Entwurf vom 06.07.1970 (RC 095-21-05). Carnap exzerpierte für seine Kartei einige Literaturangaben von Tauli.

[114] Carnap an Tauli, 19.08.1970 (RC 095-30-01). Kopien schickte Carnap an Gode, Mitrović und Marble.

[115] Vgl. das abschließende Kapitel „Interlinguistics" (Tauli, 1968, 167–170). Taulis Schlusssatz lautet: „Meanwhile the only thing is to recommend the use of English as the common IL [i.e. *interlanguage*, U.L.]. But it would probably be unwise to try to hasten its acceptance by wide-scale propaganda, for this would arouse opposition due to national jealousy."

[116] So schätzte ihn einem Brief Carnaps an Moritz Schlick (28.09.1932) zufolge Wittgenstein ein, vgl. Löffler (2005, 210).

[117] Ähnlich hatte Carnap in seinem Brief an Mitrović argumentiert, vgl. stenographischer Entwurf vom 06.07.1970 (RC 095-21-05).

[118] Carnap an Tauli, 19.08.1970 (RC 095-30-01).

Am 14. September 1970, knapp einen Monat nach Absendung des Briefes an Tauli, stirbt Rudolf Carnap im kalifornischen Santa Monica.

Für eine Einschätzung der Lebensleistung Rudolf Carnaps ist hier nicht der Ort. Mein Anliegen war lediglich, den Esperantisten Carnap vorzustellen. Was Esperanto im Kontext seines Lebens und Werkes bedeutete, ist weiterer Untersuchungen wert. Auch wenn von ihm außer dem frühen Aufsatz über Rätselspiele (Carnap, 1909) keine auf Esperanto verfassten Publikationen überliefert sind, hat er sich die Begeisterung, die ihn in seinen Jugendjahren zum Erlernen des Esperanto geführt hatte, bis an sein Lebensende bewahrt. Sie überdauerte auch das Schwinden der Hoffnungen auf politische Rückendeckung für die Ziele der Esperantobewegung. In seiner Autobiographie hinterließ er der Nachwelt und auch den Esperantisten ein sehr prägnantes Resümee des geistigen Wertes und praktischen Nutzens des Esperanto. Bevor er sich der Wissenschaft zuwandte, war das Vergnügen, Esperanto zu benutzen, persönlichkeitsbildend für ihn. Esperanto war für Carnap mehr als nur eine Sprache, wie sein Einvernehmen mit Guérard in Bezug auf die „interna ideo" zeigt: es gehörte zu seiner Hoffnung auf eine bessere Welt.[119] Esperanto war für ihn, losgelöst von theoretischen Betrachtungen, Ausdruck jener „menschlich-reine[n] Gesinnung", die ihm 1921 an Bertrand Russell so zugesagt hatte (vgl. oben S. 58). Im Juni 1934 hatte er in einem Gespräch mit Susan Stebbing (1885–1943) die Ansicht geäußert, Pazifismus sei für ihn „Teil eines größeren Zieles" (Carnap 2022b, 659);[120] auch Esperanto war davon offensichtlich ein Teil. Carnap erhoffte „eine allmähliche Entwicklung auf eine Weltregierung" (Carnap, 1993, 131). Aber er betonte zugleich, dass Sozialismus und Weltregierung – und eben wohl auch Esperanto – für ihn keine absoluten Ziele seien, sondern „lediglich organisatorische Mittel" (Carnap, 1993, 131) zum Erreichen des vorrangigen Ziels, die bürgerlichen Freiheiten und demokratischen Institutionen weiter auszubauen und zu verbessern.

Abschließend möchte ich noch einmal auf Otto Flügel zurückkommen, den väterlichen Freund, der dem jungen Rudi zuliebe Esperanto gelernt und ihm 1908 zwei Postkarten geschrieben hatte (vgl. oben S. 57). In einer der beiden Postkarten (derjenigen vom 15.09.1908) steht in einem etwas holprigen Esperanto (ich übersetze):

> Ich lese mit großer Freude die Märchen der Brüder Grimm [in Esperanto-Übers.[121]]. Solche Studien sind beruhigend.
>
> Mein Wunsch ist, dass Deine esperantistischen Studien ohne Verlust für die anderen, viel wichtigeren Studien sein mögen. Esperanto möge für Dich immer nur das zweite sein. Tausend Grüße an Deine Mutter und an Deine Schwester.

Wahrscheinlich war Flügel nicht entgangen, was Rudi im gleichen Jahr seinem Tagebuch anvertraut hatte, nämlich dass er für Esperanto „tüchtig" schwärme, und

---

[119] Vgl. Brief an Guérard, 05.07.1945 (RC 102-45-02). Guérard strebte, wohl ähnlich wie Carnap, nach „socialism united with liberty and democracy" (Irvine, 1960)

[120] Über ein Gespräch mit Susan Stebbing (11.10.1934).

[121] *Elektitaj fabeloj de fratoj Grimm* [aus dem Deutschen von Kazimierz Bein]. Berlin: Möller & Borel, 1906.

gab ihm deswegen vorsorglich eine Mahnung mit auf den Weg, anderes darüber
nicht zu vernachlässigen. Daran hat sich Carnap, vermutlich zur Genugtuung aller,
die über ihn forschen, dann auch gehalten.

Literatur

Aray, B. (2019). Louis Couturat, modern logic, and the international auxiliary language. *British Journal for the History of Philosophy, 27*, 979–1001.

Baudouin, C. (1926). *La arto de memdisciplino: psikagogio.* Rudolf Mosse.

Blanke, D. (1985). *Internationale Plansprachen. Eine Einführung.* Akademie.

Brugmann, K., & Leskien, A. (1907). *Zur Kritik der künstlichen Weltsprachen.* Trübner.

Bréard, A. (2016). Logik und Universalsprache – Leibniz' Ideen 200 Jahre später. In M. Grötschel et al. (Hrsg.), *Vision als Aufgabe. Das Leibniz-Universum im 21. Jahrhundert* (S. 277–297). Berlin-Brandenburgische Akademie der Wissenschaften.

Budin, G. (2016). Der Beitrag der österreichischen Philosophie zur Entwicklung der Theorie der Terminologie. *Edition. Fachzeitschrift für Terminologie, 12*(1), 5–15.

Carnap, R. (1909). Kiel oni faras enigmojn en Esperanto? *Liberaj Horoj,* 1909, Nr. 5, S. 19 f.; s.a. Nr. 3, S. 10, und Nr. 6/7, S. 27 f.

Carnap, R. (o. J.-a). *Autobiographie* [unveröffentlicht]. UCLA Ms. Coll. 1029, Box 2, CM3, M-A5, N 13-N 29.

Carnap, R. (o. J.-b). *Autobiographie* [unveröffentlicht]. UCLA Ms. Coll. 1029, Box 2, CM3, M-A3, U 6-U 7.

Carnap, R. (1928). *Der logische Aufbau der Welt.* Weltkreis.

Carnap, R. (1929). *Abriss der Logistik. Mit besonderer Berücksichtigung der Relationstheorie und ihrer Anwendungen.* Julius Springer.

Carnap, R. (1944). The problem of a world language. *Books Abroad, 18*(3), 303–304.

Carnap, R. (1993). *Mein Weg in die Philosophie* [1963]. Hrsg. W. Hochkeppel. Reclam.

Carnap, R. (2022a). *Tagebücher 1908–1919.* Hrsg. C. Damböck. Felix Meiner.

Carnap, R. (2022b). *Tagebücher 1920–1935.* Hrsg. C. Damböck. Felix Meiner.

Carus, A. W. (2007). *Carnap and Twentieth-century thought: Explication as enlightenment.* Cambridge University Press.

Cat, J., & Tuboly, A. T. (Hrsg.). (2019). *Neurath reconsidered: New sources and perspectives.* Springer.

Dahms, H.-J. (2016). Carnap's early conception of a „system of the sciences": The importance of Wilhelm Ostwald. In C. Damböck (Hrsg.), *Influences on the Aufbau* (S. 163–185). Springer.

Eco, U. (1994). *Die Suche nach der vollkommenen Sprache.* C.H. Beck.

Eichner, H. (2012). Konstruierte Intersprachen: Herausforderung und Chance für die Sprachwissenschaft. In A. P. Kölbl & J. Bretz (Hrsg.), *Zwischen Utopie und Wirklichkeit. Konstruierte Sprachen für die globalisierte Welt* (S. 123–149). Allitera.

Falk, J. S. (1999). *Women, language and linguistics: Three American stories from the first half of the twentieth century.* Routledge.

Farrokh, M. (1991). *La pensée et l'action d'Edmond Privat (1889-1962). Contribution à l'histoire des idées politiques en Suisse.* Peter Lang.

Garvía, R. (2015). *Esperanto and its rivals: The struggle for an international language.* University of Pennsylvania Press.

Goethe, J. W. von. (1908). *Ifigenio en Taŭrido. Dramo en kvin aktoj.* El la germana tradukis D-ro L. L. Zamenhof. Hachette/Möller & Borel.

Gordin, M. D. (2015). *Scientific Babel: The language of science from the fall of Latin to the rise of English.* Profile Books.

Guérard, A. L. (1922). *A short history of the international language movement.* T. Fisher Unwin.

Guérard, A. (1941). International language and national cultures. *The American Scholar, 10,* 170–183.

Hall, E. (2012). *Adventures with Iphigenia in Tauris: A cultural history of Euripides' Black Sea tragedy.* Oxford University Press.

Huber, V. (2021). An international language for all: Basic English and the limits of a global communication experiment. In J. Reinisch & D. Brydan (Hrsg.), *Internationalists in European history: Rethinking the twentieth century* (S. 51–67). Bloomsbury.

Irvine, W. (1960). Recollections of professor Guérard. *International Language Review, 6 (18).*

Itō, K. (Hrsg.). (1991). *Destino de ludovika dinastio 1907–1917.* Ludovikito (Plena verkaro de L.L. Zamenhof. Originalaro 3.).

Jespersen, O. (1995). *A Linguist's life* [1938]. Odense University Press.

Jung, T. (1924). La Deksesa. *Esperanto Triumfonta,* Nr. 205, S. 1–3; Nr. 206, S. 1–2.

Kamarýt, S. (1934). *Filozofia terminaro.* Moraviaj Esperanto Pioniroj.

Klare, J. (2010). André Martinet (1908–1999). Ein bedeutender französischer Linguist und Interlinguist des 20. Jahrhunderts. *Interlinguistische Informationen, Beiheft, 17,* 9–37.

Kloe, F. de (2014). *Constructing world with words: Science and international language in the early twentieth century.* Diss., Univ. Maastricht.

Koneva, R. (2011). *Ivan Šišmanov i obedinesena Evropa* [Iwan D. Schischmanow und das vereinte Europa]. Sofia: IK „Gutenberg".

Krajewski, M. (2014). Globalisierungsprojekte: Sprache, Dienste, Wissen. In N. Werber et al. (Hrsg.), *Erster Weltkrieg. Kulturwissenschaftliches Handbuch* (S. 51–84). J.B. Metzler.

Löffler, W. (2005). „Esperanto and the feeling of disgust": Wittgenstein on planned languages. In J. C. Marek & M. E. Reicher (Hrsg.), *Erfahrung und Analyse/Experience and Analysis. Akten des 27. Internationalen Wittgenstein-Symposiums* (S. 204–211). öbv & hpt Verlagsgesellschaft.

Mauthner, F. (1906). *Die Sprache.* Rütten & Loening.

Mauthner, F. (1910). *Wörterbuch der Philosophie. Neue Beiträge zu einer Kritik der Sprache* (Bd. 2). Georg Müller.

Mauthner, F. (1920). *Muttersprache und Vaterland.* Dürr & Weber.

McElvenny, J. (2018). *Language and meaning in the age of modernism: C.K. Ogden and his contemporaries.* Edinburgh University Press.

Mielck, W. B. (1908). *Die Weltsprache „Esperanto".* Verlag für Kultur und Wissenschaft.

Oesterreich, T. K. (1921). *Der Okkultismus im modernen Weltbild.* Sibyllen.

Ostwald, W. (1904). *Die Weltsprache.* Franck.

Panchasi, R. (2009). *Future tense: The culture of anticipation in France between the wars.* Cornell University Press.

Pfeffer, E. (Hrsg.). (1929). *Dr. Zamenhofs Esperanto-Reden gehalten bei Eröffnung der Esperanto-Kongresse 1905–1912.* Steyrermühl.

Privat, E. (1918). *L'Europe et l'odyssée de la Pologne aux XIXe siècle.* G. Bridel/Fischbacher.

Privat, E. (1963), *Aventuroj de pioniro.* J. Régulo.

Privat, E. (2007). *Vivo de Zamenhof* (6. Aufl.) Hrsg. Ulrich Lins. Universala Esperanto-Asocio.

Raimund, F. (1924). *La malŝparulo* [*Der Verschwender,* ins Esperanto übers. von Franz Zwach]. Ferdinand Hirth & Sohn.

Schmitz, W. H. (1985). Tönnies' Zeichentheorie zwischen Signifik und Wiener Kreis. *Zeitschrift für Soziologie, 14,* 373–385.

Schor, E. (2016). *Bridge of words: Esperanto and the dream of a universal language.* Metropolitan Books.

Schramm, A. (Red.). (1908). *Germana Jarlibro Esperantista por 1908.* Germana Esperantista Societo.

Schwantje, M. (1929). Heinrich Schöndube. *Mitteilungen des Bundes für radikale Ethik, 19*(April), 9–10.

Setz, C. J. (2020). *Die Bienen und das Unsichtbare.* Suhrkamp.

Streicher, O. (1926). Weltsprache. *Muttersprache, 41,* Sp. 133–139.

Tauli, V. (1968). *Introduction to a theory of language planning.* Almqvist & Wicksells.

Thomas, H. (2012). *The Spanish Civil War* (4. Aufl.). Penguin Books.

Tuider, B. (2016). Alfred H. Frieds Engagement für eine Welthilfssprache und die Esperanto- und die Friedensbewegung. In G. Grünewald (Hrsg.), *„Organisiert die Welt!" Der Friedens-Nobelpreisträger Alfred Hermann Fried (1864-1921) – Leben, Werk und bleibende Impulse* (S. 159–171). Donat.

Włodarczyk, W. (Hrsg.). (1964). *Esperanto? Eldiroj de polaj intelektuloj/Esperanto? Wypowiedzi wybitnych polskich intelektualistów*. Pola Esperanto-Asocio.

Wüster, E. (1923). *Enzyklopädisches Wörterbuch Esperanto-Deutsch*. Ferdinand Hirt & Sohn.

Dr. Esperanto [= L. Zamenhof]. (1887). *Internationale Sprache. Vorrede und vollständiges Lehrbuch*, Warschau: Gebethner et Wolff. Nachdruck Saarbrücken: Iltis, 1968.

Samenhof [=Zamenhof], L. (1891). *Die Weltsprache „Esperanto". Vollständiges Lehrbuch nebst zwei Wörterbüchern*. Hrsg. W. H. Trompeter. Nürnberg: W. Tümmel's Buch- und Kunstdruckerei.

Teil II
Jugend und Reform: Religion, Ethik, Politik und Wissenschaft

Chapter 5
Hans Reichenbach and the *Freistudentenschaft*: School Reform, Pedagogy, and Freedom

Flavia Padovani

5.1 Introduction

For the young Hans Reichenbach, his university years represented an opportunity not only for professional and personal advancement by means of the subject he chose to study, but also for engaging in social and political activities. Between 1911 and 1914 (and to a certain degree in 1918 and 1919), Reichenbach briefly turned his attention from science and philosophy to the project of reforming the German university system, one of the main objectives of the Free Student Movement (*Freie Studentenschaft*).

Driven by the idea of the moral self-determination of individuals and freedom of choice regarding one's future, the Free Students (*Freistudenten*) strongly defended the autonomy of thought and thus opposed any form of dogmatism, whether scholastic, religious, philosophical, political, or institutional. During the period that Reichenbach was a member, the Free Students' criticism was especially aimed at reforming the German university, which they regarded as obsolete and inadequate to reflect their needs. It is against this background that Reichenbach developed ideals that would ultimately provide the basis for his philosophical thought and to which he would remain faithful until his death. In fact, Reichenbach's intransigent opposition to any form of hypostatised theory would rest on these ideals, as would his sharp criticism of speculative metaphysics, even in the form of neo-Kantianism and phenomenology, which he viewed as incapable of mirroring the crucial advances in the science of his time.

F. Padovani (✉)
Department of English and Philosophy, Drexel University, Philadelphia, PA, USA
e-mail: flavia.padovani@drexel.edu

© The Author(s) 2022
C. Damböck et al. (eds.), *Logischer Empirismus, Lebensreform und die deutsche Jugendbewegung*, Veröffentlichungen des Instituts Wiener Kreis 32,
https://doi.org/10.1007/978-3-030-84887-3_5

This paper aims to provide a brief overview of Reichenbach's experience as a Free Student and of the impact of that experience on his later work.[1] To this end, I consider (1) archival materials that characterise Reichenbach's early involvement in the German Youth Movement[2] in relation to his political participation in university reform, which extended until 1919; (2) a psychological research project he undertook in approximately 1912–1913 while a student in Munich; and (3) his ambivalent position on the war, which is exemplified to a certain extent by his 1915 correspondence with education reformer Gustav Wyneken.[3]

5.2 School Reform and the Ideal of the *Freie Studentenschaft*

5.2.1 The Pre-War Period and the Demand for Neutrality in Education

Reichenbach began his academic studies at the Stuttgart Technische Hochschule in the winter semester of 1910–1911 in civil engineering, a discipline in which he initially hoped to find a wide-ranging methodology that combined theory and practice.[4] Within a short time, he became a well-recognised member of the *Freie Studentenschaft*.[5] His first publications as a Free Student considered two approaches to the study of science: one practical, the other theoretical. These two papers, "Universität und Technische Hochschule. Ein Vergleich" (Reichenbach, 1911a) and "Universität und Technische Hochschule" (Reichenbach, 1911b) compared the values and aims of studying technical disciplines at a *Fachschule* (i.e., a technical university) with those of studying general scientific topics at a more traditional university. Reichenbach was soon disappointed by the lack of in-depth theoretical investigation of technical sub-

---

[1] Although such an investigation would exceed this paper's scope, it is worth noting that certain of the figures with whom Reichenbach was actively involved in the *Freistudentenschaft* — unsurprisingly and in varying respects — played important roles, direct or indirect, in his intellectual development. Among others, these figures include Kurt Lewin and Kurt Grelling. Regarding Lewin's relationship with Reichenbach, see Padovani, 2013; regarding Lewin, Grelling and, more generally, the Berlin Group, see Milkov & Peckhaus, 2013.

[2] See also the passages on Reichenbach in the contributions by Günther Sandner and Christian Damböck in this volume.

[3] See the Appendix "The 1915 Reichenbach–Wyneken Correspondence: Between the Ethical Ideal and the Reality of War", in this volume, and Sect. 5.3 below.

[4] For a description of Reichenbach's early interests, see Gerner, 1997, 4–9.

[5] See Wipf, 1994, 167ff. Already during high-school years, Reichenbach was most likely a member (or in any case close to being one) of the *Wandervogel*. The essence of this movement was initially a "mystique of fellowship", as Carl Landauer phrased it, but this "mystique" had a formative influence on many of the ideas of those who later promoted the vision of an "unromantic, scholarly oriented *Freie Studentenschaft*" (Landauer, C. 1978, 26ff). Much has been written on Reichenbach's membership in the latter society. See especially Linse, 1974; Wipf, 1994, 2004; Reichenbach, M. 1978, and Kamlah, 2013, 159ff.

jects in Stuttgart. During his second semester, he abandoned the institution to study mathematics, physics, and philosophy at the University of Berlin, where he enrolled first in the academic year of 1911–1912 and later in 1913–1914.

While his first publications testify to Reichenbach's early propensity for a philosophical understanding of academic disciplines, it was with his transfer from Berlin to Munich in the academic year 1912–1913 that he began to actively influence the *Freie Studentenschaft* in terms of its concerns and attitudes, especially in the quest for a programmatic vision for the movement.[6] In his 1912 report on the state of the Munich branch of the *Freistudentenschaft*, published in the *Dresdner Studentische Blätter*,[7] Reichenbach illustrated the points unanimously accepted at the Munich meeting of 4 July 1912. These points concerned 1) assigning equal rights and committee representation to all students, including those who were not, de facto, active members of student corporations or fraternities (the so-called *Nicht-Inkorporierte*); 2) implementing a reform of student rights through a self-governance organ that would repeal all elements of civil rights that could limit students (thus weakening their sense of responsibility); 3) providing extensive opportunities to complement university offerings through additional scientific, artistic, civic, and physical education courses while welcoming all students to partake in the discussions of pedagogical questions such extracurricular activities implied; and 4) adopting a neutral stance with respect to religious and political matters.[8]

In Reichenbach's view, the unifying principle of the movement, especially in relation to freedom of knowledge, still required spelling out.[9] In an article he published in a brochure co-authored with Carl Landauer, "Die freistudentische Idee. Ihr Inhalt als Einheit" (1913c),[10] Reichenbach articulated the Free Students' ideal, and their spirit of self-determination as follows:

> *The supreme moral ideal is exemplified in the person who determines his own values freely and independently of others and who, as a member of a society, demands this autonomy for all members and of all members.*
>
> This ideal is purely formal, for it says nothing as to the direction the individual should follow in choosing for himself. […] Only one universal demand can be made: the formal ideal. We require the autonomous creation of the ideal; that is, we require that each person,

---

[6] See, for instance, Reichenbach, 1912b, 1912c, 1912d, 1913d, 1913e, 1914c, and 1914d. In the paper "Studentenschaft und Katholizismus" (Reichenbach, 1912a), Reichenbach analysed the presuppositions of knowledge in Catholicism on the one hand and scientific knowledge on the other hand. In contrast to the theses defended by various Catholic student corporations (including the *Vereinigung katholischer Freistudenten*), Reichenbach insisted on total autonomy and "freedom from the authority of the church" for all students, concluding that the "cultural mission" of the *Freie Studentenschaft* had to be implemented by fighting both "internal and external enemies" (Reichenbach, 1912a, 106–107), whereby "internal enemies" potentially included the Catholic student corporations.

[7] Reichenbach, 1912b.

[8] See Reichenbach, 1912b, 2.

[9] As Reichenbach phrased it, as "eine Bewegung ohne Ideale, wäre die Freie Studentenschaft zu einem lächerlichen Zerrbild einer studentischen Bewegung geworden" (Reichenbach, 1912b, 4).

[10] A reprint of this article can be found as an appendix to this volume.

of his own free will, set the goal to which he will aspire and follow none but a suitable course of action. The individual may do whatever he considers to be right. Indeed, he ought to do it; in general, we consider as immoral nothing but an inconsistency between goal and action. To force a person to commit an act that he himself does not consider right is to compel him to be immoral. That is why we reject every authoritarian morality that wants to replace the autonomy of the individual with principles of actions set forth by some external authority or other. That is the essence of our morality […].

If, in the formulation of our ideals, we put forth a second point of view concerning society, that is not to be regarded as contradicting the principle of autonomy just presented. It is incorrect to speak of a contradiction between individualism and socialism […]. When we demand the autonomy of the individual and require at the same time that the individual grant to everyone else the same right to self-determination, we are really presenting one and the same thought from two different aspects. The second is an extension that is necessary to complete the ideal, an addition that transforms what is desired for the individual into a universal law. […] The task of the Free Students is this: to educate students to the acceptance of this ethical ideal (Reichenbach, 1913c, 109–110).

There are a number of interesting elements in this presentation of the movement's central tenets. However, the emphasis is clearly on the educational work necessary to attain this *ethical ideal*, more specifically, on the conditions of possibility for this work to be carried out and on how to finally achieve the goal of unification within the student movement.[11] The core message is rooted in the idea of the "autonomy of the individual", a form of "neutrality"—as Reichenbach envisions it—that should enable education to lead to self-education through focusing on the ethical ideal and its equally fundamental implementation in society. The means to achieve this ideal is school reform: the university and all of academic life must be restructured in such a way that, as Reichenbach phrases it, "the student can educate himself according to the ideal of autonomy as a universal precept [*nach dem Ideal der Autonomie als allgemeinen Gesetzes*]" (1913c, 111).

Welfare agencies must make up for the limited opportunities of students with restricted means to fight social inequalities, which is "the Free Students' task at the university with regard to *politics* [*die hochschulpolitische Tätigkeit*]" (1913c, 111). Nationalism (as well as Catholicism and religion generally) should also have no place in the movement. Considerations based on, e.g., politics, religious affiliation, or race should neither influence the hiring of instructors, which must be performed with complete neutrality,[12] nor the academic and intellectual development of students.[13] This is why Reichenbach demands freedom of research and teaching from any influence by outside authorities, which would ultimately guarantee scientific autonomy. A reform of the student code of rights would enable students to develop their views freely in accordance with their knowledge and their self-determination, thus rejecting the "principle of education by authority".[14]

---

[11] See Reichenbach, 1913c, 120. On the meta-ethical perspectives of Reichenbach's text, see the contribution of Christian Damböck in this volume.

[12] Reichenbach later strongly reaffirms this demand for neutrality in education. See Reichenbach Reichenbach, 1914e and 1914f.

[13] Reichenbach, 1913c, 117–119.

[14] See also Linse, 1974, 16.

Another interesting element of this programmatic text is the idea that students must be accorded the right to self-organisation in general student committees. In another paper along the same lines, "Der Sinn der Hochschulreform" (1914b), Reichenbach emphasises how university reform must begin with a critique of science as a form of organised knowledge.[15] This critique would promote a spirit of *community* in contrast to the divide between professors and students and thus create a close tie between the two groups, resulting in a more vital academic organism.

5.2.2 The Post-War Period: From Neutrality to Socialism

Through his involvement in the *Freistudentenschaft*, Reichenbach meant to transform and ultimately improve the scholastic and educational system, which he viewed as static and too rigid. For him, this system represented an obstacle to the students' aspiration to freely follow their inclinations, develop their lives in line with them, and finally determine their own destinies. This involvement had a sequel in 1918 when Reichenbach addressed the reform of the university system from a more political (socialist) perspective. Such politicisation was a natural development for many Free Students, especially considering the radical tendencies of the left wing of the *Freistudentenschaft*, which largely contributed to creating the groundwork for this development. Among these students, Reichenbach stood out as a "leading figure of this passage from democratisation to socialisation of the university", as Linse put it (Linse, 1974, 12).

At the heart of Reichenbach's pre-war writings lie the ideas of social responsibility and community. All the measures suggested in his criticism of the educational system ultimately included a robust social component. Clarifying the risks of the loss of scientific freedom did not just symbolise the starting point of the liberation from an obsolete, non-neutral university organisation and education. It also opened the way to a criticism of the social structure. Especially immediately after the war, Reichenbach perceived that such societal change could not be realised within a capitalistic framework. Thus, a remodelling or reorganisation of society on the basis of socialist principles was not only desirable but also necessary if radical change was to be implemented at any social level.[16]

It is with this socialist model of reorganisation in mind that in 1918 Reichenbach drafted the programme of the Socialist Student Party and published a number of pamphlets that would be distributed in various alternative circles, including the "Programm der sozialistischen Studentenpartei" ("Platform of the Socialist Students' Party"), the "Bericht der sozialistischen Studentenpartei Berlin. Erläuterungen zum Programm" ("Report of the Socialist Student Party, Berlin and Notes on the Program"), the manuscript "Die Sozialisierung der Hochschule"

---

[15] See Reichenbach, 1914b, 129.

[16] See Hecht & Hoffmann, 1982, 652.

("Socializing the University"), and the paper "Student und Sozialismus".[17] The central idea of the first text, the "Platform of the Socialist Students' Party" (1918a), is the application of the basic tenets of socialism to society in general and to schools in particular. For Reichenbach, the reformation of the university should occur "in accordance with the socialist platform" (Reichenbach, 1918a, 132). All of elements sketched in this short document appear to be a natural development of Reichenbach's *Freistudent* views, which now include the abolition of fees for lectures, registration, and examinations, particularly for disadvantaged students (while higher fees are envisaged for better-off students), in addition to state support for those lacking private means. Another characteristic element of this "socialist trend" is the demand for freedom of speech and the hiring of lecturers and the admission of students regardless of social class, political party, religion, race, sex, or nationality. The promotion of student committees to implement student self-government, emphasised in this first paper, already appeared as a desideratum in the work Reichenbach performed in the Munich division of the *Freistudentenschaft*. As we have previously noted, in "Die Neuorganisierung der Münchner Freistudententschaft" (1912b), Reichenbach discussed how the entire system of instruction should be reformed according to agreed-on pedagogical principles and by actively engaging the complete student body. An interesting new demand concerns the creation of new faculty chairs in the areas of education, socialism, and sociology.[18]

From a theoretical viewpoint, the richest and most elaborated document among these writings on socialism is "Socializing the University" (1918b). The paper's introduction emphatically states the importance of the key concept of community and how it should be organised to promote cultural development.[19] In Reichenbach's words:

> Cultural development will always rest basically upon community, and all creative periods will find their support in communities. [...] The significance of society consists in its serving as a precondition for the existence and expansion of communities. [...] [A] justly organized society—which has never yet existed—may be called the precondition of culture. [...] [W]e must look for the conditions that this society will have to fulfil if it is to become the precondition for the development of spiritual and intellectual culture, i.e., if the effects of the intellect are to be manifested in communities, if organizations are to be based upon mutual respect, if the just society is to arise among people who differ completely in material and intellectual respects. Socialism has already undertaken to solve this problem (Reichenbach, 1918b, 137–141).

---

[17] These texts are available in the Hans Reichenbach Collection at the Pittsburgh-Konstanz Archives for Scientific Philosophy (ASP), catalogued as HR 023-23-01, HR 044-05-37, HR 041-18-01, and HR 016-11-17, respectively. Except for "Student und Sozialismus" (1919), the documents have been translated into English (in Reichenbach, H., 1978, Vol. 1). See Reichenbach, 1918a, 1918b, 1918c. In the following, all the material from the Hans Reichenbach Collection is cited with the permission of the ASP and identified with the prefix HR. All rights are reserved.

[18] See Reichenbach, 1918a, 134.

[19] As we have noted, this idea of community was previously discussed in "Der Sinn der Hochschulreform" (Reichenbach, 1914b). Reichenbach returns to the idea again at the end of his life.

The socialist ideal requires the abolition of privileges in favour of a meritocratic system that rewards students for their competence and potential.[20] Once again, the elimination of academic prejudice among students according to "class, party, church, race, sex, or citizenship" (Reichenbach, 1918b, 158) is an essential part of the reform process. Additionally, every person should be granted the right to education, and the state should support such egalitarianism in the spirit of genuine inclusion. Socialising the university is not simply viewed as a useful procedure but as a "necessary condition" to enable those with a "purely scientific orientation" (Reichenbach, 1918b, 148) to sincerely and effectively realise the ideal of an open, socially just, and conceptually creative university community. The implementation of these socialist features would not only help develop a better university and, overall, a better society but would also go hand in hand with the highly desirable development of the university as an international institution.[21]

Since scientific and intellectual progress is impossible without social progress, members of the different societal levels should cooperate towards creating a new society. Hence, as Reichenbach argues in "Student und Sozialismus" (1919), the urgency to connect all the layers of youth—both proletarians and those benefitting from an academic education—to create a genuine societal "organism". The fight for a more "rational social order" embodies the "societal task of the students in a socialist state". Students should therefore abandon the limitations placed on them by their social origins to join in and promote "the one and only great movement of our time: socialism" (Reichenbach, 1919, 9).[22]

The strong appeal to intellectuals to cooperate and implement this change ultimately implies a *reorientation of philosophy* towards a new, radical approach.[23] For

---

[20] "The socialist ideal is to eliminate all legal privileges based upon secondary characteristics in order to allow for the ranking of people in accordance with their potential" (Reichenbach, 1918b, 146).

[21] See Reichenbach, 1918b, 161. In the "Bericht der sozialistischen Studentenpartei Berlin" (Reichenbach, 1918c), Reichenbach went as far as promoting the chief task of the Berlin Socialist Student Party's programme to "contribute to scientific enlightenment on problems of socialism" by suggesting a series of lectures on the topic. See Reichenbach, 1918c, 183ff. As Maria Reichenbach emphasised, this party "saw its task more in enlightening students about socialism and in educating the proletarian youth than in political activism" (Reichenbach, M. 1978, 99). See also Linse, 1974, 55. However, irrespective of the priority assigned to education over political activism, Reichenbach must have maintained a special connection (at least at heart) with his early political activities even much later in life. As Sidney Hook recalls, "we became even friendlier when Reichenbach discovered that I had strong socialist views. He had never met an American socialist before and seemed as surprised to learn that there were American socialists as some proto-Nazi students at Munich had been when I told them that there was a Jewish proletariat in the United States. I then learned that Reichenbach had been head of the German Socialist Student Union and had played a very active role. He regaled me with stories about events that anteceded the First World War" (Hook, 1978, 34).

[22] "Darum verlasse die Studentenschaft die engen Schranken ihrer bürgerlichen Herkunft; darum vergesse sie die hemmenden Vorwürfe ihrer Väter und gliedere sich ein in die große, die einzige große Bewegung unserer Zeit: in den Sozialismus" (Reichenbach, 1919, 9).

[23] See Reichenbach, 1919, 6.

Reichenbach, the new, socialist trend was bound to result in a restructuring of society, a task that students could not accomplish in the pre-war period. In a similar vein, Reichenbach will envisage another reorientation of philosophy and a consequent, equally radical new approach when he shifts his focus from educational and societal matters to scientific philosophy beginning in 1920.

5.2.3 Reichenbach's Political Background and the Berlin University Appointment

The portrait of Reichenbach that emerges from his early political writings and from the letters he exchanged with colleagues or family in the 1910s is that of a researcher who although very young is endowed with an ability to think independently and a resolute determination to fight for his objective: the reform of the educational system in general and that of the German universities in particular.

His political writings from the post-war period caused Reichenbach trouble in 1925, when he endeavoured (with the help of his former teacher Max Planck) to be appointed as a full professor at the University of Berlin.[24] In this period of his life, Reichenbach was no longer engaged in politics and was seemingly less proud of his early political activity, primarily because of his interest in pursuing an academic career. Because his early socialist pamphlets had circulated only within restricted groups, Reichenbach did not include them in the list of publications he submitted to the hiring committee. Nonetheless, the early publications came to notice during the appointment procedure.[25] As a result, Reichenbach was accused of trying to hide his political activity, the extent of which was deemed unsuitable for such an institution.

In a letter to Planck from February 1925, Reichenbach explained his activities in the Free Student Movement and his membership in the Socialist Student Party as being grounded in his liberal views. He further claimed to have always awarded priority to questions of education and *Weltanschauung*. To him, such questions were separate from party politics, in which he claimed never having been interested (something not entirely true, as we have just seen). As Reichenbach went on to explain, he was fully preoccupied by his scientific interests, which ultimately

---

[24] Reichenbach's difficulties in Berlin were not principally due to his early political engagement but to his philosophical background and scientific worldview. Despite his attempts to be hired as full professor in *"Naturphilosophie"* by the Philosophy Department in early 1925, he was eventually appointed by the Physics Department in the summer of 1926 and started teaching there the following winter semester.

[25] This was especially the case with "Student und Sozialismus" (1919), which was an actual publication, not just a pamphlet circulating among a restricted number of students. Crucially, this publication also included the "Programm der Sozialistischen Studentenpartei" (Reichenbach, 1918a) in an appendix. The core of the criticism by the Berlin hiring committee in charge of Reichenbach's candidacy was the inappropriateness of the tone and content of this publication in particular. See Hecht & Hoffmann, 1982, 654.

prevented him from pursuing purely educational matters.[26] This, at least, is the explanation he presented to the politically conservative Planck. Maria Reichenbach, however, suggested a different reason for Reichenbach to relinquish his educational and political interests. In her view, Reichenbach's turn from politics was related to the fact that after the publication of his habilitation thesis, *Relativitätstheorie und Erkenntnis Apriori* (Reichenbach, 1920), he aspired to an academic career and, from a more practical perspective, needed to earn money to support a family with two children.[27] Whatever the motives behind Reichenbach's decision, it is difficult to regard his political, educational, and ethical activism as completely separate from his scientific engagement: in Reichenbach's student years, they were definitely two sides of the same coin.[28]

5.3   Pedagogy

As we have noted in Sect. 5.2.1, at the time of his involvement in the Munich *Freistudentenschaft*, Reichenbach suggested that university education be complemented with more "neutral" and independent learning opportunities that the Free Students would organise and offer to first-year students. These educational activities were targeted at the creation of free thinkers, i.e., "self-determining people," and "carried out through the organization of mass lectures, discussion evenings for smaller groups, tours of every kind, student trips, and athletic activities" (Reichenbach, 1913c, 111–112).

In the frame of this educational work, one debate that fascinated Reichenbach concerned the study of philosophy not only as a university requirement but also as a tool for life. Other debates prompted further reflection on the form in which the independent courses would need to be taught.[29]

---

[26] Reichenbach sought to explain as follows: "Ich habe von jeher in manchen Dingen eine freiheitlichere Auffassung gehabt als andere und mich nie gescheut, dies auszusprechen; dabei sind mir allerdings Fragen der Erziehung und Weltanschauung stets wichtiger erschienen als Politik, um die ich mich eigentlich nie recht gekümmert habe. Auch handelt es sich dabei für mich nicht um den Anschluss an irgend eine Partei oder 'Richtung'; meine wissenschaftlichen Interessen halten mich viel zu sehr gefesselt, als dass sie mir gestatteten, solche Dinge weiter zu verfolgen" (Reichenbach to Planck, 25 February 1925, HR 016-15-27).

[27] As Maria Reichenbach wrote in a letter to Linse: "Die Frage nach der Abwendung von der Politik kann ich nur für Hans beantworten. Er hat ja 1920 schon sein erstes Buch veröffentlicht (*Relativitätstheorie und Erkenntnis apriori*), hatte sich also schon seinem Lebensberuf zugewandt. Außerdem musste er Geld verdienen, die Kinder sind ja bald gekommen. Hans gab sogar das Schachspielen auf, in dem er sehr gut war, weil ihm die Partie immer weiter im Kopf herumging und er nicht zum produktiven Arbeiten kam. Dies hielt er für wichtiger" (quoted after Linse 1981, 112).

[28] See also Wipf, 2004, 168ff.

[29] As Reichenbach's fellow Munich Free Student Hilde Landauer recalled, "Hans was in favour of a beginner's seminar starting with methodical questions of a given system and demonstrating step by step how questions had been asked and answers been tried under given conditions, thereby taking in what has become the general problem of integrated social science" (Landauer, H., 1978, 31).

Another noteworthy example of his inclinations is the draft of a research project that Reichenbach most likely undertook in the framework of Aloys Fischer's lectures on "Character and the Formation of Character", which he attended at the University of Munich in the winter semester 1912–1913. The purpose of this incomplete research project, entitled "Psychologische Untersuchungen an Volkshochschulkindern",[30] seems to have been to clarify and assess the modality of constitution of an "ethical conscience" as compared to Kant's *Critique of Practical Reason*.[31]

The draft consists of a series of questionnaires administered to eleven-year-old children interviewed by Reichenbach. The questionnaires focused on the children's attitudes towards and psychological reaction to illicit acts, such as stealing and lying. Each questionnaire was analysed in combination with the autobiographical profile of the interviewee. Based on these data, Reichenbach outlined what he defined as the "frequency of motivational elements" (*Häufigkeit der Motivations-Elemente*), that is, the reasons why a certain answer was given. These reasons were informed by the children's self-portraits and Reichenbach's observations. His analysis focused on the twofold nature of conscience formation. On the one hand, he looked at the belief systems to which the children were subjugated by their families, schools, and society. On the other, he investigated the individual character, feelings, and aspirations of the children. According to Reichenbach's notes in the margins of the document, before considering any other aspects, it was imperative to distinguish between two possible viewpoints: either one only looks at "the consequences of an action" or one seeks to show these consequences "under the assumption that all men would do the same" (HR 021-02-03).[32] Albeit fragmentary, this research is remarkable because it demonstrates how Reichenbach applied his analytical method very early on in an empirical investigation. It also illustrates how Reichenbach was prepared to draw conclusions irrespective of the fact that these conclusions could contradict influential philosophical positions, as is the case here. Although he did not fully spell out his reasoning, to his mind, for those defending Kant's position in ethics, only the latter approach could be pursued, while the first, which Reichenbach embraced, would have to exclude any ethical evaluations with respect to the twofold nature of conscience construction.

---

[30] See HR 021-02-01/-07 and HR 021-03-01.

[31] While in Munich, Reichenbach had extensive opportunities to study Kant. After attending Ernst von Aster's seminar on Kant's *Kritik der reinen Vernunft* in the summer semester of 1912, Reichenbach attended von Aster's lectures on the major post-Kantian systems in the winter semester 1912–1913, which included "exercises" (*Übungen*) on Kant's ethical writings. See HR 041-07-06.

[32] Reichenbach explains as follows: "Vor der logischen Unterrichtung ist aber zwischen zwei Standpunkten zu unterscheiden. Entweder man unterrichtet lediglich die Folgen der Tat, oder man unterrichtet sie unter der Voraussetzung, dass alle Menschen sie tun würden. Für den Anhänger Kantischer Ethik kommt allein das letzte in Betracht. Das erste scheidet für ihn bei den ethischen Bewertungen gänzlich aus" (HR 021- 02-03).

This research project also reveals Reichenbach's initial propensity for "psycho-ethical" topics. It is also the only document indicating that he implemented his analytical approach in an explicitly psychological domain. Despite being conceived of as a university assignment, this research is presumably also related to Reichenbach's involvement in the creation of a *Pädagogische Abteilung* within the Munich division of the *Freie Studentenschaft*.[33] In her memories of Reichenbach, Hilde Landauer recalled that one topic they often discussed in the *Freistudentenschaft* in Munich during those years was in fact "education in the specific sense of 'family or institutions'". She also commented as follows:

> We favored different sides, although our discussion was carried on in the most friendly terms. I felt that the initial role of the nuclear family in bringing up an infant enabled and even destined it to be a potential source of mutual assistance, enjoyment and enrichment in the relationship of the generations; Hans, possibly on the basis of personal experiences, was inclined to emphasize the shackling influence of the family and visualized the institution as a tool for liberating the personality (Landauer, H., 1978, 31).

For Reichenbach, an appropriate school reform was the only option for implementing a new pedagogical strategy that would truly lead youth to freedom of choice and self-determination.

In the "Bericht der sozialistischen Studentenpartei Berlin" (Reichenbach, 1918c), promoting additional lectures for students constituted a central part of the socialisation of students within the hoped-for socialist reorganisation of the university. In this document, Reichenbach himself was listed as having taught a course on the philosophy of socialism in which he had first addressed the materialist conception of history and later examined issues related to ethics and socialism.[34]

5.4   Reichenbach, Wyneken, and the War

One of the most significant influences on the young Reichenbach was radical school reformer and founder of the *Freie Schulgemeinde Wickersdorf* Gustav Wyneken, whom Reichenbach most likely met in Berlin at the beginning of 1912 and whose pedagogical ideas and worldview strongly shaped his own as a Free Student.[35] Several of the ideas we have discussed are either a direct consequence of this

---

[33] See Wipf, 1994, 167. See also Reichenbach, 1913a.

[34] See Reichenbach, 1918c, 182. Unfortunately, the drafts of these lectures are not found in the Reichenbach Collection.

[35] Wyneken presented the paper "Die Freie Schulgemeinde" to the *Berliner Freistudentenschaft* on 23 February 1912 (see Wipf, 1994, 167). Regarding Wyneken's programmatic stance towards the German Youth Movement, see also Christian Damböck's contribution in this volume.

charismatic leader's views or evolved from common roots in the back-to-nature movement known as the *Wandervogel* that most such "alternative" tendencies shared.[36]

Already in his role as teacher at Hermann Lietz's *Landerziehungsheime* at Ilsenburg and Haubinda between 1900 and 1906, Wyneken endorsed an educational model that agreed with the core values later expressed by the *Freistudentenschaft*.[37] This model was marked by the view that education should not involve authoritarianism. In contrast, the educator's role was to foster through a joint effort with the student the achievement of a previously agreed-upon objective. Guided by this principle, in 1906, Wyneken found and directed his own boarding school at Wickersdorf, the famous *Freie Schulgemeinde*.[38] For reasons we cannot discuss here, Wyneken had to resign from the directorship of the school in 1910 although he did not cease to influence the Wickersdorf community as well as various youth movements developing in those years.[39]

In 1913, Wyneken delivered the keynote address at the *Erster Freideutscher Jugendtag*, also known as the *Meißner Tagung*.[40] This meeting was an important step in the attempt to unify the various youth movement groups.[41] As Carl Landauer recalls, it was not so much the adoption of a resolution that contributed to this unification but rather the meeting's impact on public opinion and the criticism the gathering attracted due to the more radical (and somewhat politicised) groups in attendance, including one led by Wyneken.[42] Within a year and with the war

---

[36] Even so, not all *Wandervogel* members became Free Students. Some later joined the *Freideutsche Jugend*, whose anti-authoritarian spirit was appreciated by Wyneken, while others joined the *Akademische Freischar*, an academically oriented fraternity that granted its members full freedom of expression (see Reichenbach, 1913e). Alternatively, some *Wandervogel* members joined the *Jungdeutschland-Bund*, which leaned towards becoming a paramilitary group (see also footnote 53 below). Regarding the *Wandervogel* and its fate, see Wipf, 2004; Kamlah, 2013; Reichenbach, 1978; Adriaansen, 2015, Chap. 1. Regarding Wyneken's influence on the Free Student movement, see Linse, 1974, 14ff.; Dudek, 2017, Chap. 3.

[37] Regarding Wyneken and the *Landschulheim* movement, see Kamlah, 2013, 161ff.; Dudek, 2017, 39ff.

[38] Wyneken wrote extensively on the ideas behind this school community. See Wyneken, 1919, section I: "Über Schule und freie Schulgemeinde".

[39] For details on Wyneken's reasons to step down, see Kamlah, 2013, 162.

[40] The address is reprinted in Wyneken, 1919, 263–270.

[41] Wyneken was also among those who formulated the famous Meißner formula: "Die Freideutsche Jugend will nach eigener Bestimmung, vor eigener Verantwortung, in innerer Wahrhaftigkeit ihr Leben gestalten. Für diese innere Freiheit tritt sie unter allen Umständen geschlossen ein. Zur gegenseitigen Verständigung werden Freideutsche Jugendtage abgehalten. Alle gemeinsamen Veranstaltungen der Freideutschen Jugend sind alkohol- und nikotinfrei" (quoted after Brauch, 2003, 6).

[42] Paul Natorp, among others, was particularly opposed to Wyneken's views, especially with respect to promoting an idea of education dangerously bordering on "self-education." See Dudek, 2017, 92ff.

approaching, the pre-war movement of the Free Students ceased to develop as a unified movement and eventually dissolved.[43]

In his writings of 1914, Reichenbach again addressed what he considered to be the problematic (i.e., nonunitary) image of the *Freie Studentenschaft* and its ramifications. In "Die Jugendbewegung und die Freie Studentenschaft", he focused on the idea of youth that had emerged from Wyneken's left circle.[44] This idea of youth rested on the concept that the period of youth should not be interpreted as one of mere preparation for adulthood but as a period in which young individuals developed their own values and which, as such, should be meaningful in and of itself.[45] An important feature of youth, according to Reichenbach, was not the possession of "truth" but the *search* for it, which embodied the "*experience* of science" (Reichenbach, 1914d, 158).[46]

Reichenbach's attitude towards the various youth movement groups and their leaders was consistent with the principle he defended, i.e., that no authority must be blindly followed. He also applied this principle to his relationship with Wyneken, particularly after the controversial public address that Wyneken delivered at the Munich *Freie Studentenschaft* on 25 November 1914, which was a lecture that marked the moment Reichenbach distanced himself from Wyneken. In the lecture, entitled "Der Krieg und die Jugend" (published in Wyneken, 1915), Wyneken tried to make sense of the absurdity of war after his brother Ernst had been killed in combat in August 1914. In his address, he portrayed the war as an ethical experience providing an opportunity to fulfil a moral obligation that young people, whom he viewed as often dominated by moral anarchism, should welcome with joy.[47] Furthermore, he argued that the war had to be interpreted as an important step towards a societal transformation through the emancipation of youth that such a conflict would necessarily bring about. Strikingly, Wyneken tried to harmonise his role as an education reformer with the brutality of war, arguing that military service represented an intermediate stage between adolescence and adulthood, one that schooling was unable to offer. For him, this new intermediate stage would eventually

---

[43] See Landauer, C., 1978, 28ff. Regarding the reception of the *Meißner Tagung*, see Mogge & Reulecke, 1988.

[44] See Reichenbach, 1914d. This paper is a slightly revised version of a talk Reichenbach presented on 21 January 1914 in Munich and on April 8 of the same year in Hamburg. See the manuscript of the talk, HR 044-33-39.

[45] In Sect. 5.4, I outline how Reichenbach re-emphasises this idea in 1931.

[46] In another talk, entitled "Hochschule" (HR 018-06-01), delivered to the Göttinger *Freistudenten* and the local members of the academic youth movements on 2 July 1914, Reichenbach expressed this very idea starting with a quotation from Kant's *Critique of Practical Reason:* "A human being is indeed unholy enough but the *humanity* in his own person must be holy to him. In the whole of creation, everything one wants and over which one has any power can also be used *merely as means*; a human being alone, and with him every rational creature, is an *end in himself*" (Kant, 1788/2015, 72).

[47] "Diese Jugend, der man sittlichen Anarchismus glaubte zutrauen zu müssen, begrüßt vielmehr aufatmend, jauchzend die Gelegenheit zu wirklicher Pflichterfüllung. [...] Der Jugend ist der Krieg in erster Linie nicht ein politisches, sondern ein ethisches Erlebnis" (Wyneken, 1915, 19–20).

result in the sought-after dismissal of the dominant educational system through renewed self-conscience, i.e., a new sense of responsibility shared by the totality of youth, not only by young workers but also by students.[48]

In Reichenbach's view, military service was completely at odds with the ideal of youth self-determination, which was, as we have noted, at the heart of the unifying movement he had firmly and openly advocated since his first days as a Free Student. In his 1914 paper "Militarismus und Jugend," Reichenbach had already analysed how the romantically oriented *Wandervogel* movement began as a "healthy reaction" (Reichenbach, 1914a, 1234) *against* the rigidity of the school system, fostering instead originality and self-expression. However, for him, this early movement lacked a unitary goal; thus, when it expanded, the various positions animating certain of the "anti-something" *Wandervogel* tendencies developed into a wide range of perspectives often in contrast with one another, despite emerging from the same movement.[49] According to Reichenbach, this phenomenon also occurred in the case of the paramilitary movement known as the *Jungdeutschland-Bund*. Reichenbach deemed this development to directly oppose the initial "open" message of the *Wandervogel*, which emphasised the spirit of freedom and adventure, and yet, paradoxically, the *Wandervogel* eventually became affiliated with the *Bund* and adopted its nationalistic ideology.[50] As the *Jungdeutschland-Bund* increasingly gathered force, it attracted the positive recognition of school and state because of the idea of order and obedience it embodied, which resulted in a movement that was politically reactionary and thus no longer aligned with the *Wandervogel*'s original ethos.[51]

---

[48] "Dieser Waffendienst darf eben kein Spiel mehr sein. Er kann in unserer Jugenderziehung einen gewaltigen Schritt vorwärts bedeuten, indem er jene Zwischenstufe zwischen Knaben und Mann, die zu schaffen die Schule unfähig gewesen ist, herzustellen, wenigstens anzuerkennen beginnt. Mit ihm wird das herrschende Erziehungssystem grundsätzlich entthront. Das Vaterland, der Staat, das öffentliche Leben beginnt auf den Jüngling mitzuzählen, auch auf den Jüngling der gebildeten Stände und der höheren Schule, der bisher hinter dem jungen Arbeiter so ganz und gar zurückstand. Das wird das Selbstbewusstsein der Jugend heben und auch ihr Verantwortlichkeitsgefühl. Und es wird der Schule nichts anderes übrig bleiben, als dieser neuen Einschätzung der Jugend Rechnung zu tragen, d.h. auf eine Bildung und Führung im Geistigen zu denken, die sich neben dem Ernst des jugendlichen Waffendienstes sehen lassen kann" (Wyneken, 1915, 42).

[49] Among the groups that evolved from the Wandervogel, the *Freideutsche Jugend* was anti-intellectual and antipathetic towards politics, whereas the *Freie Studentenschaft* was neither anti-intellectual or anti-political. After the war, the first *Freideutsche Jugend* reformed as the so-called *Bündische Jugend*, which eventually dissolved during the Nazi period. Another worrisome characteristic of the *Wandervogel* was its increasing anti-Semitic sentiment in the name of a renewed German, i.e., *nationalistic*, sense of self. Reichenbach expressed his dismay in "Der Wandervogel und die Juden", again referring to the importance of human values, which for him had nothing to do with race or nations. See Reichenbach, 1913d, 539, as well as his (1913b), Sect. I.

[50] See Reichenbach, 1914a, 1234.

[51] As Reichenbach wrote, "Arme Jugend! Die das schönste Recht der Jugend, ganz Mensch sein zu dürfen, hergibt, um Soldat zu spielen. [...] Der Wandervogel war die Reaktion der Jugend gegen das herrschende Schulsystem. Die Wehrkraftbewegung ist politische Reaktion" (Reichenbach, 1914a, 1238).

Unsurprisingly, pro-war feelings typically went hand in hand with patriotism and, by extension, nationalism. As Carl Landauer wrote, Wyneken, "like many Germans, succumbed to the temptation of extreme nationalism" (Landauer, C., 1978, 28). Reichenbach opposed the position expressed by Wyneken's provocative 1915 brochure in an open, extensive exchange with him that occurred in early 1915 and circulated among a limited number of Free Students, certain of whom directly participated in the discussion.[52] This exchange indicates how strong the influence of Wyneken's worldview was on Reichenbach's and on his concept of the objective knowledge of "good,"[53] but it is also a testament to the highly independent mindset that Reichenbach defended against any authority, even those who had once substantially shaped his thinking, including Wynken.

In his first letter, dated 18 February 1915, Reichenbach stressed the risk implicit in war of losing one's sense of authentic, good values if one believed such an "abominable" act could embody the ultimate fulfilment of youth. In this letter, he firmly opposed Wyneken's suggestion that war could help young individuals make the transition to adulthood through the hardship imposed on them by severe economic and military conditions. These conditions, Wyneken had argued, would prompt the best qualities of youth to emerge, thus leading to a renewed sense of responsibility that schools were unable to convey.[54] Reichenbach, in contrast, con-

---

[52] Letters were sent to Walter Benjamin, Hermann Kranold (who was on the editorial staff of the *Münchner Akademische Rundschau*), Carl Landauer, Walter Meyer, and Bernhard Reichenbach and through them to other friends, such as Alexander Schwab, Immanuel Birnbaum, Herbert Weil, Walter Heine, Ernst Joël (editor of the radical student journal *Der Aufbruch*), and Heinrich Molkenthin, who also participated in the open discussion. The original plan, which did not come to fruition, was to publish the exchange in the *Münchner Akademische Rundschau*; see the letter from Kranold to Reichenbach from 18 March 1915 (HR 018-04-025). Maria Reichenbach reported on this important exchange as follows: "One year later, right after the outbreak of World War I, Hans, who earlier had tried to realize some of Wyneken's ideals in the *Freie Studentenschaft* and who had collaborated with him in some publications, chided Wyneken in an extensive exchange of letters for his extremely nationalistic stance. This correspondence (as yet unpublished) was circulated secretly among a small number of those adherents of the *Freie Schulgemeinde* who had not been infected by the hurrah-patriotism to which many other German intellectuals fell victim at the beginning of the war. It was impossible to have it printed at that time" (Reichenbach, M., 1978, 94). Most of this exchange and related documents are available in the ASP and can be found in the folders HR 017-06-36, -37; HR 018-04-26, -27; HR 026-09-02; HR 044-03-02, -05, -08; and HR 044-06-15, -16, -18, -20. The four letters between Reichenbach and Wyneken discussed in this section are reprinted in "the Appendix The 1915 Reichenbach–Wyneken Correspondence: Between the Ethical Ideal and the Reality of War" in this volume.

[53] See especially the letter from Reichenbach to Wyneken of 14 March 1915 (HR 044-06-18), below, in the above-mentioned Appendix to this volume.

[54] "Das ist das niederschmetternde Erlebnis unserer Zeit, dass die Menschen wertblind geworden sind, dass sie glauben, in jenem abscheulichen Schauspiel des Krieges die letzte Erfüllung zu sehen. [...] Sie glauben, durch die Not des Krieges erst zu starken Menschen geworden zu sein; dass sie an den wirtschaftlichen oder militärischen Aufgaben, die ihnen der Krieg stellt, erst ihre besten Eigenschaften entwickeln, die der Frieden in ihnen unausgebildet ließ. Das geht mit einer Verachtung der Friedensarbeit parallel, die sich sogar bis ins Gebiet der Wissenschaft hinein erstreckt" (Reichenbach to Wyneken, 18 February 1915, HR 044-06-15). See also the Reichenbach-Wyneken exchange reprinted in this volume.

sidered support for the war repulsive and counter to the nature of youth.[55] For him, "the old culture" of the nations was offering their citizens the "drama of a mad Europe" in which youth was given—and was supposed to participate in—an enormous task but was in fact "the victim of that madness" (HR 044-06-15). This task certainly did not provide a better form of education than that offered by traditional schooling. Even less acceptable to Reichenbach was the idea that the same elderly men who had dragged the young generation into this "miserable catastrophe" (HR 044-06-15) still dared to talk about ethics and define the aims of the lives of young men.[56]

In his long reply of 27 February, Wyneken reaffirmed his appreciation for the great opportunity for renewal of the soul of youth that the war offered, certainly not the worst disgrace of their generation, in his opinion.[57] In his response of 14 March, Reichenbach complained that Wyneken did not address the points he had raised in his initial letter while asserting that no true human value could ever find expression in military action. Moreover, opposing the idea of "war as a value-oriented entity" (HR 044–06–18) was supposed to be their primary task, especially as *Freistudenten*.[58] He further emphasised that it was their moral obligation to develop their own culture with their original educational—and ultimately ethical—ideal in mind, the very ideal that Wyneken was betraying. Predictably, Wyneken did not change his opinion in response to this argument.[59]

Like many of his contemporaries, Reichenbach was compelled to participate in the tragedy of the First World War. Although his critical view of the war during his involvement in the *Freistudentenschaft* and prior to his exchange with Wyneken was

---

[55] Even more, he stated his utter lack of an "inner commitment" to the war as follows: "Wie wollen Sie denn die Jugend zur Freiwilligkeit zwingen, wenn die Sache ihrer innersten Natur zuwider ist? Ich selbst bin einer von denen, die nur die Staatsgewalt zum Kriegsdienst zwingt. Man hat mich als Rekrut ausgemustert, und ich werde in allernächster Zeit eingezogen. Aber ich spüre nicht die geringste innere Verpflichtung zu diesem Kriege" (HR 044-06-15). See, however, here below, where it appears that Reichenbach was not merely "recruited," but rather volunteered to become a soldier and join in the war.

[56] "Ich verstehe Sie in diesen Dingen nicht mehr. Die alte Kultur bietet uns das Schauspiel eines wahnsinnigen Europas, und der Jugend soll es eine Eingliederung in das Volksleben bedeuten, wenn man sie zum Opfer dieses Wahnsinns erwählt? [...] Glauben Sie wirklich, dass die Jugend keine bessere Antwort hat als die: weil ihr uns diese große Aufgabe zumutet, müsst ihr uns auch eine bessere Schule geben? Ich wüsste etwas ganz Anderes zu sagen. Ich würde sagen: Ihr Alten, die ihr uns diese erbärmliche Katastrophe eingebrockt habt, ihr wagt es überhaupt noch, uns von Ethik zu sprechen und unserem Leben Ziele zu geben?" (HR 044-06-15).

[57] "Der Krieg als solcher ist gar nicht die tiefste Blamage unserer Generation. Die Schande unserer sozialen und wirtschaftlichen Verhältnisse oder der kirchlichen und politischen Geistesknebelung im Frieden ist viel größer" (Wyneken to Reichenbach, 27 February 1915, HR 044-06-16). See the Reichenbach-Wyneken correspondence reprinted in this volume.

[58] "Eben darum behaupte ich, dass es unsere Aufgabe jetzt nicht ist, einer der Parteien zum Siege zu verhelfen, sondern vielmehr, die Idee des Krieges als einer wertrichtenden Instanz zu bekämpfen" (Reichenbach to Wyneken, 14 March 2015, HR 044–06–18).

[59] See also Dudek, 2017, 148–151.

evident, the exact circumstances that led him to join the army are unclear.[60] Despite his critical views and his strong opposition to participation in military activity,[61] Reichenbach's military passport states that he registered as a volunteer and served in an infantry regiment as early as the beginning of August 1914.[62] Later, he sought training as an aviator although he was aware he was unsuited for such duty (he suffered from acute myopia). Eventually, Reichenbach ended up serving in a signal corps unit in Neuruppin, near Berlin.[63]

How important the exchange with Wyneken was for Reichenbach is evident from the fact that he meticulously kept copies of all their letters. Their discussion on war was not the end of their connection, although it was the end of an *intimate* connection. At the end of 1918, Reichenbach contacted Wyneken to enquire about a position at the *Freie Schulgemeinde Wickersdorf*, to which Wyneken had meanwhile returned. In his letter from 28 December 1918, Reichenbach emphasised that their parting of ways in 1915 was not due to a difference in their understanding of values but rather to a difference regarding, as he put it, "the intellectual ordering of the empirical" (HR 017-06-36). He affirmed that for him his willingness to work in Wyneken's school and community was not only attributable to "desire for youthful

---

[60] See Gerner, 1997, Sect. 5.2.3.

[61] See especially Reichenbach, 1914a. It goes without saying that this opinion was not shared by every student movement. Certain of them, in fact, promoted the participation in the war, something unsurprising, given their paramilitary organisation. See above, Sect. 5.4, as well as footnotes 36 and 49.

[62] See HR 041-07-02. Reichenbach's first assignment began on 8 August 1914 as a member of an infantry regiment in Göttingen, from which he was dismissed because of problems with his varicose veins, as he reported in a letter to Erich Regener from early 1925 (HR 016-16-03, exact date not specified).

[63] Like Reichenbach, Rudolf Carnap and several other Free Students volunteered for the war in the summer of 1914. Carnap's induction and activity in the army present analogies with Reichenbach's, including his duty in the area of wireless telegraphy towards the war's end. While Reichenbach never clarified why he volunteered, Carnap did explain the circumstances that led him to volunteer despite of his pacifism. In his "Intellectual Biography" (1963), he wrote, "The outbreak of the war in 1914 was for me an incomprehensible catastrophe. Military service was contrary to my whole attitude, but I accepted it now as a duty, believed to be necessary in order to save the fatherland. Before the war, I, like most of my friends, had been uninterested and ignorant in political matters. We had some general ideals, including a just, harmonious and rational organization within the nation and among the nations. We realized that the existing political and economic order was not in accord with these ideals, and still less the customary method of settling conflicts of interests among nations by war. Thus the general trend of our political thinking was pacifist, anti-militarist, anti-monarchist, perhaps also socialist. But we did not think much about the problem of how to implement these ideals by practical action. The war suddenly destroyed our illusion that everything was already on the right path of continuous progress. During the first years of the war I was at the front most of the time. In the summer of 1917, I was transferred to Berlin. I remained an officer in the army, but I served as a physicist in a military institution which worked on the development of the new wireless telegraph and, toward the end of the war, of the wireless telephone" (Carnap, 1963, 9–10). Regarding the involvement of Carnap's circle in the war, see Werner, 2014.

life" but also to his very "strong scientific commitment" (HR 017-06-36)[64] and, certainly, to a practical need to find employment. Reichenbach's intention was to teach physics and philosophy at Wickersdorf, but the plan never materialised.

Reichenbach's path led elsewhere. However, in 1928, he contacted Wyneken again, this time to send his student Hans Stotz to teach mathematics and physics at Wickersdorf. Reichenbach also visited Wyneken at the *Freie Schulgemeinde Wickersdorf* in May 1931. This last visit was most likely motivated by Reichenbach's interest in further discussing educational matters with Wyneken after receiving an invitation to write a piece on the Montessori Method.[65]

5.5 The End of the "Ethical Ideal"?

In addition to theoretical philosophy and physics, ethical questions and the importance of individual self-determination were at the centre of Reichenbach's interests in the early years of his studies, as we have seen. Given Reichenbach's active involvement in the *Freistudentenschaft* and his strong interest in educational and ethical questions, as attested by a long list of publications and activities in 1911–1914 and 1918–1919, it is striking that Reichenbach did not even marginally continue to work on these issues following the publication of his habilitation thesis in 1920, especially as this period was one in which Germany was undergoing a dramatic historical turn.

One exception to this neglect is a paper on the Montessori School that Reichenbach wrote in the early 1930s.[66] In the paper, the fundamental ideas developed during his school years reverberate with all their initial intensity.[67] Reichenbach compared old and new approaches to education, emphasising how negative recollections of one's school years could only be the result of schooling that perceived as its main task merely the introduction of the younger generation to the established cultural

---

[64] As he wrote: "Ich habe jetzt das Gefühl, dass diese Trennung nicht begründet war in einem Unterschied der Wertauffassung, sondern nur in der intellektuellen Einordnung des Empirischen. Wenn ich jetzt in der Schulgemeinde mitarbeiten möchte, so geschieht es nicht nur aus dem Wunsch zu einem jugendlichen Leben, sondern auch aus einer starken wissenschaftlichen Verpflichtung heraus"(HR 017-06-36).

[65] See below, Sect. 5.4.

[66] Reichenbach had a connection with the Montessori School in that both his children attended the Montessori School in Berlin-Dahlem. See Kamlah, 2013, 165.

[67] Reichenbach was invited by the chair of the *Bund Entschiedener Schulreformer*, Paul Oestereich, to present a lecture at the *Hohenzollernschule* in Berlin-Schöneberg on 18 November 1930. The topic of the discussion, which also included papers by the previously mentioned *Freistudent* Kurt Lewin and by Eva von der Dunk-Essen, was the Montessori approach and "education to the present" ("Die Montessori-Erziehung und die Erziehung zur Gegenwart"). See the document HR 014-37-19. The text of the lecture was later published under a similar title: "Montessori-Erziehung. Erziehung zur Gegenwart" (Reichenbach, 1931).

tradition. According to Reichenbach, education had to focus more on creativity and productivity in learning than on passive reception.[68]

For him, a more effective idea of schooling could only be established by adopting the free will of children as the foundation of instruction. Thus, he echoed the method Wyneken originally fostered at Wickersdorf. The principle of self-affirmation had to be at the core of a new, progressive education, as perfectly exemplified by the Montessori Method. This method represented a way to overcome the obsolete approach to education that relied on the reiteration of a fixed type of teaching and the imposition of a closed canon of culture on younger students. For Reichenbach, there was no corpus of culture to be inherited. The disintegration of traditional values that could be observed in society was nothing to be passed on to the coming generations. In this sense, understanding the present implied rejecting the traditional educational system in favour of a radical and novel approach, one that would make sense of the present and not be guided by outdated priorities. In Reichenbach's view, the contrast between these two educational models was epitomised by the difference between the curriculum of a traditional humanistic *Gymnasium* and a curriculum that would include the newest trends in technology, much more appreciated by the students at that time and more in line with the spirit of the era. Ultimately, for Reichenbach, a school had to provide an interpretation of the present rather than become a "temple of the past" (Reichenbach, 1931, 93).

The Montessori Method and School embraced the idea that childhood should be experienced as an *end in itself*, not as a stage of preparation for adulthood. Reichenbach fully shared this view and observed that such thinking was certainly not only appropriate to the type of education promoted by Maria Montessori but also characteristic of the youth movement groups that participated in this type of debate in pre-war Germany.[69] The idea of childhood as a period with its own values is an idea that Reichenbach forcefully expressed, especially in his essays from 1913–1914, which were closely aligned with Wyneken's early views.[70] The awareness that childhood had value was now also understood as the "ideological basis" (Reichenbach, 1931, 94) of the Montessori School. Its "moral basis", for Reichenbach, was the trust awarded to children to allowing them to do what they would do spontaneously, which corresponded to what they *wanted* to do.[71] For Reichenbach, the Montessori School, far from underestimating the importance of learning how to deal with obligations in life, addressed learning effectively by shifting the emphasis from coercion by authority to that of compulsion by life situations

---

[68] See Reichenbach, 1931, 91–92.

[69] See the footnote in Reichenbach, 1931, 93.

[70] See, for instance, the first few lines of "Die Jugendbewegung und die Freie Studentenschaft": "Die Idee der Jugend beruht auf der Erkenntnis, dass die Jugend nicht nur eine Vorbereitungsstufe für das Alter, nicht eine Durchgangsstufe vorstellt, sondern dass sie eigenen Wert, einen eigenen Daseinssinn hat"(Reichenbach, 1914d, 158).

[71] See Reichenbach, 1931, 94.

themselves.[72] When Montessori students learned to follow their inclinations and to do what they were capable of doing freely, they would learn a fundamental value, i.e., that of taking their present seriously by experiencing and thus deeply understanding it.[73]

By recognising the value of children's self-determined acts, this new form of education was intended to strengthen pupils' lives by developing an awareness of the present, a sense of self-confidence, and the full affirmation of the child's existence in a time of change. In this sense, Reichenbach concluded, "education to the present is the most beautiful motto that a school could ever have" (Reichenbach, 1931, 99).[74]

Another notable exception to the absence of ethical discussion in Reichenbach's later work is the seventeenth chapter of *The Rise of Scientific Philosophy* (1951), entitled "The Nature of Ethics", where an echo of his early interests reverberates. In concluding it, he writes as follows:

> Whoever wants to study ethics, therefore, should not go to the philosopher; he should go where moral issues are fought out. He should live in the community of a group where life is made vivid by competing volitions, be it the group of a political party, or of a trade union, or of a professional organization, or of a ski club, or a group formed by common study in a classroom. There he will experience what it means to set his volition against that of other persons and what it means to adjust oneself to group will. If ethics is the pursuit of volitions, it is also the conditioning of volitions through a group environment. The exponent of individualism is shortsighted when he overlooks the volitional satisfaction which accrues from belonging to a group. Whether we regard the conditioning of volitions through the group as a useful or a dangerous process depends on whether we support or oppose the group; but we must admit that there exists such group influence. [...] Whenever there comes a philosopher who tells you he has found the ultimate truth do not trust him. If he tells you that he knows the ultimate good, or has a proof that the good must become reality, do not trust him, either. The man merely repeats the errors which his predecessors have committed for two thousand years. It is time to put an end to this brand of philosophy. Ask the philosopher to be as modest as the scientist; then he may become as successful as the man of science. But do not ask him what he should do. Open your ears to your own will, and try to unite your will with that of others. There is no more purpose or meaning in the world than you put into it (Reichenbach, 1951, 297–302).

Reichenbach died in April 1953, just two years after the publication of his book. He concluded his career in the same spirit in which he began it, emphasising not only the importance of one's personal volition and goals and, basically, the social origins of ethics but also the fundamental significance of community. Without doubt, this

---

[72] "Denn der Zwang des Lebens ist niemals der Zwang einer *Autorität*, sondern stets der Zwang einer *Situation*" (Reichenbach, 1931, 96).

[73] See Reichenbach, 1931, 98.

[74] "Eine Schule, die solches Bewusstsein vom Wert des eigenen Tuns zur Grundhaltung aller Erziehung macht, vermag im Kinde Lebenskräfte zu wecken, deren Spannkraft noch das spätere Leben tragen wird, dass es ein Leben wird voller Gegenwartsbewusstsein, voller Selbstvertrauen, voller Bejahung des eigenen Daseins in seinem alltäglichen Wechselschritt. In diesem Sinne scheint mir Erziehung zur Gegenwart das schönste Leitwort zu sein, das man über eine Schule überhaupt schreiben kann"(Reichenbach, 1931, 99).

view was a legacy of his time as a *Freistudent* and a leitmotiv that persisted throughout his life.

Acknowledgements I wish to thank the Konstanz and Pittsburgh Archives for Scientific Philosophy for their permission to quote from the Hans Reichenbach Collection. I am especially grateful to Brigitte Parakenings of the Konstanz Archive for her valuable help in locating published and unpublished material (all rights are reserved). I would also like to thank Alexandra Campana and Meike Werner for providing helpful comments on a previous draft of this paper.

References

Adriaansen, R.-J. (2015). *The Rhythm of Eternity. The German Youth Movement and the Experience of the Past, 1900–1933*. New York-Oxford: Berghahn.

Brauch, D. (2003). Die Wurzeln der Meißnerformel. *Ludwigsteiner Blätter, 53*(221), 1–11.

Carnap, R. (1963). Intellectual Biography. In *The Philosophy of Rudolf Carnap* [The Library of Living Philosophers, Vol. 11], ed. Paul Arthur Schilpp, 1–84. Evanston, Ill.: Open Court.

Dudek, P. (2017). *"Sie sind und bleiben eben der alte abstrakte Ideologe!" Der Reformpädagoge Gustav Wyneken (1875–1964) – Eine Biographie*. Bad Heilbrunn: Julius Klinkhardt.

Gerner, K. (1997). *Hans Reichenbach. Sein Leben und Wirken*. Osnabrück: Phoebe Autorenpress.

Hecht, H. & Hoffmann, D. (1982). Die Berufung Hans Reichenbachs an die Berliner Universität. *Deutsche Zeitschrift für Philosophie, 30*(5), 651–662.

Hook, S. (1978). Memories of Hans Reichenbach. In Reichenbach, H. (1978), Vol. 1, 32–35.

Kamlah, A. (2013). Everybody Has the Right to Do What He Wants: Hans Reichenbach's Volitionism and Its Historical Roots. In Milkov, N. & Peckhaus, V. (eds.) (2013), 151–175.

Kant, I. (1788). *Kritik der praktischen Vernunft*. Riga: Johan Friedrich Hartknoch. English translation: Kant, I. (2015). *Critique of Practical Reason*, ed. Mary Gregor. Cambridge: Cambridge University Press.

Landauer, C. (1978). Memories of Hans Reichenbach. In Reichenbach, H. (1978), Vol. 1, 25–30.

Landauer, H. (1978). Memories of Hans Reichenbach. In Reichenbach, H. (1978), Vol. 1, 31–32.

Linse, U. (1974). Hochschulrevolution: Zur Ideologie und Praxis sozialistischer Studentengruppen während der deutschen Revolutionszeit 1918/1919. *Archiv für Sozialgeschichte, 14*, 1–114.

Linse, U. (1981). *Die entschiedene Jugend 1919–1921. Deutschlands erste revolutionäre Schüler- und Studentenbewegung*. Frankfurt am Main: Dipa.

Milkov, N. & Peckhaus, V. (eds.) (2013). *The Berlin Group and the Philosophy of Logical Empiricism* [Boston Studies in the Philosophy and History of Science, Vol. 273]. Springer.

Mogge, W. & Reulecke, J. (eds.) (1988). *Hoher Meißner 1913. Der Erste Freideutsche Jugendtag in Dokumenten, Deutungen und Bildern*. Köln: Verlag Wissenschaft und Politik.

Padovani, F. (2013). Genidentity and Topology of Time: Kurt Lewin and Hans Reichenbach. In Milkov, N. & Peckhaus, V. (eds.) (2013), 97–122.

Reichenbach, H. (1911a). Universität und Technische Hochschule. Ein Vergleich. *Berliner Freistudentische Blätter, 4*(16), 243–247.

Reichenbach, H. (1911b). Universität und Technische Hochschule. *Berliner Freistudentische Blätter, 4*(20), 310–312.

Reichenbach, H. (1912a). Studentenschaft und Katholizismus. *Das monistische Jahrhundert* 16 (November): 533–538. English translation: The Student Body and Catholicism. In Reichenbach, H. (1978), Vol. 1, 104–107.

Reichenbach, H. (1912b). Die Neuorganisierung der Münchner Freistudentenschaft. *Dresdener Studentische Blätter, 6*(November), 1–4.

Reichenbach, H. (1912c). Student und Schulproblem. *Münchner Akademische Rundschau, 6*(6), 94–97.

Reichenbach, H. (1912d). Der Student. *Münchner Studentisches Taschenbuch* [Wintersemester 1912–1913], 42–44. München: Max Steinebach. English translation: The Student. In Reichenbach, H. (1978), Vol. 1, 102–103.

Reichenbach, H. (1913a). Der Student und die pädagogischen Bestrebungen der Gegenwart. *Münchner Akademische Rundschau* 6/10: 178-179.

Reichenbach, H. (1913b). Die Militarisierung der deutschen Jugend. *Die Freie Schulgemeinde,* *3*(4), 97–110.

Reichenbach, H. (1913c). Die freistudentische Idee. Ihr Inhalt als Einheit. In Kranold, H. et al., *Freistudententum, Versuch einer Synthese der Freistudentischen Ideen*, 23–40. München: Max Steinebach. English translation: The Free Student Idea: Its Unified Contents. In Reichenbach, H. (1978), Vol. 1, 108–123.

Reichenbach, H. (1913d). Der Wandervogel und die Juden. *Der Berliner Börsen-Courier* 539: Beilage.

Reichenbach, H. (1913e). Freischar oder Freistudentenschaft. *Der Student* 6/7): 88–89.

Reichenbach, H. (1914a). Militarismus und Jugend. *Die Tat, 5*(12), 1234–1238.

Reichenbach, H. (1914b). Der Sinn der Hochschulreform. In *Studentenschaft und Jugendbewegung*, 7–11. München: Max Steinebach. English translation: The Meaning of University Reform. In Reichenbach, H. (1978), Vol. 1, 129–131.

Reichenbach, H. (1914c). Die Jungdeutschlandbewegung. Die Jugendbewegung der Gegenwart und ihre Bedeutung für die Hochschule. In Reichenbach, H. et al., *Studentenschaft und Jugendbewegung*, 12–33. München: Max Steinebach.

Reichenbach, H. (1914d). Die Jugendbewegung und die Freie Studentenschaft. *Münchner Akademische Rundschau, 7*(9), 158–162.

Reichenbach, H. (1914e). Jugendbewegung und Freie Studentenschaft. *Akademische Blätter Breslau, 7*(22), 243–247.

Reichenbach, H. (1914f). Jugendbewegung und Freie Studentenschaft. *Münchner Akademische Rundschau, 8*(13), 224–225.

Reichenbach, H. (1918a). Programm der sozialistischen Studentenpartei (HR 023-23-01). English translation: Platform of the Socialist Students' Party. In Reichenbach, H. (1978), Vol. 1, 132–135.

Reichenbach, H. (1918b). Die Sozialisierung der Hochschule (HR 041-18-01). English translation: Socializing the University. In Reichenbach, H. (1978), Vol. 1, 136–180.

Reichenbach, H. (1918c). Bericht der sozialistischen Studentenpartei Berlin. Erläuterungen zum Programm (HR 044-05-37). English translation: Report of the Socialist Student Party. In Reichenbach, H. (1978), Vol. 1, 181–185.

Reichenbach, H. (1919). Student und Sozialismus. *Der Aufbau* 5 [Flugblätter der Jugend].

Reichenbach, H. (1920). *Relativitätstheorie und Erkenntnis Apriori*. Berlin: Springer. English translation: Reichenbach, H. (1965). *The Theory of Relativity and A Priori Knowledge*, ed. Maria Reichenbach. Berkeley: University of California Press.

Reichenbach, H. (1931). Montessori-Erziehung. Erziehung zur Gegenwart. *Die Neue Erziehung, 8*, 91–99.

Reichenbach, H. (1951). *The Rise of Scientific Philosophy*. Berkeley-Los Angeles: University of California Press.

Reichenbach, H. (1978). *Selected Writings: 1909–1953*, 2 Vols, eds. Robert S. Cohen and Maria Reichenbach. Dordrecht/Boston: Reidel.

Reichenbach, M. (1978). Introductory Note to Part I. In Reichenbach, H. (1978), Vol. 1, 91–101.

Werner, M. G. (2014). Jugend im Feuer. August 2014 im Serakreis. *Zeitschrift für Ideengeschichte* VIII/2: 19–34.

Wipf, H. U. (1994). „Es war das Gefühl, daß die Universitätsbildung in irgend einem Punkte versagte...“ – Hans Reichenbach als Freistudent 1910 bis 1916. In *Hans Reichenbach und die Berliner Gruppe*, Hrsg. Lutz Danneberg et al., 161–181. Braunschweig-Wiesbaden: Vieweg.

Wipf, H. U. (2004). *Studentische Politik und Kulturreform. Geschichte der Freistudenten-Bewegung 1896–1918*. [Edition Archiv der deutschen Jugendbewegung, 12]. Schwalbach im Taunus: Wochenschau Verlag.

Wyneken, G. (1915). *Der Krieg und die Jugend: Öffentlicher Vortrag gehalten am 25. November 1914 in der Münchner Freien Studentenschaft.* [Schriften der Münchner Freien Studentenschaft, Heft 4]. München: Georg C. Steinicke.

Wyneken, G. (1919). *Der Kampf für die Jugend. Gesammelte Aufsätze.* Jena: Diederichs.

Chapter 6
Youth and Politics at the End of the Great War: Rudolf Carnap's *Politische Rundbriefe* of 1918

Meike G. Werner

My brothers, let us work with brave, cheerful hearts, even right underneath the cloud, for we are working towards a great future. And let us imagine our goal to be as pure, as bright, as untainted as we possibly can, for we are treading in treacherous light, at dusk, and through fog. *Johann Gottfried Herder*[1]

This essay presents nine *Politische Rundbriefe* (Political Circulars) that the young philosopher and scientist Rudolf Carnap (1891–1970), later a well-known member of the Vienna Circle (*Wiener Kreis*), sent to his friends for discussion in 1918. The first four *Rundbriefe* consisted of excerpts from Entente newspapers that were critical of the war and Carnap's comments on these clippings. The subsequent circulars addressed general political topics—such as preserving peace, arbitration, or international law—typically with reference to a specific publication on the subject. Having been recalled from the front in summer 1917 to work at a Berlin military institute that was seeking to develop wireless telegraphy, Rudolf Carnap sharpened his political positions in the German capital's stimulating atmosphere and by engaging intellectually with his friends from the Free German Youth (*Freideutsche Jugend*). Thus,

---

[1] Herder, 2004, 91–92. Rudolf Carnap quoted these sentences in their original German in a letter to Wilhelm Flitner from 15 April 1917; see Wilhelm und Elisabeth Flitner Papers, Staats- und Universitätsbibliothek Hamburg (hereafter cited as Flitner Papers, SUB Hamburg). In addition to thanking Dr. Hugbert Flitner for permission to quote from the letters of his father Wilhelm Flitner, I also thank the Special Collections department of the University of Pittsburgh for allowing me to quote from Carnap's *Politische Rundbriefe* (RC 081-14 to 081-22), which are part of the Rudolf Carnap Papers held at the Archives of Scientific Philosophy, University of Pittsburgh; hereafter cited as RC. This essay is a slightly reworked translation of Werner, 2015.

M. G. Werner (✉)
Department of French and Italian, Department of German, Russian and East European Studies, Vanderbilt University, Nashville, TN, USA
e-mail: meike.werner@vanderbilt.edu

© The Author(s) 2022
C. Damböck et al. (eds.), *Logischer Empirismus, Lebensreform und die deutsche Jugendbewegung*, Veröffentlichungen des Instituts Wiener Kreis 32,
https://doi.org/10.1007/978-3-030-84887-3_6

the views expounded in the *Politische Rundbriefe* can only be understood in the political, technological, and social contexts of the last two years of the war.

In German history, as well as in world history, 1917 is considered an epochal year. The German government's assumption that Germany would be able to defeat England within a few months after resuming unrestricted submarine warfare soon proved illusory. In contrast, by drawing the United States into the war (on 6 April 1917), Germany's maritime strategy significantly tipped the balance of power—in terms of manpower, material, and initiative—towards the Entente and set the United States on its course to becoming a world power. At the same time, the fall of the Romanov dynasty in Russia and the outbreak of revolution in Petrograd (today St. Petersburg) in February 1917 marked the first downfall among the old European monarchies. Both German Emperor Wilhelm II and Austrian Emperor Karl I abdicated in November 1918.

This turning-point period was further characterised by a mobilisation of the masses through strikes, revolution, and civil war, all of which had far-reaching social, political, and economic consequences. The catastrophic supply situation at home, food shortages, and general war weariness also contributed to undermining the domestic truce of 1914 (*Burgfrieden*) within not only the government but also the population. While the proponents of the (failed) peace resolution of July 1917 demanded a negotiated peace, the radical nationalist German Fatherland Party (*Deutsche Vaterlandspartei*), founded 1917, pursued an annexationist policy of "victorious peace." On the left end of the party spectrum, the Independent Social Democratic Party of Germany (*Unabhängige Sozialdemokratische Partei Deutschlands*, USPD) in April 1917 split from the SPD, a shift that evoked the SPD's pacifist policy prior to the war's outbreak.[2] In any event, after the forced resignation of Chancellor Theobald von Bethmann Hollweg in July 1917, Germany had for all intents and purposes become a military dictatorship under the leadership of Erich Ludendorff and Paul von Hindenburg.[3]

As they had at the war's outset, intellectuals, academics, artists, and young people who were particularly affected by the murderous conflict joined in the debates. As early as November 1914, a number of ardent war opponents—including Eduard Bernstein, Rudolf Breitscheid, Lujo Brentano, Albert Einstein and his wife Mileva Einstein-Marić, Hellmut von Gerlach, Magnus Hirschfeld, and Helene Stöcker— founded the nonpartisan pacifist New Fatherland League (*Bund Neues Vaterland*), from which the German League for Human Rights (*Deutsche Liga für Menschenrechte*) emerged in 1919. *Die Aktion* (The Action), a magazine founded in 1917 by young leftist intellectuals (together with a bookshop of the same name on

---

[2] Several Social Democrats had rejected the SPD's patriotic party line as early as 1914, among them Karl Liebknecht, who on 2 December 1914 refused to approve the loans requested for the second war year.

[3] For further context, see Leonhard, 2014, especially parts VI ("Expansion und Erosion: 1917") and VII ("Plötzlichkeit und Zerfall: 1918"), 614–938, and the highly informative diaries of Harry Graf Kessler (Kessler, 2006) and Thea Sternheim (Sternheim, 2002).

Berlin's Rankeplatz), published a collection of poems entitled *Die Aktions-Lyrik 1914–1916* as its contribution to the fight against the war.

That same year, Helmut and Wieland Herzfelde launched the anti-war journal *Neue Jugend* (New Youth) and founded the famous left-wing publishing house Malik-Verlag. In December 1917, Protestant theologian Ernst Troeltsch, with support from historian Friedrich Meinecke and Social Democratic politician Gustav Bauer, helped establish the nonpartisan and nondenominational People's League for Freedom and Fatherland (*Volksbund für Freiheit und Vaterland*). Publicly advocating moderate war goals and domestic parliamentarisation, this group sought to counterbalance the German Fatherland Party. Unlike many of his young disciples, the poet Stefan George had maintained his distance from the nationalist fervour from the beginning. However, in July 1917, he broke his silence by publishing a widely circulated anti-war poem, "Der Krieg" ("The War"). Failing to challenge the German belief in fighting a defensive war, the oppositional *Freideutsche Jugend* of 1913 accepted participation in the war as a self-evident duty. By 1917, however, the horrors of trench warfare and the *Freideutsche Jugend*'s ethical idealism led many of its members to embrace the anti-war protests. Rudolf Carnap was one of them. Another, although a member of an older generation, was Jena-based publisher Eugen Diederichs. Like Carnap, Diederichs had participated in the first *Freideutsche Jugendtag* on the Hoher Meißner, a mountain near Cassel (today's Kassel) in northern Hesse, in October 1913. In addition, he had published the *Meißner Festschrift* as well as numerous pamphlets written by members and supporters of the German Youth Movement. As a student in Jena, Carnap played a central role in Diederichs' Sera Circle (*Serakreis*), one of the twelve youth leagues that organised the Meißner Festival.

6.1   The Failure of Consensus: The Lauenstein Cultural Conferences 1917/1918

In May 1918, Eugen Diederichs announced the third of his ambitious Cultural Conferences at Lauenstein Castle, located in a remote corner of the Thuringian Forest. The overarching theme of the conference series, convened in 1917 and 1918, was Germany and Europe's social and political reordering. In this third conference, the focus was to be on youth and women's rights. The first two conferences, which had taken place the previous year (1917), had left the representatives of the younger generation deeply disappointed. In his 1933 autobiography, playwright Ernst Toller vividly recalled the fall 1917 meeting:

> And so it went on, talk, endless talk, while the battlefields of Europe shuddered beneath the blows of war. We waited, we still waited, for these men to speak the word of deliverance; in vain. Were they deaf and dumb and blind? Was it because they themselves had never lain in a dugout, never heard the despairing cries of the dying, the dumb accusation of a devastated wood. [...] And I cried: "Show us the way; we sit here wasting day after day when every minute counts: We have waited long enough!" (Toller, 1934, 98).

From the young generation's perspective, the discussions of the scholars, artists, writers, and *Lebensreform* proponents invited in 1917—which included prominent public figures such as economist Max Weber, politician and publicist Max Maurenbrecher, historian Friedrich Meinecke, sociologist Werner Sombart, women's rights activist Gertrud Bäumer, educator Robert von Erdberg, and poets Richard Dehmel, Walter von Molo, and Karl Bröger—no longer held any answers. Instead, the controversial debates between Weber, who eloquently argued for a parliamentary democracy, and Maurenbrecher, who equally eloquently spoke out in favour of an authoritarian state, clearly revealed that Germany's elites were no longer capable of achieving consensus. As Gangolf Hübinger has shown, the Lauenstein Conferences in that pivotal year of 1917 marked the end of the political and intellectual truce (*Burgfrieden*).[4]

Shaken and disillusioned by the brutality of trench warfare, the younger generation found itself left to its own devices. The response to Diederichs' invitation to a third conference on the youth movement and women's rights was so weak that the conference became merely a rather informal meeting between several worker poets and leftist members of the youth movement in June 1918.[5] The only participant from Diederichs' personal youth group, the *Freideutsche* Sera Circle, was Alexander Schwab. Like most of his Sera friends, Schwab had volunteered for military service in August 1914 but had soon been released from duty because of a lung ailment and subsequently became an ardent pacifist. As early as 1917, he joined the newly founded USPD, the party that had split from the SPD because of its opposition to the war.[6] There is no indication in either the Eugen Diederichs Papers or the documents and letters we possess from the Sera friends that Diederichs ever considered involving the Sera group in the Lauenstein Conference although the group's participation seemed natural. After all, more than a hundred young women and men—former *Freistudenten*, *Freischärler*, *Wandervögel*, and artists—belonged, although in certain cases rather loosely, to the Sera Circle. By the spring of 1918, when Diederichs was planning the third cultural conference, nearly half of the male Sera friends had died in combat, including Karl Brügmann and Hans Kremers, two revered leaders of the group. Several were hospitalised or had been discharged and declared unfit for active duty because of serious injuries; others, such as Rudolf Carnap and Wilhelm Lohmann, were working in military research institutes or, as was the case with Wilhelm Flitner, Hans Freyer, and Karl Korsch, still serving at the front.[7]

---

[4] See Hübinger, 1996. The appendix to Hübinger's essay includes the minutes of the first Lauenstein Cultural Conference in May 1917. For a detailed interpretation of the Lauenstein Conferences, including assessment of unpublished documents, letters and photographs, see Werner, 2021; regarding the views of German philosophers during World War I, see the contribution of Gereon Wolters to this volume.

[5] For more details, see Heidler, 1998, 97f.

[6] For biographical information on Alexander Schwab, the future architectural theorist, political educator, and resistance fighter, see Kerbs, 2007, 9–22.

[7] See Werner, 2014a.

6.2   Carnap's Political Turn

The many surviving letters, discussion minutes, and published manifestos confirm that the Sera Circle, echoing Ernst Toller, had lost faith in the older generation. The discussions regarding the war's end and Germany's imminent reordering were initiated not by the older "Sera father" Diederichs but by Rudolf Carnap, who had already led the Sera Circle in planning the first *Freideutsche Jugendtag* on the Hohe Meißner in 1913. Moreover, what was required was not so much ivy-clad castle romanticism in the Lauenstein mode but an urban or at least university milieu that would help broaden and redefine the group's intellectual and political horizons.

While Toller found a more congenial environment first in Heidelberg in the circle around Max Weber and later in Munich, Carnap viewed his own 1917 transfer from the Western front to Berlin as decisive for his active embrace of politics. "I remained an officer in the army," he later wrote looking back on the period, "but I served as a physicist in a military institution which worked on the development of the new wireless telegraph and, toward the end of the war, of the wireless telephone" (Carnap, 1963, 8f.). In this intellectually stimulating environment, Carnap tried to reconnect with his Sera friends who had survived the war while continuing his close written and personal contact with Wilhelm Flitner on issues related to Germany's new postwar order. Serving at the Western front, Flitner, who had written his dissertation on *August Ludwig Hülsen und der Bund der Freien Männer* (1913) under Herman Nohl, at the time lecturer (*Privatdozent*) of philosophy at the University of Jena, had become one of Carnap's closest friends over the years.[8] However, since personal conversations were possible only to a limited extent, Carnap adopted the form of the personal circular letter, a genre the friends had used previously and one that was democratic, flexible, and likely to pass military censorship.[9] In light of the imminent breakdown of the political, social, and economic order, Carnap hoped that debate by letter would have a unifying effect on the diverging positions within the Sera Circle. He shared this desire for consensus with the *Freideutsche* movement as a whole.[10]

While this practice—that is, a clarifying conversation among friends as a precondition for collective action—remained unreflected in the context of the Sera activities, Carnap reformulated the idea of collaborative thinking in more programmatic terms in his first major monograph, *The Logical Structure of the World*. In the preface to the first edition of 1928, he wrote as follows:

> The basic orientation and the line of thought of this book are not property and achievement of the author alone but belong to a certain scientific atmosphere which is neither created nor

---

[8] For more details on this friendship, see Werner, 2014b, esp. 123f. Flitner's dissertation was published by Eugen Diederichs Verlag in 1913.

[9] It is unclear whether Carnap knew of the "political letters" of the Gruppe Internationale, signed by "Spartakus," which had circulated illegally in early 1916.

[10] See Schenk, 1989, esp. 163–205. Regarding the wider context of the Youth Movement, see Günther Sandner's essay in this volume.

maintained by any single individual. The thoughts which I have written down here are supported by a group of active or receptive collaborators. This group has in common especially
a certain basic scientific orientation. That they have turned away from traditional philosophy is only a negative characteristic (Carnap, 1967, xvi).

Building on his experience as an active member of various German Youth Movement
groups, Carnap here promoted a concept of authorship that de-emphasised the individual author in favour of collective thinking and writing. For Carnap, this approach
was not new but, as I argue with respect to his *Politische Rundbriefe*, one shaped by
his involvement with various groups of the *Freideutsche* movement and their
emphasis on self-education during his university and war years.[11] The fundamental
attitude of this approach was not so much academic but rather born of the youth and
life reform movements and therefore critical of traditional scholarship and university life.

6.3   Self-Education Through the Youth Movement and War: Sera Circle, *Freischar*, and *Freideutsche Jugend*

Carnap began participating in the varied activities of the Sera Circle after enrolling
at the University of Jena in May 1910 to study philosophy and mathematics.
Through his mother Anna, the early-widowed daughter of educator Friedrich
Wilhelm Dörpfeld and sister of archaeologist Wilhelm Dörpfeld, Carnap had come
into contact with the intellectual world of the bourgeois life reform (*Lebensreform*)
movement. Open-minded yet deeply religious, Anna Carnap regularly took her two
children to Schloss Mainberg (later Elmau), a "sanctuary for personal life" founded
by the unconventional Protestant theologian Johannes Müller that was especially
popular with unchurched members of the educated classes.[12] Carnap would return
there for visits as late as the 1960s.

He had already distanced himself from Christian doctrine in his high-school
days. Nevertheless, Carnap remained, according to his biographer Thomas
Mormann, "guided by the humanistic principles of tolerance, solidarity, and the
quest for truth" (Mormann, 2000, 14). Extensive and occasionally adventurous trips
to Greece, Morocco, Sweden, and Italy testify to Carnap's cosmopolitanism, in
which he was rather unusual compared to most of his Sera friends. His lifelong
interest in Esperanto as a means to international understanding also dates back to his
school days.

After Karl Brügmann and Hans Kremers left Jena in the spring of 1913, Carnap
assumed a leadership role, not least because he was friendly with both older and

---

[11] The *Politische Rundbriefe* have been commented on by a number of Carnap scholars; see especially Carus, 2007a, 2007b; Dahms, 2016, and Mormann, 2010.

[12] Regarding Johannes Müller and Schloss Mainberg (later Elmau), see Haury, 2005. For a more
detailed discussion of young Carnap's religiosity, see André W. Carus' essay "Die religiösen
Ursprünge des Nonkognitivismus bei Carnap" in this volume.

younger Sera members. In addition, he brought with him the ideas of the Freiburg *Freischar*, an offshoot of the Munich *Freischar*, which he co-founded while a student at the University of Freiburg, where he spent three semesters in 1911 and 1912. Through his friend Elisabeth Schöndube, whom he married in 1917, he also came in closer contact with Hermann Lietz's reform schools, which belonged to the larger *Landerziehungsheim* movement that advocated for establishing boarding schools in the countryside based on progressive pedagogy. In sharp contrast to traditional university life in fraternities and student corporations, whose gatherings revolved around ritualised drinking and occasionally included duelling, these new forms of sociability in the *Freischar* and Sera Circle promoted the concept of self-education among like-minded young people. Self-organised reading groups, lectures, and discussion evenings on current affairs were as much part of this alternative sociability as were extensive hiking trips and creative festivities, such as singing, dancing, and staging plays, while renouncing alcohol, smoking, and often the consumption of meat.

Among university teachers, Herman Nohl, then a young lecturer in philosophy, held particular appeal for the students. Unlike most professors, Nohl took a personal interest in the lives and thoughts of his students. As Carnap recalled, "in his seminars and in private talks, he tried to give us a deeper understanding of the philosophers on the basis of their attitude toward life (*Lebensgefühl*) and their cultural background" (Carnap, 1963, 4). Carnap's conclusion that he "learned much more about the field of philosophy by reading and by private conversations than by attending lectures and seminars" (Carnap, 1963, 4) was a view shared to varying degrees among the Sera friends in general.

On Carnap's initiative, Jena's *Freistudentenschaft* (i.e., the unincorporated, or free, students) merged with the Sera Circle in November 1912 to become the *Akademische Vereinigung Jena* and, one year later, the *Freischar zu Jena*.[13] The call to arms on 1 August 1914 came as a shock to the members of the *Freischar*, who had come from all over Germany to attend the national *Freischar* conference in Jena. Carnap and the *Freischar's* Jena branch were among the participants.[14] All physically fit but as yet unconscripted Sera or *Freischar* friends volunteered to serve. After several rejections, Carnap and Flitner managed to become accepted into the Naumburg Barracks. At the end of their four-month artillery training, the two friends were separated. Flitner was sent to the Western front, while Carnap, an enthusiastic skier, was detailed to the newly formed Bavarian Snowshoe Batallion (*Bayerisches Schneeschuh-Batallion*) in Munich, which, a few months later, became the German Alpine Corps (*Deutsche Alpenkorps*). He survived the Carpathian campaign in the spring of 1915, which entailed particularly heavy losses, though Carnap himself—as he describes in his diaries—mainly spent the period awaiting closer involvement while running patrols behind the lines. As we can infer from a report to his friend Flitner, Carnap regretted missing his unit's deployment in the Dolomites because he

---

[13] For further details on the Jena's *Freistudentenschaft*, see Werner, 2003, 299–307.
[14] See Martha Hörmann's diary (Hörmann, n.d., 63–67) and Werner, 2014a.

was required to attend officer training in the Silesian town of Hirschberg and in Döberitz near Berlin. He was subsequently detailed to Bukovina and Serbia before his company was sent to the trenches near Verdun in April 1916. Carnap's correspondence, especially with Flitner but also with Martha Hörmann, a Sera friend who acted as a "switchboard" for correspondence among the friends at the front and at home, testifies to the friends' unbroken desire to remain in touch and share ideas and thoughts, be it regarding personal issues, encounters, landscapes, interesting books, articles or regarding scientific problems.[15] Because the friends accepted military service as a self-evident civic duty, politics played a rather marginal role in these exchanges. Like most of their German contemporaries, the Sera friends believed Germany was fighting a defensive war, and during the first year in particular, most of them embraced the war as a means of self-actualisation. Carnap did so too. It was only when the general international situation came to a head as a result of the dramatically worsening food supply, the Russian Revolution, and the entry into the war by the United States that questions regarding the future became more pronounced among the Sera friends: "I do not yet dare to hope for peace this year" (Flitner Papers, SUB Hamburg), Carnap wrote to Flitner on 13 April 1917. "What do you think? Can submarine warfare achieve it all and so quickly? You 'find yourself ruminating over a better future.' So do I from time to time. What will be the task of our (inner) circle, and what will be my task within this circle?" (Flitner Papers, SUB Hamburg). Ideas about forming youth movement cells with shared goals of the life reform movement, as had been discussed within the bourgeois youth movement since 1916, also circulated within the Sera Circle.[16] One example was Flitner's "Thesen zur Gründung eines Protestantenklosters" ("Propositions for Founding a Protestant Monastery") of February 1917 (Flitner, 2014a).[17] Setting forth a vision of a residential and working community far removed from party politics, the propositions met with initial approval by the friends but had no tangible results.

It was not until February 1918 that Carnap initiated another attempt at political education by circulating a series of *Politische Rundbriefe* among friends from the Sera Circle and the *Freideutsche* movement. Until they were banned by military censors in September 1918, Carnap sent a total of nine circulars, in multiple copies, to his friends on the front and around the country. The importance the circulars held for Carnap can perhaps be gauged from the fact that a nearly complete set of the circulars is preserved among his papers at the University of Pittsburgh. In the history of the bourgeois youth movement, Carnap's circulars predate Karl Bittel's *Politische Rundbriefe*, which appeared beginning in October 1918 and which Walter Laqueur considered to be the first significant initiative to educate the youth movement on political affairs.[18] Carnap, in fact, continued his political work in the group around Bittel after his own circulars had been banned. "I hope that by now you have

---

[15] See Werner, 2014b.

[16] See Fiedler, 1989, 88–116.

[17] For further context, see Werner, 1993.

[18] See Laqueur, 1962, 111.

received the political circulars published by Bittel – Karlsruhe. I agree with them. That's why I contribute to them and abandon my old ones" (Flitner Papers, SUB Hamburg), he wrote from Berlin to Elisabeth Flitner on 17 November 1918.

In the fall of 1917, Carnap was unexpectedly transferred from the Belgian town of Chimay, where he had enthusiastically started his aviation training, to the Inspectorate of the Signal Corps and from there to one of its subunits, the Technical Radio Corps (*Technische Abteilung der Funkerinspektion*, in short Tafunk).[19] Its head, Max Wien, a physicist who had been Carnap's teacher in Jena, had specifically requested Carnap's transfer. For Carnap, the farewell from aviation was made easier by the fact that he once again, as before the war, could work in a "real institute of physics, only now in uniform" (Rudolf Carnap to Wilhelm Flitner, Berlin, 14 October 1917; Flitner Papers, SUB Hamburg).[20]

Carnap was also happy to be in Berlin, where he and his young wife Elisabeth lived on Gendarmenmarkt before moving to Tempelhof and later Westend. On his evenings and weekends off, he got in touch with *Freideutsche* circles and attended lectures and discussions. In late December 1917, he wrote to Flitner, who was stationed in Flanders, about his new life:

> I am now going through a period of primarily political interests, which had been relatively weak during my time at the front, perhaps from a lack of knowledge and of opportunities for discussing them. I recently reread your propositions on Nelson's letter, now with far more understanding and empathy.
>
> On this note: *freideutsche* meeting with Göhre; lecture by Blüher about Herrenhaus; discussions in the Kurella circle; readings about pacifism, socialism. (Landauer's "Aufruf zum Sozialismus" ["Call to Socialism"]; Friedrich Adler's "Polit. Bekenntnis" ["Political Confession"]; unfortunately, both confiscated) (Rudolf Carnap to Wilhelm Flitner, Berlin, 26 December 1917; Flitner Papers, SUB Hamburg).[21]

---

[19] See Maier, 2007, 123.

[20] In his "Thesen, an Carnap" ("Propositions, to Carnap"), Flitner commented on the ongoing debate regarding whether the *Freideutsche* movement should adopt a political stance. The discussion was triggered by the publication of a letter by the Göttingen-based philosopher Leonard Nelson to Knud Ahlborn, dated 16 June 1916, in which Nelson criticised the apolitical attitude of the *Freischar* members. Although he exhorted the younger members of the youth movement to take a more nuanced approach, Flitner merely expressed his hope for joint action, including political action, on the part of adult *Freischar* members. See Wilhelm Flitner, "Thesen, an Carnap", *Monatsbericht der Deutschen Akademischen Freischar und 23. Kriegsbericht* (August/September 1917): 166f.; reprinted in Flitner 2014, with extensive notes on pp. 878–883. Regarding the historical context of the Nelson debate, see Fiedler, 1989, 96–106; and Werner, 1993.

[21] For a time, the Berlin circle around Alfred Kurella, who joined the KPD in 1918, included Hans Blüher and Fritz Klatt. Carnap knew Blüher's controversial writings on the *Wandervogel* movement. The theologian Paul Göhre, editor of workers' autobiographies for Diederichs Verlag, had been an SPD member of the Reichstag since 1910. Inspired by a socialist and pacifist perspective, Gustav Landauer fought against the war from the very beginning. In 1919, he played a key role in the Munich Soviet Republic. Together with his father Viktor Adler, Friedrich Adler was a co-founder of the Social Democratic Party of Austria. In 1916, he assassinated the Austrian prime minister Karl Stürgkh to protest the latter's absolutism and was sentenced first to death and later to eight years in prison. He was released after the end of the war and in 1921 became Secretary of the Socialist International.

If Carnap sought guidance from the left wing of the youth movement—as indicated in particular by his references to Alfred Kurella and Gustav Landauer—this would have been consistent with the political leanings of the Sera and *Freischar* friends since their university years:

> We had some general ideals, including a just, harmonious, and rational organization within and among the nations. We saw that the existing political and economic order was not in accord with these ideals, and still less the standard method of settling conflicts of interests among nations by warfare. Thus, the general direction of our political thinking was pacifist, anti-militarist, anti-monarchist, and perhaps also socialist (Carnap, 1963, 9).

In truth, most Sera friends briefly succumbed to the mobilisation euphoria of August 1914.[22] However, as the war dragged on and as a result of their horrendous experiences at the front and the death of many friends, the Sera members increasingly felt the need to clarify their positions on the war through in-depth conversations. In July 1917, Flitner formulated this feeling:

> We were pregnant with socialist and communist ideas, but then came August 1914, and we decided to volunteer for war service. Due to our inner resolve, this decision was able to survive three years of war; as such, it also creates generally valid and understandable convictions. These convictions are deeds that our associations must expect from us in particular and that are more important and more urgent than all individual actions, in which one should not get bogged down (Flitner, 2014b, 167).

Given this attitude in favour of collective decision-making, the Sera group welcomed Carnap's prompting to discuss political and philosophical topics. In addition, as becomes clear by reading through the *Politische Rundbriefe*, the debates within the microcosm of a circle of friends reflected the overall political situation in Germany, where political positions had become more radical at least since 1917.

6.4   The First *Rundbrief*: The Peoples' Voices as Harbingers of a New Time

Carnap sent off the first circular on 20 February 1918, two weeks after the bloody suppression of major munitions and metal workers' strikes in Berlin. Although Carnap experienced these strikes close up in Berlin, they are not mentioned in the circular. And yet, Carnap's cover letter to the Sera and *Freideutsche* friends conveys the urgency of educating oneself about political issues and taking a political stance. It is important to recall that military censorship at the time was very strict; however, personal letters stood at least a small chance of reaching their addressees unopened. Because of the programmatic nature of the first letter, it is worth quoting extensively:

> Berlin, February 20, 1918.
>   My dear friends!

---

[22] See Werner, 2014a.

> In discussions with friends, acquaintances, and comrades about that which currently concerns me and perhaps all of us the most—that is, the end of the war: what it will or should look like, what we hope for or demand (not so much as an end of a time of want but in the sense of saving and building a world that we have only just glimpsed)—I often noticed how little we know of those current events that to me seem to be the most important ones, since they reveal the forces that will shape the future: the forces of attraction that will form a cosmos out of the chaotic atomism of the world, that will replace, in the sociology of the peoples, anarchy with an organically ordered community. Since I firmly believe that these forces in mankind are stronger than the divergent opposing forces—without this conviction, no belief in a cultural (*geistige*) evolution in history is possible—I look at the events of the present and see them as the birth pangs of a new time, mankind's entry into a higher stage of legal and communal life.
>
> This conviction is gaining acceptance among all people. The forces of understanding already penetrate deeper than those of the politics of violence, even though they are still being suppressed by those who hold the reins of power. This is where the frontlines are drawn today: the peace-desiring peoples of all countries against the warring parties; a front where cultural superiority will win out against the party of violence in the end (RC 081-14-07).

Already in this cover letter, we can note Carnap's fundamentally optimistic support for a unifying negotiated peace and the creation of a new political and social order as well as his general hope that society will evolve by embracing cultural values in opposition to the ruling classes' politics of violence and victorious peace (*Siegfrieden*), and against destruction and revolution. He views the end of the war as an opportunity to construct this new order. The newspaper clippings that Carnap enclosed and commented on were taken from the "News from the Foreign Press", published by the War Press Office (*Kriegspresseamt*). As a ranking officer assigned to a military research institute, Carnap had access to this office, which reviewed foreign newspapers, and thus possibly to information critical of the war and therefore not included in the "News from the Foreign Press".

In any case, Carnap deliberately selected dissenting voices that challenged the pro-war positions regurgitated by the German press. However, Carnap's was a minority position. He relied particularly on the international left-liberal and social-ist press: *Le Peuple* (Belgium), *L'Humanité* and *La Bataille* (France), the *Daily Chronicle*, the *London Times*, the literary magazine *The Nineteenth Century* (UK), the *Statist* (USA), the *Basler Nationalzeitung* (Switzerland), the *Freeman's Journal* (Ireland), and, as the only opposition standpoint, the French nationalist newspaper *La Libre Parole*. Carnap, moreover, promoted the previously mentioned People's League for Freedom and Fatherland (*Volksbund für Freiheit und Vaterland*) with the aid of an article by *Lebensreform* proponent and pacifist Hermann Popert, author of the bestseller *Helmut Harringa* (1910) and an open pacifist who spoke at the Hoher Meißner in 1913. At the same time, Carnap's appeal—"Let us once again, in some cases after years of separation, reach out to each other through argument and coun-terargument, for our own pleasure and to strengthen the forces we once pledged to serve" (RC 081-14-07)—clearly indicates his efforts to create generational unity were implicitly based on the Meißner formula of October 1913: "The *Freideutsche Jugend* wants to shape their lives according to their own rules, responsible only to themselves, and guided by inner truthfulness. They will stand in unconditional solidarity for inner freedom" (quoted from Mogge & Reulecke, 1988, 52). These high, although vaguely idealistic, expectations regarding the individual may also explain why Carnap privileged ethics over politics.

Based on the comment dates, one can infer that the *Rundbriefe* started to circulate among the friends in March 1918. The addressee was expected to keep the circular for no more than five days – eight to ten days, if he was at the front. Thus, all *Rundbriefe* circulated for at least two to three months, occasionally overlapping. Nearly twenty Sera friends and a number of well-known *Freideutsche* whom Carnap had contacted in Berlin (for example, Helmut Tormin, Harald Schultz-Hencke, and Walter Fischer) participated in the epistolary debate.[23] Wilhelm Flitner, Walter Fränzel, and Walter Ruge were the only letter recipients at the front – with Ruge dropping out after the first *Rundbrief* in late March 1918, after his warplane crashed and he became a British prisoner of war. Erich Gabert (like Fränzel, a student of historian Karl Lamprecht and later a well-known Waldorf educator), Wilhelm Lohmann (who held a doctorate in chemistry), Kurt Frankenberger (a mathematician who, together with Carnap, had attended Frege's lectures on *Begriffsschrift* in Jena), and Hermann Wenhold (a lawyer and future DDP and FDP politician in Bremen) had all been discharged from active duty due to serious war injuries.[24] Incidentally, so had Fischer and Tormin. Others had been declared unfit for service and spared duty. These individuals included Franz Roh, who had since become assistant to the art historian Heinrich Wölfflin in Munich; Otto Modick, a teacher of German; and the theologian Fritz von Baußnern (who, however, experienced the war in Weimar as a nurse for the severely wounded). Female respondents included Martha Hörmann, who had studied science but was employed as a teacher in Bremen; Elisabeth Flitner, who was working on her dissertation on wartime social services (*Kriegsfürsorge*) in Heidelberg; and Margret Arends, who had joined the Sera Circle from the Naumburg *Wandervogel* and trained as a bookbinder in Berlin. Carnap did not have any connections with the left intellectual group—the so-called *Klicke* (clique)—that formed around Karl and Hedda Korsch, Hildegard Felisch, Alexander Schwab, and Ilse Neubart; they had already left Jena when he joined the Sera Circle. On the return of each circular, Carnap copied out the comments he received and collated them into a single document, which he re-sent as a concluding discussion.

---

[23] After suffering a serious injury in 1916, Walter Fischer (1887–1924) founded the *Feld-Wandervogel* to facilitate communication among *Wandervögel* at the front; Harald Schultz-Hencke (1892–1953), a medical doctor and future psychoanalyst, was a member of the Freiburg *Freischar* and on the editorial staff of the monthly *Freideutsche Jugend* in 1918. Helmut Tormin (1891–1951) joined the *Freischar* while a student of mathematics and law in Heidelberg and participated in the Hohe Meißner Festival. During the Weimar Republic, he was active in the religious-socialist Social Work Guild (*Gilde Soziale Arbeit*) and in other areas.

[24] For more information on Frege's lectures, see Schlotter, 2011. With his *Begriffsschrift*, Gottlob Frege (1848–1925) became the founder of modern logic.

6.5   *Rundbriefe* 2–9: Eternal Peace Versus Eternal War

The second circular of 18 March 1918 was again based on an essay by Hermann Popert, this time on Chancellor Theobald Bethmann Hollweg's speech to the Main Committee of the Reichstag on 9 November 1916. In this speech, Bethmann Hollweg voiced his support for the negotiated peace proposed by American president Woodrow Wilson and for the creation of a League of Nations. Carnap deliberately focused the discussion on this early peace initiative as a turning point of German foreign policy, thus passing over the Fourteen Points programme that Wilson had presented to the U.S. Congress on 8 January 1918.

> Berlin, March 18, 1918.
>   My dear friends!
>   The 2nd circular does not want to deal with current affairs; let us instead reflect calmly by stepping back into history – by more than one year. What a long period of time (compared to today's standards). Full of facts and experiences. Let us look back to November 1916 – a time when we witnessed the extremely surprising and promising vision of a new era in the providential direction of the German Empire in the world. Despite all the disappointments that we have experienced since, when it seemed as though our leaders' course had veered from the goal of the League of Nations, the joyful impression of that time remains alive. So alive, in fact, that I am still convinced that our government will lead us to a true and lasting peace based on this international organization. (Yet it is not easy to maintain this belief in light of the eastern peace agreements, which justify accusing our government of deviating in practice from its proclaimed principles – an accusation routinely brought against Wilson, and rightly brought against Lloyd George) (RC 081-15-05).

In addition, Carnap argued for the crucial influence of the "voice of the people," thus openly siding with the January strikers' demands for "peace and bread." He was not interested in assessing a "state of affairs." In his view, this was the job of the politicians. For him, the relevant topic was more generally a question of conscience. "Here, at this crossroads (it is my optimistic belief)," wrote Carnap, "the people will do the right thing, and the politician who works with the best, constructive forces of the people (e.g., Bethmann Hollweg, Prinz Max von Baden). But woe to him who wants to realize his sophisticated program of shaping Europe's future without consulting the people" (RC 081-15-05). He thus juxtaposed the will of the people— Carnap's selected excerpts suggest that he meant above all the working class—against the official, authoritarian government policy. To clarify the ethical, as opposed to the political, significance of this question of conscience, Carnap referred to Kant's *Zum ewigen Frieden (Perpetual Peace)*, a fundamental text for the constitution of the League of Nations in 1920.

By his own account, Carnap largely agreed with Popert's propositions. Without going into detail regarding his specific arguments here, it suffices to present Popert's key statement: *"Only if the war leads to conditions that render impossible a new war—at least among Europeans and their descendants, and at least for the foreseeable future—the sacrifices of war have not been in vain, and our soldiers have not died in vain"* (Popert, 1917a, 4, quoted from RC 081-15-12). In contrast to the "monarchical" path to peace, i.e., the dominance of one people over all other peoples, Carnap and Popert advocated a "republican" way, a "way of international treaties among equal peoples" (Popert, 1917a, 6, quoted from RC 081-15-12).

Without waiting for the friends' responses, Carnap sent his third circular just one week later, on 24 March 1918. Three days earlier, the German High Command had ordered the beginning of the Great Spring Offensive. It was a last and—as would soon become obvious—doomed attempt to decide the war in favour of the Central Powers at the Western front. Both the circular's format (a collection of newspaper clippings from the international press) and its title ("Voices of the Peoples as Harbingers of a New Time") were identical to those of the first circular. Carnap introduced the circular as follows:

Berlin, March 24, 2018.
  My dear friends!
  The 3rd (and perhaps also the 4th) circular again brings you excerpts from foreign newspapers. But I will increasingly refrain from commenting on them. This time I want to try to initiate a discussion through questions. At the end, there will again be room for a general discussion. Later on, I hope to be able to have a more fundamental debate about this whole set of questions, at least to the extent they lend themselves to that. In particular, I believe we will have to look at the ethical aspects of the issue at hand. But before I have the necessary overview, I will have to continue sending around a series of circulars that will help us determine which questions are suited for a broader discussion and how opinions are distributed among us.
  Provided that the circulars will continue, I intend to discuss the following, one by one: the speeches of Prince Max von Baden; Kant "Zum ewigen Frieden" ["Perpetual Peace"]; Fr. Wilh. Foerster "Deutschlands Jugend nach dem Weltkrieg" ["Germany's Youth after the World War"], etc.; perhaps Tolstoy (RC 081-16-04).[25]

Whereas Carnap left open the question of whether the discussion on ethical questions should be followed by one on political-organisational issues, he did refer to the 1915 book *Europäische Wiederherstellung* (*The Restoration of Europe*) by well-known pacifist and Nobel Peace Prize laureate Alfred Hermann Fried, who, like Carnap, was also active in the Esperanto movement.[26] In any case, Carnap used foreign press commentaries to elicit specific assessments on questions such as the following. Did Germany view the pacifist statements of Lloyd George or Woodrow Wilson as signs of weakness? Did the German peace treaty with Russia—the Treaty of Brest-Litovsk had been signed on 3 March 1918—warrant the trust of the English pacifists, especially those in the Socialist Independent Labour Party? Or was it the English imperialists who alone obstructed the path towards peace? Was it right to accord the social class with the fewest rights a key role in ending the war and creating a lasting peace? Wouldn't it be necessary for the bourgeois advocates of peace in Germany to follow the example of the English and take a more far-sighted (rather

[25] The writings of Friedrich Wilhelm Foerster, a philosopher and educator who had been expelled from the University of Munich because of his anti-war statements and writings, had been discussed among the *Freideutsche* since 1916. His book *Die deutsche Jugend und der Weltkrieg: Kriegs- und Friedensaufsätze* (German Youth and the World War: War and Peace Essays) had been published in the same year.

[26] An English translation of the book was published in 1916. Regarding Carnap as an Esperantist, see Ulrich Lins' contribution to this volume.

than contemptuous) view of Socialist conferences, such as, for example, the Stockholm Peace Conference of the Second International in July 1917? Had the German government truly done its utmost to be clear regarding its war aim to support the English worker's desire for peace? Was it desirable to govern the coexistence of different nationalities within one and the same state by international agreement?

In his fourth circular of 30 March 2018, Carnap made good on his promise and sent out another compilation of international press commentaries, again without waiting for feedback on his previous circular. He largely refrained from formulating any guiding questions and limited his comments to what he considered to be particularly pressing events. The topics he put up for debate included the English workers' declarations of sympathy for the Russian Revolution during the Glasgow demonstrations on 27 January 1918, a report on English churches and their support for the creation of a League of Nations, the handling of the issue of war reparations, speculations regarding the peace policy in the English House of Commons, the majority and minority standpoints among the French Socialists, and the "pacifist platform of the English workers and the nationality question" (RC 081-17).

In his fifth circular, Carnap presented and carefully annotated Johannes Müller's essay *Vom beständigen Frieden* (*On Lasting Peace*), published in 1918 by Müller's publishing company, the Verlag der Grünen Blätter. Like the previous circulars, the arguments of Müller—a nondenominational religious thinker Carnap had known since his childhood—elicited varied responses from the friends: mostly sceptical, several even hostile. Whereas Carnap, following Müller, discussed the psychological causes of the war or elevated the League of Nations into a teleological issue and question of faith, certain of the friends responded in a more realistic and progressive way by referring to the mechanisms of international power politics, the prevailing nationalism, and the logic of capitalism. Alternatively, like Rugard von Rohden, they recommended not so much appeals to morality but rather proposed to "expand international organisations and international law" to protect the peoples against "hastiness and the outbreak of lowly passions" (RC 081-18-04).

In his sixth circular of June 10, 1918, Carnap invited comments on Kant's *Perpetual Peace*. Although he referred to the scholarly editions by Karl Kehrbach and Karl Vorländer, he once again focused on an essay by Popert on Kant's text and proposed the following issues for debate:[27]

1. The war as evil.

    a) the juxtaposition: of a lawful state between individuals, a lawless state of nature between peoples.

    b) a moral assessment of the war.

2. The striving for a lawful state as a duty.

    a) Arguments in favour.

---

[27] The Popert essay Carnap focused on was by Fidelis (= Hermann Popert), "Zum ewigen Frieden," *Der Vortrupp* 7:5 (1918): 81–91, RC 081-19-05.

b) Opposing arguments.
3. The direction of the "plan of nature."
4. Concrete forms (RC 081-18-03).

While Wilhelm Lohmann, Kurt Frankenberger, Walter Fränzel, and the brothers Friedrich and Rugard von Rohden formulated detailed opinions, we do not have any comments by Carnap on this circular. At the same time, the correspondence between Wilhelm Flitner and Carnap gained in intensity. Regarding the previous circulars, Flitner noted on 20 May 1918 "that the division in Germany is also running straight through us. However, I still believe that we will be able to reach consensus and that it is essential to continue the discussion" (RC 081-22-03). In response to Flitner's proposal to use a diagram to organise and structure opinions, Carnap proposed refining these opinions. He also hoped that a clear and more nuanced presentation of the friends' positions would help them reach consensus. On 6 June, he stated as follows:

> Once this has been done, those representing the individual points of view among us (which the envisioned diagram would present in broad strokes) should perhaps define these standpoints more clearly, present their main thoughts, explain their opinions and arguments, and present the diversity of the standpoint by mentioning well-known politicians, scholars and writers, as well as journals, political parties, and groups which support this standpoint, and thus further illustrate it by connecting it with familiar ideas (RC 081-22-04).[28]

In contrast to Carnap's attempts to nuance, Flitner urged simplification – ultimately for practical reasons. The positions were clear, in that there were two fundamentally different positions among the friends, as in the *Freideutsche Jugend* in general: on the one hand, the position of the Social Democratic pacifists and proponents of a "perpetual peace" (Carnap); on the other, the position of the "realists" who assumed a "perpetual war" and therefore favoured a *Machtpolitik* moderated by agreements and a new statecraft (Flitner). In addition, Flitner encouraged a discussion of the principles of politics that focused first and foremost on "practical" tasks without considering the possibility of destructive wars, an approach he felt would enable the participation of the young generation:

> How *we*, with our cultural aims and attitudes, could take a stance on today's pending issues, on a practical, intellectual, propagandistic level. We are, after all, faced with a government that does not share our cultural aims and attitudes because these were unknown to previous generations (RC 081-22-03).

Once again, we see the young people's disappointment in the older generation that Ernst Toller noted.

In the seventh circular of 17 July 1918, Carnap put up for debate a published speech on the "spirit of international law" by Hugo Sinzheimer. The speech was originally given to introduce the programme of the pacifist Central Agency for International Law (*Zentralstelle Völkerrecht*), founded in December

---

[28] A discussion of the diagrams developed by Flitner and Carnap to better engage with their friends' positions on war and peace would be beyond the scope of this essay. However, they will be included in my forthcoming book on the *Young Carnap*.

1916 (Sinzheimer, 1917). A prominent labour law expert and later known as "the father of labour law," Sinzheimer joined the SPD at the war's outbreak and in 1919/20 served as a member of the constituent Weimar National Assembly. Carnap intended the brochure to serve as an introduction to the development of international law. He focused on two points in particular. First was the question of the "nature of the state". For Carnap, the state was a social organisation—a member of a community of nations—one that may be by definition an organisation of power but one that existed not for power's sake but for the people's sake. Second, Carnap was concerned with the role friends would play in this future state, namely, the role of promoting international law to prevent war.[29] The meagre feedback from friends this circular received might be explained by the looming political and moral dissolution. After initial successes, the German Spring Offensive had failed for good. Thus, the Central Powers lost all manoeuvring room vis-à-vis the Entente, and Germany's defeat was only a matter of time.

The eighth circular of 4 August 1918 was devoted to a speech about the League for World Peace (*Weltfriedensbund*) delivered in December 1916 by Walther Schücking, an expert on international law at the University of Marburg (Schücking, 1917). This circular was met with a similarly poor response. Carnap called on the friends to discuss the legal forms of the Hague arbitration, which had been developed before the outbreak of the war, with a special focus on the organisational method on which these forms were based.[30]

For the ninth circular of 16 July 1918, we only have preliminary although extensive notes for a diagram of the various positions on the peace question. Carnap also developed a questionnaire for the friends as a means to record their positions on the war. If one views the nine circulars as a whole, certain trends in the debates emerge. For one, there is a gradual thematic shift from German domestic policy to German foreign policy and from an amorphous idea of the people to national or international peacekeeping organisations. There are also increasingly concrete ideas of what the friends may be able to contribute personally to the anticipated postwar reordering of the state.

However, starting in August 1918, if not before, political events caught up with these attempts to define a collectively shared position. A fear of being accused of high treason played a major role. After all, the circle of friends included members of the German army who were espousing pacifist positions. At the same time, the retreat of the German army and the hopeless military situation raised great concern. Some, including Carnap, welcomed the inevitable defeat and revolution: "My grief about the military defeat and its consequences is more than outweighed by my joy about the revolution and my faith in its fruitful nature" (Rudolf Carnap to Elisabeth Flitner, Berlin, 17 November 1918; Flitner Papers, SUB Hamburg). Others, such as Flitner, resolutely differed, "Above all, I would oppose a violent revolution, whereas

---

[29] See RC 081-20-02.

[30] Carnap once again circulated an essay by Hermann Popert, this one addressing the Court of Arbitration in The Hague; see Popert, 1917b, RC 081-21-04.

I would help support an intellectual-spiritual revolution that works in politically organic ways" (Wilhelm Flitner to Rudolf Carnap, Ilse Necker, and [Wolf] Gruber, At the Front, 9 September 1918; Flitner Papers, SUB Hamburg). Both positions dovetailed, however, when it came to their basically optimistic hope for a new beginning. Nevertheless, on 11 September 1918, the Commander-in-Chief to whom Carnap reported as a lieutenant in Berlin prohibited "the further dissemination of circulars of any kind" (note dated 11 September 1918; Flitner Papers, SUB Hamburg).

A few days earlier, on 5 September, Rugard von Rohden, responding to the last circulars, sent the following observation from the front:

> In recent times, I have much experienced and observed in others the feelings of horror and disgust of war, but as soon as the violence of the sensory impression fades away, we also see a fading sense of responsibility of doing our utmost to bring about a change, faced as we are with the notion that these horrors are inevitable and that individuals lack power. It is this idea, rather than the desire to do anything against it, that is routinely strengthened in those who have long and much suffered from the war. The desire to improve things will rather be found in those who do not directly feel the oppressive effect of personal war experiences and yet have enough human feeling to feel responsible for such suffering. The great mass of the people, however, will learn to detest war and actively take an interest in securing peace only if it has been proven to them through actions that war is not an unavoidable necessity (RC 081-21-05).

In a way, Carnap took a logical step, when he, like many of the surviving *Freideutsche*, heeded Karl Bittel's call to leave the educational communities of the youth movement—the Sera Circle was one of them—and the primarily private circles of friends and instead commit to realising the ideals of the *Freideutsche* movement in public life. "Let us raise anew the old ideals of freedom—an inner and an outer freedom—and of truth and justice" (Bittel, 1918, 1, quoted from RC 110-01), Bittel demanded in his first *Politischer Rundbrief*. Bittel himself became a member of the Workers and Soldiers Council in Karlsruhe during the November Revolution and joined the KPD in 1919. Carnap, instead of continuing his own, privately circulating *Politische Rundbriefe*, now contributed to Bittel's *Politische Rundbriefe*.[31] He had joined the USPD on 1 August 1918, and in December of that year, he—together with Knud Ahlborn, Bittel, Eduard Heimann, Schultz-Hencke, Tormin, and others—signed an appeal to the *Freideutsche Jugend* to vote for the Social Democrats in the first Reichstag elections.[32] After returning from the front in December 1918, Flitner decided to join the emerging field of adult education. In April 1919, he became a member of the SPD in Weimar, while Franz Roh—to mention just one other

---

[31] See, for example, Kernberger (= Rudolf Carnap), "Völkerbund – Staatenbund," in *1. Politischer Rundbrief* (5 October 1918), 4, and *4. Politischer Rundbrief* (20 October 1918), 3f., RC 110-01-01 and RC 110-01-04. A manuscript entitled "Deutschlands Niederlage – Sinnloses Schicksal oder Schuld?" ("Germany's Defeat – Senseless Fate or Guilt?"), written under the same pseudonym, was not published in Bittel's *Politische Rundbriefe*. The manuscript, with an introduction by Christian Damböck, is included in this volume, @@@.

[32] "Freideutsche Jugend: Bürgertum oder Sozialismus? Jeder Freideutsche wähle sozialdemokratisch!", *20. Politischer Rundbrief*, 69-70, RC 110-01-16.

member of the circle of friends—was active in the November Revolution and later in the short-lived Bavarian Soviet Republic in Munich.

By supporting socialism after witnessing the brutal slaughter of the war, the anti-bourgeois prewar Meißner youth became political, at least for a short period of time. For example, a manifesto speaking for the *Freideutsche* on the left, co-authored by Carnap, proclaimed as follows:

> *Freideutsche*, do not be tempted by the bourgeois circles who want you to believe that they desire a national community, freedom, and an empire of the spirit. What they mean is always only the community of the "bourgeoisie," the freedom of the "bourgeoisie," and the limited horizon of the "bourgeoisie." It is propaganda under a new guise from the old men of yesterday's collapsed era. Friends, women and men, be aware that socialism is the logical consequence of your *Freideutschtum* (RC 110-01-16).

The commitment of the friends to a new, cross-class model of society, which represented a way out of what was perceived as the prison of a capitalist economy, not only testified to their disappointment with the older generation, whom they held responsible for the war; this new social model also held out the promise of a future that would enable realising the ideals of the *Meißner* youth: democracy, freedom, justice, self-determination, culture, and community.

Translated by Manuela Thurner

References

Bittel, K.. (1918). An eine freie deutsche Jugend. In *1. Politischer Rundbrief, 5. 10. 1918*, 1.

Carnap, R. (1963). Intellectual Autobiography. In P. A. Schilpp (Ed.), *The Philosophy of Rudolf Carnap* (pp. 1–84). Open Court/Cambridge UP.

Carnap, R. (1967). *The Logical Structure of the World* (1928), trans. Rolf A. George. Berkeley: University of California Press.

Carus, A. W. (2007a). Carnap's Intellectual Development. In R. Creath & M. Friedman (Eds.), *The Cambridge Companion to Carnap* (pp. 19–42). Cambridge University Press.

Carus, A. W. (2007b). *Carnap and Twentieth-Century Thought: Explication as Enlightenment*. Cambridge University Press.

Dahms, H. J. (2016). Carnap's Early Conception of a "System of all Concepts": The Importance of Wilhelm Ostwald. In *Influences on the* Aufbau [Vienna Circle Institute Yearbook, 18], ed. Christian Damböck, 163-185. Springer.

Fiedler, G. (1989). *Jugend im Krieg: Bürgerliche Jugendbewegung, Erster Weltkrieg und sozialer Wandel 1914-1923*. Verlag Wissenschaft und Politik.

Flitner, W. (1913). *August Ludwig Hülsen und der Bund der Freien Männer*. Diederichs.

Flitner, W. (2014a). Thesen über die Gründung eines Protestantenklosters (1917). In *Wilhelm Flitner: Gesammelte Schriften*, Band 12, Hrsg. Ulrich Herrmann, 19-22. Ferdinand Schöningh.

Flitner, W. (2014b). Thesen, an Carnap (1917). In *Monatsbericht der Deutschen Akademischen Freischar und 23. Kriegsbericht* (August/September 1917), 166-167. Reprinted in *Wilhelm Flitner: Gesammelte Schriften*, Band 12, Hrsg. Ulrich Herrmann, 19-22. Ferdinand Schöningh.

Foerster, F. W. (1916). *Die deutsche Jugend und der Weltkrieg: Kriegs- und Friedensaufsätze*. Furche Verlag.

Fried, A. H.. (1916). *The Restoration of Europe* (1915), trans. Lewis Stiles Gannett. Macmillan.

Haury, H. (2005). *Von Riesa nach Schloß Elmau. Johannes Müller (1864–1949) als Prophet, Unternehmer und Seelenführer eines völkisch naturfrommen Protestantismus*. [Religiöse Kulturen der Moderne, Bd. 11]. Gütersloher Verlagshaus.

Heidler, I. (1998). *Der Verleger Eugen Diederichs und seine Welt (1896-1930)*. Harrassowitz.

Herder, J. G. (2004). *Another Philosophy of History and Selected Political Writings*, trans. Ioannis D. Evrigenis and Daniel Pellerin. Hackett Publishing Company.

Hörmann, M. (n.d.) *Merry Old Germany: Vorkriegskultur Jena/München 1910 bis 1914*, transcribed by Walter Fränzel. Glüsingen [private collection].

Hübinger, G. (1996). Eugen Diederichs' Bemühungen um die Grundlegung einer neuen Geisteskultur. In W. J. Mommsen (Ed.), *Kultur und Krieg: Die Intellektuellen, Künstler und Schriftsteller im Ersten Weltkrieg* (pp. 259–274). Oldenbourg.

Kerbs, D. (2007). *Lebenslinien: Deutsche Biographien aus dem 20. Jahrhundert*. Klartext.

Kessler, H. G. (2006). *Das Tagebuch (1880-1937)*, Band 6 (1916-1918), Hrsg. Günter Riederer in Zusammenarbeit mit Christoph Hilse. Cotta.

Laqueur, W. (1962). *Young Germany: A History of the German Youth Movement*. Transaction Books.

Leonhard, J. (2014). *Die Büchse der Pandora: Geschichte des Ersten Weltkriegs*. C.H. Beck.

Maier, H. (2007). *Forschung als Waffe: Rüstungsforschung in der Kaiser-Wilhelm-Gesellschaft und das Kaiser-Wilhelm-Institut für Metallforschung, 1900-1945/48, Band 1*. Wallstein.

Mogge, W., & Reulecke, J. (1988). *Hoher Meißner: Der Erste Freideutsche Jugendtag in Dokumenten, Deutungen und Bildern*. Verlag Wissenschaft und Politik.

Mormann, T. (2000). *Rudolf Carnap*. C.H. Beck.

Mormann, T. (2010). Germany's Defeat as a Programme: Carnap's Philosophical and Political Beginnings. https://philpapers.org/rec/MORGYD (03.20.21)

Popert, H. (Fidelis). (1917a). Der Lohn der Opfer. *Vortrupp-Flugschrift, Nr. 39*, 1. Juli.

Popert, H. (Fidelis). (1917b). Haag. *Der Vortrupp 6/20*: 609-622.

Popert, H. (Fidelis). (1918). Zum ewigen Frieden. *Der Vortrupp 7/5*: 81-91.

Schenk, D. (1989). *Die Freideutsche Jugend 1913-1919/20: Eine Jugendbewegung in Krieg, Revolution und Krise*. LIT Verlag.

Schlotter, S. (2011). Der dritte Mann: Carnap und seine Begleiter als Hörer Freges. *Tabula Rasa: Jenenser Zeitschrift für Kritisches Denken, 44*(August), 1–11.

Schücking, W. (1917). *Der Weltfriedensbund und die Wiedergeburt des Völkerrechts. Ein Vortrag*. Verlag Naturwissenschaften.

Sinzheimer, H. (1917). *Völkerrechtsgeist. Rede zur Einführung in das Programm der Zentralstelle "Völkerrecht"*, gehalten auf der Gründungsversammlung am 3. Dezember 1916. Verlag Naturwissenschaften.

Sternheim, T. (2002). *Tageebücher 1903-1917*, Band 1 (1903-1925), Hrsg. und ausgewählt Thomas Ehrsam und Regula Wyss für die Heinrich Enrique Beck-Stiftung. Wallstein.

Toller, E. (1934). *I Was a German: The Autobiography of Ernst Toller*. W. Morrow and Company. First published by Querido in Amsterdam in 1933.

Werner, M. G. (1993). "Mit den blanken Waffen des Geistes": Wilhelm Flitner als Repräsentant studentischer Gegenöffentlichkeit. In *Literaturwissenschaft und Geistesgeschichte 1910 bis 1925*, Hrsg. Christoph König and Eberhard Lämmert (pp. 409–423). Fischer.

Werner, M. G. (2003). *Moderne in der Provinz: Kulturelle Experimente im Fin de Siècle Jena*. Wallstein.

Werner, M. G. (2014a). Jugend im Feuer: August 1914 im Serakreis. *Zeitschrift für Ideengeschichte, 8*(2), 19–34.

Werner, M. G. (2014b). Freundschaft | Briefe | Sera-Kreis. Rudolf Carnap und Wilhelm Flitner: Die Geschichte einer Freundschaft in Briefen. In B. Stambolis (Ed.), *Die Jugendbewegung und ihre Wirkungen: Prägungen, Vernetzungen, gesellschaftliche Einflussnahmen* (pp. 105–131). Vandenhoeck.

Werner, M. G. (2015). Freideutsche Jugend und Politik: Rudolf Carnaps *Politische Rundbriefe* 1918. In *Geschichte intellektuell: Theoriegeschichtliche Perspektiven* [Festschrift zum 65. Geburtstag von Gangolf Hübinger], Hrsg. Friedrich Wilhelm Graf, Edith Hanke, and Barbara Picht (pp. 465–486). Mohr Siebeck.

Werner, M. G. (Hrsg.). (2021). *Ein Gipfel für Morgen. Kontroversen 1917/18 um die Neuordnung Deutschlands auf Burg Lauenstein* [marbacher schriften. neue folge 18]. Wallstein.

7

Philosophenkrieger? – Wie Carnap & Co. den Ersten Weltkrieg sahen

Gereon Wolters

Soweit deutsche Gelehrte nicht selbst im Felde standen, nahmen sie zumeist am Schreibtisch oder in öffentlichen Vorträgen aktiv am Ersten Weltkrieg teil. Das gilt auch für die Philosophen. Unter ihnen finden wir nicht wenige ausgesprochene Kriegshetzer. Der vorliegende Beitrag untersucht (unter Rückgriff auf Korrespondenzen und Tagebucheinträge) die im Entstehen begriffene Disziplin der Wissenschaftsphilosophie anhand einiger zentraler Vertreter. Die wichtigsten Wissenschaftsphilosophen – die ältesten unter ihnen waren bei Kriegsbeginn zweiunddreißig Jahre alt – waren entweder naiv kriegsbegeistert (so zunächst der jugendbewegte Rudolf Carnap), oder überzeugte Kriegsgegner (Moritz Schlick, Otto Neurath und Hans Reichenbach, letzterer schon vor dem Krieg ein scharfer Kritiker des preußischen Militarismus). Nicht sprechen werde ich über die beiden Wissenschaftsphilosophen Heinrich Scholz, damals noch evangelischer Theologe und einer der übelsten Kriegspropagandisten, sowie über Hugo Dingler, der ganz mit sich selbst und seiner Karriere beschäftigt war. Beide gehören nicht zum Logischen Empirismus. – Eine bedrückender Bezug der Weltkrieg I-Situation zur Gegenwart kommt in den Blick: Das unter deutschen Gelehrten verbreitete und aggressionslegitimierende Gefühl der kollektiven Demütigung durch den Rest der Welt weist beängstigende Parallelen zu Positionen von Gelehrten im heutigen Russland und in weiten Teilen der islamischen Welt auf.

Der vorliegende Text ist eine für den Anlass der Wiener Tagung überarbeitete Fassung von Wolters 2016a, entstanden im Zusammenhang eines Symposions der *Académie Française* und der *Deutschen Akademie der Naturforscher Leopoldina*.

G. Wolters (✉)
Universität Konstanz, Konstanz, Deutschland
E-Mail: gereon.wolters@uni-konstanz.de

C. Damböck et al. (eds.), *Logischer Empirismus, Lebensreform und die deutsche Jugendbewegung*, Veröffentlichungen des Instituts Wiener Kreis 32, https://doi.org/10.1007/978-3-030-84887-3_7

7.1 Einleitung

Seit Platons Theorie des idealen Staats fühlen sich Philosophen und Intellektuelle
zu Deutern, Sinnstiftern und Wegweisern berufen. Das kann man für Anmaßung
halten, sollte es aber nicht. Denn Philosophie ist nach der glücklichen Definition
Kants die universalisierbare, argumentative Analyse der Möglichkeiten und Grenzen
unseres Wissens, unseres moralisch relevanten Handelns und unserer Wertungen –
wenn sie denn gelingt![1]

Die Forderung der Universalisierbarkeit von Argumenten besteht in der
Unterstellung, ein Argument oder eine Prämisse müsse *idealiter* für alle akzeptabel
sein. Die Unterstellung der Universalisierbarkeit geht leicht fehl. Zeitgenössische
deutsche Philosophen liefern in ihren Äußerungen zum Ersten Weltkrieg zahlreiche
Beispiele dafür. Noch mehr Beispiele aber finden wir für die gänzlich unphilosophi-
sche Haltung, die Universalisierbarkeit der eigenen Konzeptionen nicht nur zu ver-
fehlen, sondern sie nicht einmal zu reflektieren: Fakten werden durch Emotionen
ersetzt, ausgewogene Urteile durch spontane Vorurteile, Argumente durch
Assoziationen. Deutsche Philosophen sehen sich ebenso im Kriegseinsatz wie fast
die gesamte gelehrte bürgerliche Welt.[2] Der Erste Weltkrieg war in dieser Perspektive
nicht nur ein Krieg zwischen Staaten, sondern auch ein Krieg der Kulturen, ein
„heiliger Krieg":[3] hier die idealistische, selbstlose, bildungsorientierte deutsche
Pflichtkultur, dort die hedonistische *civilisation* der Franzosen und die völlig dem
Mammon und Weltherrschaftsphantasien verfallenen Engländer. So tönen die
Lautsprecher der deutschen Philosophie.

Nie fehlen Philosophen bei den Initiatoren und Unterzeichnern von öffentlichen
Aufrufen und Erklärungen. Der Neukantianer Alois Riehl beispielsweise war einer
der vier Verfasser des berüchtigten Aufrufs der 93 „An die Kulturwelt!" vom 4.
Oktober 1914.[4] Zu den 58 unterzeichnenden Professoren dieses in hohem morali-
schem Ton gehaltenen Manifests gehörten die Groß-Philosophen Rudolf Eucken,
Wilhelm Windelband und Wilhelm Wundt. Wegen der völlig naiven und selbstge-
rechten Fehleinschätzung seiner Rezeption entwickelte sich der „Aufruf" zu einem
kommunikativen Desaster.[5] Dass knapp zwei Wochen später, am 16. Oktober 1914,
zu den über 3000 Unterzeichnern der von dem klassischen Philologen Ulrich von
Wilamowitz-Moellendorff initiierten, ebenso hochtonigen, aber kürzeren „Erklärung
der Hochschullehrer des Deutschen Reiches" auch viele Philosophen gehörten,

---

[1] „Das Feld der Philosophie […] lässt sich auf folgende Fragen bringen: 1) Was kann ich wissen? –
2) Was soll ich tun? 3) Was darf ich hoffen? 4) Was ist der Mensch?" (Kant 1800, A25 f., S. 447 f.
der zitierten Ausgabe).

[2] Zur generellen Frage der historiographischen Analyse der Rezeption des Ersten Weltkriegs in der
Philosophie vgl. auch die entsprechende Passage in der Einleitung zu diesem Band.

[3] Vgl. Scholz (1915a, 24, 1915b, 19).

[4] Vgl. von Ungern-Sternberg und Ungern-Sternberg (1996), vom Brocke (1985), vom Bruch
(2016), Text auch in Böhme (Hrsg.) (2014, 47–49).

[5] Vgl. dazu insbesondere von Ungern-Sternberg und Ungern-Sternberg (1996, 52 f.).

liegt schon quantitativ sehr nahe: die Anzahl der Professoren, Dozenten und Lehrbeauftragten an deutschen Hochschulen soll etwa 4500 betragen haben.[6] Von *expliziten* und *öffentlichen* Unterschriftsverweigern der „Erklärung" ist mir nichts bekannt.

Ich möchte im Folgenden kurze Präsentationen derjenigen Gelehrten vortragen, die *Wissenschafts*philosophen waren oder es später wurden und – um im kriegerischen Jargon zu bleiben – die Kerntruppe des Logischen Empirismus bildeten.[7] Ich tue dies aus zweierlei *philosophischem* Interesse. Erstens, von Philosophen, die sich am Vorbild der Mathematik und Naturwissenschaft schulten, dürfte man am ehesten universalisierbare, um nicht zu sagen objektive Argumente erwarten sowie Respekt vor methodologischen Grundkategorien wie der Unterscheidung von Individuum und Kollektiv oder von Tatsachen und Normen. Sehen wissenschaftsnahe Philosophen in dieser Hinsicht anders aus als „gelehrte Kulturkrieger"[8] wie Eucken, Riehl, Wundt oder Scheler?[9]

Das zweite, mich bewegende, philosophische Interesse ist ein selbstkritisches, das ich übrigens auch in Arbeiten zur Naziphilosophie nicht aus dem Auge verliere: Es besteht in der kontrafaktischen Frage, wie *wir selber* wohl unter den damaligen Randbedingungen gehandelt hätten und zugleich in der Mahnung, bei unseren eigenen Deutungs- und Sinnstiftungsversuchen hinreichende methodische Umsicht walten zu lassen. Dabei ist insbesondere zu beachten, dass es Unfehlbarkeit weder in der Wissenschaft, noch in der Wissenschaftsphilosophie und schon gar nicht in sinndeutender philosophischer Reflexion gibt.[10]

Die moderne Wissenschaftsphilosophie, das letzte große europäische Aufklärungsprojekt, beginnt, von gewissen Randentwicklungen abgesehen,[11] mit dem Logischen Empirismus, der sich anfangs der Zwanziger Jahre in Wien um den aus Berlin gebürtigen Planck-Schüler und Philosophie-Ordinarius Moritz Schlick

---

[6] Vgl. Bruendel (2003, 14). – Text in Böhme (Hrsg.) (2014, 49 f.).

[7] Zum Logischen Empirismus vgl. neuerdings die ebenso kurzweilige wie umfassende, illustrierte Darstellung in Limbeck-Lilienau und Stadler (2015).

[8] Lübbe (1963, 173).

[9] Diese Frage lässt sich auch im Kontext des Gegensatzes von kosmopolitischer Aufklärungskultur und deutscher nationaler Romantik formulieren. Vgl. dazu die interessante Verortung des Denkens von Rudolf Carnap in Carus (2007, 1 ff.).

[10] Zum Anspruch aufs letzte Wort vgl. Wolters (2016b).

[11] In Deutschland ist der Operationalismus Hugo Dinglers eine solche Randentwicklung. Sie wurde ebenso wie etwa die französische historische Epistemologie international so gut wie vollständig ignoriert. Für die historische Epistemologie gibt es derzeit ein gewisses internationales Interesse dank der Arbeiten von Hans-Jörg Rheinberger (z. B. Rheinberger, 2007), während der Dingler'sche Operationalismus trotz seiner Fortführung in der konstruktiven Philosophie von Paul Lorenzen und seinen Schülern, z. B. im Kulturalismus von Peter Janich (vgl. z. B. Hartmann, 1996) gänzlich auf den deutschen Sprachraum beschränkt geblieben ist. Daran wird sich angesichts der fundamentalen Asymmetrien zwischen anglophoner und nicht-anglophoner Wissenschaftsphilosophie nichts ändern. Zu diesen Asymmetrien vgl. Wolters (2015).

bildete.[12] Die Begründer des Logischen Empirismus, über die ich berichten will, waren bei Kriegsausbruch in ihren Zwanziger- bis Dreißigerjahren. Schlick und Otto Neurath, der unermüdliche Organisator des Kreises, waren beide zweiunddreißig; Rudolf Carnap, der vielleicht schärfste Kopf des Kreises, war – ebenso wie Hans Reichenbach – erst dreiundzwanzig. Zuerst zu Moritz Schlick, dem *Spiritus Rector* des Wiener Kreises, der allerdings, anders als Carnap und Reichenbach, mit der deutschen Jugendbewegung meines Wissens nichts zu tun hatte.

7.2   Moritz Schlick

Schlick, Jahrgang 1882, wurde 1904 in Physik bei Max Planck promoviert. Er lehrte ab 1911 als Privatdozent für Philosophie an der Universität Rostock. Schlick war 1906 und 1907 als „dauernd untauglich zum Dienst im Heere und in der Marine" (Iven, 2008, 59) gemustert worden. Dennoch: auch der junge Privatdozent schien etwas von jenem Zusammengehörigkeitsgefühl zu spüren, das insbesondere das bürgerliche Deutschland in den Augusttagen 1914 ergriffen hatte.[13] Jedenfalls glaubte auch der für den Militärdienst untaugliche Philosoph nationale Pflichten zu haben. Dem Vater, einem Berliner Unternehmer, schrieb er am 3. August, er wolle sich „für das Vaterland nützlich machen" (zitiert nach Iven, 2008, 62), am liebsten beim meteorologischen Dienst. Er brachte es aber nur zu einer Ausbildung als Krankenträger und kehrte bald an die Universität zurück. Im Oktober 1915 wurde er bei einer Musterung als „garnisonsdienstfähig" eingestuft und konnte trotz dieses gesundheitlichen *upgradings* seiner amerikanischen Frau – offensichtlich erleichtert – mitteilen: „So we have a good breathing space and won't worry about the future" (zitiert nach Iven, 2008, 63). Ein knappes Jahr später musste Schlick sich einer Nachmusterung für den Landsturm unterziehen und befürchtete, als tauglich befunden zu werden, wobei er sich in einem Brief an den Vater vom 5. August 1916 Hoffnung machte, „noch durchzuschlüpfen, als bei meiner letzten Untersuchung […] außer meiner kleinen Herzmuskelschwäche ein chronischer Lungenspitzenkatarrh" (a.a.O., 64) festgestellt worden sei. Es ging aber noch mal gut für ihn aus, und erst von März 1917 bis Kriegsende wurde Schlick zum Leiter eines

---

[12] Der Berliner Kreis des Logischen Empirismus um Hans Reichenbach war kleiner und weniger einflussreich.

[13] Das damals und später vielfach beschworene, angeblich nationale Einheit stiftende, kriegsbegeisterte „Augusterlebnis" bzw. der „Geist von 1914" waren freilich längst nicht so verbreitet wie bis vor wenigen Jahrzehnten angenommen. Es handelt sich eher um einen insbesondere konservativ-bürgerlichen, sozialen Mythos, „ein Narrativ eines vergangenen Ereignisses, das seinen Zweck ganz klar in der Gegenwart hatte: die Überwindung der Klassenspaltung der deutschen Gesellschaft" (vgl. dazu zusammenfassend Verhey, 2000, 17 ff.). Ich möchte die Vermutung hinzufügen, dass durch den Mythos des „Geists von 1914" auch die *konfessionelle* Spaltung überwunden werden sollte: das wilhelminische, protestantische Lager versuchte, auch die katholischen Bevölkerungsteile in die erstrebte nationale Einheitsfront zu integrieren.

physikalischen Labors am Flugplatz Adlershof bei Berlin dienstverpflichtet. Generell ist in den Briefen Schlicks aus der Kriegszeit auffallend geringe Begeisterung spürbar.[14]

Dennoch: der Rostocker Privatdozent Schlick ist einer von den über 3000 Unterzeichnern der „Erklärung der Hochschullehrer des Deutschen Reiches" vom 16. Oktober 1914, in der vor allem die Einheit von deutschem Volk und deutschem Heer betont wird.[15] Leider sind mir keine Dokumente über die Umstände der Unterzeichnung durch Schlick bekannt. Ein gewisser Gruppenzwang ist wohl nicht auszuschließen, denn einen Monat zuvor hatte er eine persönliche, öffentliche Stellungnahme publiziert, die in eine etwas andere Richtung als die „Erklärung" weist. Am 5. September 1914 veröffentlichte der *Rostocker Anzeiger* unter dem Titel „Lieb Vaterland!" einen Leserbrief Schlicks, in dem dieser äußerst scharf – *political correctness* war noch kein Thema! – auf den Leserbrief einer (namentlich nicht genannten) Frau antwortet:[16]

> Wir lasen mit Entrüstung Sätze, wie wir sie vielleicht aus dem Munde einer wilden Suffragette erwarten, die wir aber in einer gesitteten deutschen Stadt nicht öffentlich zu hören gewohnt sind. [...] Nicht deutsch, nicht weiblich ist jener Gefühlserguss. Es ist geschmacklos und nicht anständig, in der erhabenen Gegenwart des großen Krieges witzlos vom „Speckbauch" Edwards VII., von den Hängebacken der Königin Viktoria zu reden; und es ist törichte Phrase, zu sagen: „Jeder deutsche Straßenkehrer ist zu schade dazu, um einen englischen Gentleman auch nur mit dem Fuß anzustoßen", denn auch Charles Darwin und John Ruskin, Lord Lister und Lord Avebury waren englische Gentlemen! [...] Wer sich zu maßlosem Schimpfen hinreißen lässt, der erweist dem Vaterlande einen üblen Dienst, denn der reizt niedrige Gefühle auf und setzt unser Ansehen im Auslande herab – und dass es auch in allen fremden Nationen edle und tüchtige Menschen gibt, an deren Meinung uns gelegen sein muss, wer wollte das leugnen? [...] Es ist unserer würdig, den Feind durch die Tat zu besiegen, unwürdig, ihn durch bloße Worte zu schmähen. Seien wir dessen eingedenk und bewahren wir auch in Wort und Schrift die Höhe der deutschen Bildung und Gesittung, die wir in diesem großen Kampfe verteidigen.

Hier wird Schlicks frühe, ambivalente Position sehr gut deutlich: der Krieg ist zwar ein Kampf der Kulturen, aber Schmähung der Gegner darf keine Waffe sein. Schlick mahnt also bereits in der bürgerlichen Siegeseuphorie der ersten Kriegswochen öffentlich so etwas wie Objektivität oder doch wenigstens Anstand an.

Ganz im Einklang mit dieser öffentlichen Äußerung stehen die Aufzeichnungen zu seiner für das Wintersemester 1914 geplanten, aber dann wegen des Kriegsausbruchs erst im Sommersemester 1916 gehaltenen Nietzschevorlesung.[17] Schlick wehrt sich in diesen zu Kriegsbeginn entstandenen Aufzeichnungen

---

[14] Ich kann mich hier nur auf die in Iven (2008) publizierten Auszüge beziehen.

[15] Vgl. Iven (2013) und dessen Einleitung zu Schlick (2013, 29 f.).

[16] Ich danke Mathias Iven von der Moritz-Schlick-Forschungsstelle in Rostock, welche die Gesamtausgabe betreut, für die freundliche Übermittlung einer Kopie des Artikels.

[17] Vgl. Schlick (2013). Über die Hintergründe des für heutige Wissenschaftsphilosophen vielleicht überraschenden Projekts der Nietzschevorlesung vgl. die kenntnisreiche Einleitung des Herausgebers Mathias Iven.

energisch gegen den, vor allem in England und Frankreich behaupteten, Zusammenhang der Philosophie Nietzsches mit dem deutschen Militarismus und dem Krieg:

> Nicht daraus kann der Krieg (und) die Kriegführung erklärt werden, dass die einzelnen Nationen sich mit irgendeiner Philosophie den Geist erfüllt hätten, sondern höchstens könnte man dem *Mangel* an Philosophie die Schuld geben. Alle Kriege, aller Streit überhaupt, entstehen aus viel niederen, aber viel mächtigeren Instinkten als der philosophische Trieb es ist. […] Echte Philosophie ist immer friedbringend; der phil(osophische) Geist […] geht mit dem Geiste des Friedens Hand in Hand (Schlick, 2013, 85 f.).

Was nun den konkreten Fall Nietzsche betrifft, so macht Schlick erstens darauf aufmerksam, dass „unsere politischen und militärischen Führer […] sich keineswegs sehr eifrig mit dieser Philosophie beschäftigt" hätten, und „soweit die sie überhaupt kenn(t)en […] keineswegs begeisterte Anhänger davon" seien. Zweitens sei „der behauptete Zusammenhang zwischen dem kriegerischen Wollen des Volkes (und) der Gedankenwelt Nietzsches auch gar nicht möglich, denn wer die glänzenden Ideen unseres dichtenden Denkers so deutet [,] der hat ihn gar nicht verstanden" (Schlick, 2013, 79 f.). „Nietzsche", so notiert Schlick an anderer Stelle, „das ist die Begeisterung, das ist der Feind der Biergemütlichkeit, aus der aufzuschrecken es eines Weltkriegs bedurfte. Von ihm können wir lernen, auch ohne Krieg begeistert zu sein und noch für höhere Dinge als selbst das Schicksal des Volks" (Schlick, 2013, 343). Gleichzeitig wendet sich Schlick wieder gegen eine Diffamierung der Feinde, diesmal mit Bezug auf deren *Philosophie*:

> Man hat z. B. darauf aufmerksam gemacht, dass die Denker Frankreichs sich eigentümlich wenig mit *Moral*philosophie beschäftigt hätten – aber daraus folgt nicht, dass die Franzosen unmoralisch wären, oder dass sie allzu kriegslustig sind. […] Man wirft den Engländern gewöhnlich einen kühlen rechnenden Krämergeist vor (und) glaubt, diesen auch in ihrer Philosophie nachweisen zu können. Aber bei den größten englischen Philosophen, wie Berkeley (und) Hume werden Sie vergeblich nach Zügen suchen, die diese Ansicht bestätigen könnten (a.a.O., 84).

Deutschen Schlaumeiern, die den angeblichen englischen Krämergeist als Standard der englischen Ethik aus dem Utilitarismus ableiten wollen, erteilt Schlick philosophischen Sprachunterricht: „Gut ist [im englischen Utilitarismus] das, was möglichst vielen Menschen möglichst viel Glück schafft. Dieser Gedanke hat durchaus Hand (und) Fuß, von irgend einer Nützlichkeit niederer Art ist sicher nichts in ihm zu entdecken" (Schlick, 2013, 84).

Wir wissen nicht, ob Schlick diese für das Wintersemester 2014 konzipierte Einleitung dann im Sommer 1916 vorgetragen hat, als er die Vorlesung tatsächlich halten konnte. Wir wissen deshalb auch nicht, wie die Studenten eventuell darauf reagiert haben. Klar ist jedoch an der Position Schlicks, dass er trotz seines anfänglichen vaterländischen Pflichtgefühls stets zu Fairness aufgerufen hat. Unübersehbar ist freilich die Widersprüchlichkeit, mit der er einerseits in seinem Leserbrief „Lieb Vaterland!" vom September 1914 von einem Krieg der Kulturen redet – „deutsche Bildung und Gesittung" werden angeblich verteidigt – und andererseits hellsichtig in „niederen Instinkten" die Ursache für dieses erste große Morden des Jahrhunderts identifiziert. Kurzum, der Wissenschaftsphilosoph Schlick steht dem Krieg von

Anfang an reserviert gegenüber, mahnt Universalisierung von Argumenten und Anstand an, und ist froh als er endlich zu Ende ist.

Nach dem Krieg erwies sich Schlick als tadelloser Demokrat, der stets Philosophie von Parteipolitik trennte. 1936 wurde er auf den Stufen der Wiener Universität von einem psychisch kranken ehemaligen Studenten und Doktor der Philosophie erschossen. Die rechtskatholischen Teile des antidemokratisch-autoritären österreichischen „Ständestaats" machten keinen Hehl aus ihrer Zufriedenheit mit diesem Vorfall.[18]

7.3 Rudolf Carnap

Rudolf Carnap (1891–1970) ist der vielleicht bedeutendste Wissenschaftsphilosoph des vorigen Jahrhunderts. Bei Kriegsausbruch hatte der damals Dreiundzwanzigjährige gerade einmal vier Jahre Mathematik, Physik und Philosophie studiert. Er kommt damit als öffentlicher Sinndeuter und Kanzelphilosoph kaum in Frage. Allerdings zog er begeistert in den Krieg und brauchte fast vier Jahre, diesen als „eine unfassbare Katastrophe" (Carnap, 1993, 15) zu erkennen. Wenn er in seinen Erinnerungen schreibt, dass der Militärdienst seiner „ganzen Einstellung widersprach", und er ihn „als notwendige Pflicht zum Schutz des Vaterlandes" (ebd.) angenommen habe, scheint das – wie wir gleich sehen werden – eher ein späteres Wunschnarrativ zu sein. Carnap teilte mit seinen Freunden aus dem von dem Verleger Eugen Diederichs 1908 in Jena initiierten, jugendbewegten Serakreis den Glauben, Deutschland führe einen Verteidigungskrieg. „Am Ende meldeten sich alle kriegstauglichen Freunde noch im August 1914 freiwillig" (Werner, 2014, 19). Grundsätzlich war es so, dass die Jugendbewegung romantisch inspiriert war. Gleichzeitig aber gab es, vor allem im Serakreis, eine starke antibürgerliche, wenig preußisch-staatsfromme Komponente.[19]

In Carnaps zahlreichen Karten und Briefen vor allem an seine Mutter fehlt jede Kriegsreflexion.[20] So lesen wir auf einer Ansichtskarte mit der Kathedrale von Metz vom 29.11.1914: „Wir kommen gerade aus den Schützengräben, übernachten hier in Metz-Longeville und harren jetzt unserer Verladung nach einem unbekannten Ziel" (Quelle). Dann geht es weiter mit Familienangelegenheiten. Auf einer Karte vom 23.12.1914 an seine Schwester freut er sich über seine Zuteilung zu einem „Schneeschuhbataillon":

---

[18] Stadler (1997, 920–961) bringt eine aufschlussreiche Dokumentation des Falles. Für eine mit Faksimiles von Dokumenten illustrierte Kurzinformation vgl. Limbeck-Lilienau und Stadler (2015, 334–342).

[19] Vgl. Carus (2007, 3 ff., 50 ff.).

[20] Ich danke Dr. Brigitte Parakenings, der bewährten Archivarin des Philosophischen Archivs an der Universität Konstanz, für die Bereitstellung der Carnap-Materialien, aus denen im Folgenden zitiert wird.

Dann wird's interessant; u. dann da oben in den Bergen, das ist doch ein herrliches Sylvester. Ich hoffe, die Mutter hat sich über den Gefreiten [Carnap war kurz vorher befördert worden, GW] genügend gefreut; sie soll doch merken, dass sie sich auch bei den Soldaten ihres Sohnes nicht zu schämen braucht. – Die Seifenblätter sind sehr praktisch, davon wünsch ich mir noch welche zu Neujahr.

So ähnlich geht es in Carnaps Kriegskorrespondenz weiter. Nur wenig anders sind die Tagebücher. Hier ein Eintrag, wie es viele gibt:

30 [Januar 1915] Sa[mstag] Weiter, leider nicht nach Budapest hinein; durch Ungarn. 31 [Januar 1915] So[nntag] Wir haben einen halben Tag Verspätung; Mittag lange Pause in *Debrecin*. Schon viele deutsche Soldaten sind durchgefahren. Viele ungarische Soldaten (Lieder mit Klarinette). Reis und Konservenfleisch. Apfelsinen gekauft. Kalte Nacht, nicht geschlafen, ohne Heizung. ½ 4–5 Uhr nachts auf der Lokomotive (RC 025-71-07).[21]

Auch Militärisches wird zumeist unkommentiert notiert. So zum Beispiel in den Karpaten:

12 [März 1915] Fr[eitag] Die Infanterie hat einige Gräben genommen, aber viele Verluste. Viele haben erfrorene Gliedmaßen; manche sind gefangen genommen, weil sie mit den steifen Fingern nicht abdrücken konnten. Es sind aber auch Russen gefangen genommen. Ein Kriegsfreiw[illiger] der Infanterie hat gesagt, dass er wahrscheinlich auch zum Kursus nach Hause gerufen wird; am 20. III. Ob das auch für uns Artilleristen [?] gilt?! Prachtvolles klares, kaltes Winterwetter. (RC 025-71-07, Kriegstagebuch 1915)

Je länger der Krieg dauert, umso konzentrierter, ja manchmal begeisterter ist Carnap dabei:

- „Ich bekomme große Lust zum MG Kursus" (RC 025-71-08, Kriegstagebuch 1915, 1. September 1915).
- „Abends im Braunen Hirsch wieder alle Leutnants; fühle mich sehr wohl unter ihnen, gönne ihnen das Glück herzlich, sind nett zu mir. Ich kann aber den ständigen Nebengedanken nicht loswerden: so weit könnte ich jetzt auch sein" (RC 025-71-08, Kriegstagebuch 1915, 5. September 1915).[22]
- „Die Missstimmung über die anderen Leutnants bin ich los, aber fühle mich doch sehr unbefriedigt. […] Es wird höchste Zeit, dass ich bald ins Feld komme" (a.a.O., 12. September 1915).

Im Oktober 1916 vor Verdun – Carnap ist inzwischen ein mit dem Eisernen Kreuz ausgezeichneter Leutnant – schreibt er:

Di[enstag] 24. [Oktober 1916]. Ich soll auf Regimentsbefehl mit 4 MG in Kasemattenschlucht: dazu vier Gruppen Gefreite zur Begleitung und als Träger. 10³⁰ Abmarsch. Die Gefreiten überlastet, kommen nur schwer vorwärts. Einige Granaten. Bringe die Gefreiten nur mit größter Mühe vorwärts; warum trifft mich kein Splitter? 12³⁰ Bruleschlucht. Wir riechen Gasbeschießung. Rast. Über den Rücken zur Bezonvauxschlucht. Wir kommen ins Gas. Alles wird zersprengt. Masken aufgesetzt 12⁴⁰-1¹⁵; oben mit Tuchmantel gesessen. Dann wir beide ruhig hinüber, mit Masken, Gepäck. Im Granatloch verschnauft (RC 025-71-12:14, Kriegstagebuch 1916).

---

[21] Philosophisches Archiv Konstanz (PAUK), Kriegstagebuch 1915. Fortan beziehen sich alle Zitate aus RC im Text auf das Philosophische Archiv Konstanz.

[22] Carnap hatte einen Fortbildungskurs für Leutnants verpasst.

An nur ganz wenigen Stellen wird Carnaps von der gesellschaftskritischen Jugendbewegung geprägte, politische Position greifbar. Am 18. März 1915 notiert er:

> Abends lang mit Thilo und Middeldorff aufgeblieben und Gespräch. Wir sind einig, dass die Anforderungen an geistige Fähigkeiten beim aktiven Offizier recht gering sind. […] Middeldorff und ich sprechen recht scharf, Thilo verteidigt. Wir sind aber einig in gewissen Vorwürfen gegen die Gesellschaft, und dass mehr verlangt werden müsste an gesellschaftlicher Kultur. [I]ch spreche vom Diederichsschen Kreise [d. h. dem Serakreis, GW]. […] (Thilo) meint übrigens, er würde an meiner Stelle, wenn er so überzeugt von der besserer Idee und der Verwerflichkeit des jetzigen Zustands wäre, mit aller Kraft für Verbesserung eintreten. Ich sage, ich bin kein Propagandist (siehe Abstinenz); glaube auch, der Allgemeinheit zu dienen […] indem ich meiner Befähigung entsprechend nicht Menschenbeeinflussung, sondern wissenschaftliche Arbeit leiste. Um 3ʰ schlafen gelegt (RC 025-71-07, Kriegstagebuch 1915).

Wie sehr aber der junge Carnap ebenfalls von dem in Deutschland verbreiteten sozialdarwinistischen Kriegsimpuls erfasst war, zeigt der folgende Eintrag vom 22. September 1916 aus Frankreich:

> Exerzieren südlich des Dorfes, getrennt nach Kompanien. […] Schönes Wetter. Morgen Umquartierung nach Arrancy. [D]och können wir heute nicht fliegen. Etwas Mathematik. Fichte gelesen. Abends im Dunkeln mit Leutnant Seidel und Gurleit noch spazieren gegangen, die Allee auf Constantin Ferme zu. Seidel spricht sich offen aus, sein naiver Gottesglaube; seine Gedanken: „Du sollst nicht töten" und wir müssen jetzt töten, ist es nicht trotzdem Sünde. Ich weise ihn auf Gesinnungs- statt Gebot(s)ethik hin. Dann seine Gedanken über die Sinnlosigkeit des Krieges. […] Ich versuche klar zu machen, dass der Sinn des Krieges nicht Verminderung der Menschenzahl ist, sondern naturnotwendiges Kräfteausmessen der sich ins Gehege kommenden wachsenden Völker. Und zwar (?) sind wir das wachsende Volk, können nicht stehenbleiben, sondern müssen um uns greifen (Analogie: Baum, Industrieunternehmen). Die Mittel dieses Kampfes (im Gegensatz zum Kampf zweier Geschäftskonkurrenten) (sind) noch grausam. Vielleicht später mal zwischen den Staaten ähnlicher Rechtszustand, wie jetzt zwischen den Individuen. Entwicklungsstufe: Vereinigte Staaten von Europa; sehr große Schwierigkeiten, vielleicht zu überwinden in der gemeinsamen Gefährdung durch Ostasien (RC 025-71-12:14, Kriegstagebuch 1916).

Die Idee eines gesicherten Rechtszustandes zwischen den Völkern wird dann schließlich das Thema von Carnaps erster Publikation. In der ersten Nummer (20.10.1918) von Karl Bittels *Politischen Rundbriefen*, die explizit dem Übergang von der Jugendbewegung in die Politik gewidmet sind, veröffentlich Carnap unter dem Pseudonym „Kernberger" den ersten Teil eines kurzen, zweiteiligen Artikels „Völkerbund-Staatenbund". Er mahnt seine jugendbewegten Freunde zu einer „mehr als dilettantische(n) Diskussion [der institutionellen Details eines Völkerbundes] aus Augenblicksgefühlen heraus" (Carnap, 2019, 8). Zu diesem Zeitpunkt war er bereits seit über zwei Monaten Mitglied der ein Jahr zuvor gegründeten Unabhängigen Sozialdemokratischen Partei Deutschlands (USPD). Spätere Führungsmitglieder der USPD hatten 1915 im Reichstag erstmals gegen Kriegskredite votiert. Eben die Antikriegshaltung der USPD machte sie für Carnap attraktiv, aber nicht schon 1915, sondern erst 1917/1918:

> Im Sommer 1917 wurde ich nach Berlin verlegt. […] (Dort hatte) ich Gelegenheit, durch Lektüre oder Gespräche mit Freunden politische Probleme zu erörtern. […] Ich stellte fest,

dass in verschiedenen Ländern die Arbeiterparteien die einzigen großen Gruppierungen waren, die wenigstens einen Rest der Ziele des Internationalismus und der Kriegsgegnerschaft bewahrt hatten (Carnap, 1999, 15).

In den frühen 20er-Jahren verließ Carnap, enttäuscht über die russische Revolution und die Politik der deutschen Kommunisten die USPD wieder.

Carnap selbst scheint übrigens – wenn auch mit einiger Verzögerung – explizit die von mir eingangs geäußerte Erwartung zu unterstützen, dass bei wissenschaftsnahen Philosophen eine höhere methodologische Distanz zum Kriegspredigen bestehen sollte als bei anderen. Carnap hatte Russell am 17. November 1921 seine Dissertation (*Der Raum*, Carnap, 1922) geschickt und schrieb im Begleitbrief:

> Es ist mir eine besondere Freude, dass gerade Sie es sind, dem ich als erstem Engländer jetzt aus wissenschaftlichem Gebiete die Hand reichen darf, da Sie schon zur Zeit des Krieges so freimütig gegen Geistesknechtung durch Völkerhass, und für menschlich-reine Gesinnung eingetreten sind. Wenn ich an die gleiche Gesinnung des leider zu früh verstorbenen Couturat denke, so frage ich mich, ob es etwa bloßer Zufall sein könne, dass diejenigen Männer, die auf dem abstraktesten Gebiete der mathematischen Logik zu größter Schärfe vordringen, dann auch auf dem Gebiete der menschlichen Beziehungen klar und stark gegen Einengung des Geistes durch Affekte und Vorurteile ankämpfen (Carnap, Briefwechsel, Philosophisches Archiv).

7.4   Hans Reichenbach und Otto Neurath

Wir können diese beiden Wissenschaftsphilosophen hier relativ summarisch behandeln, da wir über ihre Haltung zum Ersten Weltkrieg durch ausgezeichnete Publikationen gut informiert sind. Während der gegen Ende wenig kriegsbegeisterte Carnap noch im Jahre 1916 eine sozialdarwinistische Erklärung und wohl auch Rechtfertigung des Krieges lieferte, finden wir beim gleichaltrigen und gleichfalls jugendbewegten Hans Reichenbach schon *vor* Kriegsbeginn in zwei Aufsätzen – aus der Perspektive der Jugendbewegung beziehungsweise der Freistudentenschaft – eine überaus scharfe Kritik am deutschen Militarismus.[23]

Die Freistudenten verstanden sich in dezidierter Gegnerschaft zu konservativnationalistischen Korpsstudenten als eine demokratische Vertretung aller Nichtkorporierten. „Reichenbach gehörte zum linken Flügel der Freistudenten, man könnte sagen zu den Ideologen, und war […] einer der führenden Köpfe dieser Studentenbewegung" (Gerner, 1997, 13). Zahlreiche Schriften zu aktuellen Jugend- und Studentenfragen bezeugen dies. Unter diesen ragen zwei heraus, in denen er im Juli 1913 und März 1914 die Militarisierung der Jugendbewegung und die Züchtung von „Nationalbewusstsein" ins Visier nimmt. Hier eine Kostprobe aus der Feder des Dreiundzwanzigjährigen:

---

[23] Ich stütze mich im Folgenden auf Gerner (1997). – Zu Reichenbach als Freistudent vgl. Wipf (1994).

Ist es da ein Wunder, wenn die Jungen ganz in eine Gedankenwelt hineinwachsen, die nur noch Krieg gegen Deutschlands zahllose „Feinde" als höchstes Lebensideal kennt? Was den gesund Empfindenden an der Wirkung dieses Erziehungssystems abschrecken muss, das ist die innere Unwahrhaftigkeit, die hier in der Jugend großgezogen wird, die Unehrlichkeit des Urteils über die Probleme der modernen Politik und des sozialen Lebens, die Verblendung des wahren Nationalgefühls, das nicht in Hurrageschrei und Verherrlichung des Militarismus besteht, sondern in der Ergründung und Vertiefung der dem Volke eigenartigen Kultur seinen Ausdruck sucht. [...] Arme Jugend! Die das schönste Recht der Jugend, ganz Mensch sein zu dürfen, hergibt, um Soldat zu spielen! (Reichenbach, 1914, 1237 f.).

Dass Reichenbach sich bei Kriegsbeginn erstaunlicherweise als Kriegsfreiwilliger bei der Marine meldete, ist wohl am plausibelsten so zu verstehen, dass er sicher war, dort als „klein, dicklich und kurzsichtig" (Gerner, 1997, 19) abgelehnt zu werden. Gegen Ende 1933 übersiedelte Reichenbach, inzwischen als „Marxist und Halbjude" von seiner Stelle als außerordentlicher Professor in Berlin entlassen, an die Universität Istanbul und von dort 1938 an die University of California.[24]

Der damals zweiunddreißigjährige österreichische Ökonom Otto Neurath (1882–1945) wirkte im Jahr 1914 als Lehrer an der Wiener Neuen Handelsakademie.[25] Als einziger der hier vorgestellten Wissenschaftsphilosophen hatte Neurath 1906/1907 den obligatorischen einjährigen Militärdienst geleistet. Er hatte allerdings gehofft, aus gesundheitlichen Gründen „als dienstuntauglich qualifiziert zu werden" (Sandner, 2014, 60). Dennoch war ihm das Glück dann doch noch hold, insofern er nach „einer achtwöchigen Ausbildung beim k.u.k. Festungsartillerieregiment ‚Kaiser' No. 1 in Wien" seiner fachlichen Qualifikation entsprechend „zum Militärverpflegungsbeamten in der Reserve" (Sandner, 2014, 61) ausgebildet wurde, was ihm den Besuch von ökonomischen Seminaren an der Universität erlaubte. Von Begeisterung fürs Militär kann jedoch keine Rede sein. An dem Kieler Soziologieprofessor Ferdinand Tönnies schreibt Neurath über eine der regelmäßigen Militärübungen, an denen er später teilzunehmen hatte, dass „auch diesmal dem Militarismus eine nationalökonomische Gehirnpartie zum Opfer gebracht werden" (Sandner, 2014, 62) müsse.

Neurath ist die wohl farbigste und vielseitigste Figur der neueren Philosophiegeschichte. Kurioserweise ist er, ungeachtet seines geringen Enthusiasmus fürs Militär, der einzige der hier vorgestellten Denker, der sich *wissenschaftlich* mit dem Thema Krieg, genauer: mit Kriegsökonomie, befasst hat – und das schon seit etwa 1910. Die Kriegsökonomie ist bei Neurath eingebettet in philosophische Konzeptionen des guten Lebens. Unter anderem gestützt auf Feldstudien während der Balkankriege (1912/1913) war er zur Überzeugung gelangt, dass eine Planökonomie wie zu Kriegszeiten der ungesteuerten kapitalistischen Ökonomie überlegen sei. Diese Nähe zur Planökonomie machte ihn 1919 zu einem geeigneten Kandidaten für die Präsidentschaft des von ihm selbst vorgeschlagenen

---

[24]Vgl. Gerner (1997, 131). Eine Ironie der Geschichte will es, dass im Zuge der gegenwärtigen Erdogan'schen Re-Islamisierung und „Sultanisierung" der Türkei nun türkische Professoren in den „Westen" zu fliehen gezwungen sind.

[25]Ich stütze mich im Folgenden auf die ausgezeichnete Biographie von Sandner (2014).

Zentralwirtschaftsamtes der Münchener Räterepublik. Wegen Beihilfe zum Hochverrat landete er nach deren frühem Scheitern im Gefängnis. Seine weitere Biographie ist kaum weniger aufregend. 1934 musste er den klerikal-faschistischen österreichischen Ständestaat Richtung Holland verlassen, von wo ihm, der jüdischer Abstammung war, 1940 im letzten Augenblick die Flucht nach England gelang.

7.5 Schluss

Die Untersuchung erster Vertreter der jungen Disziplin der logisch-empiristischen Wissenschaftsphilosophie brachte das Ergebnis, dass wir unter diesen Wissenschaftsphilosophen – bei allen persönlichen Unterschieden – auch im Privaten keinen eigentlichen Kriegspropagandisten finden. Man wird allerdings noch nicht behaupten können, dass es die strenge methodologische Observanz der Wissenschaftsphilosophie gewesen sei, die gegen Hass und Propaganda immunisiert habe. Dazu ist unsere Stichprobe zu klein. Ferner ist zu bedenken, dass die betrachteten Wissenschaftsphilosophen sich noch ganz am Anfang ihrer Karriere befanden, mithin noch nicht jene akademischen Positionen erreicht hatten, die eine eher hohe Sinndeuterdichte aufweisen. Dennoch ist es bemerkenswert, wie sich die Vertreter der jungen Disziplin von ihren übrigen philosophischen Kollegen unterscheiden: vier Philosophen und keiner von ihnen ein Kriegspropagandist!

Der „gelehrte Chauvinismus" der deutschen Intellektuellen insgesamt hat ein merkwürdiges Doppelgesicht. Einerseits ist für sie der deutsche Geist der ganzen Welt intellektuell und moralisch überlegen; andererseits fühlen sie, dass der Rest der Welt das anders sieht. Dieses Missverhältnis zwischen Anspruch und Realität wird vom bürgerlichen Deutschland weithin als einen Krieg rechtfertigende *kulturelle Demütigung* empfunden.

Im Blick auf das Stichwort „Demütigung" kommen Parallelen von 1914 mit 2014 in den Sinn. Die erste sind die „russischen Werte" in Putins Russland. *Mutatis mutandis* arbeitet das am 16. Mai 2014 im Auftrag der russischen Regierung als Gesetzgebungsgrundlage veröffentlichte Projekt „Grundlagen der staatlichen Kulturpolitik" von Vladimir Tolstoi, Ururenkel von Lew Tolstoi, einen Sonder- und Exzellenzstatus der russischen Kultur heraus, der auf weite Strecken in entsprechenden Schriften über den „deutschen Geist" hätte stehen können.[26] Die „Grundlagen" sind, so versichern mir russische Freunde, repräsentativ für das Denken von großen Teilen der russischen Intelligentsija.

Die zweite mögliche Parallele bieten weite Teile der islamischen Welt. Auch hier scheinen die Eliten die Überzeugung zu propagieren, kulturell und moralisch besser zu sein als der „ungläubige" Rest. Das islamische Überlegenheitsgefühl wird offenbar umso stärker und aggressiver, je offensichtlicher es mit der Realität kollidiert.

---

[26] Der russische Text des Projekts ist zu finden auf http://www.rg.ru/2014/05/15/osnovi-dok.html. Zugegriffen am 11.10.2014.

Ein sehr schönes Beispiel dafür liefert die von 45 der 57 Mitgliedstaaten der *Organisation of Islamic Cooperation* unterzeichnete „Kairoer Erklärung der Menschenrechte im Islam" vom 5. August 1990, die im Wesentlichen nichts anderes als eine schariabestimmte Einschränkung der Allgemeinen Erklärung der Menschenrechte der Vereinten Nationen von 1948 darstellt.[27] Sie beginnt so:

> [D]ie zivilisatorische und historische Rolle der islamischen Umma bekräftigend, die Gott zur besten (Form der) Nation machte, die der Menschheit eine universelle und ausgewogene Zivilisation gegeben hat, in der Harmonie zwischen diesem Leben und dem Leben danach herrscht und Wissen mit Glauben einhergeht; und die Rolle bekräftigend, die diese Umma spielen sollte, um eine von konkurrierenden Strömungen und Ideologien verwirrte Menschheit zu leiten und Lösungen für die chronischen Probleme dieser materialistischen Zivilisation zu bieten […]. (Kairoer Erklärung).

Alles scheint dafür zu sprechen, dass die Kairoer Erklärung auch das *gegenwärtige* Selbstbild islamischer Eliten zum Ausdruck bringt. Die Parallelen zu den deutschen Eliten im Jahre 1914 sind offensichtlich. Vielleicht ist eben dieses Selbstbild islamischer Eliten, das außerhalb der *Umma* wohl kaum vorbehaltlos geteilt wird, eine der Ursachen vieler internationaler Probleme, brutaler kriegerischer Auseinandersetzungen, Terror gegen Andersdenkende und gewaltiger Flüchtlingsbewegungen in unseren Tagen.

Literatur

Böhme, K. (Hrsg.). (2014). *Aufrufe und Reden deutscher Professoren im Ersten Weltkrieg* (1. Aufl. 1975). Reclam.

Bruendel, S. (2003). *Volksgemeinschaft oder Volksstaat. Die „Ideen von 1914" und die Neuordnung Deutschlands im Ersten Weltkrieg*. Akademie.

Carnap, R. (1922). *Der Raum. Ein Beitrag zur Wissenschaftslehre*. Reuther & Reichard (Kant-Studien, Ergänzungshefte Nr. 56).

Carnap, R. (1993). *Mein Weg in die Philosophie*, Übers., Nachw., Interview Willy Hochkeppel. Stuttgart: Reclam. Englisches Original: Carnap, R. (1963). Intellectual autobiography. In P. A. Schilpp (Hrsg.), *The philosophy of Rudolf Carnap* (S. 1–84). La Sall Ill./London: Open Court.

Carnap, R. (2019). Völkerbund – Staatenbund/League of Nations – League of States [1918]. In A. W. Carus et al. (Hrsg.), *Rudolf Carnap: Early Writings*. Oxford University Press. (The Collected Works of Rudolf Carnap, Vol. 1).

Carus, A. W. (2007). *Carnap and the twentieth-century thought: Explication as enlightenment*. Cambridge University Press.

Gerner, K. (1997). *Hans Reichenbach – sein Leben und Wirken. Eine wissenschaftliche Biographie*. Phoebe-Autorenpress.

Hartmann, D. (Hrsg.). (1996). *Methodischer Kulturalismus zwischen Naturalismus und Postmoderne*. Suhrkamp.

---

[27] Text gefunden auf http://www1.umn.edu/humanrts/instree/cairodeclaration.html. Informativ ist der Wiki-Artikel „Kairoer Erklärung der Menschenrechte im Islam". Hier findet man auch die deutsche Übersetzung, aus der zitiert wird.

Hoeres, P. (2004). *Krieg der Philosophen. Die deutsche und die britische Philosophie im Ersten Weltkrieg.* Ferdinand Schöningh.

Iven, M. (2008). Moritz Schlick im Ersten Weltkrieg. Adlershof 1917/18. In F. O. Engler & M. Iven (Hrsg.), *Moritz Schlick. Leben, Werk und Wirkung.* [Schlickiana, Bd. 1] (S. 59–90). Parerga.

Iven, M. (2013). Moritz Schlick als Unterzeichner von Erklärungen und Aufrufen. In F. O. Engler & M. Iven (Hrsg.), *Moritz Schlick. Die Rostocker Jahre und ihr Einfluss auf die Wiener Zeit.* [Schlickiana, Bd. 5] (S. 359–374). Parerga.

Limbeck-Lilienau, C., & Stadler, F. (2015). *Der Wiener Kreis. Texte und Bilder zum Logischen Empirismus.* LIT.

Lübbe, H. (1963). *Politische Philosophie in Deutschland. Studien zu ihrer Geschichte.* Schwabe.

Neurath, O. (1913). *Serbiens Erfolge im Balkankrieg. Eine wirtschaftliche und soziale Studie.* Wien: Manz. Digitalisiert. https://archive.org/details/serbienserfolgei00neur. Zugegriffen am 21.03.2021.

Reichenbach, H. (1913). Die Militarisierung der deutschen Jugend. *Die freie Schulgemeinde, 3*(4), 97–110.

Reichenbach, H. (1914). Militarismus und Jugend. *Die Tat, 5,* 1234–1238.

Rheinberger, H.-J. (2007). *Historische Epistemologie. Zur Einführung.* Hamburg: Junius. Englische Version: Rheinberger, H.-J. (2010). *On Historicizing epistemology: An essay.* Stanford University Press.

Sandner, G. (2014). *Otto Neurath. Eine politische Biographie.* Paul Zsolnay.

Schlick, M. (2013). *Nietzsche und Schopenhauer (Vorlesungen)* [(Moritz Schlick Gesamtausgabe, Bd. II.5.1], Hrsg. Mathias Iven. Springer.

Scholz, H. (1915a). *Der Idealismus als Träger des Kriegsgedankens* [Perthes' Schriften zum Weltkrieg, 3. Heft]. Andreas Perthes.

Scholz, H. (1915b). *Der Krieg und das Christentum* [Perthes' Schriften zum Weltkrieg, 7. Heft]. Andreas Perthes.

Stadler, F. (1997). *Studien zum Wiener Kreis. Ursprung, Entwicklung und Wirkung des Logischen Empirismus im Kontext.* Suhrkamp.

von Ungern-Sternberg, J., & von Ungern-Sternberg, W. (1996). *Der Aufruf „An die Kulturwelt!" Das Manifest der 93 und die Anfänge der Kriegspropaganda im Ersten Weltkrieg.* Franz Steiner.

Verhey, J. (2000). *Der „Geist von 1914" und die Erfindung der Volksgemeinschaft.* Hamburger Edition.

vom Brocke, B. (1985). „Wissenschaft und Militarismus". Der Aufruf der 93 „An die Kulturwelt!" und der Zusammenbruch der internationalen Gelehrtenwelt im Ersten Weltkrieg. In W. M. Calder III et al. (Hrsg.), *Wilamowitz nach 50 Jahren* (S. 649–719). Wissenschaftliche Buchgesellschaft.

vom Bruch, R. (2016). Die deutsche „Gelehrte Welt" am Kriegsbeginn und der „Aufruf der 93". *Acta Historica Leopoldina, 68,* 19–29.

Werner, M. G. (2014). Jugend im Feuer. August 1914 im Serakreis. *Zeitschrift für Ideengeschichte, 8*(2), 19–34.

Wipf, H.-U. (1994). Jahr. „Es war das Gefühl, dass die Universitätsleitung in irgend einem Punkte versagte …" – Hans Reichenbach als Freistudent 1910–1916. In L. Danneberg et al. (Hrsg.), *Hans Reichenbach und die Berliner Gruppe* (S. 161–181). Vieweg.

Wolters, G. (2015). Globalized parochialism: Consequences of English as lingua franca in philosophy of science. *International Studies in the Philosophy of Science, 29,* 189–200.

Wolters, G. (2016a). Wissenschaftsphilosophen im Krieg. Impromptus. *Acta Historica Leopoldina, 68,* 147–164.

Wolters, G. (2016b). On having the last word: Epistemological and Normative considerations. *Bollettino della Società Filosofica Italiana 216* (settembre/dicembre 2015).

8

Die religiösen Ursprünge des Nonkognitivismus bei Carnap

A. W. Carus

Der ethische Nonkognitivismus des späten Carnap, der im letzten Kapitel des Schilpp-Bandes (Carnap, 1963) ausgearbeitet wird, ist in letzter Zeit erneut in die Diskussion gekommen, und wird zum Teil sehr unterschiedlich interpretiert, was zumindest teilweise mit verschiedenen Auffassungen des Nonkognitivismus zusammenhängt.[1] Dieser wird manchmal als äquivalent mit einem „Emotivismus" (wie etwa bei Ayer) dargestellt, manchmal als voluntaristisch gefärbt (wozu Christian Damböck zu tendieren scheint), unter vielen anderen Möglichkeiten. Deshalb möchte ich zuerst klarstellen, was ich hier unter Nonkognitivismus verstehe.

Dabei halte ich mich möglichst an Carnap. Das ist nicht nur im gegenwärtigen Zusammenhang (d. h. der Carnap-Interpretation) sinnvoll, sondern auch insofern angebracht, als Carnap tatsächlich den Begriff des Nonkognitivismus *eingeführt* zu haben scheint. Mir ist jedenfalls kein früherer Gebrauch des Terminus ‚noncognitivism' (oder ‚Nonkognitivismus') bekannt. Carnap erklärt gleich am Anfang seines Textes, warum er den verbreiteten Begriff des Emotivismus nicht verwenden möchte, und schlägt stattdessen in der für ihn charakteristischen Weise einen hässlichen, aber nicht so belasteten Neologismus vor:

> My own conception of value statements belongs to the general kind which is customarily labeled "emotivism". However, this term is appropriate only if understood in the wide sense in which Stevenson speaks of "emotive meanings". He warns explicitly […] that his term

---

[1] Dieses Kapitel ist Carnaps Replik auf den Aufsatz von Abraham Kaplan im selben Band. Statt aber auf Kaplans Ausführungen im Einzelnen einzugehen, nutzte Carnap die Gelegenheit, eine systematische Darstellung seiner Auffassung der Wertbegriffe und der normativen Sprache zu entwickeln; sie wurde zur längsten Replik im Band und blieb Carnaps einzige ausführliche Darstellung seiner Auffassung des Normativen im Verhältnis zum Kognitiven. Vgl. dazu auch den Beitrag von Christian Damböck in diesem Band.

A. W. Carus (✉)
LMU, München, Deutschland

C. Damböck et al. (eds.), *Logischer Empirismus, Lebensreform und die deutsche Jugendbewegung*, Veröffentlichungen des Instituts Wiener Kreis 32, https://doi.org/10.1007/978-3-030-84887-3_8

does not refer to momentary emotions in the ordinary sense, but rather to attitudes. However, since the term "emotivism" is sometimes associated by critics with too narrow an interpretation which today is rejected by most of the adherents to the conception[,] it is perhaps preferable to use a more general term, e.g. "non-cognitivism (with respect to value statements)". (Carnap, 1963, 999–1000)

Und was meint Carnap damit? Auch das macht er klar. Seine These des Nonkognitivismus behauptet einfach, dass man keine normativen Sätze – die Carnap „optative" Sätze nennt – aus deskriptiven, das heißt „kognitiven", Sätzen deduktiv ableiten kann und umgekehrt. Man kann also rein normative Sätze in eine Sprache einführen. Diese These ist genau das, was Hume gemeint hat mit seiner Behauptung, man könne kein „ought" aus einem „is" ableiten. Die von G.E. Moore bekämpfte „naturalistic fallacy" war die Behauptung des Gegenteils. Bei Hume und Moore, sowie bei allen, die einen Nonkognitivismus vertreten, ist diese minimale Doktrin mit anderen Elementen kombiniert, wie natürlich auch bei Carnap. Im Folgenden will ich mich aber nur auf den minimalen Kern des Nonkognitivismus beschränken, den Carnap selbst mit diesem Namen bezeichnete.

Es gibt unterschiedliche Meinungen darüber, wie und wann Carnap zu diesem Nonkognitivismus kam. Thomas Mormann glaubt zum Beispiel, dass Carnap als sozial und politisch engagierter (wenn auch ziemlich ahnungsloser) Neukantianer begann, und eine Art Wertetheorie im Stil von Rickert zu entwickeln versuchte, deren Relikte noch im *Aufbau* (§ 152) aufzufinden sind.[2] Hier blieb demnach die Möglichkeit noch offen, über Werte rational zu diskutieren, es gab eine praktische Rationalität im Sinne Kants, nicht nur Logik und Naturwissenschaft – es gab also nicht nur Verstand, sondern auch Vernunft. Das alles wurde aber bald über Bord geworfen, so Mormann, als Carnap nach Wien kam und mit dem übrigen Wiener Kreis eine verstümmelte Form der Bedeutungstheorie Wittgensteins übernahm, die alle Ethik, alle Sätze über Werte, zu Unsinn degradierte. Carnaps Nonkognitivismus resultierte also aus dem überheblichen Versuch, alle Wertetheorie und überhaupt alle praktische Philosophie im Interesse eines überentwickelten szientistischen Ordnungssinnes aus der Welt zu schaffen. Somit wurde nach Mormanns Auffassung das praktische und politische Engagement Carnaps an der Wurzel abgeschnitten, und es verwelkte. Aus diesem Blickwinkel erscheint der Nonkognitivismus als etwas dem früheren, engagierteren Carnap im Grunde Wesensfremdes, und erst relativ spät – Ende der zwanziger Jahre – einer ganz andersartigen philosophischen Basis aufgestülpt.

Es gibt aber auch andere Meinungen. Alan Richardson (2007) argumentiert zum Beispiel, dass die Ursprünge von Carnaps Nonkognitivismus in Kants Unterscheidung zwischen dem Praktischen und dem Theoretischen liegen. Richardson stützt sich allerdings hauptsächlich auf einen kurzen Aufsatz Carnap (1934), der *nach* der von Mormann diagnostizierten Wende in Carnaps Denken entstand. Es bleibt die Frage offen, ob Carnap schon *vor* dieser Wende ähnlich gedacht haben könnte. Im vorliegenden Band wird ein offener Brief Carnaps aus dem Jahre

---

[2] Vgl. Mormann (2006, 2016).

1916 veröffentlicht, der Richardsons These wunderbar belegt.[3] Es handelt sich um einen offenen Brief gegen einen gewissen Berliner Pastor Eduard Le Seur, der in einem Artikel behauptet hatte, dass die moderne Kultur zu schwach gewesen sei, um die Katastrophe des Krieges zu verhindern. Aus diesem Grund sollten wir sie nun beiseitelassen zugunsten einer Erneuerung des traditionellen christlichen Glaubens. Unter anderem hatte Le Seur hervorgehoben, dass nur das Christentum imstande sei, einen Ausweg zu finden aus dem drohenden Determinismus der Naturwissenschaften. Dazu Carnap:

> Zu ihm [d. h. zu Jesus], so glauben Sie, muß uns das erschreckende Bewußtsein des Determinismus hinführen. „Die Erkenntnis dieser unbedingten Unfreiheit führt zur Verzweiflung . . . In diese gebundene Menschheit hinein stellt Gott den Christus Jesus." Aber ich stehe nur als natürliches Wesen in dem Kausalnexus. Als ethisches Wesen bin ich selbst dagegen frei entscheidendes Subjekt meiner Handlungen. „Jesus bahnt der Freiheit derer, die ihm folgen, eine Gasse." Also auch Sie sind jetzt frei und selbst entscheidendes Subjekt, wenn auch nach Ihrem Glauben durch die Hilfe eines andern Wesens. (ASP RC 089-74-01, 17 f.)

Kants Ethik, mit seiner Unterscheidung zwischen Praktischem und Theoretischem, ist offenbar also schon präsent in diesem frühen Dokument, was Richardsons These ziemlich eindeutig zu belegen scheint. Ich will es aber nicht einfach dabei belassen, sondern werde ein anderes, *noch* früheres Dokument heranziehen, das die Frage wieder kompliziert oder zumindest ein ganz anderes Licht auf sie wirft. Es handelt sich um einen Vortrag über „Religion und Kirche", den Carnap 1911 in Freiburg vor der neugegründeten Freischar hielt. Dieses Dokument, das auch im vorliegenden Band abgedruckt ist, möchte ich hier zunächst kommentieren, da es den meisten Lesern unbekannt sein dürfte.[4] Danach werde ich erstens seinen Inhalt besprechen und mit dem Nonkognitivismus in Zusammenhang bringen, zweitens dem Hintergrund dieses Vortrags nachspüren, und ihn drittens mit dem Brief an Le Seur vergleichen. Zum Schluss komme ich auf die gegenwärtige Diskussion über Carnaps Nonkognitivismus zurück, und mache einen ersten Versuch, die frühen Zeugnisse von 1911 und 1916 in den größeren Zusammenhang der Entwicklung Carnaps bis zu seinen philosophischen Anfängen in den frühen zwanziger Jahren einzureihen.

---

[3] Für weitere Einzelheiten, vgl. meine Einleitung zu diesem im Anhang abgedruckten Brief (S. 272).

[4] Einzelheiten zu diesem Dokument (abgedruckt in diesem Band) sind zu finden in meiner Einleitung, S. 270.

8.1 „Religion und Kirche" (1911)

Das Dokument mit diesem Titel besteht aus Notizen, in Kurzschrift, für einen Vortrag vor der Freischar in Freiburg, an deren Gründung Carnap offenbar mitgewirkt hatte.[5] Im Gegensatz zu seinen späteren Vorlagen zu Vorträgen sind diese Notizen zum größten Teil in fertigen Sätzen ausformuliert – allerdings häufig korrigiert und ergänzt mit zusätzlichen, später nachgetragenen Notizen. Das Resultat ist nicht ohne Weiteres eindeutig und in jedem Detail zu rekonstruieren, obwohl die Hauptgedanken klar auszumachen sind. Es fehlt auch ein wichtiger Bestandteil des Manuskripts. Carnap argumentierte hier nämlich historisch (sehr entgegen seiner späteren Praxis!) mit vielen Beispielen, und jedes historische Beispiel wurde durch ein offenbar recht langes Zitat untermauert. Diese Zitate sind leider *nicht* mit dem Vortrag selbst aufbewahrt worden und daher nicht erhalten.

   Es ging Carnap in diesem Vortrag vor allem darum, jede Form von Religion oder Gesinnung, einschließlich der verschiedenen Formen der Ethik, in zwei Komponenten zu zerlegen, die fast immer in Verbindung auftreten, aber logisch gesehen ganz andere Funktionen haben und deshalb streng unterschieden werden müssen. Es ging Carnap darum, diese Hauptunterscheidung klarzumachen und mit vielen historischen Beispielen zu veranschaulichen. Carnap beginnt mit der Aufstellung von drei Hauptbestandteilen der Religion als empirischem Phänomen, er möchte also nicht das „Wesen" der Religion definieren. Die Hauptbestandteile sind: 1. der *Kultus*, oder Handlungen, um eine Gesinnung gegenüber dem Höheren auszudrücken, 2. die *Ethik*, oder die Gesinnung gegenüber anderen Menschen und der Gesellschaft, die aus der Gesinnung gegenüber dem Höheren resultiert, und 3. die *Lehrsätze*, die eine Gesinnung in Worte fassen sollen.

   Carnap nimmt eine entschieden skeptische Haltung diesen Lehrsätzen gegenüber ein: „die Religion besteht nicht nur nicht in den Lehrsätzen, – was jeder zugeben wird, – sondern sie kann durch sie weder unterstützt noch gestürzt werden, da sie von ihnen überhaupt nicht berührt wird" (ASP RC 081-47-05, 5). Man könnte aber entgegnen, sagt Carnap, dass „jede Religion doch *mit Hülfe des Wortes* von Mensch zu Mensch weitergegeben wird" (ebd.). Dazu muss man aber, sagt er weiter, unterscheiden zwischen zwei Arten von Lehrsätzen und kommt damit zu seiner Hauptunterscheidung, die den ganzen übrigen Vortrag in Anspruch nimmt:

> Unter den Sätzen, die allerdings zu diesem Zwecke gesprochen werden müssen, möchte ich deshalb *unterscheiden* zwischen denen, die sich auf verstandesmäßig erfaßbare Dinge beziehen, und denen, die ethische Forderungen oder die subjektive Auffassung des Weltganzen und des Menschenlebens zum Ausdruck bringen. Die erstere Art von Behauptungen, nämlich die über ihrer Natur nach objektive, wenn auch vielleicht noch nicht erkannte oder unerkennbare Thesen, will ich „*Wissenssätze*" nennen. Alle nur möglichen menschlichen Wissenssätze bilden in ihrer Gesamtheit das „*Weltbild*". Ihnen gegenüber stehen die Sätze über unsere Stellung zu einem Weltbild, die also beispielsweise unseren Pessimismus oder Idealismus oder Realismus zum Ausdruck bringen; sie lassen

---

[5] Zur Entstehung der Freiburger Freischar und Carnaps Beteiligung daran siehe Werner (2014).

sich weder rein verstandesmäßig beweisen, noch widerlegen, also nicht diskutieren. Ich will sie „*Glaubenssätze*" nennen. (ASP RC 081-47-05)

Der darauffolgende historische Exkurs soll anhand von zahlreichen Beispielen zeigen, dass keine „Religion" in Carnaps Sinn (wozu unter anderem auch die Weisheitslehren der antiken philosophischen Schulen gehörten) je von „Wissenssätzen" abhing, oder von ihren Gründern und Stiftern als abhängig betrachtet wurde.

Es ging Carnap in diesem Vortrag also vor allem darum, jede Form von Religion oder Gesinnung, einschließlich der Ethik, so radikal wie möglich von jedem propositional-deskriptiven *Wissen* abzutrennen: „die Religion besteht nicht nur nicht in den Lehrsätzen, [...] sondern sie kann durch sie weder unterstützt noch gestürzt werden, da sie *von ihnen überhaupt nicht berührt wird*." Um das in seiner vollen Tragweite zu verstehen, muss man Carnaps sehr weiten Begriff von „Religion" berücksichtigen:

> Ich fasse hier Religion weiter, als es gewöhnlich geschieht. Ich sehe sie als etwas allgemein menschliches an, was weder von dem Glauben an einen Gott, – wie ich ja bisher überhaupt noch nicht von irgendeinem Glauben in diesem Sinne gesprochen habe, – noch etwa an ein bestimmtes Ideal abhängig wäre. So ist nach meiner Auffassung z. B. auch der Patriotismus Religion und seine Betätigung Religionsausübung, nämlich für den Menschen, dem das Vaterland auf der höchsten Stufe seiner Wertung steht. *Was* für den Menschen auf dieser Stufe steht, ist für die Frage, ob sein Verhältnis dazu Religion ist oder nicht, prinzipiell gleichgültig, wenn wir auch zuweilen an anderen Menschen *eine* solche Religion höher als eine andere werten. Während dem einen auf der Stufe des Höchsten ein persönlicher Gott steht, oder das Weltganze als Organismus im pantheistischen Sinne, stellt z.B. ein anderer dorthin die Kunst im allgemeinen, oder eine bestimmte Kunst, oder die Wissenschaft; wieder andere Familie, Vaterland, Rasse, Menschheit. (ASP RC 081-47-05, 3f.)

Was er später deskriptive oder „kognitive" Erkenntnis nennen würde, konnte also nicht aus Sätzen abgeleitet werden, die das bezeichnen, was auf der höchsten Stufe der Werteskala eines Menschen steht; und umgekehrt konnte ein solcher Wertsatz nicht aus kognitiver Erkenntnis abgeleitet werden. Dies ist genau, was Carnap fünfundvierzig Jahre später als „Nonkognitivismus" definierte. Schon beim zwanzigjährigen Carnap wird diese These nicht etwa nebenbei oder implizit, sondern ganz bewusst und entschieden vertreten, als Hauptanliegen seines Vortrags. Offenbar hat ihn dieses Thema in seinen jungen Jahren sehr beschäftigt, und er hat viel darüber nachgedacht. Das lässt sich auch aus anderen Quellen belegen.

8.2 Der Hintergrund zu „Religion und Kirche"

Carnaps Beschäftigung mit der Frage der höchsten Werte und wie sie zu begründen und nicht zu begründen sind, ist kaum erstaunlich, denn der Nonkognitivismus war ihm sozusagen in die Wiege gelegt. In der ursprünglichen Fassung seiner Autobiographie beschreibt er nicht nur die utopischen religiösen Vorstellungen seiner Vorfahren, sondern bringt sogar die eigene Neigung, neue Ideen und Werte prophetisch zu verkünden, direkt mit diesem religiösen Familienhintergrund in Verbindung:

> The vivid interest which these people took in their religion and their way of life could sometimes not be satisfied by merely accepting the Lutheran doctrine. The Reformed Church, which was strongly influenced by Calvinist ideas, had many adherents. About the year 1742 some members of this church, among them two ancestors of my father, found the worldly life in the great city of Elberfeld too sinful and intolerable. Eventually a group comprising about fifty families emigrated to the other side of the mountain and founded the town of Ronsdorf, which they called their "Zion," devoted to a new and better life[.] I believe there is still a trace [of this impulse] in me, derived from the strivings of these people for the realisation of a visionary aim, and from their missionary spirit. (UCLA Box 2, CM3, folder M-A5, A6-7)

In scheinbarem Gegensatz zu solcher schwärmerisch-fanatischen Religiosität der Vorfahren hebt Carnap bei der Beschreibung seines Elternhauses besonders hervor, dass die Religiosität seiner Eltern sich fast ausschließlich auf die ethische *Praxis* bezog und nicht auf die Doktrin. Das Wichtige an der Religion „was not so much the acceptance of a creed, but the living of a good life" (Carnap, 1963, 3). Carnap veranschaulicht diese Einstellung durch das Beispiel der Beschäftigung seiner Mutter, Anna Carnap, mit den pantheistischen Werken des Begründers der Psychophysik, Gustav Theodor Fechner: „My mother liked to read at that time his little-known religious-philosophical works; it was characteristic for her attitude toward religious questions that she did not find any difficulty in reconciling Fechner's pantheism (or panentheism) with her own Lutheran-Protestant faith" (UCLA Box 2, CM3, folder M-A5, B20). Carnap führt die unverkrampfte Leichtigkeit seiner Loslösung von der Religion in seinen Jugendjahren auf gerade diese Unterordnung der Doktrin zurück:

> I relinquished my religious beliefs by a gradual development, a continual transformation[.] It was not, as I had often seen it with others, a matter of a sudden and violent rebellion with vehement emotional upheavals, where love is transformed into hatred and reverence into contempt and derision. I think that this is chiefly due to the influence of my mother's attitude. Since childhood I had learned from her not to regard changes of convictions as moral problems, and to regard the doctrinal side of religion as much less important than the ethical side. (UCLA Box 2, CM3, folder M-A5, B23)

Anna Carnap interessierte sich nicht nur für Fechner, sondern auch für viele andere weniger orthodoxe religiöse Schriftsteller, darunter auch vor allem Heinrich Lhotzky und Johannes Müller, die Verfasser der seit 1897 erscheinenden *Blätter zur Pflege persönlichen Lebens*. Müller hatte Anna Carnap vermutlich zuerst persönlich in seinen Vorträgen erlebt, denn Wuppertal war einer der ersten Orte außerhalb Berlins, wo Müllers Wirken ab 1898 großen Zuspruch und hohe Besucherzahlen fand.[6] Es war auch eine Wuppertaler Unternehmensfamilie aus dem „Mittelpunkt von Johannes Müllers Hörerkreis in Wuppertal", dem Anna Carnap offenbar ange-

---

[6]Vgl. Haury (2005, 70 f.). Das Wuppertal (die Stadt selbst entstand erst 1929) und das Bergische Land überhaupt waren – wie Anna Carnap im einleitenden Kapitel zur Biographie ihres Vaters schreibt und Carnap selbst in einem unveröffentlichten Teil seiner Autobiographie aus ihrem Buch zusammenfasst – schon im siebzehnten und achtzehnten Jahrhundert stark pietistisch und calvinis-

hörte, die dann Müllers und Lhotzkys „Erholungsheim für Erwachsene" (Haury, 2005, 79) auf Schloss Mainberg in Franken finanzierte, das 1903 in Betrieb genommen wurde und bald Heilsuchende aus vornehmen Kreisen in ganz Deutschland und darüber hinaus anzog. Wann Anna Carnap zum ersten Mal nach Mainberg kam, wissen wir nicht genau, aber der Ort taucht in der frühen Korrespondenz zwischen Rudolf und Anna Carnap oft auf. Das gilt auch für die *Blätter* und deren Themen. Carnap selbst hatte im Oktober 1911 einige Zeit in Mainberg verbracht, und, wie er vier Monate später seiner schwedischen Freundin Tilly Neovius berichtet, die er offenbar dort kennengelernt hatte, war der Eindruck ein sehr starker gewesen:

> Aber nach Mainberg muß ich doch noch mal in diesem Jahr. – Den Gedanken werde ich nicht los. Seit ich es verlassen habe, übt es eine solche Anziehungskraft auf mich aus. Als ich da war, hast Du davon wohl nichts gemerkt; denn ich glaube, damals habe ich es selbst nicht so gemerkt. Aber jetzt denk' ich immer: Wann kann ich wohl mal wieder hin? (ASP 025-71-01, 13)

Im idyllischen Mainberg wurde nicht nur jeden Abend ausgelassen getanzt (was Carnap von seiner Sera-Erfahrung in Jena bestimmt sehr zusagte), sondern Johannes Müller kümmerte sich auch in persönlichen Einzelgesprächen um jeden Gast.[7] Der Freischar-Vortrag von 1911 war direkt unter dem starken Eindruck dieses Mainberg-Erlebnisses verfasst worden.

Worin lag nun der spezifische Einfluss Müllers, der bei Carnap in dieser Zeit eine Rolle spielen konnte? Um das zu verstehen, muss man Müllers Standpunkt im Zusammenhang des gesamten Spektrums religiös-spiritueller Angebote um die Jahrhundertwende einordnen. Vom heutigen Blickwinkel scheint ihn *inhaltlich* nämlich kaum etwas herauszuheben aus den vielen ähnlichen Heilsverkündern seiner Zeit, wie etwa die Erweckungsbewegung innerhalb des Protestantismus selbst,[8] die vielen „back to nature" Strömungen auch innerhalb der Jugendbewegung,[9] der Monismus,[10] oder die Kulte um gewisse geistige Führungspersönlichkeiten wie etwa Stefan George, Rudolf Steiner, Ludwig Klages, oder C.G. Jung.[11] Carnaps Umfeld in Jena ist ein paradigmatisches Beispiel des Synkretismus unter diesen geistig-religiösen Strömungen; der Serakreis um den Verleger Eugen Diederichs, in dem Carnap so begeistert mitwirkte, in den Jahren 1908 bis 1914, war dem geistigen Inhalt nach ein typisches Produkt seiner Zeit, wie Meike Werner in ihrem Buch darüber so schön zeigt – auch was die Einstellung zur Religion betrifft.[12] Welche Rolle blieb also bei Carnap für Johannes Müller?

---

tisch beeinflusst. Die Region gilt auch als ein Zentrum der „Erweckungsbewegung" im deutschen Protestantismus im neunzehnten Jahrhundert. Vgl. hierzu Benrath (2000) und Müller-Späth (1984).

[7] Vgl. Haury (2005, 154–162).

[8] Vgl. Benrath (2000) und Beyreuther (1977).

[9] Vgl. Hepp (1987).

[10] Vgl. Hübinger (1997) und Carus (2007).

[11] Vgl. Noll (1994).

[12] Vgl. Werner (2003, 130–156).

Diese Frage ist auch deshalb von Interesse, weil Diederichs selbst zu Müller auf
Distanz ging und trotz mehrfacher Kontakte (Diederichs kam mehrmals nach
Mainberg) Müller offenbar nicht zu den „modernen Geistern" zählte, die er in sei-
nem Verlag versammeln wollte – zu Müllers großer Enttäuschung.[13] Den vielen
Intellektuellen, die das Christentum entschlossen hinter sich lassen und eine „neue
Religion" ansteuern wollten, fehlte bei Müller eben die Radikalität, die sie in
den Monisten etwa oder in Nietzsches Schriften oder vielleicht auch in der
Arbeiterbewegung bewunderten.[14]

Gerade darin lag das Besondere an Müllers Standpunkt, dass er im Spektrum der
(frei)religiösen Strömungen sozusagen einen *Mittelweg* darstellte, zwischen der
radikalen Ablehnung des Christentums einerseits und der innerkirchlichen
Erweckungsbewegung andererseits. Geistig konnte er zwar nicht innerhalb des
kirchlich-lutherischen Protestantismus bleiben, dafür hatte er sich zu sehr von den
kirchlichen Lehren distanziert. Er verneinte zum Beispiel die Erbsünde und spielte
alles Übernatürliche im neuen Testament dermaßen herunter, dass Jesus fast nur
noch als ethische Persönlichkeit erschien. Gott war für Müller vorwiegend in seinen
natürlichen Erscheinungsformen zu begreifen, wobei die Natur allerdings vitalis-
tisch verstanden wurde.[15] Jedenfalls war das alles ziemlich weit von einem kirchlich
akzeptablen Luthertum entfernt. Aber andererseits war Müller innerhalb des
Luthertums aufgewachsen, und verstand sich noch als Christ, im Sinne der „modernen Theologie" von Ritschl und Harnack unter Einbeziehung mancher neuerer
Entwicklungen in den Naturwissenschaften und der Gesellschaft.[16] Dabei sah er
letztere, im Unterschied zu anderen Neuerern, eben nicht als Hindernis an, eine
lebendige protestantische Tradition weiterzuführen. Und gerade das machte ihn für
gebildete Menschen, die im Luthertum aufgewachsen waren und sich in ihm wohl-
fühlten, aber auch die Widersprüche zwischen ihm und der neueren Wissenschaft
nicht verkannten, unter Umständen zu einem attraktiven Vermittler. Darin bestand
wohl auch seine Anziehungskraft auf die neupietistisch und bildungsbürgerlich
geprägte Anna Carnap, und das hat sie an ihren Sohn in seiner Jugend vor dem
Kriegsausbruch weitergegeben.

In seiner prekären Vermittlungsposition war es für Müller aber auch notwendig,
bei aller Zustimmung zur Botschaft des Neuen Testaments, sich von jeder Doktrin
und jeglicher Bekenntnisformel so fern zu halten wie nur möglich. Tatsächlich verwarf er alle Theologie als „Bewusstseinskultur" – das heißt als künstliche und
schädliche Intellektualisierung von inneren Erfahrungen oder gefühlten Einsichten,
die nur aus der Intuition der einzelnen Persönlichkeit und ihrer Entwicklung kommen können.[17] In seinem Vortrag von 1911 systematisiert und verallgemeinert
Carnap nur, was er bei Müller gelesen und auf Mainberg gehört hatte; der radikalen

---

[13] Vgl. Haury (2005, 175).

[14] Zu diesen Intellektuellen zählte sich auch Diederichs, vgl. Werner (2003, 130 ff.).

[15] Vgl. Haury (2005, 102–111).

[16] Vgl. Nipperdey (1988); Haury (2005, 28–33).

[17] Vgl. Haury (2005, 93–95).

Trennung von „Glaubenssätzen" und „Wissenssätzen" hätte Müller völlig zugestimmt. Der Nonkognitivismus kommt bei Carnap also gar nicht von weit her, sondern war vor seinem Erziehungshintergrund fast unvermeidlich.

8.3   Carnaps Nonkognitivismus nach 1911

Nun ging Carnaps geistige Entwicklung nach 1911 aber weiter, und vor allem durch
die Umwälzungen des Kriegs und der Revolution war er einem zwischen Christentum
und Freidenkertum vermittelnden Johannes Müller schnell entwachsen.[18] Schon im
nächsten längeren, zusammenhängenden Dokument seiner Weltanschauung, dem
oben schon erwähnten offenen Brief an Pastor Le Seur von 1916, lehnt er nicht
mehr nur die christlichen „Wissenssätze" ab, sondern nun auch die entsprechenden
„Glaubenssätze":

> Der Ausdruck „Sündenerkenntnis" stammt aus einer Begriffswelt, die mir fremd geworden
> ist. Sie war es nicht immer; als Kind habe ich mich mit Schuldbewußtsein und Suchen nach
> Vergebung bei Menschen und Gott viel geplagt. Gut sind diese Erlebnisse aber nur zum
> Wachhalten des Gewissens, im Übrigen unfruchtbar. In dieselbe unfruchtbare Begriffswelt
> gehören mir: Sündenknechtschaft, Gnade, Vergebung, Erlösung. Die Realitäten, die hier
> zugrunde liegen, leugne ich keineswegs. Ich sehe meine Fehler und weiß, daß ich noch
> mehr habe, als ich sehe. Ich erkenne, daß meine Fähigkeiten beschränkt, die Aufgabe aber
> unbeschränkt ist. (ASP RC 089-74-01, 13f.)

Auch was die Person Jesu betrifft, kann Carnap in ihm nicht mehr – wie es
damals Johannes Müller tat – ein großes Beispiel erkennen:

> Das kann er für mich nicht sein. Dazu sind seine ganzen Lebensumstände allzu verschieden
> von den unsrigen. Der Kreis, in dem er lebt, die Art, wie er sein Leben einrichtet, wie er mit
> den Menschen verkehrt, seine Ansichten über Familie, Staat, Berufsleben, geistiges Leben
> des Volkes, beinahe jede einzelne seiner Handlungen, zumal die in den Berichten besonders
> hervorgehobenen, sind unserm Leben und unsern Zielen so völlig fremd, daß, wenn ich mir
> überhaupt als „Bild, das vor mir steht", einen bestimmten Menschen suchen wollte, ich ihn
> hierfür auf keinen Fall wählen könnte. (ASP RC 089-74-01, 18f.)

Und statt der christlichen Fügung in die göttliche Gnade – die auch bei Johannes
Müller trotz seiner versuchten Modernisierung des Christentums im Vordergrund
steht – beginnt sich in dem Brief Carnaps an Le Seur sein späterer Voluntarismus
deutlich herauszukristallisieren.[19] „Fordert von dem Menschen unsrer Zeit nicht
Sündenerkenntnis und Einsicht seiner Erlösungsbedürftigkeit, sondern packt ihn
gerade von der entgegengesetzten, positiven Seite: Stärkt ihm das Selbstvertrauen",
legt Carnap Le Seur nahe. „Lehrt ihn auf der einen Seite die Demut bei der Wertung

---

[18] Wie aus Meike Werners Ausführungen zu Carnaps *Politischen Rundbriefen* während der
Endphase des Ersten Weltkriegs hervorgeht, hieß das aber noch keineswegs, dass er sich der
Anlehnung an Müller völlig entwöhnt hätte; das geschah erst allmählich, und die persönlichen
Kontakte zu Mainberg (später Elmau) blieben bis in die dreißiger Jahre lebendig, vgl. Werner (2015).

[19] Zum Voluntarisums Carnaps vgl. Jeffrey (1994).

seiner Person im Vergleich zu der übergeordneten Idee, deren Diener er ist", aber
„[a]uf der andern Seite lehrt ihn den Stolz, der keine Gnade annimmt" (ASP RC
089-74-01, 21). Denn:

> Kommt der Mensch auf einem Abwege plötzlich mit Schrecken zur Selbstbesinnung und
> quält sich mit der Last seiner Schuld, so ruft ihm nicht zu: siehst du nun deine gräßliche
> Sünde? Jetzt bist du reif für unser Evangelium. Sondern sagt ihm, daß er nicht nur das Recht
> hat, sich selbst von seiner Vergangenheit Absolution zu erteilen, sondern sogar die Pflicht,
> alle quälenden Gedanken an sein verkehrtes Leben von sich zu weisen, um mit allen Kräften
> an seine Gegenwartsaufgabe zu gehen. Sprecht ihm nicht von einem Erlöser; sagt ihm
> nicht, daß einst ein Mensch für ihn gestorben sei. Wollt ihr ihm ein Vorbild geben, so zeigt
> ihm Männer seines Volkes, aus unsern Jahrhunderten. Denen fühlt er sich verwandt, in
> deren Erlebnisse kann er sich hineinversetzen. In deren Arbeit, die er versteht, weil sie
> Beziehungen zu seiner eignen Arbeit hat, spürt er das Übergeordnete, dem sich auch die
> größten Männer als Diener unterstellten. So kann er auch zur Klarheit über seine eigene
> Aufgabe kommen und zu dem Willen, ihr zu dienen. (ASP RC 089-74-01, 21f.)

Der seit Carnaps früher Jugend eingeimpfte Nonkognitivismus blieb aber trotz
dieser Ablehnung der inhaltlichen Botschaft eines Johannes Müllers komplett
intakt. Wenn Carnap zum Beispiel Le Seurs religiösen Weg schroff ablehnt, und
sogar meint, er sei gar kein Weg, sondern nur „die Art, wie Sie und die Menschen
Ihres Glaubens das innere Suchen nach einer Antwort auf jene Frage zur Ruhe
gebracht haben", fügt er hinzu, „[t]heoretisch läßt sich hierüber ja nichts sagen"
(Quelle, Seite). Es handelt sich schließlich, wie er sich 1911 ausgedrückt hatte, um
„Glaubenssätze", nicht um „Wissenssätze" – es handelt sich um Gesinnung, nicht
um Wissenschaft. Das heißt aber natürlich nicht, dass man Gesinnungen nicht rational diskutieren kann. Nach dem eben zitierten Satz, „Theoretisch läßt sich hierüber
ja nichts sagen", geht der Text des offenen Briefes nämlich mit der folgenden
Argumentation weiter:

> Aber es genügt, wenn die Allgemeingültigkeit des Weges dadurch hinfällig wird, daß er für
> mich nicht gangbar ist; selbst wenn es nicht all die anderen Menschen, die so sind wie ich,
> noch gäbe. Ja, werden Sie denken, das ist das „Eisengitter". Doch wir stehen uns nicht in so
> entgegengesetzten Richtungen gegenüber, wie Sie vielleicht erwarten. Ich will einmal mög-
> lich[st] nahe zu Ihrem Standpunkt herantreten. Dann gerade wird sich am deutlichsten die
> unüberwindbare Kluft zeigen, die dann noch zwischen uns bestehen bleibt. (ASP RC
> 089-74-01,, 12f.)

Das ist natürlich ein wenig paradox ausgedrückt: erstens kann man theoretisch
hierzu nichts sagen, zweitens lässt sich *doch* noch etwas Theoretisches sagen, nämlich dass ein einziges Gegenbeispiel die Allgemeinheit des optativen Satzes von
Le Seur hinfällig macht. Drittens aber bedeutet dies kein „Eisengitter", also kein
unüberwindliches Hindernis, wie diese Anspielung auf Le Seurs Text wohl zu inter-
pretieren ist, weil wir unsere unterschiedlichen Standpunkte artikulieren und genau
bestimmen können, worin sie sich unterscheiden.

Das heißt aber nicht, dass die strikte Trennung von „Glaubenssätzen" und
„Wissenssätzen" nun aufgehoben wäre. Zwar kann *rein auf der Ebene der Theorie*
selbst, also rein verstandesmäßig, nichts gesagt werden. Aber trotzdem kann man
Argumente vorbringen für und gegen Glaubenssätze, Argumente der praktischen
Vernunft, könnte man vielleicht sagen. Oder etwa auch – wie sich Carnap fast ein

halbes Jahrhundert später, in einem Fragment von 1958 ausdrückte – „purely valuational criteria by which to judge a value function as more or less rational than another" (Carnap, 2017, 193).

Wie ging es mit diesem Nonkognitivismus nach 1916 weiter? Hier gehen die
Meinungen auseinander. Thomas Mormann glaubt, im kurzen § 152 des *Aufbau*
einen Rickert'schen Wertekognitivismus zu erblicken.[20] Ich dagegen habe an anderer
Stelle Argumente für eine ziemlich bruchlose Kontinuität dieses Nonkognitivismus
vom jungen Carnap zum alten, also von 1911 bis 1963, zusammengestellt.[21] Im
Zusammenhang der Vorkriegs- und Kriegsjahre vor 1918 ist jedenfalls festzuhalten,
dass Carnaps anfangs religiös motivierter Nonkognitivismus seine erste große Hürde
überstand; er blieb trotz des Verlusts seines vorherigen religiösen Unterbaus gänzlich intakt.

8.4   Carnap, Kant und Religion (und Goethe)

Nun kommen wir zurück zur Frage über die Entstehung des Nonkognitivismus bei
Carnap. Zunächst muss festgestellt werden, dass im Freischar-Vortrag von 1911
Kant überhaupt keine Rolle spielt. Rickert wird zwar erwähnt, aber nur beiläufig.
Carnaps Nonkognitivismus scheint in seinen Ursprüngen also, wie bereits in Teil 2
dargelegt, direkt aus seinem Elternhaus erklärbar, unter dem zusätzlichen Einfluss
von Johannes Müller (sowohl aus seinen Schriften als auch persönlich in Mainberg).
Im Le Seur-Brief ist es, wie in Teil 3 ausgeführt, genau umgekehrt. Hier ist die
ursprünglich religiöse Motivation unsichtbar – aus diesem Brief allein wäre sie
nicht zu erraten gewesen – und Kant wird wie selbstverständlich herangezogen.
Obwohl Richardsons These über den *Ursprung* von Carnaps Nonkognitivismus also
nicht aufrechtzuerhalten ist, könnte es gut sein, dass der Kantischen Unterscheidung
von Praktischem und Theoretischem doch eine wichtige Rolle zukommt in der
Erhaltung des Nonkognitivismus, nachdem die ursprüngliche religiöse Motivation
weggefallen war. In gewisser Hinsicht wäre das sogar noch interessanter. Kants
Philosophie wäre dann nämlich nicht einfach etwas, das Carnap mit der Muttermilch
einsog, sondern etwas, das er sich bewusst aneignete und in eine schon bestehende
Geistesordnung neu integrierte.

Carnap war den Werken Kants sicherlich schon in Jena begegnet. Aber seine
Schilderung der Vorlesungen Rickerts in Freiburg im Wintersemester 1911/1912
klingt sehr danach, als würde er nun zum ersten Mal richtig begreifen, worum es bei
Kant eigentlich geht. An Tilly Neovius schreibt er im Januar 1912:

> Und dann die Philosophie. (Jetzt darfst Du nicht aufhören zu lesen; Du mußt aufpassen! Du
> weißt ja, zur Strafe.) Da spricht Rickert, einer unserer bedeutendsten jetzigen Philosophen
> in Deutschland, über die Philosophie von Kant bis Nietzsche (also etwa das 19. Jahrhundert).

---

[20] Vgl. Mormann (2006).

[21] Vgl. Carus (2021) [im Druck].

Als er über Kant gesprochen hat, das war ganz großartig. Ich glaube nicht, daß irgendein anderer einem das so klar machen könnte. Er nahm nicht etwa den Kant her und kommentierte dann ein Buch nach dem anderen. Sondern umgekehrt: Er ging von den Problemen aus, machte uns die zuerst vollständig klar, und dann brachte er Kants Lösung, und zwar möglichst unabhängig von der für uns schwer verständlichen Terminologie Kants. So konnten wir verstehen, was es denn eigentlich über*haupt* für einen Wert gehabt hat, daß da einmal vor 100 Jahren in Königsberg ein Mensch gesessen hat und sein Leben lang über Fragen nachgedacht und gearbeitet hat, deren Sinn und Wichtigkeit einem vorher wenig einleuchten will. (ASP 025-71-01, 6)

Was ihm aber damals beim Schreiben dieses Briefs imponiert, ist nicht die Erkenntnistheorie oder auch die Ethik Kants, sondern Kants von Rickert dargestellte Verwandtschaft mit – Goethe! Beide, so Rickert, unterstützten sich gegenseitig in ihrer Ablehnung der „gekünstelten Verstandeskultur" der Aufklärung zugunsten einer „ursprünglichen, echten Natürlichkeit" (ASP 025-71-01, 6). Fast könnte man meinen, Mormanns These betreffend Carnaps Zustimmung zu einer Rickert'schen Wertetheorie müsse doch irgendwo eine gewisse Berechtigung haben, wie die Weiterführung des obigen Zitats noch deutlicher nahelegt:

Und trotzdem hätte ich Dich damals nicht in die Vorlesung geschleift, wenn Du hier gewesen wärest; wohl aber jetzt in die letzte Stunde, wo er über Goethe gesprochen hat. Nicht über den Dichter Goethe. Über den hast Du schon genug gehört. Sondern über den Philosophen. Und doch hätte Dich's interessiert! An der Hand des „Urfaust" (der ältesten Fassung der Tragödie) stellte er Goethe in der „Sturm und Drang"-Periode dar. Wie der Renaissancemensch Faust sich gegen die Scholastik aufbäumt, so Goethe gegen die Strömungen der „Aufklärung" (die Du wohl durch Deine Französisch-Studien besser kennst als ich), ebenso wie Kant, nur auf anderen Wegen. Und wie dann Goethe sein Ideal der ursprünglichen, unverfälschten *Natur* im Gegensatz zu der gekünstelten Aufklärungs*kultur* bei (dem damals verachteten) Shakespeare findet: „Natur, Natur!" (ruft Goethe,) oder vielmehr Shakespearesche Menschen! Denn woher sollten wir Natur kennen? Wo bei uns alles geziert und geschnürt ist. (ASP 025-71-01, 6-7)

Dann aber wird man mit einer unerwarteten (obwohl für den Vorkriegs-Carnap offenbar durchaus natürlichen) Wendung daran erinnert, dass der Freischar-Vortrag, mit seinem kompromisslosen Nonkognitivismus, gerade in diese Zeit fällt:

Also kurz zweiseitig ausgedrückt: negativ – gegen die Verstandes*kultur* der Aufklärung; positiv – für ursprüngliche echte *Natür*lichkeit. Es fehlt nur noch, daß er die Ausdrücke Bewußtseins- und Wissenskultur gebraucht hätte, um deutlich zu zeigen, wie nahe diese Darstellungen denen Johannes Müllers stehen. (ASP 025-71-01, 7)

Es sieht also fast so aus, als wäre Carnaps erster Zugangsweg zu Kant über Johannes Müller – und Goethe – verlaufen. Dies bezog sich übrigens sogar auf Goethes naturwissenschaftliche Auffassungen:

Dann die Stellung Goethes in der Wissenschaft gegenüber der Natur, im Gegensatz zu Kant, dessen Schriften für ihn infolgedessen auch unverdaulich waren, aber doch indirekt durch Schillers Vermittlung auf ihn wirkten. Goethe stand seinem wissenschaftlichen Objekte nie analytisch, sondern immer umfassend-anschauend gegenüber als etwas Konkretem. Daher auch diese Auffassung von der Natur, die er nicht wie Kant als Objekt dem erkennenden Menschen gegenüberstehend ansah, sondern als etwas, das ihn selbst vollständig mit umfaßt. Sie war für ihn eben Schöpferin und Trägerin alles Materiellen und Geistigen zugleich. (ASP 025-71-01, 7)

Das heißt natürlich nicht, dass Carnap zu dieser Zeit der Goethe'schen Naturauffassung ganz zustimmte. In den Physikvorlesungen, die er zur selben Zeit besuchte, können wir annehmen, dass er die Vorteile der mathematischen Physik in der Tradition Newtons völlig einsah. An verschiedenen Stellen seiner Briefe an Tilly Neovius begeistert er sich zum Beispiel für die theoretische Physik im Gegensatz zur experimentellen. Aber in dieser Zeit, also vor 1914, ersparte ihm Johannes Müllers prekärer Mittelweg die *Wahl* zwischen diesen Standpunkten – ersparte ihm jedenfalls die Notwendigkeit, sie auf einen Nenner zu bringen und gegeneinander abzuwägen.

Erst später, in den Schützengräben des Kriegs, begann er, diese beiden unvereinbaren Teile seiner damaligen Geisteswelt miteinander zu konfrontieren, als er die ganze *Farbenlehre* an der Ostfront gründlich durchlas. Dies geschah im Jahre 1916, also ungefähr zur selben Zeit, als er seinen Brief an Le Seur verfasste. Die Dissonanz wurde, wie wir Carnaps damaligen Briefen an Wilhelm Flitner entnehmen können, zugunsten der neuen Physik aufgelöst.[22] Flitners Anfrage, ob es nicht, wie ein anderer Freund gemeint hatte, eine „erkenntnistheoretische Ungeheuerlichkeit" von Newton sei, „daß ein mechanischer Vorgang, Aetherwellen, für den erlebenden Menschen realer sein soll, als die Farbe, die er sieht; dasjenige allerrealste, auf das alles andere reduziert werden muß, um begreifbar, erklärbar zu sein" (ASP/WF 12), beantwortete Carnap verneinend. „Eine solche Reduktion erscheint mir nicht als ‚erkenntnistheoretische Ungeheuerlichkeit', da durch sie nicht behauptet wird, daß die ‚mechanischen Phänomene' *realer* seien als die auf sie zurückgeführten nicht-mechanischen" (ASP/WF 12). Das sei eben ein Goethe'sches Missverständnis der modernen Physik:

Für die *Empfindungsinhalte* sind alle physikalischen Qualitäten gleichberechtigt (Gewicht, Ton, Farbe). Da aber die *Physik* die Aufgabe hat, die Naturvorgänge möglichst einfach zu beschreiben, so ist es zweifellos für sie ein großer Fortschritt, wenn es ihr z. B. gelungen ist, die akustischen Phänomene als reine Bewegungsvorgänge darzustellen (und zwar als körperliche Schwingungen), die erkennbar, meßbar und zählbar sind, und denen, solange wir nicht ihre physiologischen Wirkungen betrachten, keine (das ist das Wichtige!) anderen Qualitäten anhaften, als eben die einer körperlichen Bewegung (Masse, Raumbestimmung, Zeitbestimmung). Eine, gleichgültig auf welche Weise hervorgerufene, longitudinale Luftschwingung mit der Frequenz 435 [Schwingungen pro Sekunde, A.W.C.], andererseits die Schallwelle des Tones „a" gleichen sich nicht nur, sondern sind identisch. Daß Bewegungsvorgänge und Töne in verschiedene Sinnesgebiete gehören, geht die Physik nichts an. (ASP WF13, Brief an Flitner, 8.7.1916)

Hier scheint Carnap schon zu der Auffassung unterwegs zu sein, die in einem späteren Brief (1921) an Flitner breiter dargestellt wird. Carnap reagiert damit auf das Buch *Die religiöse Entscheidung* von Friedrich Gogarten, das Flitner ihm mit der Bemerkung geschickt hatte, dass es einer (wohl persönlich besprochenen) Auffassung Carnaps widerspreche, da es nach Flitner ein „Auseinanderklaffen von Kulturgeschehen und Gottgeschehen" darstelle, vom Blickpunkt „eines von bestimmten Erlebnissen stark gepackten Menschen" (ASP 081-48-04, 2). Carnap

---

[22] Vgl. Carus (2007, 94 f.).

bestreitet aber in seiner Antwort, dass in dem Buch ein neuer „Wirklichkeitsbereich"
nachgewiesen wird. Natürlich könnte Gogarten antworten, Carnap sei einfach blind
gegenüber den von ihm beschriebenen Bereichen: „Mein Nicht-Sehen würde ihm
also auch keinen Einwand bedeuten, sondern nur zeigen, dass ich (bis jetzt) nicht
zu den Auserwählten gehöre". Wie kann man zwischen diesen Standpunkten
vermitteln?

> Zunächst ist also nur die relativistische Einstellung möglich: jener gibt zu, mir nicht die
> andre Wirklichkeit vor Augen stellen zu können, ich muss zugeben, sie nicht bestreiten zu
> können; so bleibt jeder zunächst in seinem Recht. Aber es muss gewiss im Grunde eine
> Möglichkeit geben, über eine solche Relativität (die mein Vernunftglaube stets nur als
> Durchgangsstadium gelten lassen kann), zu einer objektiven, allgemein-bindenden
> Erkenntnis zu kommen. (ASP 081-48-04, 2)

Carnap gibt eine Parabel. Stellen wir uns vor, die meisten Menschen seien blind,
und nur wenige könnten sehen; da gäbe es dieselbe Pattsituation wie zwischen ihm
und Gogarten, aber mit Bezug auf die Existenz einer sichtbaren Welt. Die Blinden
könnten allerdings ein Kriterium angeben für die Existenz einer solchen Welt. Sie
könnten sagen, „wenn ihr mehr wahrnehmt als wir, so müsst ihr auch an Dingen, *die
in unsere Welt hineinreichen*, mehr Zusammenhänge erkennen können als wir, also
zuweilen, wo uns etwas zufällig erscheint und überrascht, Notwendigkeit bemerken". Da der Sehende das kann, kann er auch bestimmte Abläufe innerhalb der
gemeinsam wahrgenommenen (gehörten und gefühlten) Welt vorhersagen, die der
Blinde nicht vorhersagen kann; „so muss er die seltsame Wahrnehmungskraft des
Sehenden anerkennen" (ASP 081-48-04, 3, 3).

Ein ähnliches Kriterium kann in anderen Fällen angewandt werden, wo es nicht
um unmittelbare Sinnesempfindungen geht, sondern um das ganzheitliche Verstehen
kultureller Gegenstände oder Abläufe. Hierzu gibt Carnap eine zweite Parabel. Man
stelle sich einen gänzlich unmusikalischen Menschen U vor, dem ein musikalischer
Mensch M nicht vermitteln kann, worin eine Melodie besteht, außer einer Zeitreihe
von Geräuschen verschiedener Frequenz, oder worin eine Harmonie besteht, außer
mehreren gleichzeitig produzierten Geräuschen verschiedener Frequenz. Beim
gemeinsamen Anhören einzelner Töne bestände kein Unterschied zwischen den
Urteilen von U und M:

> Aber sobald sich nun beide der Betrachtung der Gesamtgeschichte zuwenden, wird deut-
> lich, dass M Zusammenhänge bemerken kann, wo U keine sieht. Wird ihnen etwa ein
> Tonwerk vorgelegt, so ist M imstande, nach dem von ihm bemerkten musikalischen
> Charakter Zeit und Kulturkreis anzugeben. Dies ist also ein Zusammenhang, den U nach-
> prüfen kann. Nicht als ob nun für M und für uns der Zweck musikalischer Betätigung in
> dieser historischen Analyse liegen solle. Gewiss nicht. Aber das Wesentliche ist mir, dass M
> *auch* imstande ist, Zusammenhänge zwischen Dingen *in der Welt des U* zu knüpfen, die für
> diesen unverbunden nebeneinander stehen. (ASP 081-48-04, 4)

Dasselbe würde er von Gogarten fordern, sagt Carnap – zeige mir, was Du sehen
oder vorhersagen kannst in der Untermenge Deiner Welt, die uns beiden zugänglich
ist, die ich aber ohne Deine spezielle Sicht nicht begreifen oder vorhersehen kann:
„Es ist für mich eine Art Postulat oder Glaubenssache, dass alles, was in irgend
einem Sinne wirklich genannt werden soll, im Grunde in einem festen Zusammenhang

mit meiner (einzigen) Wirklichkeit stehen muss". Und außerdem: „Ich glaube nicht an die Wirklichkeit eines Geschehens, das nicht in der Geschichte nach oben und unten in Fäden hinge (damit ist noch nicht die Kausalität in der Geschichte behauptet, an die ich allerdings auch glaube)" (ASP 081-48-04, 4).

Als Carnap diese Zeilen schrieb, hatte er gerade seine Dissertation fertiggeschrieben. Was er in diesem Brief an Flitner formuliert deutet also seinen philosophischen Ausgangspunkt an und umreißt auch die allgemeine geistige Haltung, aus der Carnaps politische „Erweckung" des Jahres 1918 hervorging.[23] Was diesen Ausgangspunkt vor allem charakterisiert ist die *Einheits*überzeugung oder vielleicht besser der Einheits*wille*. Alles soll in ein einziges System kommen, wo alles mit allem gegenseitige Bezüge aufweisen kann. (Hieraus entstand offenbar auch der Impuls zum Aufbau eines „Systems aller Begriffe", das schon im folgenden Jahr entworfen wurde.) Die treibende Motivation zu einem solchen einheitlichen System stellt sich als eine aufklärerische heraus, wie 1918 aus dem Artikel „Deutschlands Niederlage" hervorgeht. Das rationale Zusammenwirken aller Kräfte in einer Gesellschaft erfordert, nach Carnap, ein System der menschlichen Erkenntnis, um eine „Gemeinschaftsgestalt" zu begründen, die imstande ist, die bunte Vielfalt des menschlichen Treibens „der chaotischen Willkür zu entziehen und der zielbewussten Vernunft zu unterwerfen" (ASP 089-72-04, 18).[24] In ganz ähnlichem Sinne wird der *Aufbau* Ende der zwanziger Jahre noch motiviert, in Carnaps Vortrag „Von Gott und Seele" (1929).

Ein weiteres Zeugnis des aufklärerischen Grundmotivs dieser Zeit nach 1918, wo Carnap sogar Kants Metapher der Aufklärung als „Ausgang des Menschen aus seiner selbstverschuldeten Unmündigkeit" aufgreift und weiterführt, sind die Notizen, die er sich für seine Ansprache bei der Hochzeitsfeier seiner Schwägerin Grete Schöndube am 17.9.1925 gemacht hatte. Hier spricht er neben Persönlichem die Notwendigkeit an, bei solchen Anlässen auch an die größeren Zusammenhänge zu denken, vor allem weil das für die Menschen jetzt schwieriger geworden sei: „Die Generationen vor uns hatten Tradition darin, sich bei solchen Gelegenheiten an Überpersönliches zu erinnern, nämlich in der Religion. Wir haben verlernt, von einem Gott zu sprechen, uns liegt der Sinn des Lebens nicht mehr in einem Jenseits; so sind wir in Gefahr, ihn überhaupt nicht zu finden" (ASP 021-74-05, 1). Das mache es viel schwerer, uns auf das Überpersönliche zu besinnen, denn wir könnten nie solche ganz bestimmten Vorstellungen haben wie unsere Vorfahren, sondern

---

[23] Natürlich wurde diese Haltung in den folgenden Jahren noch verstärkt und unterstützt durch die modernistischen Strömungen in der Weimarer Republik, vor allem die Neue Sachlichkeit, vgl. Dahms (2004).

[24] Dieselbe Formulierung erscheint nochmals in einem anderen Zusammenhang am Schluss von Carnaps Aufsatz „Die Aufgabe der Physik" (1924). Der damals unpubliziert gebliebene Artikel „Deutschlands Niederlage" von 1918, der in diesem Band erstmalig zum Abdruck kommt (S. 325), ist auch anders als hier vorausgesetzt interpretiert worden (vgl. zum Beispiel Mormann 2010). Aber die naheliegende Auslegung als Aufklärungsmanifest wird in Carus (2007, S. 59–64) vertreten; siehe auch Carus (im Druck, Teil 3). Meike Werner (2015) hat nun auch den Hintergrund zu „Deutschlands Niederlage" in anderen Dokumenten derselben Zeit erforscht, und ihre Darstellung stimmt weitgehend mit der hier unterstellten überein.

seien permanent am Suchen. Wir seien ein wenig wie Kinder, die selbst keine
Perspektive haben auf die größeren Zusammenhänge, in die sie hineinwachsen. Nur
gäbe es leider keine Erwachsenen, die uns diese Zusammenhänge erklären könnten.
„Die Menschheit [...] ist eine große Familie von lauter Kindern, alle getrieben von
den Kräften, die nicht aus der Einsicht in Weg und Ziel der Menschheit herkommen,
sondern aus den Vorteilen des Tages im engeren oder weiteren Sinne" (ASP
021-74-05). In solch kurzsichtiger, beschränkter Weise konnten wir gemäß Carnap
bis jetzt zwar einigermaßen auskommen,

> [a]ber es ist nun an der Zeit, dass die Menschheit sich bemüht, allmählich erwachsen zu
> werden, d. h. das, was geschieht, zwar nicht viel anders, aber mit Bewußtheit zu tun, und
> dadurch freilich auch allmählich immer mehr zu lernen, Umwege zu vermeiden. Aber das
> sind erst spätere Früchte. Zunächst mal nur Bewußtheit als Aufgabe, selbst wenn gar nichts
> inhaltlich anders geschähe. Wir müssen allmählich das Gefühl bekommen, dass es unwür-
> dig ist, den Weg nur instinktiv und unbewußt zu gehen, von dem wir wenigstens ein gutes
> Stück uns bewußt machen können. Die Philosophen haben zuweilen gemeint, sie seien die
> Erwachsenen, sie hätten den Überblick, und die andern sollten nur mehr auf sie horchen,
> damit es besser ginge (Plato: Philosophen müßten Könige sein). Ich denke, wir Philosophen
> (ich rechne mich auch zu dieser Zunft) müssen doch bescheidener sein. Wenn unsere Arbeit
> darin besteht, Bewußtheit zu erringen, über das was geschieht, so sind wir doch noch sehr
> am Anfang dieser Arbeit. Wir sind wohl etwas besinnlichere Kinder, aber ebensolche
> Kinder wie die anderen, nur dass wir infolge der Besinnlichkeit im praktischen Leben mehr
> verpatzen als die anderen. (ASP 021-74-05, 2)

Zwar hält Carnap noch am Nonkognitivismus fest, der ursprünglich von Johannes
Müller auf ihn übertragen wurde, aber das heißt jetzt nicht mehr, dass die
Glaubenssätze und die Wissenssätze *überhaupt nichts* miteinander zu tun hätten,
denn die Glaubenssätze haben ja sozusagen „kognitive" Komponenten (um Carnaps
spätere Ausdrucksweise anzuwenden) und diese können den Wissenssätzen im
Gesamtsystem nicht widersprechen. In irgendeiner Weise hatte Carnap also die
Kantische Aufteilung zwischen Theoretischem und Praktischem übernommen,
sodass diese beiden Aspekte des Lebens in eine Art dialektische Gesamtbeziehung
zueinander traten, wobei das Praktische dem Theoretischen seine Zwecke und seine
Stellungen im Leben zuweist, das Theoretische dem Praktischen aber Grenzen gibt,
Grenzen nicht nur des realistisch Wünschbaren, sondern auch des theoretisch
Möglichen.

Dieser neue, dezidiert aufklärerische Standpunkt, dem wir im Brief an Flitner
über Gogarten, in den Aufsätzen „Deutschlands Niederlage" und „Von Gott und
Seele", sowie in Carnaps Notizen zu seiner Hochzeitsansprache begegnen, stellt
somit auch den *End*punkt derjenigen Entwicklung dar, deren Anfang uns hier hauptsächlich, im 1. und 2. Teil, beschäftigt hat. Aus dem 3. Teil und aus den in diesem
Teil zitierten Bemerkungen zur *Farbenlehre* ging hervor, dass Carnap schon 1916
ein gutes Stück des langen Wegs von 1911 bis 1921 zurückgelegt hatte. Was wir
aber nicht wissen, ist, wie das alles zusammenhing. Die fragmentarischen Zeugnisse,
die hier besprochen wurden, deuten nur Eckpunkte einer Entwicklung an, die uns
zum größten Teil noch ziemlich rätselhaft bleibt. Wann geschah der entscheidende
Wandel, und in welchen Etappen? Wie brachte der junge Carnap vor 1914 seine
Begeisterung für Johannes Müller in Einklang mit seiner Parteinahme für Haeckel,

die er in einem nicht veröffentlichten Teil seiner Autobiographie schildert?[25] War er sich dieser Dissonanz überhaupt bewusst?[26] Welche Rolle spielten in ihr zum Beispiel die Wissenschaftsauffassung Goethes oder des deutschen Idealismus (mit dem sich Carnap in einem Brief an die Mutter nach Kriegsausbruch 1914 ausdrücklich identifizert)? Wann begann er diese Inkonsequenzen zu konfrontieren? Wie wir sahen, war dieser Prozess schon vor 1916 in Gang – aber wie und wann, und vor allem warum? Was gab den entscheidenden Anstoß?

In einem Brief vom 11. September 1911 schlägt Carnaps Cousin Fritz von Rohden (offenbar auf der Basis eines langen Briefs von Carnap) für Carnaps geplante Freiburger Freischar-Vorträge im kommenden Semester folgende Themen vor:

1.) Materialismus und Idealismus
2.) Frauenfrage
3.) Schopenhauer, ein Erzieher oder ein Verbildner?

Hat Carnap diese anderen Vorträge wirklich geplant oder vielleicht gehalten? Unter dem frischen Eindruck seines Mainberg-Erlebnisses gab er offenbar „Religion und Kirche" den Vorzug, zumindest sind keine anderen Vortragsvorlagen dieser Zeit im Nachlass zu finden. Aber was hätte er zu den drei vorgeschlagenen Themen zu sagen gehabt? Und wie verhielten sich seine Gedanken über diese Themen zu seiner Begeisterung für Johannes Müller einerseits (der einige Jahre zuvor sein Buch *Der Beruf und die Stellung der Frau* publiziert hatte) und zu seinen wissenschaftlichen Interessen andererseits? Nach der Liste der „Bücher, die ich gelesen" von 1911–1913 (und ähnlichen Listen aus späteren Jahren) zu urteilen, interessierte sich Carnap nicht nur für Mathematik, Philosophie, Religion, und was man sonst noch von ihm erwartet hätte, sondern für alles Mögliche, von der Antike zu *science fiction*, von Flugzeugtechnik, Raumschifffahrt und Astronomie bis Ibsen, Kierkegaard, Strindberg, Wilde, Dante, Shakespeare, und vielen anderen belletristischen Autoren aus allen Epochen und Kulturkreisen. Wie ordnete sich das alles ein, wo trieb das alles hin? Welche dieser vielen möglichen Einflüsse spielte welche Rolle in Carnaps Reaktion auf das Kriegsgeschehen, die offenbar von entscheidender Bedeutung war für Carnaps eindeutige Wende in Richtung Aufklärung gegen Ende des Kriegs und in der Nachkriegszeit?

Wenn wir beginnen, Einsicht in diese Fragen zu bekommen, werden wir besser verstehen, wie aus dem relativ angepassten und selbstzufriedenen

---

[25] Vgl. Carus (2007, 50).

[26] Es geht hier also – Haeckels eigene Formel aus einem Nachtrag zu seinen *Welträtseln* (Haeckel 1899, 415) aufgreifend – um die Dissonanz zwischen den zwei ganz verschiedenen Philosophen, die in Kant zu finden sind: dem wissenschaftlichen „Monisten" Kant I (den Haeckel verehrt) und dem rückwärtsgewandten, anti-aufklärerischen, dualistischen Kant II (den Rickert in seinen von Carnap geschilderten Vorträgen offenbar so präsentiert, dass Carnap ihn mit Johannes Müller identifizieren kann!). In ähnlichem Sinn redete Abner Shimony in Gesprächen gelegentlich von der „Copernican revolution" Kants einerseits, und den „anti-Copernican counter-revolution" andererseits.

Vorkriegs-Carnap – der viele Impulse seiner Zeit aufgriff und nebeneinander liegen ließ, ohne sie besonders tief zu verarbeiten – der Carnap wurde, der nach dem Krieg den *Aufbau* schrieb und den Wiener Kreis entscheidend mitprägte. Immerhin können wir auf der Basis der hier besprochenen Zeugnisse festhalten, dass der Nonkognitivismus kein spät dazugekommener Bestandteil von Carnaps geistiger Welt war, sondern schon vor dem Krieg eine zentrale Rolle für ihn spielte, um dann während des Kriegs, irgendwie, auf Kantischer Basis neu rekonstruiert zu werden. Was sich also später, in den fünfziger Jahren, als Nonkognitivismus ausdrückte, entsprang aus tiefen Wurzeln in Carnaps früher geistiger Entwicklung.

Literatur

Unveröffentlichte Quellen kommen aus zwei Bibliotheksammlungen, den Archives of Scientific Philosophy in der Special Collections Department der Hillman Library, University of Pittsburgh (ASP) und der Special Collections der Young Research Library, University of California at Los Angeles (UCLA). Die Siglen der Dokumente in der jeweiligen Sammlung folgen diesen Abkürzungen, manchmal auch von Seitenangaben gefolgt.

Benrath, G. A. (2000). Die Erweckung innerhalb der deutschen Landeskirchen 1815–1888: Ein Überblick. In U. Gäbler et al. (Hrsg.), *Der Pietismus im neunzehnten und zwanzigsten Jahrhundert* (S. 150–271). Vandenhoek & Ruprecht.
Beyreuther, E. (1977). *Die Erweckungsbewegung.* Vandenhoeck & Ruprecht.
Carnap, R. (1928). *Der logische Aufbau der Welt.* Weltkreis.
Carnap, R. (1929). Von Gott und Seele: Scheinfragen in Metaphysik und Theologie. In T. Mormann (Hrsg.), *Scheinprobleme in der Philosophie und andere metaphysikkritische Schriften* (S. 49–62). Meiner 2004.
Carnap, R. (1934). Theoretische Fragen und praktische Entscheidungen. *Natur und Geist, 2,* 257–260.
Carnap, R. (1963). Intellectual Autobiography. und „Replies and Systematic Expositions" in Schilpp, S. 1–84 und 859–1013. Open Court.
Carnap, R. (2017). Value concepts (1958). *Synthese, 194,* 185–194.
Carus, A. W. (2007). Gedanken zum amerikanischen Monismus. *Jahrbuch für europäische Wissenschaftskultur, 3,* 205–228.
Carus, A. W. (2013). History and the future of logical empiricism. In E. Reck (Hrsg.), *The historical turn in analytic philosophy* (S. 261–293). Palgrave Macmillan.
Carus, A. W. (2016). Carnap and phenomenology: What happened in 1924? In C. Damböck (Hrsg.), *Influences on the Aufbau* (S. 137–162). Springer.
Carus, A. W. (2021). Werte beim jungen Carnap. In C. Damböck & G. Wolters (Hrsg.), *Der junge Carnap.* Springer. Im Druck.
Dahms, H.-J. (2004). *Neue Sachlichkeit* in the architecture and philosophy of the 1920s. In S. Awodey & C. Klein (Hrsg.), *Carnap brought home: The View from Jena* (S. 353–372). Open Court.
Gangolf Hübinger. 1997. Die monistische Bewegung. Sozialingenieure und Kulturprediger, in *Kultur und Kulturwissenschaften um 1900,* ed. Gangolf Hübinger, Rüdiger vom Bruch, and Friedrich Wilhelm Graf (Stuttgart: Steiner, 1997), 246–259.

Haury, H. (2005). *Von Riesa nach Schloß Elmau: Johannes Müller (1864-1949) als Prophet, Unternehmer und Seelenführer eines völkisch naturfrommen Protestantismus.* Gütersloher Verlagshaus.

Hepp, C. (1987). *Avantgarde: Moderne Kunst, Kulturkritik und Reformbewegung nach der Jahrhundertwende.* dtv.

Jeffrey, R. (1994). Carnap's Voluntarism. In D. Prawitz et al. (Hrsg.), *Logic, methodology, and philosophy of science IX* (S. 847–866). Elsevier.

Mormann, T. (2006). Werte bei Carnap. *Zeitschrift für philosophische Forschung, 60,* 169–189.

Mormann, T. (2010). *Germany's defeat* as a program: Carnap's philosophical and political beginnings. Unveröffentlicht, zugänglich über PhilPapers. https://philpapers.org/archive/MORGYD. pdf. 6.1.2022

Mormann, T. (2016). Carnap's *Aufbau* in the Weimar Context. In C. Damböck (Hrsg.), *Influences on the Aufbau* (Vienna Circle Institute Yearbook 18, S. 115–136). Springer.

Müller-Späth, J. (1984). Protestantismus und Gründerzeit im Wuppertal. In K.-H. Beeck (Hrsg.), *Gründerzeit: Versuch einer Grenzbestimmung im Wuppertal* (S. 360–419). Rheinlang-Verlag.

Nipperdey, Thomas. 1988. *Religion im Umbruch. Deutschland 1870–1918.* München: C. H. Beck.

Noll, Richard. 1994. *The Jung Cult: Origins of a Charismatic Movement.* Princeton: Princeton 767 University Press.

Richardson, A. (2007). Carnapian pragmatism. In M. Friedman & R. Creath (Hrsg.), *The Cambridge companion to Carnap* (S. 295–315). Cambridge University Press.

Werner, M. G. (2003). *Moderne in der Provinz: Kulturelle Experimente im Fin de Siècle Jena.* Wallstein.

Werner, M. G. (2014). Freundschaft | Briefe | Sera-Kreis: Rudolf Carnap und Wilhelm Flitner, die Geschichte einer Freundschaft in Briefen. In B. Stambolis (Hrsg.), *Die Jugendbewegung und ihre Wirkungen: Prägungen, Vernetzungen, und gesellschaftliche Einflussnahmen* (S. 105–131). Vandenhoek & Ruprecht.

Werner, M. G. (2015). Freideutsche Jugend und Politik; Rudolf Carnaps *Politische Rundbriefe 1918.* In F. W. Graf et al. (Hrsg.), *Geschichte intellektuell: theoriegeschichtliche Perspektiven* (S. 465–486). Mohr Siebeck.

Chapter 9
Carnap, Reichenbach, Freyer. Noncognitivist Ethics and Politics in the Spirit of the German Youth Movement

Christian Damböck

9.1 Introduction. The Mature Meta-Ethical Views of Carnap and Reichenbach

I begin with a brief examination of Carnap and Reichenbach's late views on the philosophy of values. There are two classical texts to be considered here: Carnap's reply to Abraham Kaplan in the so-called Schilpp volume (1963) and the chapter "The nature of ethics" in Reichenbach's *The Rise of Scientific Philosophy* (1951).[1]

In his reply to Kaplan, Carnap first highlights several respects in which value statements are either "factual" or "analytic." On the factual side, he mentions

This research was supported by the Austrian Science Fund (FWF research grants P27733, P31716). For comments on several previous versions of this manuscript, I am grateful to André W. Carus, Hans-Joachim Dahms, Christoph Limbeck-Lilienau, Thomas Mormann, Flavia Padovani, Günther Sandner, Adam Tamas Tuboly, Thomas Uebel, Meike Werner, and Gereon Wolters. I am particularly grateful to Alexandra Campana for her close reading and the resulting highly helpful suggestions, which improved the paper stylistically and theoretically.

[1] See (Schilpp, 1963, pp. 999–1013; Reichenbach, 1951, pp. 276–302). Regarding Reichenbach's philosophy of values, see (Kamlah, 2013; Dahms, 1994; Kamlah, 1977) and Flavia Padovani's contribution to this volume. Regarding Carnap's philosophy of values, see (Mormann, 2007; Uebel, 2010; Siegetsleitner, 2014, pp. 89–162; Reisch, 2005, pp. 47–53, 382–384; Richardson, 2007; Carus, 2017, 2021) as well as (Zeisel, 1993) and André Carus's contribution to this volume. See also the texts by Carnap and Reichenbach in the appendix and the respective introductions. This paper is the first of two on the development of Carnap's noncognitivism and its political nature. The discussion presented here continues in (Damböck, 2021), which focuses on the period between 1928 and 1970. For a slightly different perspective on the early development of Carnap's meta-ethical views, see (Damböck, 2022).

C. Damböck (✉)
Institute Vienna Circle, University of Vienna, Wien, Austria
e-mail: christian.damboeck@univie.ac.at

© The Author(s) 2022
C. Damböck et al. (eds.), *Logischer Empirismus, Lebensreform und die deutsche Jugendbewegung*, Veröffentlichungen des Instituts Wiener Kreis 32, https://doi.org/10.1007/978-3-030-84887-3_9

"psychological, sociological, and historical statements on the valuational reactions (or dispositions to such reactions) by a person or group," then "statements on means–end relationships," and subsequently "statements on the utility of a possible event" (Schilpp, 1963, 999). On the analytic side, he mentions statements that are logically related to factual statements (as previously noted), statements that analyse the semantics of the latter, and "statements giving an explication of relevant concepts connected with values or valuations, or consequences of such explications" (Schilpp, 1963, 999). All other aspects of value statements identify them as being "noncognitive." Thus, Carnap´s "thesis of noncognitivism" reads as follows: "If a statement on values or valuations is interpreted neither as factual nor as analytic (or contradictory), then it is non-cognitive; that is to say, it is devoid of cognitive meaning, and therefore the distinction between truth and falsity is not applicable to it" (Schilpp, 1963, 999).

According to Carnap, this thesis of noncognitivism "is simply a special case of the general thesis of logical empiricism – that there is no 'third kind' of knowledge besides empirical and logical knowledge" (Schilpp, 1963, 1000). None of the aforementioned varieties of factual and analytic value statement *justify* values. Thus, there is no justification for value statements. If we remove all analytic and factual content from a value statement, what remains is a statement that has the form of what Carnap terms a "pure optative." Such a statement always has the form 'person *P* utters *a* at time *t*'.[2]

This view implies, on the one hand, that Carnap must reject several meta-ethical views. He first must reject all varieties of Platonism or *realism* because value statements are not factual. He must also reject *naturalism* (viz. the idea that moral statements are justified by a certain historical context) and *rationalism* (viz. the idea that moral statements are somewhat rationally or logically justified). In the context of critical remarks on Kaplan and John Dewey (both of whom Carnap regarded as naturalists), Carnap formulates the following claim that rules out realism, rationalism *and* naturalism: "It is logically possible that two persons A and B at a certain time agree in all beliefs, that their reasoning is in perfect accord with deductive and inductive standards, and that they nevertheless differ in an optative attitude component" (Schilpp, 1963, p. 1008). Carnap also rejects what he terms "emotivism," which is the theory that value statements only "refer to momentary emotions" (Schilpp, 2009). Rather, for Carnap, "a value statement expresses more than merely a momentary feeling of desire, liking, being satisfied or the like, namely satisfaction in the long run" (Schilpp, 2009).

Noncognitivism is a meta-ethical stance that is significantly *incomplete* compared with competing conceptions. If we adopt realism, naturalism, or rationalism, we obtain clear strategies for the foundation and justification of values. The naturalist must consider the historical context, the rationalist the fundamentals of reason, and the realist a metaphysical method. By contrast, the noncognitivist can only acknowledge that such a foundationalist strategy does not exist. However, the

---

[2] See Schilpp, 1963, 1000.

absence of a foundationalist strategy does not in itself imply any *positive* verdict about the adoption of values. How shall we qualify different contexts of utterance? Are they all equally acceptable? We require a strategy here.

In his reply to Kaplan, Carnap provides a long list of factual and analytic conditions a person may add to a pure optative to justify why this pure optative is stable. For example, the agent may consider all the available empirical evidence, or the agent may consider the causal consequences of a value claim to determine whether he or she would be willing to accept those consequences. What Carnap emphasises is that the entire list of factual and analytic aspects of value statements he provides at the beginning of his essay is relevant for our development of values because only those value statements that are supported by comprehensive study of the factual and analytic aspects of values are considered "satisfactory in the long run." Without such stability, Carnap seems to consider moral utterances less trustworthy and less reasonable. That is, the stability that we gain from supporting value statements in scientific discourse is the sine qua non of Carnap's ethics.[3]

Moving to Reichenbach, against this background, we first perceive another important aspect of Carnap's idea of the "satisfaction in the long run" of moral utterances. According to Reichenbach, to adjust our moral utterances, we must not only consider the available empirical and logical evidence. In addition, we must establish a strategy that determines how we interact with the moral utterances of others belonging to our social group. Reichenbach distinguishes between "personal directives"—mere questions of individual taste (Reichenbach, 1951, 285)—and "moral directives", which reflect "the ethics of certain sociological groups" (Reichenbach, 1951, 287). We are "on the receiving side of the moral imperatives" because "these volitions are imposed upon us by the social group to which we belong" (Reichenbach, 1951, 285). "Moral directives" or moral social rules are necessary precisely because noncognitivism holds, for in cognitivism the rule would be to accept only those moral utterances that are correct or true. However, in the case of noncognitivism, there are several possibilities. One is what Reichenbach terms "anarchism", i.e., the idea that everybody chooses their moral rules freely. Another possibility would be to require that everyone take note of—and respect—the moral utterances of others. This is what Reichenbach proposes as the moral imperative for every member in the group of democrats. He explains:

> [T]he volitional interpretation of moral utterances does not lead to the consequence that the speaker should allow everybody the right to follow his own decision; that is, it does not lead to anarchism. If I set up certain volitional aims and demand that they be followed by all persons, you can counter my argument only by setting up another imperative, for instance, the anarchist imperative "everybody has the right to do what he wants". [...] I set up my imperatives as my volitions, and the distinction between personal and moral directives is

---

[3] See Schilpp, 1963, 1010. That Carnap's plea for rationality is normative and therefore involves a specific moral attitude, or *Weltanschauung*, was always taken for granted by Carnap. See his famous statement in the preface to the *Aufbau* (Carnap, 1967, p. xvii): "We too have 'emotional needs' in philosophy, but they are filled by clarity of concepts, precision of methods, responsible theses, achievement through cooperation in which each individual plays his part" (Carnap, 1967, xvii).

also my volition. Directives for the latter kind, you remember, are those which I regard as necessary for the group and which I demand everybody to comply with. [...] We are products of the same society, you and I. So, we were imbued with the essence of democracy from the day of our birth. We may differ in many respects, perhaps about the question of whether the state should own the means of production, or whether the divorce laws should be made easier, or whether a world government should be set up that controls the atom bomb. But we can discuss such problems if we both agree about a democratic principle which I oppose to your anarchist principle:

> *Everybody is entitled to set up his own moral imperatives and to demand that everyone follow these imperatives* (Reichenbach, 1951, 294–295).

This principle is both a moral imperative of Reichenbach as a member of the group of democratically minded individuals *and* an imperative that affirms noncognitivism. We could attempt to connect these two aspects of his principle by suggesting that democrats *are* the group of those individuals who have realised that noncognitivism holds. However, Reichenbach's anarchists also seem to have realised this fact. It follows that Reichenbach, as part of his empiricist world view, proposes a highly specific interpretation of noncognitivism, one that widely converges with Carnap's imperative of "satisfaction in the long run" of value utterances. What Reichenbach adds is the *social* aspect of "satisfaction in the long run," which in a democratic environment becomes possible only if an imperative is adjusted in the context of a discursive process:

> This [i.e., the democratic principle, C.D.] is not meant to imply that the empiricist is a man of easy compromise. Much as he is willing to learn from the group, he is also prepared to steer the group in the direction of his own volitions. He knows that social progress is often due to the persistence of individuals who were stronger than the group; and he will try, and try again, to modify the group as much as he can. The interplay of group and individual has effects both on the individual and on the group.
>
> Thus, the ethical orientation of human society is a product of mutual adjustment (Reichenbach, 1951, 300).

If we accept noncognitivism *and* belong to a democratic society, no overarching moral imperatives require formulation. Such questions, which in the past were answered by the closed moral systems of totalitarian (religious, aristocratic) societies, are no longer the moral directives of our group. Rather, all such questions belong to what Reichenbach refers to as "personal directives." However, according to Reichenbach, there is at least one directive that we all must share: the democratic principle of having strong opinions and being willing to listen to the group and mutually adjust values. We will return to this point.

9.2   The Meta-Ethical View of the Meißner Generation

The immediate background for the development of Carnap and Reichenbach's ethical views was the German Youth Movement of the so-called Meißner generation. However, it was mainly Reichenbach who first formulated a distinct view on values, one that was inspired by several key figures of the German Youth Movement, most importantly Gustav Wyneken.[4] Therefore, we continue with a sketch of several influential ideas from the period.

In the programmatic essay *Schule und Jugendkultur* (1913), Gustav Wyneken[5] claimed that the period of youth should be used for the development of new values rather than merely the adoption of traditional value systems.

> The specific content of this age [i.e., the age of youth, C.D.] should therefore also not be a mere adoption and practical repetition of what the adolescent learned at the second stage of life [i.e., the age of childhood, C.D.] but the enhancement of that objective mental possession (*Geistesbesitz*); because there is something new that becomes learned and socially acquired, a new generation becomes necessary. These creations of new mental possessions (*Geistesbesitze*) first enable and justify the creation of a new generation. (Wyneken, 1913, 12)[6]

This doctrine involves a significant modification to Kant's categorical imperative. According to Wyneken, Kant's imperative, i.e., "act in such a way that the principle of your action might become the principle of common action", is "not purely formal, as Kant believes" (Wyneken, 1913, 11). Rather, "the principle of all human action should be: subserve spirit [i.e., diene dem Geist, C.D.]" (ibid). This view implies "to act, as if present man is overcome – in this sense, self-conquest is the essence of morals" (ibid). That is, Wyneken finds it is the duty of youth to develop new moral imperatives while overcoming old ones. Interpreting Wyneken, one might modify a famous dictum by Goethe: "What you inherited from your parents, overcome it, in order to possess it." This *doctrine of innovation* is focused on moral rules (rather than other creations of the human mind, such as art or scientific innovation). Youth are obliged to *expand* their objective mental possession by creating and adopting new moral values.

This view should not be understood as a moral *individualism* or anarchism because the social side of the matter played a key role for Wyneken, as it did for other representatives of the German Youth Movement. In addition to being created, the new values must be *"socially acquired"* [*sozial angeeignet*] (Wyneken, 1913,

---

[4]To be sure, early Carnap also has interesting views on values. See André Carus' contribution to this volume as well as the appendices and (Carus, 2021). I do not discuss early Carnap's views on values here simply because they are less obviously connected with noncognitivism than Reichenbach's, and therefore, the picture would become significantly more complicated if it also had to account for Carnap's thinking prior to the *Aufbau*. However, see also Damböck (2022), where a connection between Carnap's views and the Herbartian philosophy of his grandfather Friedrich Wilhelm Dörpfeld is suggested (a connection closely related to a recently unpublished account by Michael Heidelberger).

[5]Regarding Wyneken, see (Dudek, 2017). Regarding the relationship between Wyneken and Reichenbach, see Dudek, 2017, 148–151, Flavia Padovani's contribution to this volume, and the appendix.

[6]"Der spezifische Inhalt dieses Alters [der Jugend, C.D.] soll also nicht etwa die Anwendung, d.h. praktische Wiederholung dessen sein, was er [der Jugendliche, C.D.] auf der zweiten Stufe [in der Kindheit, C.D.] gelernt hat, sondern die Erweiterung jenes objektiven Geistesbesitzes; dadurch wird, weil etwas Neues da ist, was erlernt und sozial angeeignet werden muß, zugleich eine neue Generation nötig; und nur durch die Tatsache von Neuschöpfungen im Bereiche jenes objektiven Geistesbesitzes rechtfertigt sich direkt die Erzeugung einer neuen Generation."

12). A new system of values is capable *of expanding spirit* only if it becomes shared by all members of a group.

The idea of a socially cooperative creation of new values, which Wyneken regards as adequate for the spirit of a new generation, also played a key role in the famous Meißner formula although this formula also significantly diverges from Wyneken's views. It is a compromise, if viewed in light of deep and insoluble disagreements concerning more concrete ethical questions.[7] The Meißner formula does not require moral consensus among the members of the group of Free Germans. Rather, it states, "Free German Youth, on their own initiative, under their own responsibility, and with deep sincerity, are determined independently to shape their own lives. For the sake of this inner freedom, they will under any and all circumstances take united action" (quoted from Mittelstraß 1919, 2).[8]

The formula highlights (a) "own initiative" and "own responsibility" at the same time as (b) the need for "united action" in the defence of this inner freedom – "under any and all circumstances." Youth is united here only in that everyone chooses only those values that match their innermost emotional convictions. This result is *mainly* a negative one, to be sure. Wyneken's ideal of "social acquisition" of values was overruled and replaced by a significantly more modest aim, namely, the aim to wholeheartedly agree to disagree, so to speak.

9.3   Reichenbach's Early Noncognitivism

The meta-ethical stance of the German Youth Movement is compatible with noncognitivism. That is, not every advocate of the Meißner formula was a noncognitivist. However, there *were* several philosophers who understood the Meißner formula in a noncognitive way. Most importantly, Hans Reichenbach formulated a critical assessment and alternative approach to Felix Behrend's earlier manifesto of the Free Student Movement.[9] In his 1913 article "The free students idea. Its content as unity," Reichenbach, seemingly anticipating the Meißner meeting, arrived at a more unequivocally noncognitive conception of values.[10] Reichenbach's essay promises to deliver "a unified compendium of all these ideas [that were tossed by individual leaders into the chaos of Free Student ideology, C.D.]," to uncover "the single idea

---

[7] Regarding the Meißner meeting, see the extensive collection of essays and historical documents gathered by (Mogge & Reulecke, 1988), particularly 50–54.

[8] A translation of the Meißner formula can be found in (Becker, 1946, p. 100).

[9] See (Behrend, 1907) and the discussion in (Wipf, 2004, pp. 101–107).

[10] Fortunately, there are English translations of most of Reichenbach's early writings from the Youth Movement period. In the following, I quote exclusively from the English translations by Elizabeth Hughes Schneewind published in (Reichenbach, 1978). See also the reprint of crucial passages of the German original of this essay in the appendix to this volume and my introduction to the latter, which notes the relevant secondary literature. See in particular (Linse, 1974, pp. 13–23; Wipf, 1994).

that is the basis for all these ideals" (Reichenbach, 1978, 108). In particular, Reichenbach criticises Behrend's manifesto:

> [T]his powerful little book fails to formulate clearly the ideal as an ideal; it suffers from the unfortunate notion that this ideal is not a strictly delineated subjective goal [*subjektives Wollensziel*] but an 'objective' interest of a large number of people—viz., students who do not belong to a fraternity—who cannot do otherwise than joyfully embrace this 'objective' institution, once they have discovered it, as their main purpose in life (Reichenbach, 1978, 108f.).

Behrend defended the "objective interest" of the Free Students as something that is objective because it is intersubjectively shared by all. Thus, Reichenbach first criticises Behrend's failure to offer a proper strategy that would enable one *to find* this "objective interest" because he, Behrend, ignores the fact that an interest can become objective only after being created as a subjective goal. If we accept Behrend's view, Reichenbach concludes, we must seriously scale down our expectations regarding intersubjectively shared values because the subjective interests do not cease when the individual starts to interact in a social environment:

> The fault in the system could no longer be hidden. There is, for once and for all, no such thing as an objective interest; interest always consists in a subject's taking a position with regard to an object. There is no universally binding rule determining how a subject will decide. Only the individual himself is able to say what he considers to be his interest. This depends upon the nature of his evaluations, upon the stance he takes respecting values in general, and nobody can expect to refute a person's values by means of reason. Evaluation has nothing to do at all with logic. Should it turn out that certain interests are common to a larger number of people, it would simply mean that they are the subjective interests of this group of people—that is, of those people who embrace them—but never in any way will they become objective interests, interests that every other person similarly situated must acknowledge. [N]o matter what interests the Free Students represent, they are invariable the interests of a particular group of people; only the free volitional decision of the individual can determine membership in this group (Reichenbach, 1978, 109).

Reichenbach realises that a moral narrative becomes valuable and effective as a cultural asset only if *all members of the respective group* share that narrative. This realisation requires him to limit the scope of the moral narrative to be adopted. The narrative *is* an ethics that is defended by the Free Student Movement in Reichenbach's sense, viz. something that "unifies" the "content" of the movement's "idea." However, this ethics is no longer an entire value system but only a meta-ethical stance. The desired aim of the Free Students can be summarised as follows: "The supreme moral ideal is exemplified in the person who determines his own values freely and independently of others and who, as a member of society, demands this autonomy for all members and of all members" (Reichenbach, 1978, 109). This view is certainly noncognitivist. However, it is a highly specific variety of noncognitivism because it suggests a certain approach to social interaction.

> This ideal is purely formal, for it says nothing as to the direction the individual should follow in choosing for himself. No contents ought to be stipulated, for the very reason that it is intended as an ideal. Only the form of an ideal may be put forward categorically: sketching in the contents is the personal duty of each individual. The fascination of the human

character lies precisely in its complexity; it is the very variety of special interests and personal viewpoints that gives life its zest (Reichenbach, 1978, 110).

This ideal is formal in that it is noncognitivist. However, Reichenbach's formal ideal also recommends a specific strategy for how to (a) deal with one's own values and (b) use them during interactions with the group to which one belongs. Part (a) is described in the following passage:

> Only one universal demand can be made: the formal ideal; that is, we require that each person, of his own free will, set the goal to which he will aspire and follow none but a suitable course of action. The individual may do whatever he considers to be right. Indeed, he ought to do it; in general, we consider as immoral nothing but an inconsistency between goal and action. To force a person to commit an act that he himself does not consider right is to compel him to be immoral. That is why we reject every authoritarian morality that wants to replace the autonomy of the individual with principles of action set forth by some external authority or other. That is the essence of our morality, that is the fundamental idea underlying our moral sensibility, and only those who hold this view from the depth of conviction may count themselves among our ranks (Reichenbach, 1978, 110).

Part (b), then, is something that necessarily accompanies (a), according to Reichenbach, because (a) cannot be accepted without (b); "individualism" and "socialism" are two aspects of one and the same noncognitive ideal:

> If, in the formulation of our ideals, we put forth a second point of view, concerning society, that is not to be regarded as contradicting the principle of autonomy just presented. It is incorrect to speak of a contradiction between individualism and socialism, and it is also incorrect to view the ideal that has just been sketched out as a synthesis of the two, as a sort of compromise joining two mutually antagonistic positions. When we demand the autonomy of the individual and require at the same time that the individual grant to everyone else the same right to self-determination, we are really presenting one and the same thought from two different aspects (Reichenbach, 1978, 110).

This view converges to a certain extent with what Reichenbach later terms the "democratic principle." However, whereas in 1951, the "democratic" character of noncognitivism is dictated by the democratic society to which Reichenbach belongs, in 1913, the society of Free Students supported a different principle. In both cases, Reichenbach establishes a moral directive that is imposed by a group: in 1951, it is the group of democratically minded individuals, while in 1913, it is the Free Students. Moreover, in both cases, the moral directive is formulated as *an instance* of noncognitivism. However, the 1913 formulation does not include the key principle of the "mutual adjustment" of moral directives of the 1951 formulation. Whereas the "democratic principle" of 1951 requires that the individual "set[s] up his own moral imperatives and [...] demand[s] that everyone follow these imperatives" (Reichenbach, 1951, 295), in 1913, Reichenbach *only* expects that everybody "[determines] his own values freely and independently of others" and "[demands] this autonomy for all members and of all members" (Reichenbach, 1978, 109). This position is dangerously close to what Reichenbach later terms "anarchism" although it is not identical with the latter because anarchism generally does not involve a commitment to the Free Students/Meißner formula ideal of "own responsibility." Thus, the 1913 view represents a particular variety of anarchism. The Free Students' ideal is to establish a group in which everybody chooses their values freely and entirely unaffected by the moral utterances of others. There is no strategy whatsoever for the resolution of conflict and disagreement, for the Free Students seemed to think that the ideal social environment was one of unrestricted moral pluralism. This view is not exactly a democratic principle, of course, because democracy is based on the idea of *compromise* and "mutual adjustment" of values. Rather, the Free Students'/Meißner formula's ideal is one of a pre-democratic society that exhibits a certain tendency towards democracy although democracy is not yet fully established; it might therefore be termed *semidemocratic*.[11]

Based on these observations, a view that was formulated by Andreas Kamlah in 1977 and widely shared until recently—namely, that "Reichenbach's non-cognitivist ethics can be traced back to his student days in the Youth Movement" (Kamlah, 1977, 480)[12]—must be re-evaluated. Although it is true that Reichenbach's views of 1913 and 1951 both involve moral noncognitivism, they diverge at the level of the more specific (political) commitment that must accompany the noncognitivist stance. In 1951, Reichenbach clearly dedicated himself to the "moral directives" of a group of democratically minded individuals, whereas in 1913, he defended an instance of a pre- or semidemocratic variety of anarchism. Thus, Reichenbach in 1951 obviously criticises the 1913 version of his views when he argues against anarchism and proposes the democratic principle as an antidote.

9.4 Carnap and Reichenbach on "Objective Values" in 1918

As I have just highlighted, Reichenbach was a noncognitivist who denied the existence of natural or objective values in both 1913 and 1951. However, the political ideas connected with his noncognitivism changed between 1913 and 1951. Interestingly, in a document from 1918, *Die Sozialisierung der Hochschule* (*Socialising the University*), Reichenbach seemingly adopts a cognitive view. Although even here he grants the existence of diverging values that cannot be overcome by "the economic leveling of human beings" (Reichenbach, 1978, 140), he also formulates a position that he may not have been willing to hold in 1913 and 1951:

> The significance of society consists in its serving as the precondition for the existence and expansion of communities. It is, then, never to be regarded as an end in itself. For the meaning and purpose of human existence is always the realization of spiritual values. Which value system is to be preferred will be left open here, but that there is one superior system, and that man's supreme duty is to pursue it, will be taken for granted throughout these remarks. The reader is consequently asked always to bear in mind our basic tenets: that the building of communities working towards the perfection of values is the most important

---

[11] See also the illuminating discussion in (Linse, 1974, pp. 19–20).

[12] See also (Kamlah, 2013) and section 5 of Flavia Padovani's contribution in this volume.

achievement and that the fulfillment of human tasks is possible only through this achievement (Reichenbach, 1978, 139f.).

Whereas in 1913 (and 1951) his assessment was that there is "no such thing as an objective interest" (Reichenbach, 1978, 109), in 1918, Reichenbach took for granted that "there is one superior system" of values and that "man's supreme duty is to pursue it" (Reichenbach, 1978, 139f). This statement sounds much more like value absolutism or objectivism. It seems that Reichenbach temporarily changed his mind here in a way that led to an almost entirely different understanding of values.

To shed light on this seeming discontinuity, it is important to note that, interestingly, Rudolf Carnap also said similar things about "objective values" in the very same year as Reichenbach did. Whereas Reichenbach's statement appears in a rather isolated manner and therefore is nearly impossible to interpret in context, Carnap's observations provide more information on his political background. Unlike Reichenbach, Carnap became a pacifist only towards the end of the Great War.[13] It was not until 1917 that Carnap finally became more critical of the "meaning of war." As a consequence of his conversion to pacifism, he generated a number of political circulars (*Politische Rundbriefe*) that he sent to certain of his friends from the German Youth Movement in spring 1918.[14] The aim of these letters was to determine a new joint attitude towards the war, or, as he put it in an unpublished paper from fall 1918 entitled "Germany's defeat – Meaningless Fate or Guilt":[15]

> To me at least it seems as if we not only share belief in the objective validity even of the political value judgements and demands but also agree to a great extent on the *content* of the demands. Insofar as this is not yet the case, we have the important and urgent duty to work towards consensus on political principles through discussion and, in particular, also through circular letters (Carnap, 1918, 5, n1).[16]

In the first of his Political Circulars, from 20 February 1918, Carnap described the political aim of these letters in the following way:

> In discussions with friends, acquaintances and comrades on [...] the end of war [...] I often realized how little-known these recent events are, which appear to me the most important ones because they uncover those forces that will determine the shape of the future: the attractive forces that will form a cosmos out of the chaotic atomism of the world, that will replace anarchy with an organically ordered society. [Thus] I view recent events to be the

---

[13] See the contributions by Gereon Wolters, Hans-Joachim Dahms, and Meike G. Werner in this volume.

[14] See (Werner, 2015) and (Damböck, 2017, pp. 191–199).

[15] See (Mormann, 2010a) and the edition of this text published in the appendix to this volume.

[16] "Mir wenigstens scheint es so, als seien wir uns nicht nur einig in dem Glauben a die objektive Geltung auch der politischen Werturteile und Forderungen, sondern auch in weitem Umfang einig über den *Inhalt* der Forderungen. Soweit das noch nicht der Fall ist, haben wir die wichtige und dringende Aufgabe, durch Aussprache und besonders auch durch Rundbriefe auf Uebereinstimmung in den politischen Grundsätzen hinzuarbeiten"

birth pangs of a new age, the invasion of mankind into the life of a higher level, in the realm of legal and communal life (RC 081-14-07).[17]

The "recent events" to which Carnap refers belong to an international process whereby a "politics of violence" is overcome and the "forces of rapprochement forge ahead" (ibid). Carnap is bemoaning the fact that several of his closest friends, in particular the pedagogue Wilhelm Flitner, whom he explicitly mentions in his first circular, fail to perceive these "recent events." Thus, the main aim of the Political Circulars is to make these developments visible to his friends. For that purpose, Carnap collects and comments on clippings from international newspapers.[18]

Carnap refers to "objective values" in 1918 because he thinks that there must be a single all-embracing international consensus that *unites* all peoples (*Völker*), with the result that war and "politics of violence" become obsolete. The "objectivity" of these political values and demands means that they are shared by the whole of mankind. "Objectivity" is a necessary condition because only if everyone shares these values and demands can war be avoided. This objectivity is of the same type as that which in 1948 became the basis of the Universal Declaration of Human Rights of the United Nations. In 1918, it was formulated by Carnap against the background of the idea of the League of Nations and Woodrow Wilson's Fourteen Points, which can be viewed as forerunners of the 1948 declaration.[19] Objectivity is understood here as a universal consensus of mankind that enables us to avoid war and crimes against humanity. This objectivity has nothing to do with an objectivity of values in the sense of Rickert.[20] More specifically, it by no means involves any naturalist or even realist commitment, for "objectivity" only means a *universal consensus* that must be established by politics (to prevent war) and has nothing to do with meta-ethical considerations.

Nevertheless, there is an obvious change to be noted here in comparison with the Meißner scenario of 1913. In 1918, facing the disaster of the ongoing war, Carnap and Reichenbach shifted from the view that culture may *incorporate* deep and insoluble moral disagreements because they realised that such a culture is unable to

---

[17] "Bei Gesprächen mit Freunden, Bekannten und Kameraden über [...] das Ende des Krieges [...] habe ich häufig bemerkt, wie wenig bekannt diejenigen Ereignisse der Gegenwart sind, die mir die wichtigsten zu sein scheinen, weil in ihnen sich die Kräfte zeigen, die aus dem chaotischen Atomismus der Welt einen Kosmos gestalten werden, die in der Völkersoziologie eine organisch geordnete Gemeinschaft an Stelle der Anarchie setzen werden. [So] sehe ich das Geschehen der Gegenwart an uns sehe darin die Geburtswehen einer neuen Zeit, das Eindringen der Menschheit in das Leben einer höheren Stufe auf dem Gebiete des Rechts- und Gemeinschaftslebens".

[18] See (Werner, 2015, p. 476) and Meike G. Werner's contribution to this volume. Carnap could use these international newspapers only because as an officer he had access to the *Nachrichten der Auslandpresse* that were edited by the German War Press Office (*Kriegspresseamt*).

[19] See the introduction to *Deutschlands Niederlage* in the appendix.

[20] I disagree with (Mormann, 2010b) here. Although my argument overlaps with (Uebel, 2010) and (Carus, 2007, pp. 105–108), my rejection of a Rickertian interpretation of the passage quoted from "Germany's defeat" is located at a different level from the argument of Uebel and Carus because my specific argument is that "objectivity"—at least in Carnap's, 1918 account—means universal acceptability.

prevent war. This view is no longer compatible with Reichenbach's early anarchism because we *must* find a minimal consensus of some type to establish a culture of peaceful and democratic coexistence. This "objectivity," this "superior system of values," as Reichenbach terms it, is *not* objective or superior for any deep metaphysical reason or at a meta-ethical level but only in the context of a certain *political aim*, namely, the prevention of war, which forces us to develop a moral consensus on matters of international politics.

9.5   The Noncognitivism of Freyer and Carnap in the 1920s and 1930s

Carnap rarely discussed (meta-)ethical issues with Reichenbach until the 1930s.[21] However, there was another proponent of the German Youth Movement with whom Carnap discussed philosophical topics for some time in the early 1920s: sociologist Hans Freyer.[22] Freyer was important for the development of Carnap's *Aufbau* between 1920 and 1923.[23] The two men had known one another since their time in the Jena Sera Circle prior to the First World War. What makes their relationship interesting is its characteristic mixture of convergences and divergences. The two thinkers *share* an overall noncognitive attitude towards values, but they *disagree* at the political level and therefore also defend quite different varieties of noncognitivism. This mixture of convergences and divergences became even stronger in 1926, when Freyer published his crude and unambiguous manifesto on a fascist *Führerstaat*. I illustrate my point by comparing the meta-ethical writings of Carnap and Freyer from the late 1920s and early 1930s.

In the *Aufbau* and in his Bauhaus lectures from 1929, Carnap defended the "irrational" status of values that only belong to the subjective disposition of an individual.[24] Freyer, in turn, in his important *Kant-Studien* essay "Ethical norms and politics" from 1930, highlighted the freedom of the "moral subject", who is the "final authority" (Freyer, 1930, 112) with respect to determining which values to adopt. There is nothing *beyond* these subjective and irrational values that the "final authority," the "moral subject," stipulates for itself. However, this adoption of noncognitivism in both Freyer and Carnap is followed by the adoption of quite different and mutually incompatible varieties of that meta-ethical stance. Carnap, although he always remained rather defensive regarding his own political and moral commitment, rejected the idea of cognitive values for similar reasons as Reichenbach did: he

---

[21] Astonishingly, Carnap and Reichenbach did not cross paths until 1922, and the correspondence of the first years of their friendship does not address ethical issues.

[22] Regarding Freyer, see the excellent intellectual biography (Muller, 1987).

[23] See Adam Tamas Tuboly's contribution in this volume and (Damböck, 2017, pp. 184–190).

[24] See (Carnap, 1967, §§ 59, 152); RC 110-07-49; (Damböck, 2017, pp. 199–203; 2018).

wanted to support an intellectual climate of peaceful coexistence, of what he in the 1960s termed "scientific humanism." Carnap accepted

> [...] the ideals of a harmonically organized society, in which means of compensation or rather destruction such as war are no longer possible; a harmonic togetherness even within smaller circles of peoples; emphasis of mutual assistance instead of mutual competition or even aggression. My own system of values is what in America is called "humanism" (Carnap, 1993, 147).[25]

This attitude fits well with a noncognitivist standpoint because—as highlighted by Reichenbach—it agrees with a democratic stance and the idea of mutual adjustment and cooperation at both the political and moral level.

Freyer, by contrast, in his previously quoted 1930 essay, explicitly combines noncognitivism with a political worldview that he adopts from Carl Schmitt and presents in his essay in a philosophically elaborated form.[26] According to Freyer, politics has the historic duty to establish a "closed value system" ("geschlossene Wertgestalt"), which is "predefined at a certain place on earth for a *Volk*" (Freyer, 1930, 112). Thus, Freyer combines a noncognitivism with respect to values depending on *the moral subject* with a very strong cognitive naturalism with respect to values depending on *a Volk*. Whereas the single person—the citizen of a *Volk*—must choose values with absolute freedom only following his or her own "moral conscience," the political authorities representing a *Volk* must implement a value system that is "predefined" – there is no freedom at all here. How can these two antinomic instances of value philosophy fit together? Why does Freyer think that these "fundamentally different structures of thought" are "both necessary parts of the structure of the mental world" (Freyer, 1930, 113)?

On the one hand, Freyer requires the idea of a "closed value system" to arrive at an idea of the political which, like Schmitt's, is based on the concepts of "friend and foe".[27] For both Freyer and Schmitt, political progress is only possible if there are different states (or *Völker*) implementing different "closed value systems." Political progress occurs when the more powerful *Volk* (which, in the social Darwinist views of Freyer and Schmitt automatically also defends/represents the "better" value system) compels other *Völker* to accept its "closed value system." This view raises the question of how we can identify the value system that is "predefined" for a certain *Volk*. This question, interestingly, is left open by Freyer in his 1930 article in *Kant-Studien*, possibly because it was politically too radical for a philosophical journal. Nonetheless, since the publication of his manifesto *Der Staat* in 1926, Freyer had a

---

[25] "[...] die Ideale einer harmonisch organisierten Gesellschaft, in der solche Mittel des Ausgleichs, oder eigentlich der Vernichtung, wie Kriege nicht mehr möglich sind; ein harmonisches Zusammensein auch in kleineren Kreisen; die Betonung gegenseitiger Hilfe statt gegenseitiger Konkurrenz oder gar Aggression. Mein eigenes Wertesystem ist das, was in Amerika ‚Humanismus' genannt wird".

[26] See (Freyer, 1930, 105).

[27] See (Schmitt, 2009). Schmitt was highly important for Freyer, whose "revolution from the right" was entirely based on Schmitt's understanding of politics as the tension between "friend" and "foe." See (Freyer, 1930, p. 105) (Muller, 1987, pp. 208–215).

very clear answer at hand. In the manifesto, he sets the stage for a future politics in a section entitled "The *Führer* and his *Volk*." Only a *Führer* can dissolve the antinomy because he would be in a position to set the political agenda (by implementing a "closed system of values") *and* to unite the *Volk* (or at least a significant portion of it) under the umbrella of this agenda. Only a *Führer* can constitute a *Volk* and a state, and there can be no *Volk* or no state without such a *Führer*. "The structure of the *Volk* is, like any other structure of people, the work of a *Führer*. Thus, *Führertum* is the very power that actually creates the state: as it creates out of its manhood the structure of the Volk" (Freyer, 1926, 111). That is, it is the Führer who forms the closed value system, and the entire system functions because of the superior political status of the Führer.

Within the concept of a *Führerstaat*, noncognitivism in fact plays a crucial role. In a democracy, the noncognitive nature of morals, according to Freyer, may only bring about a descent of the state into the chaos of "compromise" and the "lie" of "pluralism."[28] A new *Führer*, by contrast, uses one potential of the noncognitive conception, namely, the potential to create a new state following entirely new values, only by means of the power of the human will. This noncognitive conception involves *irrationalism* of a specific type. The *Führer* can establish his closed value system only if the values as proposed by him are accepted by the *Volk* regardless of all initial incompatibilities between his values and those of the citizens. This requires what Freyer, following Plato, refers to as a "noble fraud" ("edlen Betrug") that makes the *Volk* accept even those values that are at odds with its initial world views.[29] *Führer* and *Volk* are required "not to give free rein either to their whims or humanity," and "[t]he ultimate probation of the *Volk* is […] that, guided by the authority of the *Führer*, it also submits to the structure and affirms all its hardships and incomprehensibilities with free decision" (Freyer, 1926, 120). The *Führer* makes the *Volk* "able and worthy for the state" and "draws on every means that is necessary" (ibid). It is a main principle of Freyer's totalitarianism to accept values even and especially if they contradict previous values and present emotions. The citizen of a *Führer* state is ready to follow the *Führer* through thick and thin, even along paths that are emotionally repulsive.

Whereas Freyer blatantly rejected all rational considerations with respect to values, Carnap, from 1929 onward, regarded only the value statement or commitment itself—what he would later term a "pure optative"—as irrational.[30] However, Carnap always encourages us to analyse our value commitments to determine whether they are consistent with one another and, more importantly, whether we are willing to accept all their consequences. Where Freyer recommends being as irrational as possible, Carnap recommends maximising rationality. Carnap would first ask everyone to choose moral imperatives that are in accordance with their moral intuitions, view-

---

[28] (Freyer, 1926, pp. 59–61).

[29] "Das schlichte Geheimnis aller Führung ist: die andern so zu nehmen, wie sie sein sollen, diesen edlen Betrug aber derart anzustellen, daß sie dadurch so werden" (Freyer, 1926, 110).

[30] See RC 110-07-49; (Carnap, 1934, 1937) (Richardson, 2007).

ing it as *immoral* to choose a value commitment that is at odds with these intuitions and feelings. He defends "a form of life in which the well-being and the development of the individual is valued most highly, not the power of the state" (Schilpp, 1963, 83). This position is not identical with the democratic world view outlined by Reichenbach in 1951. However, it seems to imply the latter. Carnap also went further than Reichenbach by introducing explicit rationality criteria that a value statement must meet to be acceptable. These criteria were already present to an extent in Carnap's proposals of the early 1930s, but they became more explicit in the 1950s, when he started to make use of decision theory.[31] Rather than unthinkingly following a *Führer*, Carnap recommends (a) trusting one's emotions and (b) taking care that all accepted values are fully rational, such as means-end questions and questions of consistency of a value system.

9.6 Conclusion

Noncognitivism is a meta-ethical theory that is significantly incomplete. We must add further criteria to what Carnap called the "thesis of noncognitivism" to obtain a complete meta-ethical theory. Reconstructing several options, my account creates a picture with far-reaching historical implications. Let us now quickly summarise this picture that suggests a historical development from totalitarianism via anarchism to democracy.

The totalitarianism of Freyer is not only characteristic of Fascism and National Socialism. It is typical of *all* nondemocratic political systems. Whether such a system involves a secular *Führer* in the sense of a twentieth-century *Führerstaat*, a more religiously legitimised Prince, or an impersonal totalitarian ideology, the point remains that a system of values is justified *only because* it is the system of values of the *Führer*, Prince, or state. Therefore, in a noncognitive setting, all totalitarian systems result in a characteristic tension between state values and the individual values of the citizen because all citizens must commit themselves to the values of the leader (or leading ideology) and must ignore all types of conflict with their personal feelings; the citizen must follow the *Führer* or state ideology unthinkingly. The results are typically distorted, crippled ideas, full of inner conflict *and* without any substantial commitment to the values of rationality and science.

Rejecting totalitarianism, in turn, implies that everyone is given the ability to choose values independently and freely. This is certainly not the end of the story, though, as the example of Reichenbach's 1913 views demonstrates. The moral that we can draw from these early views of Reichenbach is that to overcome totalitarianism it is neither sufficient nor appropriate to adopt anarchism. As the chaos of the Great War has shown, anarchism is not an option. If we want to avoid a situation in

---

[31] See (Carnap, 2017) for a sketch of his attempt to use the framework of decision theory as a tool for reasoning about values. Unfortunately, this attempt remained highly fragmentary.

which society either collapses into chaos and destruction or into totalitarianism (or both), we require more than the mere freedom to determine our own values. According to the views articulated by Carnap and Reichenbach in the 1950s, what we require is twofold. First, we must adopt the "democratic principle" of Reichenbach, which demands that as individuals, we must (a) to follow our own feelings rather than the feelings of others but also (b) try to convince others and be open to their arguments. Second—and this aspect that was added to the picture mainly by Carnap—we must also avoid inconsistencies and maintain our values in accordance with rationality and science. To conclude, noncognitivism is compatible with a very wide range of world views, from irrationalism and totalitarianism, through anarchism, to a democratic world view that is entirely rational and scientific. Therefore, a mere commitment to noncognitivism would be useless if it remained neutral regarding the more specifically political aspects involved. Noncognitivism is not politically neutral. In this regard, the *Scientific World Conception* of Left Logical Empiricism[32] is as political as the state theories of Freyer and Schmitt. The difference between these noncognitivist theories lies only in the political position that is added: irrationalism and totalitarianism, in the case of Freyer and Schmitt; democracy and appreciation of science, in the case of Carnap and left Logical Empiricism.

References

Becker, H. (1946). *German Youth: Bond or free*. Routledge.

Behrend, F. (1907). *Der freistudentische Ideenkreis. Programmatische Erklärungen. Herausgegeben im Auftrage der Deutschen Freien Studentenschaft*. Bavaria-Verlag.

Carnap, R. (1918). Deutschlands Niederlage. Sinnloses Schicksal oder Schuld. Unpublished Manuscript. See the appendix to this volume.

Carnap, R. (1934). Theoretische Fragen und praktische Entscheidungen. *Natur und Geist, 2,* 257–260.

Carnap, R. (1937). Logic. In E. Douglas et al. (Eds.), *Factors determining human behavior*. Harvard University Press, 107-118.

Carnap, R. (1967). *The logical structure of the world. Pseudoproblems in philosophy*. Routledge.

Carnap, R. (1993). *Mein Weg in die Philosophie*. Philipp Reclam jun.

Carnap, R. (2017). Value concepts (1958). *Synthese, 194,* 185–194.

Carus, A. W. (2007). *Carnap and Twentieth-Century Thought. Explication as Enlightenment*. Cambridge University Press.

Carus, A. W. (2017). Carnapian rationality. *Synthese, 194,* 163–184.

Carus, A. W. (2021). Werte beim frühen Carnap: Von den Anfängen bis zum *Aufbau*. Damböck & Wolters (eds.), *Der junge Carnap in historischem Kontext: 1918-1935*, Springer, 1–18.

Dahms, H. J. (1994). Hans Reichenbachs Beziehung zur Frankfurter Schule - nebst Bemerkungen zum Wahren, Schönen und Guten. Lutz Danneberg, Andreas Kamlah, Lothar Schäfer (Hrsg.): *Hans Reichenbach und die Berliner Gruppe*. Vieweg, 333–349.

Damböck, C. (2017). *<Deutscher Empirismus>. Studien zur Philosophie im deutschsprachigen Raum 1830-1930*. Springer.

---

[32] See (Stadler & Uebel, 2012, Uebel, 2020).

Damböck, C. (2018). Die Entwicklung von Carnaps Antimetaphysik, vor und nach der Emigration. Max Beck und Nicholas Coomann (Hrsg.): *Deutschsprachige Philosophie im amerikanischen Exil 1933–1945. Historische Erfahrung und begriffliche Transformation,* Lit, 37–60.

Damböck, C. (2021). The politics of Carnap's non-cognitivism and the scientific world-conception of left-wing logical empiricism. *Perspectives on Science.* https://doi.org/10.1162/posc_a_00372

Damböck, C. (2022). Carnap's Non-Cognitivism and his Views on Religion, Against the Background of the Herbartian Philosophy of his Grandfather Friedrich Wilhelm Dörpfeld, Esther Ramharter (ed.): *The Vienna Circle and Religion, Vienna Circle Institute Yearbook,* Springer, 23–39.

Dudek, P. (2017). *"Sie sind und bleiben eben der alte abstrakte Ideologe!" Der Reformpädagoge Gustav Wyneken (1875-1964). Eine Biografie.* Verlag Julius Klinkhardt.

Freyer, H. (1926). *Der Staat.* Ernst Wiegandt Verlagsbuchhandlung.

Freyer, H. (1930). Ethische Normen und Politik. *Kant-Studien, 35,* 99–114.

Kamlah, A. (1977). Erläuterungen zu Kapitel 17: Der Ursprung von Reichenbachs Nonkognitivismus in der Jugendbewegung. Hans Reichenbach: *Der Aufstieg der wissenschaftlichen Philosophie. Mit einer Einleitung zur Gesamgausgabe von Wesley C. Salmon und mit Erläuterungen von Andreas Kamlah.* Springer Fachmedien, 480–483.

Kamlah, A. (2013). Everybody Has the Right to Do What He Wants: Hans Reichenbach's Volitionism and Its Historical Roots. In N. Milkov & V. Peckhaus (Eds.), *The Berlin group and the philosophy of logical empiricism.* Springer, 151–175.

Kelsen, H. (2006). *Verteidigung der Demokratie. Herausgegeben von Matthias Jestaedt und Oliver Lepsius.* Tübingen.

Linse, U. (1974). Hochschulrevolution. Zur Ideologie und Praxis sozialistischer Studentengruppen während der deutschen Revolutionszeit 1918/19. *Archiv für Sozialgeschichte, 14,* 1–114.

Mogge, W., & Reulecke, J. (1988). *Hoher Meißner 1913. Der Erste Freideutsche Jugendtag in Dokumenten, Deutungen und Bildern.* Verlag Wissenschaft und Politik.

Mormann, T. (2007). Carnap's Logical Empiricism, Values, and American Pragmatism. *Journal for General Philosophy of Science, 38,* 127–146.

Mormann, T. (2010a). *Germany's Defeat* as a Programme: Carnap's Political and Philosophical Beginnings. *http://philpapers.org/rec/MORGYD.*

Mormann, T. (2010b). Wertphilosophische Abschweifungen eines Logischen Empiristen: Der Fall Carnap. *Anne Siegetsleitner (Hrsg.): Logischer Empirismus, Werte und Moral: Eine Neubewertung.* Springer, 81–102.

Muller, J. Z. (1987). *The Other God that Failed. Hans Freyer and the Deradicalization of German Conservatism.* Princeton University Press.

Reichenbach, H. (1913). Die freistudentische Idee. Ihr Inhalt als Einheit. *Hermann Kranold, Karl Landauer, Hans Reichenbach: Freistudententum. Versuch einer Synthese der freistudentischen Ideen, München,* 25–40, quoted from (Reichenbach 1978, 108–123).

Reichenbach, H. (1918). *Die Sozialisierung der Hochschule,* unpublished manuscript, quoted from (Reichenbach 1978, 136–180).

Reichenbach, H. (1951). *The Rise of Scientific Philosophy.* University of California Press.

Reichenbach, H. (1978). *Selected writings 1909-1953. Volume one. Principal Translations by Elizabeth Hughes Schneewind. Edited by Maria Reichenbach and Robert S. Cohen.* D. Reidel Publishing Company.

Reisch, G. A. (2005). *How the cold war transformed philosophy of science. To the Icy Slopes of logic.* Cambridge University Press.

Richardson, A. (2007). Carnapian pragmatism. In M. Friedman & R. Creath (Eds.), *The Cambridge companion to Carnap.* Cambridge University Press, 295–315.

Satris, S. (1987). *Ethical Emotivism.* Martinus Nijhoff Publishers.

Schilpp, P. A. (Ed.). (1963). *The Philosophy of Rudolf Carnap.* Open Court.

Schmitt, C. (2009). *Der Begriff des Politischen.* Duncker & Humblot.

Siegetsleitner, A. (2014). *Ethik und Moral im Wiener Kreis. Zur Geschichte eines engagierten Humanismus.* Böhlau.

Stadler, F., & Uebel, T. (Eds.). (2012). *Wissenschaftliche Weltauffassung. Der Wiener Kreis. Hrsg. vom Verein Ernst Mach. (1929)*. Springer Verlag.

Uebel, T. (2010). "BLUBO-Metaphysik": Die Verwerfung der Werttheorie des Südwestdeutschen Neukantianismus durch Carnap und Neurath. Anne Siegetsleitner (Hrsg.): *Logischer Empirismus, Werte und Moral: Eine Neubewertung*. Springer, 103–130.

Uebel, T. (2020). Intersubjective Accountability: Politics and Philosophy in the Left Vienna Circle. *Perspectives on Science, 28*, 35–62.

Werner, M. G. (2015). Freideutsche Jugend und Politik. Rudolf Carnaps Politische Rundbriefe 1918. *Friedrich Wilhelm Graf et al. (Hrsg.): Geschichte intellektuell. Theoriegeschichtliche Perspektiven. Tübingen: Mohr Siebeck*, 465–486.

Wipf, H. U. (1994). "Es war das Gefühl, daß die Universitätsbildung in irgend einem Punkte versagte ..." – Hans Reichenbach als Freistudent 1910 bis 1916. Lutz Danneberg, Andreas Kamlah, Lothar Schäfer (Hrsg.): *Hans Reichenbach und die Berliner Gruppe*. Vieweg, 161–181.

Wipf, H. U. (2004). *Studentische Politik und Kulturreform. Geschichte der Freistudenten-Bewegung 1896–1918*. Wochenschau-Verlag.

Wyneken, G. (1913). *Schule und Jugendkultur*. Eugen Diederichs Verlag.

Zeisel, H. (1993). Erinnerungen an Rudolf Carnap. Rudolf Haller and Friedrich Stadler (Eds.): *Wien - Berlin - Prag. Der Aufstieg der wissenschaftlichen Philosophie*. Verlag Hölder-Pichler-Tempsky, 218–223.

Chapter 10
The Constitution of *geistige Gegenstände* in Carnap's *Aufbau* and the Importance of Hans Freyer

Adam Tamas Tuboly

10.1 Introduction

The aim of this paper is twofold,[1] namely, to discuss Rudolf Carnap's ideas regarding so-called *geistige Gegenstände*—i.e., the products of the human mind[2]—in his *Der logische Aufbau der Welt* (Carnap 2005, originally published in 1928, hereafter *Aufbau*) and to contextualise these ideas in relation to the German sociologist Hans

[1] I would like to thank André W. Carus, Hans-Joachim Dahms, Christian Damböck, Fons Dewulf, Thomas Mormann, Ákos Sivadó, Guillermo E. Rosado Haddock, Deodáth Zuh, and especially Alexandra Campana and Meike G. Werner for many helpful suggestions. I am indebted to the Carnap Archives in Los Angeles (Rudolf Carnap papers [Collection 1029], UCLA Library Special Collections, Charles E. Young Research Library) and Pittsburgh (Rudolf Carnap Papers, 1905–1970, ASP.1974.01, Special Collections Department, University of Pittsburgh) for permission to quote archive materials (all rights are reserved). I cite the Pittsburgh Archives as follows: RC XX-YY-ZZ and CH XX-YY-ZZ, where XX is the box number, YY the folder number, and ZZ the item number; the UCLA archive as Carnap 1957, [UCLA], followed by box, folder, and page numbers. This paper received support from the MTA BTK Lendület "Morals and Science" research group, the János Bolyai and the Premium Postdoctoral Research Scholarship of the Hungarian Academy of Sciences and the "Empiricism and atomism in the twentieth-century Anglo-Saxon philosophy" research group (No. 124970).

[2] Christian Damböck (2012, 70) suggests translating *geistige Gegenstände* as "mental objects." However, in the following, I abide by the German original expression to avoid misunderstandings stemming from the usage of the same term in the philosophy of mind. *Geistige Gegenstände* are something like (as André W. Carus suggested) "culturally constituted objects of the mind;" they are products of the activity of the human mind.

A. T. Tuboly (✉)
Institute of Philosophy, Research Centre for the Humanities, Budapest, Hungary

Institute of Transdisciplinary Discoveries, Medical School, University of Pécs, Pécs, Hungary

C. Damböck et al. (eds.), *Logischer Empirismus, Lebensreform und die deutsche Jugendbewegung*, Veröffentlichungen des Instituts Wiener Kreis 32, https://doi.org/10.1007/978-3-030-84887-3_10

Freyer.[3] I argue that even a cursory comparison of Freyer's *Theorie des Objektiven Geistes* (first edition 1923, second 1928) and Carnap's *Aufbau* reveals striking similarities. Given Carnap and Freyer's shared experiences in the German Youth Movement (*Jugendbewegung*) and their continuous friendship and discussions from the early 1910s until 1933, these similarities seem neither superficial nor coincidental.

I do not wish to claim that Freyer had the most significant impact on the *Aufbau* in any sense or that we must read the entire book from Freyer's perspective. We certainly cannot do that. There are only a few paragraphs on *geistige Gegenstände* in the *Aufbau*, and the book seeks to incorporate many of the major philosophical and scientific tendencies of the early twentieth century.[4] However, one must recall that Carnap was in continuous intellectual exchange with Freyer while they were both at work on their respective book projects. Thus, if we were to consider Carnap's approach to the *geistige Gegenstände* in particular and to the human sciences (*Geisteswissenschaften*) in general, Freyer would be of utmost importance given the role he played in Carnap's formative years.

My paper is organised as follows. Setting the scene for later discussion, in Sect. 10.2, I outline the relationship between Freyer and Carnap in the context of their engagement with various groups of the German *Jugendbewegung* and Carnap's overall attitude towards the human and social sciences. Section 10.3 offers a detailed reconstruction of Carnap's approach to the *geistige Gegenstände* and *Geisteswissenschaften*. Section 10.4 discusses Freyer's research that specifically addresses the human and cultural sciences while emphasising the various similarities and overlaps between his and Carnap's work.

It should be noted that the personal and intellectual connections between Carnap and Freyer extend beyond questions of the *geistige Gegenstände* in the *Aufbau*. In fact, Christian Damböck has recently argued for a new reading of the *Aufbau* that interprets the book in the context of the Dilthey School:

> Although Carnap himself was interested mainly in the problems of logic and the philosophy of the natural sciences, the community in which he worked until he went to Vienna in 1926 was neither a community of neo-Kantian philosophers nor of logicians or philosophers of the natural sciences but a community of the Dilthey school that were interested in history of philosophy (Herman Nohl [...]), pedagogy (this is also the case for Herman Nohl and Carnap's lifelong friend Wilhelm Flitner), aesthetics (Franz Roh, also a lifelong friend of Carnap, was one of the intellectual promoters of "neue Sachlichkeit") and sociology (Hans Freyer) (Damböck, 2012, 67-68).[5]

The so-called Dilthey School and the persons influenced by it opposed neo-Kantianism in the German philosophical scene. According to Damböck, these

---

[3] Regarding Freyer's influence on Carnap, see the contribution by Christian Damböck in this volume.

[4] This point is adequately demonstrated by the essays included in *Influences on the Aufbau* (Damböck, 2016).

[5] Additionally, see Damböck, 2017 and 2022; Carnap 1957, [UCLA], Box 2, CM3, MA-5, B32-B33.

Diltheyian scholars are "somewhat *intermediate* between classical empiricism and the accounts of the (neo-)Kantian tradition. [Hence] the intellectual background of the *Aufbau* is *even broader* than it is suggested by those classical interpretations" (Damböck, 2012, 70). In the 1920s, Hans Freyer was closely linked to the Dilthey School. Prior to that period, his intellectual mentors were historian Karl Lamprecht and Friedrich Nietzsche, the latter interest based on his friendship with the philosopher Raoul Richter, who wrote an important two-volume Nietzsche monograph. Thus, when reconstructing the personal and intellectual connections between Freyer and Carnap, one should include the less-studied relationship of Carnap (and his *Aufbau*) to this line of the "continental" or German intellectual tradition.

This reading of Carnap's *Aufbau* that emphasises its relation to the human sciences has a long history, one that reaches back to the Vienna Circle meetings. Thus, the following sections of my paper could be viewed as an attempt to reconstruct the context necessary to interpret the following seemingly peculiar entry from Carnap's diaries. On 19 December 1929, Carnap noted, "With Feigl to Neurath. Neurath grumbled over my presentation of the 'Geisteswissenschaften' in the 'Aufbau.' This is too idealistic for him; he had some points to attack: he gets to name Dilthey: 'moral,' 'state,' 'manifestation'" (RC 025-73-03).

10.2   Setting the Scene: Carnap and Freyer's Friendship

On 11 October 1922, Carnap wrote to Heinrich Scholz that he "holds [Freyer] in very high esteem, both as a person and a scholar" (RC 102-72-10). Although there is no evidence of Carnap and Freyer's friendship in their published works, and Carnap did not preserve their correspondence, Carnap's recently transcribed diaries indicate that the acquaintance of the two men dates to their time in the German Youth Movement. Carnap's involvement in the German Youth Movement and its effect on his philosophical and personal development are well documented.[6]

The Youth Movement is a general term that covers various groups, circles, and more or less formal associations. The very first group to form was the so-called *Wandervogel*, an association of self-organised high-school students in *Fin de siècle* Berlin. Its members viewed themselves as anti-bourgeois, adhered to the back-to-nature movement and characterised their stance as a "revolt by withdrawal" (Landauer, 1978, 25). The movement banded together those

> German schoolboys and students who rejected their parents' new-found prosperity and their narrow conformism. It had no explicitly political agenda, more a cultural-political one; bands of students headed off into the countryside to experience nature and 'authentic' peasant culture. They sang traditional German wandering songs. [...] The 'bourgeois' drugs—

---

[6] See Gabriel, 2004; Carus, 2007; Damböck, 2012, 2017; Bouveresse, 2012; Brumlik, 2013; Werner, 2003, 2013, 2014, 2015a, b; Tuboly, 2017.

coffee, tobacco, alcohol—were proscribed. (Carnap never touched them for the rest of his life.) (Carus, 2007b, 20f.)[7]

When the *Wandervögel* reached the age of entering university, several of them founded the Free Academic Association (*Akademische Freischar*) in 1907, which sought to combine the romantic ideals of the *Wandervogel* with an intellectual perspective. In later years, former *Wandervögel* joined the Free German Youth (*Freideutsche Jugend*) at the open-air festival on the Hoher Meißner in October 1913. In addition to the *Wandervogel* and its branches, two more of the attending groups must be mentioned. One is the Free School Community Wickersdorf (*Freie Schulgemeinde Wickersdorf*), a progressive school (somewhat similar to the later Waldorf Schools) founded and headed by Gustav Wyneken in 1906. The other is the so-called Free Student Movement (*Freie Studentenschaft*), which also served as a scholarly oriented community for students not wanting to join one of the traditional student corporations; the Free Students fought for the democratisation of the university by demanding equal representation. In addition, they created their own intellectually informed culture and values in the spirit of the *Wandervogel*.[8] One of their leaders was Hans Reichenbach, who later became the internationally recognised central figure of the Berlin Group of Logical Empiricism.

In 1909, Carnap moved from Wuppertal-Barmen to Jena with his mother and younger sister. In Jena, he found himself in an intellectually and emotionally stimulating atmosphere. The rose garden of the family home on Jena's Lindenhöhe quickly became a meeting place for the students who gathered around the well-known publisher Eugen Diederichs. One year earlier, Diederichs had initiated the so-called Sera Circle (*Serakreis*), which consisted of young *Freistudenten* and former *Wandervögel* at the University of Jena.[9] The group sang folk songs together and undertook long hikes in the woods and mountains around Jena in an effort to internalise the pathways and natural environment of the land.[10] The exact date Carnap joined the *Serakreis* is unknown, but in June 1910, he was—as can be gathered from a photograph—part of a group of Sera friends led by Diederichs who participated in

---

[7] W.V.O. Quine (1971, xxiv) confirms Carnap's abstinence; see also Gabriel, 2004.

[8] Regarding the Free Student Movement, which was a political movement aiming at the democratisation of German universities, see Wipf, 2005.

[9] For a detailed history of the Sera Circle and the Jena Free Student Movement, see Werner, 2003, 231–307.

[10] Carnap reported in his autobiography that Diederichs was able to make the meetings of the Sera Circle quite memorable. During the Midsummer Festival, for example, "[i]nfluenced by Scandinavian customs, there were songs, dances, and plays. Diederichs read the Hymn to the Sun by St. Francis of Assisi, after sundown the big fire was lighted, encircled by the large chain of singing boys and girls, and when the fire had burned down there came the jumping of the couples through the flames. Finally, when the large crowds of guests had left, our own Circle remained at rest around the glowing embers, listening to a song or talking softly, until we fell asleep in the quiet night under the starry sky" (Carnap, 1957, [UCLA], Box 2, CM3, MA-5, B30).

the twenty-fifth anniversary celebration of the founding of the Goethe Society in Weimar.[11]

In 1911 and 1912, Carnap spent three semesters at the University of Freiburg. While attending classes with the neo-Kantian scholars Jonas Cohn, Georg Mehlis, and Heinrich Rickert, he also became a cofounder of the *Akademische Freischar Freiburg*.[12] Returning to Jena in fall 1912, Carnap transformed the *Serakreis* into the Jena branch of the *Akademische Freischar* and became their revered leader. (The various local *Freischar* groups eventually joined the umbrella organisation, the *Deutsche Akademische Freischar*.) It is difficult to imagine how Carnap could have led a group of young people bound by a shared Weltanschauung and simple companionship (*Geselligkeit*). However, according to unpublished parts of his autobiography, it was much easier for him than one would have expected. He wrote:

> I did not feel myself strong and productive enough to transform singlehandedly the group of friends [i.e., the Vienna Circle, A.T.T.] into a living community, sharing the style of life which I wanted. Although I was able to play a leading role in the philosophical work of the group, I was unable to fulfill the task of a missionary or a prophet. Thus, I often felt as perhaps a man might feel who has lived in a religious[ly] inspired community and then suddenly finds himself isolated in the Diaspora and not strong enough to convert the heathen (Carnap 1957, [UCLA], Box 2, CM3, folder M-A5, B35-B36).[13]

While Carnap had not succeeded in playing a transformative role similar to that of a "prophet" in a "religiously inspired community" in Vienna, he was quite able to do so in Jena. As one of his best friends, Wilhelm Flitner (1986, 142), recalled, Carnap took over as leader of the *Serakreis* in 1913. In retrospect, Carnap viewed his engagement with various groups of the Youth Movement enthusiastically:

> For those whose work is of a purely theoretical nature, there is the danger of a too narrow concentration on the intellectual side of life, so that the properly human side may be neglected. I think it was very fortunate for my personal development during these decisive years that I could participate both in Freiburg and in Jena in the common life of such fine and inspired groups of the Youth Movement (Carnap, 1957, [UCLA], Box 2, CM3, MA-5, B32).

Looking back at his formative years as a student in Jena and Freiburg, Carnap made it very clear that the *Jugendbewegung* equipped its members with a specific attitude rather than theoretical doctrines. This experience was one that thousands of young Germans had in different groups, and it exerted a lifelong effect on everyone "who had the good luck to participate" (B34-B35). What Carnap learned is that one should not blindly accept any doctrine, knowledge, and heritage, that everyone has the right and ability to revise and/or ask regarding the reasons for everything, to reshape and

---

[11] See Flitner, 1986.

[12] See Werner, 2015a, 113–118.

[13] Carnap's diaries suggest that he in fact tried to convince his Viennese friends of the group's "menschliche Atmosphäre." See the entry regarding Feigl, 21 September 1928, RC 025-73-03.

rebuild (Aufbau) their cultural and social environments and to question conventions or norms.[14]

It was through his friend Walter Fränzel in 1908 that Freyer learned about Eugen Diederichs and the *Serakreis* in Jena.[15] Freyer's biographer Jerry Z. Muller observes that Diederichs was Freyer's "extra-academic mentor, the publisher of two of his early books, and [...] responsible for Freyer's first contribution to a major periodical" (Muller, 1987, 32). Freyer joined the Leipzig *Freistudentenschaft* during the 1909–1910 academic year. Due to his friendship with Fränzel, he participated in a rather lively exchange with various members of Jena's *Serakreis*. In 1911, after finishing his dissertation, Freyer accepted a temporary position as a substitute teacher at the *Freie Schulgemeinde Wickersdorf*, whose principal at that time was the reform pedagogue Martin Luserke.

In October 1913, Freyer attended the First Free German Youth Day (*Erster Freideutscher Jugendtag*) on the Hoher Meißner mountain in Central Germany, where various groups affiliated with the *Jugendbewegung* held a "counterfestival" to the nationalistic celebration of the centenary of the Battle of Nations in Leipzig. In addition to the *Serakreis*, many young men and women representatives of the *Akademische Vereinigung Jena* and *Marburg*, the *Deutsche Akademische Freischar*, the *Freie Schulgemeinde Wickersdorf*, and the Austrian and German *Wandervogel* attended this first open-air festival of the German Youth Movement. Among these individuals was Rudolf Carnap.[16] As Carnap later recalled, one aim of the youth meeting was "to find a way of life which was genuine, sincere, and honest, in contrast to the fakes and frauds of traditional bourgeois life; a life guided by the own conscience and the own standards of responsibility and not by the obsolete norms of tradition" (Carnap 1957, [UCLA], Box 2, CM5, B31-B32).

Members of the German Youth Movement often kept up their friendships via circulated and published letters, pamphlets and reports. In addition, there were many different periodicals and journals (often short-lived) to read and contribute to.[17] Freyer was no exception, and a number of his early essays appeared in forums related to the German Youth Movement.[18] Carnap also intended to publish an article in Political Circulars (*Politische Rundbriefe*), founded in 1918 by Karl Bittel, a member of the left-wing *Jugendbewegung*. However, his essay, entitled

---

[14] Carnap made many friends during his *Jugendbewegung* period: Karl Brügmann, Elisabeth (Lisi) und Dorothea (Dodo) Czapski, Walter Fränzel, Julius Frankenberger, Hans Freyer, Martha Hörmann, Fritz Kanter, Hans Kremers, Wilhelm Lohmann, Franz Roh, and Eva Rothe.

[15] See Werner, 1992.

[16] See Carnap 1957, [UCLA], Box 2, CM5, B31. See also Haller & Rutte, 1977, 27f. Regarding the meeting, see Laqueur, 1962, 32–38. It should be noted that Hans Reichenbach also participated in the Hoher Meißner Meeting. See Kamlah, 2013 and the introduction by Maria Reichenbach in Reichenbach, 1978, 91–101.

[17] See Laqueur, 1962, 246–247.

[18] See Freyer (1918, 1923). Cf. Muller, 1987, 65–72; Üner, 1981 and 1992. See also Christian Damböck's contribution in this volume.

"Deutschlands Niederlage – Sinnloses Schicksal oder Schuld?" ("Germany's Defeat – Meaningless Fate or Guilt?"), never appeared.[19]

The first mention of Freyer in Carnap's diaries is from October 1913, when both of the young men were first in Vollradisroda (near Jena) and then in Weimar, where they rehearsed and performed Goethe's *Satyros* at a *Festspiel*.[20] Later, Carnap and Freyer met on and off either at the gatherings of the *Serakreis* or for philosophical discussions at various universities. During the First World War, they met in Berlin, then in Leipzig (1920, 1925), Jena (1921), and Kiel (1923).[21] After the war, Freyer discussed various questions and issues—relating to pedagogy, politics, art, culture and the rational shaping of the world—with Carnap, Walter Fränzel, Herman Nohl, and Franz Roh, who all belonged to the intellectual circle of Wilhelm Flitner. These scholars, who shared a social and cultural context, provided one another with information regarding philosophy and history according to their individual interests and educational backgrounds. As Carnap noted in the unpublished parts of his autobiography, during this period of his life, most of his friends and discussion partners came from the humanities and social sciences.[22] In addition to the historian Karl Lamprecht, there was another important intellectual figure for Freyer, the previously mentioned Herman Nohl, who provided him with exhaustive information regarding Dilthey and the latter's views on *Weltanschauung*.[23]

Freyer, Carnap, Roh, and Flitner also formed a *Kommunikationsgemeinschaft* (discussion group) in the summer of 1920 at Wiesneck near Buchenbach, where all of them were living while seeking to complete their on-going projects on worldviews, the history of arts, pedagogy, and economy, respectively.[24] In August, Carnap organised a workshop where he discussed Wilhelm Ostwald's "system of the sciences" with Flitner, Roh, and Freyer. The attendees exchanged their views on the relations between logic, mathematics, the natural sciences and the human/cultural sciences. While Carnap emphasised a general scheme and *order* of the sciences, Freyer discussed ethics as a science and the cultural sciences. Based on a detailed study and reconstruction of the Buchenbach meeting and its context, Hans-Joachim

---

[19] Regarding the pamphlet, see Carnap 1957, [UCLA], Box 2, CM5, C3–5, where he also claims that "I took part in the discussion group of young people, most of whom came from the youth movement. We tried to clarify our Weltanschauung and to draw the consequences of the contemporary political problems" (C3). For the first interpretation of this unpublished political manuscript of Carnap, see Carus, 2007, 59–63. Recently, Thomas Mormann (ms.) provided the transcript text of the pamphlet; see his manuscript for a different analysis of and narrative on Carnap's early political thought. See Carnap (RC-110-01-04). See also Werner, 2015b.

[20] See Carnap's diary entries for 29 and 30 September and 3 October 1913 (RC 025-94-04).

[21] See the entries in Carnap's diary for 1 December 1916 (RC 025-71-13), 28 October and 27 November 1918 (RC 025-71-17), 5 and 6 July and 18 August 1920, 9 and 10 March 1921 (RC 025-75-01), and 16 September 1921 (RC 025-75-02).

[22] See Carnap 1957, [UCLA], Box 2, CM5, B32.

[23] Regarding Lamprecht, see Chickering, 1993. With special attention to his relation to Freyer, see Muller, 1987, 34–40.

[24] See Flitner, 1921, Roh, 1921, Freyer, 1921 and Fränzel, 1919. All of these projects were published by Eugen Diederichs, the organiser of the Jena *Serakreis*. See Werner, 2015a, 127.

Dahms argues that the meeting was "a decisive turning point in Carnap's life" (Dahms, 2016, 171).

In September 1927, Carnap sent two manuscripts to Flitner, Freyer, and Roh, asking for their opinions.[25] According to Carnap's remarks in the cover letter, these manuscripts were the final versions of the *Aufbau* and *Scheinprobleme in der Philosophie*. Thus, Freyer was familiar with Carnap's research prior to the publication of the second edition of his *Theorie*. Since we know, however, that Carnap started to work on his *Aufbau* in 1922 (see Carus, 2007, 139–140; Carnap, 1963a, 16), it is plausible that Freyer already knew about Carnap's project during the early 1920s. Carnap's diaries (and his reading list, RC 025-03-05) indicate that he frequently consulted Freyer's *Theorie* with great interest in 1923, and he made many notes in the margins of his copy (which unfortunately seems to be lost). At the end of October 1923, he also visited Freyer and spent time with him, just as he did in 1925 (May and October), about the time he was completing his habilitation in Vienna; notably, his habilitation treatise (*Habilitationsschrift*) was an early version of the *Aufbau*.[26]

There are at least two additional reasons to claim that Freyer and Carnap exchanged ideas regarding the *Aufbau* project and the relation between the natural and human sciences in general. In a letter from Roh to Flitner, dated July 1920, Roh writes as follows:

> It's a pity that the expected program which C[arnap] was (or had) to reconcile with FREYER did not work out after all. From the 3 big complexes in which we were involved, to which shall we turn now? To politics? To ethics? To the system of sciences? Freyer mentioned in a letter that we shall appreciate ethics and the value of science (quoted from Priem & Glaser, 2002, 171).

More details regarding their planned project are not to be found. However, the previously mentioned three big complexes—politics, ethics, and the value of sciences—seem to cover the academic and personal interests of Carnap and Freyer (this conclusion seems to be strengthened by the Buchenbach meeting, which took place just a month later in August). Nonetheless, Freyer's *Theorie*, which will be discussed below, and Carnap's *Aufbau* must still be treated as their authors' independent research projects and research results during and after their various meetings and conversations.

Furthermore, André W. Carus quotes a 1922 letter from Carnap to Heinrich Scholz that also contains interesting remarks on the project of the planned system of the *Aufbau* and in which Carnap wrote as follows:

> [t]he present discipline of philosophy combines very heterogeneous subjects, after all. I see two main parts, in particular: 1) ethics, aesthetics, philosophy of religion, metaphysics; one might say: philosophy of culture and nature, or the science of life- and world-conceptions. 2) according to the traditional terminology: logic and epistemology. [...] Although I have a lively interest in [1], and have made myself familiar with its questions and attempted solu-

---

[25] See RC 102-29-31.
[26] See the entries in Carnap's diary for 1, 24 and 25 October 1923 (RC 025-07-02; RC 025-72-02) and for 5, 9, and 13 May and 15 October 1925 (RC 025-72-04).

tions through books, lectures, seminars, and a number of conversations with friends – but [this was] always just from personal interest, from a desire for personal self-improvement, not as a productive researcher or a reproductive teacher (quoted after Carus 2007, 158f.).

This letter supports the idea that Carnap (1963a, 10) had a lively interest in the philosophy of culture, life, and the human sciences and that he followed the current debates on these questions and disciplines. Accordingly, he had a good deal to discuss with a social scientist, and Freyer turned out to be just the partner who could explain the cultural world's constitution in line with Carnap's thoughts. However, before discussing Freyer's view, I wish to reconstruct Carnap's ideas regarding so-called *geistige Gegenstände*.

It should be noted that whereas Carnap remained friends with Roh and Flitner throughout his life, his friendship with Freyer ended in the early 1930s.[27] During a visit to Ernst Mannheim, who was Freyer's student and a cousin of the famous Hungarian sociologist of knowledge Karl Mannheim, Carnap learned of Freyer's involvement in the National Socialist Movement.[28] Because of this political involvement, Carnap severed all personal ties with Freyer and subsequently only received information about him through mutual friends, such as Roh and Flitner.[29]

10.3 Carnap on *geistige Gegenstände* in the *Aufbau*

Carnap took a lively interest in the philosophical problems of culture and society although this interest remained mostly a personal and not a professional concern.[30] I argue that Carnap's approach to the theoretical questions of the human and social sciences should be at least partially understood in connection with his intellectual exchange with Freyer. I support the ideas of Thomas Uebel and others that Carnap's

---

[27] For details on Roh and Flitner, see Werner, 2015a, Dahms, 2004, and Flitner, 1986.

[28] See Carnap's diary entry for 18 June 1933 (RC 025-75-11). Jerry Z. Muller's book on Freyer's life and works (the only relevant reference in the English-speaking world) is entitled *The Other God That Failed*, which resonates with the title of a collection of essays published in 1949: namely, *The God That Failed*. The latter contained essays by ex-communist writers and journalists who had grown disappointed in the communist ideology; their disillusionment might have been similar to Freyer's disappointment in National Socialism.

[29] In a letter to Carnap from 15 May 1949, Roh reported on Freyer's new book *Weltgeschichte Europas* (*World History of Europe*), describing it as "witty" (RC 102-34-07). Carnap and Flitner's correspondence also reveals Carnap received information regarding Freyer from their mutual friends. See Flitner's letters to Carnap from 22 October 1946 (RC 102-29-08) and 23 December 1954 (RC 102-28-16).

[30] Later, in 1970, John Wisdom invited Carnap to contribute to his new journal *Philosophy of the Social Sciences*. Carnap declined the invitation but expressed an interest in Wisdom's project: "Although I have a strong interest in social and political questions, I doubt whether I have enough knowledge in the field of the social sciences to say something relevant about their philosophical foundations" (Carnap to Wisdom, 28 May 1970, RC 090-23-01).

approach in the *Aufbau* was more than simple (or typical) "logico-empirical reductionism."[31]

Carnap's aim in the *Aufbau* was "to establish a 'constitutional system' [*Konstitutionssystem*], that is, an epistemic-logical system of objects or concepts" (§1). A constitutional system is "a step-by-step ordering of objects in such a way that the objects of each level are constituted from those of the lower levels" (§2); it is a multi-layered theory of knowledge, a theory of "the structure and functioning of human cognition set up as a layered architecture of simple and complex factual capacities and faculties of knowledge" (Zuh, 2015, 45). Carnap's layered conception includes at least four different layers (see §25; in fact, he would introduce more layers and object types). When we frame our system from an epistemological viewpoint (as done in Carnap's book), on the first level, there are autopsychological objects (§§106–122). On the second layer, we find physical objects. The third level consists of so-called heteropsychological objects that are the same as autopsychological objects but belong to an individual other than oneself. The fourth layer is that of the *geistige Gegenstände*.

These layers are built upon one another, and although each layer has its own laws, properties, and structure, all the layers are connected: *geistige Gegenstände* can be reduced to heteropsychological objects, which in turn can be reduced to physical objects, which can be reduced to autopsychological objects.[32] This reduction is not ontological but logical; it concerns sentences regarding these various objects and their logical relationships. Constitution theory embraces the idea that (empirical) statements describe different spheres of objects (§29) that "are brought into a stratified order within the constitutional system by constituting some of these objects on the basis of others" (§41).

Carnap maintained in the *Aufbau* that "for philosophy, the most important types of objects, outside of the physical and the psychological ones are the ››geistige Gegenstände‹‹ in the sense of ››cultural‹‹, ››historical‹‹, ››sociological‹‹ objects" (§23, translation modified). Among *geistige Gegenstände*, Carnap counts "individual incidents and large-scale occurrences, sociological groups, institutions, movements in all areas of culture, and properties and relations of such processes and entities" (§23), various customs and habits (§§24, 150), the object of the state (*Staat*, §151), technology, economics, law, politics, language, science, and religion (§151).

In the constitutional system's layered structure, "*geistige Gegenstände* are not composed of psychological (much less physical) objects. They are of a completely different object type; *geistige Gegenstände* belong to object spheres other than the physical and the psychological objects" (§23). This distinction is important since it affects how we can obtain knowledge of *geistige Gegenstände* given that "there are different constitutional levels and forms" (§23). Both psychological objects and *geistige Gegenstände* are subject-bound; i.e., they require "bearers." However, "in

---

[31] See Uebel, 2014. A recent account of Carnap's understanding of *geistige Gegenstände* can be found in Dewulf, 2017.

[32] Interestingly, according to the *Aufbau* (§152), the domain of values (*Werte*) is reducible directly to the autopsychological layer. See Mormann, 2016, 129–132.

contrast to the psychological objects, bearers [of *geistige Gegenstände*, A.T.T.] may change: a state or custom can persist even though the bearing subjects perish and others take their place" (§23).

To account for our knowledge of *geistige Gegenstände*, Carnap introduced two relations between *geistige* and other objects: "manifestation" and "documentation" (§24). He also considers the case when the recognition of a *geistiger Gegenstand* is mediated through another *geistiger Gegenstand* but claims that this mediation is recognised through manifestations and documentations (§55). His example is the religion of a given society, which, in addition to physical documentations, is recognisable through the following manifestations: "the representations, emotions, thoughts, volitions of a religious sort which occur with the members of th[e] society" (§55). Using manifestation and documentation, Carnap indicates that one's knowledge of *geistige Gegenstände* is closely related to one's knowledge of heteropsychological objects, which, in turn, can be reduced to physical objects. He describes the *manifestation relation* as follows:

> A *geistiger Gegenstand* which exists during a certain time, does not have to be actual (i.e., manifested) at all points during this span. The psychological processes in which it appears or ››manifests‹‹ itself, we shall call its *(psychological) manifestation*. The relation of the (psychological) manifestation of a *geistiger Gegenstand* to the object itself, we shall call the *manifestation relation* (*Aufbau*, §24).

One way to obtain knowledge about *geistige Gegenstände* is to identify their psychological manifestation. Carnap's example is the custom of hat-lifting:

> This relation holds, for example, between the present resolve of a man to lift his hat before another man, and the custom of hat-lifting. This custom does not exist merely during those moments in which somebody somewhere manifests it, but also during the times in between, as long as there are any persons who have the psychological disposition to react to certain impressions by greeting somebody through lifting their hats. During the times in between, the custom is 'latent' (*Aufbau*, §24).

The custom of hat-lifting, which represents a *geistiger Gegenstand*, is manifested in psychological objects, for example, in dispositions. One's knowledge of this (hetero)psychological object is based on physical occurrences. In this case, such physical occurrences are the subject's report of his disposition to lift his hat, the generation of the right (and physically observable) conditions for hat-lifting, and observation of the motion defined as hat-lifting. In the first case, another important relation is involved, namely, the reporting relation: "By this we mean the relation between a bodily motion and a psychological process, provided that this motion indicates through speech, writing, or other sign-giving the presence and the nature of the psychological process" (§57). Note, however, that even if physical events and objects are involved in the manifestation, "closer scrutiny shows that [...] the psychological manifestation relation is fundamental" (§24).

The other relation, the documentation relation, exists between physical objects and *geistige Gegenstände* when the physical objects are the documentations of the *geistige Gegenstände*. Carnap terms "*documentations* of a *geistiger Gegenstand* those permanent physical objects in which the mental life [*das geistige Leben*, A.T.T.] is, as it were, solidified: products, artifacts, and documents of the mental [*des Geistigen*, A.T.T.]" (§24). He provides several examples of what counts as a documentation: "The documentations or representations of an art style consist of the buildings, paintings, statues, etc. which belong to this style. The documentation of the present railroad system consists of all stationary and rolling material and the written documents of the railroad business" (§24). The documentation relation is of special importance because most of the objects that the human sciences are concerned with no longer exist. For example, the ideas of Renaissance no longer exist in the way they did in the fifteenth century. However, certain products of this cultural, political, and artistic movement do still exist as physical objects—such as buildings, written records, artistic creations, illustrations—and through their existence, they document the corresponding ideas.

Heteropsychological and physical objects are *indicators* that mediate between *geistige Gegenstände* and other types of object (§56). Therefore, in any epistemological situation, or more precisely, any rational reconstruction of epistemological processes, psychological (and physical) objects possess epistemic primacy (§54) over *geistige* objects. While the natural sciences claim that *geistige Gegenstände* are composed of psychological processes (similar to a physical entity consisting of its molecules), Carnap argues that there is more to *geistige Gegenstände* than their heteropsychological manifestations and physical documentations:

> The awareness of the aesthetic content of a work of art, for example a marble statue, is indeed not identical with the recognition of the sensible characteristics of the piece of marble, its shape, size, color, and material. But this awareness is not something *outside* of the perception, since for it no content other than the content of perception is given; more precisely: this awareness is uniquely determined through what is perceived by the senses. Thus, there exists a unique functional relation between the physical properties of the piece of marble and the aesthetic content of the work of art, which is represented in this piece of marble (*Aufbau*, §55).

Here, Carnap takes the side of the human sciences: the "human sciences tend to consider [*geistige*, A.T.T.] entities as entities of a special type, not just as a sum of psychological processes" (§56). The essence of the Carnapian epistemological-logical constitutional system is that the various objects of knowledge can be constituted from the autopsychological domain, while all layers remain an autonomous and special object sphere. Carnap "considers the position of human sciences justified" (§56).

Therefore, when Carnap envisaged the *geistige Gegenstände* and reduced them to heteropsychological and physical objects, he did not disassemble them into their elements but rather translated the sentences that codified them. When translating sentences about *geistige Gegenstände* into sentences about heteropsychological and physical objects, one does not reproduce the sense or meaning (*Sinn*) of the statements; what must remain the same are the logical value (i.e., the extension, the truth-value of the sentence) and occasionally the epistemic value of the original sentence (§§50, 51, 56). Carnap also notes that "the philosophy of the nineteenth century did not pay sufficient attention to the fact that the *geistige Gegenstände* form an autonomous type. [...] Only the more recent philosophy of history [*Geschichtsphilosophie*, A.T.T.] (since Dilthey) has called attention to [it]" (§23, translation modified). Although he discusses *geistige Gegenstände* and the human sciences in many paragraphs of the *Aufbau*, his considerations and ideas remain rather sketchy:

> We cannot here give an explicit account of these constructions. The reason for this is that the psychology (or phenomenology) of the cognition of cultural items [*die Psychologie (oder Phänomenologie) der Kulturerkenntnis*] has not been researched and systematically described to the same degree as the psychology of perception. Thus, we give only a few examples and indicate briefly how they could be generalized. These indications may suffice, since we are here mainly concerned with the *possibility of constitution* [emphasis mine, A.T.T.] of *geistige Gegenstände* from psychological objects and since we are less concerned with the question precisely what forms these constitutions must take (*Aufbau*, §150).

Carnap did not work out the details of the constitution of *geistige Gegenstände*. He just set the stage for the human sciences and noted the prerequisite conditions for such a project. In light of Carnap's interest in questions of the human and social sciences, one could ask why he did not in fact work out the details of the constitution of *geistige Gegenstände* in the end. Obviously, the answer is not that he regarded these questions as unscientific and meaningless. Rather, the solution lies in Carnap's methodology and narrative, for he claimed that "[t]he individual no longer undertakes to erect in one bold stroke an entire system of philosophy. Rather, each works at his special place within the one unified science" (Preface to the *Aufbau*, xvi-xvii). In his autobiography, he remarked, "While I worked on many special problems, I was aware that this ultimate aim could not possibly be reached by one individual, but I took it as my task to give at least an outline of the total constitution and to show by partial solutions the nature of the method to be applied" (Carnap, 1963a, 16).

Carnap can be viewed as either a philosophically minded physicist and logician or a philosopher trained in the natural sciences. He certainly was not an art historian, a cultural and human scientist, or someone trained in the history of ideas, an individual someone typically finds studying *geistige Gegenstände*. As he stated, "unfortunately, a division of labor was necessary, and therefore I am compelled to leave the detailed work in this direction [i.e., the analysis of the social and cultural roots of philosophical movements, A.T.T.] to philosophically interested sociologists and sociologically trained philosophers" (Carnap, 1963b, 868). His only commitment was to the claim that *geistige Gegenstände* could be integrated into the scientific system of the *Aufbau*, and therefore, they earned the right to be included in the domain of the sciences. Carnap attempted to demonstrate the transcendental conditions *geistige Gegenstände* must meet to be considered suitable candidates for knowledge. However, he left the task of working out a detailed system of their constitution to others.

10.4   *Geistige Gegenstände* in the Context of Freyer's *Theorie*

Freyer's (1923) *Theorie des Objektiven Geistes – Eine Einleitung in die Kulturphilosophie* (*Theory of Objective Mind – An Introduction to the Philosophy of Culture*) is of crucial importance for understanding the sections of Carnap's *Aufbau* discussed above. In *Theorie*, Freyer aimed to show that the human and cultural sciences are concerned with those objects that are the products of the mind; such products are the objective, or better, objectivised mind (*Geist*). Through the various cultural and human-made (*geistige*) objects, a "mind stands face-to-face, over time and space, with another mind" (Freyer, 1998, 1). One of the main tasks Freyer addressed was to analyse and describe the logical structure of the connections between human cognition and action, which create objectivations that become a separate and autonomous field of knowledge and domain of objects. These objectivations are manifestations of the cognition and the cultural/*geistige* objects. After passing through the various layers of objectivation, *geistige Gegenstände* solidify and become documents of the human cultural world. In the next few paragraphs, I discuss several texts and contexts that exemplify the importance of Freyer for Carnap's *Aufbau*.[33]

Although the first edition of Freyer's *Theorie* appeared in 1923, it can be read as a counterpart to Carnap's planned *Aufbau* project that later became the actual *Aufbau*. It should be mentioned at the outset that Freyer claimed his task was no longer a theory of *Kulturwissenschaften* (cultural sciences), as it had been for the Southwest School of neo-Kantians, but a theory of the cultural world. In this respect, Freyer is much closer to the Dilthey School than to the neo-Kantians since his forbearance of "*Kulturwissenschaften*" goes hand-in-hand with his project in the "*Geisteswissenschaften*". Freyer seems to claim that his philosophical investigations belong to the sphere of the human sciences as a foundational project termed the "philosophy of culture" (*Kulturphilosophie*), whose main interest is the "formation of the historical world," (*Aufbau der geschichlichten Welt*), just as in the case of Dilthey's "Aufbau" from 1910.

While Freyer investigates the laws and objective structures found in the cultural world, he believes that the same type of investigation must be performed with respect to the other aspects of the world:

---

[33] I do not claim that Freyer is the only relevant or important individual affecting the evolution of Carnap's *Aufbau*. Carnap once refers to Wilhelm Ostwald (§59) and once to Hans Driesch (§151) regarding the constitution of the various *geistige Gegenstände*. Regarding the role of Ostwald, see Dahms, 2016. We could consider Karl Mannheim as well, since there are many noticeable connections between the lives and ideas of Mannheim, Carnap, and Freyer. It is quite possible that Carnap was aware (either directly or indirectly) of Mannheim's research. However, there is no concrete evidence that Carnap knew Mannheim personally (although he was acquainted with his cousin Ernst Mannheim) or that he read anything by him. Carnap's reading lists from 1920 to 1924 and from 1928 to 1934 (RC 025–03–05 and RC 025–03–06) do not include any references to Mannheim. Thus, if one wished to stress the Mannheimian reading, one could only proceed on the assumption that Carnap read Mannheim between 1924 and 1928 or that he never read Mannheim and the alleged influence was indirect.

> There is a logical parallel to those questions, which the philosophy of nature [*Naturphilosophie*, A.T.T.] formulates with respect to the universal composition [*Aufbau*] of the material world. [...] Here, as there, the objective world, examined according to its composition, exists as an object of scientific research. [...] To say this is naturally to say nothing against the possibility and the particular legitimacy of such a theory of objective structure: every science carries out this transcendental 'reduction,' this abstractive turn toward objectivity (Freyer, 1998, 10).

Just as it does in this passage from Freyer, objectivity (and intersubjectivity) played an important role in Carnap's *Aufbau*.[34] Carnap and Freyer's common project thus could be described as follows: one of the philosophers is interested in questions of the natural and physical world of experience and will show how we can constitute that world, while the other is interested in the human sciences and will show how we can render the cultural world within the broader conception of the natural world but with the same degree of objectivity. Another passage from the introduction to *Theorie* supports this interpretation:

> The relation between the philosophy of culture and philosophy is actually one of a remarkable two-sidedness. Whoever thinks along the lines of the philosophy of culture must doubly arrange his work in the *philosophical movement of the present*. [T]he philosophy of culture is today merely an anticipation; [...] it works with *a logic that is still not developed*. [...] On the other hand [...] it may hope that its results will reach far beyond the boundaries of its own formulation of the problem (Freyer, 1998, 14).

Despite the lack of evidence, it is safe to assume that the "logic that is still not developed," which was in fact the logic of relations applied to the social sciences, was also pursued by Carnap. The new logic of relations was formulated by Bertrand Russell and Alfred North Whitehead (and earlier by Gottlob Frege). However, Russell and Whitehead's *Principia Mathematica*, which codified their main results in the field, was either unavailable in Germany in the early 1920s or was too expensive because of the high inflation.[35] Thus, for Freyer, the details of this new logic and its possible applications in the various sciences were mediated, as we will see, through Carnap. (Although Frege could be mentioned as another source, if we consider the general neglect of Frege's research and the fact that he did not consider applications of his method in the physical and social sciences, Carnap is a more plausible candidate.)

It is known that Carnap circulated among his friends certain mimeographs of the preliminary notes of what later became the *Abriss der Logistik* (1929) as early as 1922.[36] The *Abriss* was purported to be a shortened survey version of *Principia Mathematica*, emphasising in particular the possible applications of the logic of relations. Carnap stressed this character of his research to Schlick in a letter on 7 October 1927: "My main purpose is to present the Logistic [*Logistik*] as such a method which could be used in the various (non-logical) fields" (RC 029–31-06). Assuming that Freyer knew of Carnap's (1929, §39) intention to develop an account

---

[34] See Friedman, 1999, 95–108, 129–142.

[35] See Carnap, 1963a, 14.

[36] See Carus 2007, 156.

of how to *use* the logic of relations in the various sciences through the constitutional system, he could have referred to it.

There is also textual evidence in Freyer's work where he claims that "[t]he task of such a logic would be to formulate a theory of those concepts that are not classificatory concepts" (Freyer, 1998, 143), i.e., relational concepts. Carnap also mentions this question in the *Aufbau*.[37] The relevant passage is as follows:

> Recently (in connection with ideas of Dilthey, Windelband, Rickert), a "logic of individuality" has repeatedly been demanded; what is desired here is a method which allows a conceptual comprehension of, and does justice to, the peculiarity *not* [emphasis mine, A.T.T.] through inclusion in narrower and narrower classes. Such a method would be of great importance for individual psychology and for all cultural sciences, especially history. (Cf., for example, Freyer [Obj. Geist] 108f.). I merely wish to mention in passing that the concept of structure as it occurs in the theory of relations would form a suitable basis for such a method. The method would have to be developed through adaption of the tools of relation theory to the specific area in question (*Aufbau*, §12, translation modified).

Carnap states here that all the scholars he mentions require a tool for "conceptual comprehension" (*begriffliche Bearbeitung*), which will be useful for individual psychology (often used and referred to by Freyer) and the cultural sciences. However, the passage also applies to the human sciences. In the original English translation, the passage reads that "what is desired here is a method which allows a conceptual comprehension of, and does justice to, the peculiarity *through inclusion in narrower and narrower classes*," thus indicating that Carnap is concerned with the old classificatory concepts against which Freyer raised concern. In the German text, however, we find that Carnap requires that the method should not be applied through inclusion in narrower and narrower classes but should utilise structural and relational concepts. These structural and relational concepts might form a more "suitable basis" for that task (a view shared by Freyer and others).[38]

In the paragraph cited above, Carnap refers to a passage from Freyer in which the latter discusses the problems of the connections between individual psyches and nations. Freyer claimed that simple categorical concepts and logic treat nations as "mystical unitary objects" (Freyer, 1998, 112–114) and thus cannot recognise their individuality. They interpret them as masses and elucidate them schematically. What Freyer desired was a clearly articulated conception of structures because the "psychic structure of every human being" is the basis for constituting "his own area of life and creative activity" (Freyer, 1998, 113), which sets up the nation and society. A logic with simple subject–predicate forms (such as syllogisms and the "old logic") handles such items as one element, one subject (a value of a constant, for example), while an adequate approach would treat them as something that should be understood via various relations and structures inherent in and present between them. From this viewpoint, one could state that society is not a subject—i.e., a value

---

[37] See Toader, 2015.

[38] "[…] nach einer Methode begrifflicher Bearbeitung, die der Besonderheit individueller Gegebenheiten gerecht wird und nicht versucht, diese durch schrittweise Einengung in Gattungsbegriffe (Klassen) zu fassen"(*Aufbau*, §12).

of a constant—but is consists of many individuals and the various relations among them.

Although Carnap referred to his *Abriss der Logistik*, he also admitted that in that book he had not worked out the application of the theory of relations to the cultural and human sciences (Aufbau, §12). In the *Abriss*, he expounded the formal part of his constitutional theory and demonstrated that in this system, all autopsychological, physical, heteropsychological, *geistige* and cultural objects could be constituted. He also addressed the question of temporal objects (*zeitbestimmte Gegenstände*) such as psyches, but one could also include here nations, cults, institutions and other products of the human mind.[39]

Similar to Carnap, Freyer also framed his investigations in a Kantian-transcendental manner. While Carnap asked, "how is objective knowledge possible," Freyer (1998, 1, 5) raised the question of what makes the human sciences and the knowledge produced by them possible at all: "It should be asked of the philosophy of culture what are the elements and the conditions for the fact of objective mind" (Freyer, 1998, 28). Freyer's answer to this transcendental question consisted of the observation that the philosophy of culture and the human sciences are concerned with problems and material that connect humanity across space and time:

> In these expressions [e.g., products from ancient times, A.T.T.] lived kindred beings [*Wesen*]: we read what they have written; we see what they have painted; we find what they have built. [A] mind now stands face to face, over time and space, with another mind. If both minds do not resemble one another *in their fundamental structure* [emphasis mine, A.T.T.], then no understanding would take place: the commonality of human nature in its essential composition [*wesentlicher Bau*], both present and past, is the prerequisite for the understanding of the human sciences (Freyer, 1998, 1).

The common structure of mind (*Geist*) serves as the basis for understanding (*verstehen*) cultural achievements through their objectivation in the (cultural) world. Thus, structures play a constitutive role in our knowledge formation processes. Freyer's epistemological insights indicate further striking features that can be found later in Carnap's work. One such feature is the multi-layered theory of knowledge and the idea of a constitutional ("Aufbau") system. According to Freyer,

> [w]hen we undertook to understand a concrete meaningful content, it appeared necessary to comprehend that content as *a framework of several layers* [emphasis mine, A.T.T.]. It is understood that these layers are products of *abstraction* [emphasis mine, A.T.T.]. The actual structure contains its entire meaning in a firmly bound unity; living understanding gets hold of it without division – only hermeneutic theory is compelled to dissect the complex into a system of layers. [...] Thus, every piece of objective mind, wonderfully expressive and wonderfully concealed, bears a *multilayered meaningful content* [emphasis mine, A.T.T.] (Freyer, 1998, 116f.).

Before turning to the theory of knowledge, it should be noted that Freyer seems to take the side of what Carnap later termed "rational reconstruction." Although Freyer refers to this as "hermeneutics" (a legacy of Dilthey's work), the ideas are quite similar. Freyer claims that the contents and elements of our knowledge are

---

[39] See Carnap, 1929, §39, §43.

constituted (he is using the concept of "Aufbau" in this context) in different layers, but originally it is a "firmly bound unity." Therefore, it is the task of the human scientist to dismantle this unity into its various layers and structures. As Carnap later put it in *Aufbau*, "intuitive understanding is replaced by discursive reasoning."[40]

Freyer invests a considerable amount of time in uncovering the different layers and modes of the objectivation of mind, i.e., the meaningful contents and activities of the subject that are placed in the cultural world.[41] By considering this point, one can gain insight into Freyer's general approach and investigatory methods. Such analyses were not performed in detail by Carnap. However, he noted that a thorough analysis would require such considerations. In his diaries, Carnap emphasised that it was essential for him to talk with Freyer about these issues. On 1 October 1923, he noted, "Reading now frequently Freyer's *Objective Mind* providing it with rich marginal notes; wish he was here; we would have so much to discuss! Particularly interested in mapping the relation of different spheres of activity to another (formation of complexes) [*Komplexbildung*]" (RC 025–07-02).

Freyer identified three modes of objectivation. On the first level are the so-called representative and expressive gestures, such as the clenching of fists or the stretching out of an index finger pointing to a book; in these cases, "the object of the gesture [e.g., rage] is not indicated in the gesture itself, what is indicated is the frame of mind" (Freyer, 1998, 21). Here, a thought, a feeling, an intention is objectivated in the form of clenching and stretching. Thus, to understand intentions we must recognise their objectivation, through which we have access to the (mental) states of others. Also on the first level are the expressing gestures that express the psychic condition of the subject through the qualities of the speaking voice (tempo, sound) or gestures. They are more complex than simple finger-pointing. However, they are interconnected: it is much easier to understand finger-pointing or fist-clenching when we know the agent's psychic condition.

The second level of objectivation yields forms that are congealed signs. While pointing somewhere in the room, the motion of my arm objectives my psychic condition, which is the intention of calling the attention of others to something; this is the first objectivation. In addition, it becomes a sign of direction, which is the second objectivation. Pointing can adopt various modes and occur in different ways, but "irrespective of how the gesture is carried out, it signifies the same thing" (Freyer, 1998, 30) and can also be instantiated in different contexts: if you point to the Antarctic, you always point to the south (of course in a given and fixed framework of symbols and meanings).

Finally, there is the most complex form of objectivation. "The representative gesture can leave lasting traces of greater or lesser performance in the framework of the objective world" (Freyer, 1998, 31). When I point to the south, my pointing is only the image of a momentary gesture extended in time. However, images may become stable. In the case of a signpost, for instance, "the transitory gesture is

---

[40] See Carnap *Aufbau*, §§54, 100; Carnap, 1963a, 16. See also Freyer, 1998, 79 f.

[41] See Freyer, 1998, 21–33.

solidified, materialized: it has been objectified in a third sense" (Freyer, 1998, 31). The distinguishing feature of the third layer is the materialisation, or physicalisation, of the psyche. Pointing in a single direction is one thing. Watching the pointing until it stops is another. However, confronting a directing sign from an ancient culture, i.e., another time and space, in the present is yet another. As Freyer states, "The third step consists in the sign, the external bearer of meaning, being lifted out the flow of the performing action and being solidified into a lasting condition" (Freyer, 1998, 32).

Before turning to the question of the relations between these objectivated forms and the mind, I shall mention another layered structure of the *Theorie*. Freyer (1928/1998, 158) differentiates between three systems of culture that "shade [...] on the top of another according to the degree and type of tension between life and form that is established in those systems." The first layer contains language, myths, cults, customs, and economics. Their existence depends on the community who believes in them; thus, the connection between life and form is the most obvious and close on this level. The second layer of cultural/*geistige* objects includes art, science, and law, which are detached from the creative subjects; they are materialised into physical products. The third, the most complex layer, consists only of the state (*Staat*).

It may be expected that in the *Aufbau*'s relevant passages (§§150–151), one would encounter precisely these structures or at least highly similar ones. This is not the case. The situation is rather complicated. Carnap marks two general categories: primary and higher *geistige Gegenstände*. The former category includes those objects whose constitution requires only the manifestation relation; i.e., they are directly observable through their manifestation. "It is the task of a logic of the human sciences to investigate which objects of the various cultural areas [*Kulturgebiete*] are to be constituted as *primary* geistige Gegenstände" (*Aufbau*, §150). Since Carnap's preliminary example of a concrete constitution is the custom of hat-lifting, it is plausible to suppose that Carnap's primary objects correspond to Freyer's first layer of cultural systems inasmuch as the existence of customs depends on the community.

The objects of Freyer's second layer are detached from the human community, and as he claimed, "the bearers of a style" (Freyer, 1998, 159), as are art, science, and law. Although art, science, and law are also *geistige Gegenstände* for Carnap, he did not explicitly include them among the higher ones. The higher *geistige Gegenstände* "are constituted on the basis of the primary *geistige Gegenstände*, but psychological, and occasionally physical, objects are also used" (§151). In this sense, the constitution of a physical object, such as an artwork or scientific outcome (i.e., a *geistiger Gegenstand*) requires the psychological behaviour and dispositions (i.e., further *geistige Gegenstände*) of the artists and scientists (for example, their intention to produce art and science) and the relevant cultural and social connections.

So far, so good. Carnap's higher *geistige Gegenstände* seems to correspond to Freyer's second level. However, here come the differences. Among higher *geistige Gegenstände*, Carnap mentioned the state (§151) and other sociological groups, such as families, tribes, and clubs. The state was the most complex cultural system in Freyer's concept and constituted its entire third level. From Freyer's perspective, the other sociological groups mentioned by Carnap belong to the first level; for example, the existence of a tribe depends on the members of the tribe.

Two considerations must be mentioned here. At first, Carnap affirms it is the task of the human sciences to classify and order the *geistige Gegenstände*. Therefore, his considerations are only suggestions. What is interesting is that Carnap, at this point, only mentions Hans Driesch as a point of reference (§151), whereas Freyer had already recommended such classifications and structuring, and Carnap had to have been aware of them. As I have mentioned, Carnap read Freyer's *Theorie* several times, and they also discussed Carnap's "structure thesis" (*Strukturthese*) and the "conception of the state [*Staat*] through psychical acts" (RC 025–72-02), as Carnap noted in his diary on 25 October 1925. Carnap also attended a lecture by Freyer at the University of Kiel on the topic of *Kultur und Staat* ("Culture and the state")[42]; all of these indications imply that Carnap should have known about how human scientists classify (and constitute) *geistige Gegenstände*.

When accounting for our knowledge of cultural objects, Carnap relied on manifestation and documentation relations. Freyer also held that these relations were fundamentally important for the human sciences. He claimed there are various objectivated forms of mind that are not exhausted by their physical objectivation but only manifest them. Carnap's example was hat-lifting, which he seems to have adopted from Freyer's *Theorie*. "[T]he community exists not merely in the lived experiences and expressions of the feeling of belonging together," maintained Freyer, "but it becomes a social body that persists in its specific form, while individuals enter into it and leave it, actually participating in it or not" (Freyer, 1998, 66). What matters in most cases are, somehow anachronistically, the dispositions, because *geistige Gegenstände* "transcend the actions and are only carried out in them" (Freyer, 1998, 19). Actions merely manifest *geistige Gegenstände* (cf. Freyer 1928/1998, 38, 52), as, for example, the speed and volume of the speaking voice manifest the inner psyche. These manifestations are only momentary objectivations and occur on the first layer of the aforementioned structure of objectivation. However, *geistige Gegenstände* can also assume lasting forms when they become materialised:

> Physics and chemistry investigate stone as a material composition. However, what makes this stone into a *document* [emphasis mine, A.T.T.] of humanity is that ages ago, a couple of crude blows shaped it into a hammer. [...] In this case, a psychic meaning appears through its material, and thus, apperceived in this way the stone has all at once developed from an object of mineralogy into an object of the human sciences (Freyer, 1998, 1).

The lasting physical objects do not manifest the background creative mind whose mental life is materialised in the object but document it. Freyer takes it for granted that "human mind has been realised in [...] arrangements of the physical world and

---

[42] See Carnap's diary entry for 22 October 1925, RC 025–72-02.

now dwells within this material housing" (Freyer, 1998, 17). These physical objects are occasionally from earlier times, and one does not have direct access to the background of the acting subjects from those times. The only access available is the documents that were produced by creative minds.

Both in the *Aufbau* and in the *Theorie*, knowledge and understanding spring from the physical and material manifestation of *geistige Gegenstände*. Even if our methodology is based on the Diltheyian concept of understanding (*Verstehen*) (and later the ideas of others who somehow distorted the original conception), we must first recognise those physical entities within which the objective mind "dwells." Therefore, if we wish to rationally or hermeneutically reconstruct the structure and means of our knowledge of them, we must start from the physical, material, and objective world. Thus, from Freyer and Carnap's perspective, this task is for natural scientists and, above all, philosophers. It is philosophers who must provide logical frameworks and concepts suitable to analysing both the natural and cultural worlds. As Freyer states:

> All thinking, especially that of the sciences of life, of the psyche, and of the mind form such [relational] concepts – only philosophy still has to pay a debt *to the new logic* which must establish the law and the right of such conceptual formation. [...] That it should be accomplished is a pressing necessity; *the consolidation of our entire scientific thought*, its *purification from all kinds of impure mysticism*, and its *effect on life* depend on it. That it should be done soon is, for many, a hope; for us, a certainty. Ave, philosopher! (Freyer, 1998, 143).

Carnap must have been intrigued by these words. He became just one such philosopher who tried to work out the application of the new logic to the problems and issues of the entire phenomenon of scientific thought, sought to purify science of all types of impure mysticism, and tried to show in the *Aufbau* project the effect of scientific thinking on life.[43]

10.5   Summary

In this essay, I have focused on a still neglected aspect of the *Aufbau*: the constitution of *geistige Gegenstände* and its connection to the Dilthey School via the influence of Hans Freyer. Earlier, Alan Richardson suggested that

> [t]he Russellian perspective [of the *Aufbau*] fails to engage with the text of the *Aufbau* in anything like its own terms. [Carnap's] problem itself and the role of formal notions in its solution, combined with indubitable facts about the sort of philosophical education Carnap received in the 1910s in Jena, reorient the story toward a rather different philosophical tradition from Russell's – the tradition of scientific neo-Kantians (Richardson, 1998, 1f).

---

[43] The stressing of the effect of science on life is quite evident in one of Carnap's, 1929 lecture at the Dessau Bauhaus entitled "Wissenschaft und Leben"("Science and Life"). See RC 110–07-49.

Considering Freyer's role in Carnap's formative years and early intellectual development, one could rephrase Richardson's remarks as follows: The British, Austrian and certain elements of the German perspectives fail to engage with the text of the *Aufbau* on anything like its own terms. Carnap's problem itself and the role of notions in its solution combined with the indubitable facts regarding the type of philosophical education Carnap received and the intellectual background he developed in the 1910s in Jena, in the *Serakreis*, later in Freiburg, and in the numerous meetings and workshops in which he participated in Germany reorient the story towards a rather different philosophical tradition from that to Russell, Mach and the neo-Kantians belong, namely, the tradition of *Geisteswissenschaften*.

This tradition was in full bloom in Jena (in the *Serakreis*) and Freiburg in the first quarter of the twentieth century. The thinkers principally associated with the Dilthey School are Herman Nohl, Franz Roh, Wilhelm Flitner, and *Hans Freyer*. Consequently, one should draw the conclusion that given the impact of Freyer and the so-called Dilthey School, the German roots of Carnap's *Aufbau* reach deeper than previously thought to be the case.

References

Bouveresse, J. (2012). Rudolf Carnap and the legacy of Aufklärung. In P. Wagner (Ed.), *Carnap's ideal of explication and naturalism* (pp. 47–62). Palgrave Macmillan.

Brumlik, M. (2013). Rudolf Carnap. In B. Stambolis (Ed.), *Jugendbewegt geprägt* (pp. 191–195). V & R Unipress.

Carnap, R. (1929). *Abriss der Logistik*. Springer.

Carnap, R. (1963a). Intellectual autobiography. In P. A. Schilpp (Ed.), *The philosophy of Rudolf Carnap* (pp. 3–84). Open Court.

Carnap, R. (1963b). Philipp Frank and V. Brushlinsky on positivism, metaphysics and Marxism. In P. A. Schilpp (Ed.), *The philosophy of Rudolf Carnap* (pp. 867–868). Open Court.

Carnap, R. (2005). *The logical structure of the world (1928)*. Open Court.

Carus, A. W. (2007). *Carnap and twentieth-century thought: Explication as enlightenment*. Cambridge University Press.

Chickering, R. (1993). *Karl Lamprecht: A German academic life (1856–1915)*. Humanities Press.

Dahms, H.-J. (2004). Neue Sachlichkeit in the architecture and philosophy. In S. Awodey & C. Klein (Eds.), *Carnap brought home – The view from Jena* (pp. 357–375). Open Court.

Dahms, H.-J. (2016). Carnap's early conception of a "system of all concepts": The importance of Wilhelm Ostwald. In C. Damböck (Ed.), *Influences on the Aufbau* (pp. 163–185). Springer.

Damböck, C. (2012). Rudolf Carnap and Wilhelm Dilthey: "German" empiricism in the *Aufbau*. In R. Creath (Ed.), *Rudolf Carnap and the legacy of logical empiricism* (pp. 67–88). Springer.

Damböck, C. (Ed.). (2016). *Influences on the Aufbau*. Springer.

Damböck, C. (2017). *«Deutscher Empirismus». Studien zur Philosophie im deutschsprachigen Raum 1830–1930*. Springer.

Damböck, C. (2022). Is there a hermeneutic aspect in Carnap's *Aufbau*? In A. T. Tuboly (Ed.), *The history of understanding in analytic philosophy: Around logical empiricism* (pp. 87–102). Bloomsbury.

Dewulf, F. (2017). Carnap's incorporation of the Geisteswissenschaften in the Aufbau. *HOPOS, 7*(2), 199–225.

Flitner, W. (1921). *Laienbildung*. Diederichs.

Flitner, W. (1986). *Erinnerungen 1889–1945*. Paderborn et al.: Ferdinand Schöningh.

Fränzel, W. (1919). *Volksstaat und höhere Schule: Phantasien eines Heimgekehrten*. Diederichs.

Freyer, H. (1918). *Antäus. Grundlegung einer Ethik des bewussten Lebens*. Diederichs.

Freyer, H. (1921). *Die Bewertung der Wirtschaft im philosophischen Denken des 19. Jahrhunderts*. Engelmann.

Freyer, H. (1923). *Prometheus. Ideen zur Philosophie der Kultur*. Diederichs.

Freyer, H. (1998). *Theory of objective mind – Introduction to the philosophy of culture (1928)*. Ohio University Press.

Friedman, M. (1999). *Reconsidering logical positivism*. Cambridge University Press.

Gabriel, G. (2004). Introduction: Carnap brought home. In S. Awodey & C. Klein (Eds.), *Carnap brought home – The view from Jena* (pp. 3–23). Open Court.

Haller, R., & Rutte, H. (1977). Gespräch mit Heinrich Neider: Persönliche Erinnenrungen an den Wiener Kreis. *Conceptus, 1*, 21–42.

Kamlah, A. (2013). Everybody has the right to do what he wants: Hans Reichenbach's Volitionism and its historical roots. In N. Milkov & V. Peckhaus (Eds.), *The Berlin group and the philosophy of logical empiricism* (pp. 151–175). Springer.

Landauer, C. (1978). Memories of Hans Reichenbach. University Student. In M. Reichenbach & R. S. Cohen (Eds.), *Selected writings: 1909–1953. Volume 1* (pp. 25–31). Reidel.

Laqueur, W. (1962). *Young Germany: A history of the German youth movement*. Basic Books.

Mormann, T. (2016). Carnap's *Aufbau* in the Weimar context. In C. Damböck (Ed.), *Influences on the Aufbau* (pp. 115–136). Springer.

Mormann, T. (ms). *Germany's Defeat as a Programme: Carnap's Political and Philosophical Beginnings*.

Muller, J. Z. (1987). *The other god that failed – Hans Freyer and the Deradicalization of German conservatism*. Princeton University Press.

Priem, K., und Glaser, E. (2002). „Hochverehrter Herr Professor!" – „Sehr geehrter Herr Kollege!" Rekonstruktion von Erziehungswissenschaft durch Biographik am Beispiel der Korrespondenzen Eduard Sprangers und Wilhelm Flitners. *Zeitschrift für Erziehungswissenschaft, 1*, 163–178.

Quine, W. V. O. (1971). Homage to Rudolf Carnap. In *Memory of Rudolf Carnap: Proceedings of the 1970 Biennial meeting, philosophy of science association* (pp. xxii–xxv). Reidel.

Reichenbach, H. (1978). *Selected writings: 1909–1953* (Vol. 1, Reichenbach, M. & Cohen, R. S, Eds.). Reidel.

Richardson, A. W. (1998). *Carnap's construction of the world – The Aufbau and the emergence of logical empiricism*. Cambridge University Press.

Roh, F. (1921). *Holländische Malerei. 200 Nachbildungen mit geschichtlicher Einführung und Erläuterungen*. Diederichs.

Toader, I. D. (2015). Objectivity and understanding: A new reading of Carnap's *Aufbau*. *Synthese, 195*(5), 1543–1557.

Tuboly, A. T. (2017). Carnap's *weltanschauung* and the *Jugendbewegung*: The story of an omitted chapter. In F. Stadler (Ed.), *Integrated history and philosophy of science* (pp. 129–144). Springer.

Uebel, T. (2014). Carnap's *Aufbau* and physicalism: What does the "mutual reducibility" of psychological and physical objects amount to? In M. C. Galavotti et al. (Eds.), *European philosophy of science – Philosophy of science in Europe and the Viennese heritage* (Vienna circle institute yearbook) (pp. 45–56). Springer.

Üner, E. (1981). Jugendbewegung und Soziologie. Wissenschaftssoziologische Skizzen zu Hans Freyers Werk und Wissenschaftsgemeinschaft bis 1933. In M. R. Lepsius (Ed.), *Soziologie in Deutschland und Österreich 1918–1945* (pp. 131–159). Westdeutscher Verlag.

Üner, E. (1992). *Soziologie als „geistige Bewegung". Hans Freyers System der Soziologie und die „Leipziger Schule"*. Acta Humaniora, VCH Verlag.

Werner, M. G. (1992). „Die Freudigen leben nicht umsonst...": Walter Fränzel – Ein Lebensbild aus der Jugendbewegung. *Jahrbuch des Archivs der deutschen Jugendbewegung, 17*, 199–230.

Werner, M. G. (2003). *Moderne in der Provinz. Kulturelle Experimente im Fin de Siècle Jena.* Wallstein.

Werner, M. G. (2013). „Bilder zukünftiger Vollendung" – Der freistudentische Serakreis 1913 in den Tagebüchern und Briefen von und an Wilhelm Flitner. *Internationales Archiv für Sozialgeschichte der deutschen Literatur, 38*(2), 479–513.

Werner, M. G. (2014). Jugend im Feuer. August 1914 im Serakreis. *Zeitschrift für Ideengeschichte, 8/2,* 19–34.

Werner, M. G. (2015a). Freundschaft/Briefe/Sera-Kreis. Rudolf Carnap und Wilhelm Flitner. Die Geschichte einer Freundschaft in Briefen. In B. Stambolis (Ed.), *Die Jugendbewegung und ihre Wirkungen* (pp. 105–131). V & R Unipress.

Werner, M. G. (2015b). Freideutsche Jugend und Politik. Rudolf Carnaps Politische Rundbriefe 1918. In F. W. Graf et al. (Eds.), *Geschichte intellektuell. Theoriegeschichtliche Perspektiven* (pp. 465–486). Mohr Siebeck.

Wipf, H. U. (2005). Studentische Politik und Kulturreform. In *Geschichte der Freistudenten-Bewegung 1896–1918.* Wochenschau-Verlag.

Zuh, D. (2015). Arnold Hauser and the multilayer theory of knowledge. *Studies in East European Thought, 67*(1), 41–59.

Teil III
Parallelen und Schnittmengen

11

Otto Neurath, Emil Lederer und der Max-Weber-Kreis

Gangolf Hübinger

Es liegt nicht auf der Hand, einen Zusammenhang zwischen Wiener Kreis, Jugendbewegung und Weber-Kreis herstellen zu wollen. Wo gibt es Berührungspunkte zwischen Logischem Empirismus, idealistischem Gemeinschaftsdenken und neukantianisch geprägtem Intellektualismus? Und gibt es überhaupt einen Max-Weber-Kreis? Um diese Fragen soll es gehen. Vom „Kreis um Max Weber" spricht bei Webers Tod im Jahr 1920 der Nationalökonom und Soziologe Emil Lederer, der sich intellektuell diesem Kreis zurechnete.[1] Lederer war aus dem austromarxistischen Milieu Wiens über München nach Heidelberg gekommen und stand als verantwortlicher Redakteur der Zeitschrift *Archiv für Sozialwissenschaft und Sozialpolitik* (AfSS) in den revolutionären Umbruchjahren zwischen 1917 und 1922 zugleich in engerem Kontakt zu Otto Neurath. Umbau der Gesellschaft durch wissenschaftlich basierte Sozialisierung war in Österreich wie in Deutschland das generelle Stichwort. Hierzu gehört auch Neuraths bekannte Korrespondenz mit Max Weber selbst, die den entscheidenden Punkt markiert, an dem sich die Kreise berührten: in der sozialwissenschaftlichen Beobachtung der kapitalistischen Moderne und den leidenschaftlichen Debatten um Modelle sozialpolitischer Ordnung dieser Moderne mit einem Votum für die passende Staatsverfassung.

Günther Sandners Biographie zu Otto Neurath motiviert im Kapitel „Kritik: Lederer, Weber, Rathenau und von Mises" dazu, die Frage nach diesen Berührungspunkten auf das Problemfeld rationalistischer und universaler Wirtschaftspläne und Sozialethiken hin auszurichten.[2] Solche Reformpläne

---

[1] Vgl. Lederer (1920/21a, IV).
[2] Vgl. Sandner (2014, 143–147). Zu Neurath vgl. auch den Beitrag von Günther Sandner in diesem Band.

G. Hübinger (✉)
Europa-Universität Viadrina, Frankfurt/Oder, Deutschland
E-Mail: Huebinger@europa-uni.de

© The Author(s) 2022
C. Damböck et al. (eds.), *Logischer Empirismus, Lebensreform und die deutsche Jugendbewegung*, Veröffentlichungen des Instituts Wiener Kreis 32,
https://doi.org/10.1007/978-3-030-84887-3_11

und ethischen Gesellschaftslehren kursierten im Weltkrieg unter Stichworten wie „Kriegswirtschaftslehre", „Gemeinwirtschaft", „Genossenschaft" oder „Durchstaatlichung". Sie versprachen eine Überwindung des menschenfeindlichen Konkurrenz-Kapitalismus und stellten einen „Zukunftstaat" in Aussicht, in dem sich auch ein Ideal der Jugendbewegung – die freie Gemeinschaft – verwirklichen sollte. Möglicherweise steckte hinter solchen, hier erst einmal grob skizzierten Utopien mehr von Eugen Diederichs, dem jugendbewegten „Kulturverleger", als von Karl Marx selbst, aber das wäre zu diskutieren.[3]

Ein Bezug der nationalökonomischen Reformdebatte zu Jugendbewegung und Lebensreform lässt sich gut herstellen durch Meike G. Werners Analyse der politischen Rundbriefe von Rudolf Carnap, die sich 1918 den „Fragen der Neuordnung Deutschlands nach dem Kriege" widmeten. „Neuordnung nach dem Krieg und durch den Krieg" war eine vielstimmig verwendete Formel, die anzeigt, in welcher Intensität vor allem im deutschsprachigen Raum ein Experimentierfeld zur Beobachtung, Vermessung und Deutung der industriekapitalistischen Gesellschaften entstand, so gegensätzlich in den Untersuchungsweisen wie radikal in den politischen Ordnungskonzepten. Bei Carnap und seinen jugendbewegten Mitstreitern wie Knud Ahlborn und Eduard Heimann ging es im Dezember 1918 um das entschiedene „Engagement für ein neues klassenüberschreitendes Gesellschaftsmodell, das den Weg aus der als Zwingburg wahrgenommenen kapitalistischen Wirtschaftsform wies" (Werner, 2015, 485).[4]

Der kritische Umgang mit der „kapitalistischen Wirtschaftsform" führte zu signifikanten Berührungen zwischen Wiener Kreis und Weber-Kreis, zu Kontakten, die durch Neurath und Lederer hergestellt wurden. Unter fünf Aspekten soll das Diskursfeld dieser Berührungen näher ausgeleuchtet werden. Als kultureller Rahmen ist zuerst der jugendbewegte „Hunger nach Ganzheit" anzusprechen (1.); für das lebensreformerische Wirtschaftsdenken ist der Zusammenhang von „Gemeinschaft" und „Gemeinwirtschaft" zu präzisieren (2.); auszuwerten sind die Begegnungen zwischen Jugend und Professoren auf den von Eugen Diederichs organisierten Lauensteiner Kulturtagungen im welthistorischen Jahr von 1917 (3.); auszumessen sind die Pläne und Probleme der „Sozialisierung" in der Revolution von 1918/1919 (4.); im Ergebnis lassen sich in der Konstellation Neurath-Lederer-Weber die Gegensätze und Berührungspunkte zwischen Weber-Kreis und Wiener Kreis ermitteln (5.).

---

[3] Am ergiebigsten entlang des Buches von Meike G. Werner: *Moderne in der Provinz. Kulturelle Experimente im Fin de Siècle Jena,* vgl. Werner (2003).
[4] Vgl. auch den Beitrag von Meike G. Werner in diesem Band.

11.1 Jugendbewegung und „Hunger nach Ganzheit"

Hans Staudinger, der Sohn des Sozialphilosophen, Genossenschaftlers und Diederichs-Autors Franz Staudinger, gehörte dem losen Zirkel an, der hier als Weber-Kreis umrissen werden soll. In seinen *Lebenserinnerungen* berichtet Hans Staudinger, wie er das erste Mal persönlich in das Haus des Privatgelehrten Max Weber in der Ziegelhäuser Landstraße 17 eingeladen wurde. Es muss 1912/1913 gewesen sein: „Als ich an der Weber- und Troeltschschen Haustür klingelte, empfing mich Marianne Weber, hinreichend erstaunt über mein Wandervogelkostüm und fast geistesabwesend; ohne nach meinem Namen zu fragen, führte sie mich in Max Webers Arbeitszimmer" (Staudinger, 1982, 7).

Dem intellektualistischen Sozialforscher saß also plötzlich ein romantischer Wandervogel gegenüber. Genauer, ein führendes Mitglied der Heidelberger Freistudenten, zugleich Mitglied der Gewerkschaft wie der Sozialdemokratischen Partei. Solche Konstellationen persönlicher Lebensführung reizten Weber,

und er fragte mehr und mehr über den Wandervogel. Seine Ziele: nicht ein Zurück zur Natur, sondern ein Zurück zu bodenständigem Volkstum. Weber verwunderte sich über die Organisationsform, die Funktion des letztentscheidenden Hauptführers[,] den unbedingten Gehorsam, wie auch über die Mittel: durch Wanderungen und das Sammeln von Volksgesängen den Charakter des Volkes erfassen zu wollen. Er schüttelte seinen Kopf und schloß mit der Zusammenfassung, daß eine solche völkische Bewegung gefährlich werden könne. [...] Die Bewegung sei schön in ihren sang- und klangvollen Erlebnissen, doch im Grunde reaktionär und romantisch. Die Arbeiter, denen ich doch so nahe stünde, kauften mir einen solchen Zukunftstaat nicht ab. (Staudinger, 1982, 7)

Bis zu Webers Wechsel von Heidelberg nach München im Revolutionsjahr 1919 blieb Staudinger ein Heidelberger Gesprächspartner, auch wenn er inzwischen von Alfred Weber promoviert und dessen Assistent geworden war. Max Weber beschimpfte seinen vier Jahre jüngeren Bruder Alfred als „einen Verderber der Jugend" (Staudinger, 1982, 8), weil er die romantische Weltsicht der Jugendbewegung zu sehr fördere.[5]

Was Max Weber irritierte und zugleich faszinierte, das war die Emphase, mit welcher der Freistudent Staudinger dem Ausdruck gibt, was Peter Gay in seiner Kulturgeschichte der Weimarer Republik als „Hunger nach Ganzheit" auf eine modernitätskritische Formel bringt.[6] Die Jugendbewegung verlange in ihrer Sehnsucht nach dem „ganzen harmonischen Menschentum" rigoros „nach einer „organischen Weltanschauung" (Gay, 1970, 107 f.). Ersetzt man „organische Weltanschauung" durch „einheitswissenschaftliche Weltauffassung", dann liegt der Schluss nicht fern, der Wiener Kreis könnte in seiner rationalistischen Spielart aus einem ähnlichen Hunger nach Ganzheit heraus entstanden sein.

---

[5] Zu Alfred Weber vgl. Demm (1990, 1999).

[6] Vgl. das vierte Kapitel „Der Hunger nach Ganzheit: Erprobung der Moderne" in Gay (1970, 99–137).

Wer diesen Wiener Kreis bildete, das ist immer wieder ausführlich beschrieben worden.[7] Anders steht es um die Frage, ob sich überhaupt von einem Max-Weber-Kreis sprechen lässt, und was ihn auszeichnet? Es war der Philosoph und Sozialpädagoge Paul Honigsheim, ein Mitglied des engeren Weber-Kreises, der nach Webers Tod aus intimer Kenntnis einen Essay unter dem Titel „Der Max-Weber-Kreis in Heidelberg" veröffentlichte und darin eine „Soziologie des Max-Weber-Kreises" (Honigsheim, 1926) zu skizzieren versuchte.

Ausgehen müsse eine solche Soziologie von den radikalen Individualisten, den Außenseitern der wilhelminischen Gesellschaftsordnung. Honigsheim bringt es auf eine plastische Formel: „Max Weber hat einer jeden Institution, Staat, Kirche, Partei, Trust, Schulzusammenhang, d. h. einem jeden überindividuellen Gebilde, gleichgültig welcher Art, das mit dem Anspruch auf metaphysische Realität oder auf Allgemeingültigkeit auftrat, den Kampf bis aufs Messer angesagt" (Honigsheim, 1926, 271). Selbstbildung zur „Persönlichkeit" im Kampf mit den Zwängen der gesellschaftlichen „Lebensordnungen", diese Charaktereigenschaft verschaffte den Zutritt zum Weber-Kreis. Es gab eine conditio sine qua non: Zutritt erlangte, wer sich durch „Besessensein im Geiste" auswies, durch einen rigorosen Intellektualismus.[8] Das grenzte den Kreis in vielem ab vom Erlebniskult der Jugendbewegung und öffnete ihn zugleich für das logisch-empiristische Denken in den Sozialreformdebatten des frühen zwanzigsten Jahrhunderts.

Es sei kein Zufall, betont Honigsheim, „daß so manche Revolutionäre und Bolschewisten Deutschlands und insbesondere mehrere nachmalige Räte-republikaner von München und Budapest früher so oft in der Ziegelhäuser Land-straße Tee getrunken hatten" (Honigsheim, 1926, 272). Honigsheims Leser wussten noch, dass hier Georg Lukács, Ernst Bloch und Ernst Toller gemeint waren. Auch Otto Neurath, obwohl der nicht in Webers Heidelberger Haus Tee getrunken hatte, sondern wohl erst in Lauenstein in persönlichen Kontakt zu ihm trat. Gelesen hat Weber Neurath spätestens ab 1915, als Neurath sein Debüt als Autor im AfSS gab. Und zwar mit seiner „Kriegswirtschaftslehre", aus der dann 1918 Neuraths System der „Vollsozialisierung" hervorging. Auch dafür bot ihm das AfSS, dessen Herausgeber Max Weber zusammen mit Werner Sombart und Edgar Jaffé war, ein Forum.[9]

Jaffé, der Eigentümer der Zeitschrift, hatte sich zu seiner Unterstützung Emil Lederer aus Wien geholt. Lederer, von der österreichischen Grenznutzenschule und vom Austromarxismus gleichermaßen geprägt, wirkte ab 1911 als Redaktionssekretär. Nach Jaffés Tod 1921 übernahm er die Leitung dieser sozial- und wirtschaftswis-senschaftlichen Zeitschrift, die weiterhin zu den bedeutendsten Foren der zeitdiagnostischen Kapitalismus-Debatten zählte. In Heidelberg war Lederer regel-mäßiger Teilnehmer an Max Webers legendärem Sonntags-Tee. Wie Weber suchte

---

[7] Verwiesen sei hier zum Beispiel auf die jüngste zusammenfassende Dokumentation in Limbeck-Lilienau und Stadler (2015).

[8] Vgl. Honigsheim (1926, 271).

[9] Vgl. ausführlicher das Kapitel „Sozialwissenschaftliche Avantgarden. Das *Archiv für Sozialwissenschaft und Sozialpolitik* (1904–1933)" in Hübinger (2016, 23–44).

Lederer den Kontakt zu radikal denkenden Studenten, und mit Hans Staudinger verband ihn eine lebenslange Freundschaft.[10] Als Lederer in seinem Nachruf auf Max Weber die Rede vom Weber-Kreis in Umlauf setzte, zielte er auf das intellektuelle Netzwerk des AfSS und betonte, dass der „Kreis, der sich um das ‚Archiv' scharte" […] so recht eigentlich ein Kreis um Max Weber" (Lederer, 1920/21a, IV) war.

Lederer arbeitete eng mit Edgar Jaffé zusammen, der als unermüdlicher Netzwerker bis zu seiner Berufung zum Finanzminister in das Kabinett von Kurt Eisner im November 1918 die Hauptgeschäfte des AfSS besorgte.

11.2 „Gemeinschaft" und „Gemeinwirtschaft"

Edgar Jaffé und Emil Lederer stellten im Weltkrieg einige Weichen, um die eher wirtschaftsfremde Jugendbewegung für ein ökonomisches Denken mit lebensreformerischen Implikationen zu sensibilisieren. „Gemeinwirtschaft" als ökonomische Ordnungsform einer postkapitalistischen Gemeinschaft wurde zum leitenden Stichwort. So beschloss die Redaktion wenige Monate nach Ausbruch des Krieges, das AfSS in Sonderheften und als Separatdruck primär dem Thema „Krieg und Wirtschaft" zu widmen und das Wirtschaftsleben Deutschlands, seiner Verbündeten, aber auch der Kriegsgegner als die „ökonomische Seite des welthistorischen Prozesses, in welchem wir stehen" (AfSS 1915, 1f.), zu behandeln. Eine rein wissenschaftliche Behandlung war gefordert, keine Mobilisierung der Geister zur Stärkung der eigenen Kriegsfront, wie die Redaktion in ihrem Geleitwort unterstrich: „Es braucht nicht betont zu werden, daß alle Beiträge rein wissenschaftlich gemeint sind, und sich auf eine systematische, objektive, und ruhige Beobachtung der Tatsachen gründen" (AfSS 1915, 1f.).[11] Das AfSS biete hohe fachliche Qualität, „accuracy, reasonableness and truth" (Keynes, 1915, 452), befand aus England John Maynard Keynes. Er meinte damit allerdings mehr Emil Lederer als Edgar Jaffé selbst.[12]

Jaffé sah mit dem Krieg die Gelegenheit gekommen, die zerstörerischen Kräfte kapitalistischer Konkurrenz- wie auch Monopolwirtschaft zu überwinden. Die konzentrierten Anstrengungen der durchstaatlichten Kriegswirtschaft, wie sie Walther

---

[10] Vgl. Speier (1979, 261).

[11] Vgl. hierzu auch Lenger (2015).

[12] Das vollständige Zitat lautet: "What is the general impression produced on the mind of an English reader of these *Kriegshefte*? Generally, I think, that Germany and Germans are not so different from the rest of the world as our daily Press would hypnotise us into believing. The German myth, which is currently offered for our belief, is of a superhuman machine driven by inhuman hands. The machine is a good one, but has by no means moved with such uncanny smoothness, as we come too easily to believe when it is hidden from us by a curtain of silence. Nor are the drivers, after all, so changed from what before the war we used to think of them. In spite of Professor Jaffé, the general note is of moderation, sobriety, accuracy, reasonableness and truth" (Keynes, 1915, 452).

Rathenau in der Praxis organisierte, machten den Weg frei für die „Ausschaltung der kapitalistischen und Ersatz derselben durch die gemeinwirtschaftliche Ordnung" (Jaffé, 1915a, 26). Hier wird das ordnungspolitische Modell von der „Gemein-wirtschaft" entwickelt, das gerade für die Jugendbewegung mit ihrer Suche nach der „neuen Gemeinschaft" (Hans Staudinger) äußerst attraktiv wurde. Recht unglücklich spricht Jaffé allerdings von der „Militarisierung unseres Wirtschaftslebens", wenn er sozialphilosophisch viel ganzheitlicher „die Stärkung der organisierten Gesamtheit (des Staates) zu dem Ende größter Leistungsfähigkeit" meint und die kapitalistische Ordnung „durch die vollkommenste Durchorganisation, durch möglichste Vermeidung jeder überflüssigen Reibung und Kraftverschwendung, durch Heranziehung *aller* zur Mitarbeit an der gemeinsamen Aufgabe" (Jaffé, 1915b, 523 f.), für überwindungsfähig erklärt.[13]

Emil Lederer argumentiert hier nüchterner, teilt aber die grundsätzliche Zielrichtung, den freien Konkurrenz-Kapitalismus durch einen interventionisti-schen Planungsstaat zu ersetzen, ohne der marxistischen Forderung nach „Verstaatlichung der Produktionsmittel" nachgeben zu müssen: „Die politische und wirtschaftliche Lage Deutschlands ist gegenwärtig wie selten die eines Staates prä-destiniert für eine planmäßige, in sich geschlossene Volkswirtschaft" (Lederer, 1915a, 146).[14] Es war nur logisch, wenn bei dieser durchrationalisierten Alternative zum Kapitalismus auch die Stunde von Otto Neurath schlug. Neurath nutzte eine erste Sichtung aktueller Literatur zur „Kriegswirtschaft" um anzukündigen, „daß in Kriegszeiten kühne Versuche nichts seltenes sind, da die Not oft jede Scheu vor der Tradition beiseite schiebt und nur das rationale gelten läßt" (Neurath, 1915a, 215).[15]

„Kriegswirtschaft" wurde zu einem beherrschenden Thema. Max Weber beriet mit seinem Verleger Paul Siebeck, dem bereits vor dem Weltkrieg konzipierten *Grundriß der Sozialökonomik* ein eigenes Kapitel über „Wirtschaft und Krieg" hin-zuzufügen.[16] Zwei Autoren kamen für ihn als Experten für Kriegswirtschaft in Frage, sein nationalökonomischer Mitstreiter im „Verein für Socialpolitik" Franz Eulenburg und Otto Neurath: „Ich würde der Ansicht sein, in *erster* Linie Eulenburg, der darüber sehr viel gearbeitet hat, zu fragen (habe dies *un*verbindlich soeben gethan), – in zweiter Dr. Neurath, Wien, der ebenfalls darüber arbeitet, nicht ganz so erfahren, aber auch sehr tüchtig" (Weber an Paul Siebeck, 14. April 1916, Weber, 2008, 384 f.). Das Interessante an diesem Vorschlag ist, dass Eulenburg und Neurath

---

[13] Pathetisch der Schluß: „Das neue Deutschland des 20. Jahrhunderts kehrt demgegenüber zurück zu dem alten Grundsatz, der stets der letzte Sinn und das höchste Ziel aller gesunden Staatsorganisation gewesen und auch in Zukunft bleiben wird; jenes Wort, das auch zugleich den *genossenschaftlichen* Charakter alles wahrhaft deutschen Wesens bezeichnet: *Einer für alle, alle für einen*" (Jaffé, 1915b, 547).

[14] Dem vorausgegangen war Lederers übergreifende Gegenwartsanalyse „Zur Soziologie des Weltkrieges", die in ihrer Betonung der „Rechte des Individuums und der Gesellschaft" (Lederer, 1915b, 382) auch eine Gegenrede zur Staatsmetaphysik bei Max Scheler darstellte, so wie Lederer dessen Erfolgsbuch *Der Genius des Krieges und der Deutsche Krieg* (1915) las.

[15] Im gleichen Jahrgang des AfSS Otto Neuraths aufschlussreiche Überlegungen zum Verhältnis von Rationalismus, Religion und Nationalismus in der Vorkriegszeit. Vgl. Neurath (1915b).

[16] Vgl. hierzu ausführlich Weber (2009).

beide im AfSS eine Grundsatzkontroverse über den wissenschaftlichen Status der „Kriegswirtschaftslehre" führten.[17] Eulenburg bewertete sie als einen Sonderfall der allgemeinen Volkswirtschaftslehre, Neurath wollte sie dagegen zu einer eigenen, historisch vergleichenden Disziplin aufwerten und mit ihrer Hilfe den „kühnen Versuch" (Neurath, 1917/18, 773) einer postkapitalistischen Neuordnung wagen.

Ob zentralistische Verwaltungswirtschaft und naturalwirtschaftliche Bedarfsdeckung oder Zwangsarbeit der Gefangenen, von der Antike bis zu den Napoleonischen Kriegen zog Neurath Beispiele heran für sein Plädoyer, „die Besonderheiten der Weltkriegswirtschaft" (Neurath, 1917/18, 773) zu erfassen. Es erweise sich „die mit Hilfe vergleichender Betrachtungen entworfene *Gesamtschilderung der Kriegswirtschaft* in ihren Hauptzügen als zutreffend, so daß die Kriegswirtschaftslehre sowohl theoretisch als auch historisch und praktisch gerechtfertigt erscheint" (Neurath, 1917/18, 773). Inhaltlich teilten Weber und sein Heidelberger Umfeld in keiner Weise Neuraths Überzeugung, die von ihm entwickelte logisch-rationalistische Variante der Gemeinwirtschaft steigere durch Konzentration aller ökonomischen Kräfte die Produktivität. Aber der wissenschaftliche Ernst, mit dem Neurath seine Argumente darlegte, bewog die Universität Heidelberg, ihn mit seinen Publikationen zur Kriegswirtschaft im Juli 1917 zu habilitieren. Die Federführung lag bei Webers Nachfolger auf dem nationalökonomischen Lehrstuhl Eberhard Gothein.[18]

In seiner eigenen Zeitschrift griff Max Weber nicht in die Kontroverse um Kriegswirtschaft als Gemeinwirtschaft ein, hier ließ er sich abseits vom Zeitgeschehen umfänglichen Raum für seine universalhistorische Serie über die „Wirtschaftsethik der Weltreligionen" reservieren.[19] Seine Kritik an Neurath brachte er gegenüber Eugen Diederichs zum Ausdruck, als dieser für Ende September 1917 die zweite der Lauensteiner Kulturtagungen plante, diesmal zum Thema „Das Führerproblem im Staate und in der Kultur" und mit Weber und Neurath als Rednern. Während Weber über „Die Persönlichkeit und die Lebensordnungen" sprechen wollte, hatte Neurath „Die zukünftige Lebensordnung und ihre Wirtschaftlichkeit" vorgeschlagen, was Webers Missfallen erregte:

> Was soll es aber heißen, daß nun Dr. Neurath (ich schätze ihn *sehr*) über „Gemeinwirtschaft" redet. Das giebt ja *wieder* den Heringssalat von heterogenen Problemen, wie das vorige Mal! Es war doch ausgemacht: *„Auslese der Führer"* – und damit fertig. Was hat die „Gemeinwirtschaft" damit zu schaffen? (Brief an Eugen Diederichs vom 30. August 1917, Weber, 2008, 760)

---

[17]Vgl. Eulenburg (1916/17, 1917/18, 1918/19), allerdings datiert auf „Ende Dezember 1918", ebd., S. 526; Neurath (1917/18).

[18]Vgl. Sandner (2014, 104 f).

[19]Vgl. die editorischen Berichte zu Weber (1989, 1996, 2005).

11.3   Jugend und Professoren auf den Lauensteiner Kulturtagungen

Im Kriegsjahr 1917 verlagerte sich die öffentliche Debatte immer mehr von äußeren Erfolgshoffnungen auf innere Neuordnungszwänge. Um diesen Prozess mitzugestalten, unternahm der Verleger, Jugend-Mäzen und Organisator der Lebensreformbewegungen Eugen Diederichs den ambitionierten Versuch, wichtige Ideenrichtungen zusammenzuführen und die Sprecher der Jugendbewegung mit den Experten aus Ökonomie, Sozialwissenschaft und Sozialpolitik ins Gespräch zu bringen. Die beiden Kulturtagungen auf der bayerischen Burg Lauenstein bei Coburg im Mai und Oktober 1917 sind fester Bestandteil einer Kulturgeschichte des Ersten Weltkrieges.[20] Knud Ahlborn, Ernst Toller, Wilhelm Vershofen und viele andere bildende Künstler und Poeten trafen auf Otto Neurath, Edgar Jaffé, Werner Sombart und Max Weber. Auch Emil Lederer war eingeladen, es gibt aber keinen verlässlichen Beleg über seine Teilnahme.

Das Ziel dieser Tagungen war äußerst ehrgeizig. Unter dem Titel „Sinn und Aufgabe unserer Zeit" sollten auf der Mai-Tagung die Chancen für fundamentale Reformen in Richtung einer ganzheitlichen Lebensordnung nach dem Krieg ausgelotet werden, inspiriert von Walther Rathenaus soeben erschienenem Essay „Von kommenden Dingen" (1917). Gemäß Diederichs' vertraulichem Einladungsschreiben sollten Grundfragen für eine neue „deutsche Staatsidee" erörtert werden, „Fragen der inneren und äußeren Politik, Steuerreform, Soziale Frage, Erziehungsfragen" (Werner, 2021, 273 f.). Die Oktober-Tagung war dem „Führerproblem im Staate und in der Kultur" gewidmet.[21] Der Verlauf der Tagungen ist hier nicht das Thema, wichtiger erscheint es, die Konsequenzen ihres Scheiterns näher zu betrachten. Denn dass sie scheitern würden, das war bei der Konfrontation der Generationen und Charaktere absehbar. Extremer Nationalismus stand gegen anarchistischen Pazifismus, antiparlamentarischer Staatssozialismus gegen parlamentarische Demokratisierung, Charismatisierung gegen Rationalisierung der politischen Ordnung. Lauenstein bot einen Probelauf für die Ideenkämpfe, welche die deutsche Gesellschaft zwischen den beiden Weltkriegen so nachhaltig polarisieren werden.

Für den Protokollanten der ersten Tagung, den Publizisten Wolfgang Schumann, Freund und Mitarbeiter sowohl von Eugen Diederichs als auch von Otto Neurath, erwies sich als Hauptproblem „ein grundsätzlicher Gegensatz zwischen Intellektualisten und Künstlern". So brachte er es in einem kritischen Brief vom 11. Oktober 1917 an Diederichs auf einen knapp resümierenden Nenner (abgedr. in Werner, 2021, 320). Der unüberbrückte Gegensatz zwischen rational-analytischer und der von Diederichs bevorzugten „schöpferischen" Welthaltung habe die Tagung durchzogen und fruchtbaren Austausch blockiert. Jugendlicher „Tanz im Schloßhof" sei bewegend, aber Gemeinschaftsgefühl à la Diederichs ersetze nicht

---

[20] Vgl. etwa (Piper 2013, 426–428).

[21] Vgl. zur Mai-Tagung ausführlich Hübinger (1996) mit Abdruck des Protokolls der ersten Tagung, sowie mit Analysen, zahlreichen Fotos und Textdokumenten Werner (2021).

Gesellschaftsanalyse, wenn „Leute wie Sombart, Tönnies, Neurath [und andere] frierend und einigermaßen gottverlassen herumlaufen" (abgedr. in Werner, 2021, 320). Es war demnach nicht zu der erhofften Verständigung und wechselseitigen Sensibilisierung von Jugendbewegung und Wissenschaft gekommen, erst recht nicht in Wirtschaftsfragen. Otto Neurath und Max Weber fanden sich aus der Sicht der „Jungen" gemeinsam in der Gruppe der unschöpferischen „Intellektualisten" wieder. Als Diederichs eine dritte Folge für das Frühjahr 1918 ins Auge fasste und seine geliebte Opposition von schöpferischer Jugend und unschöpferischen Akademikern erneut bemühte, wurde Schumann deutlicher. „Nach meinem Gefühl mißbrauchen Sie das Wort ‚schöpferische Menschen'" kritisierte er Diederichs' Vorstellung vom „Wesen einer Kulturtagung" und versprach sich mehr vom Orientierungswissen der „Intellektualisten", namentlich von Neurath und Weber (Schumann an Diederichs, 3. Februar 1918 abgedr. in Werner, 2021, 354–357, 354).

Ähnlich negativ votierte Alfred Jaffé, der sogar die verabredete Vertraulichkeit der Lauensteiner Gespräche durchbrach, weil er seine Ordnungsidee der Gemeinwirtschaft romantisch zerredet sah. In einem anonymen Artikel machte er den Gegensatz der „Künstler und Gelehrten" öffentlich und nahm Partei für die „strengen Wissenschaftler", darunter, ohne ihn namentlich zu nennen, Otto Neurath, denn „die Österreicher hatten Gelegenheit, durch skeptische Sachlichkeit und ebenso skeptische Versöhnlichkeit […] ihre besondere Art zu zeigen" (Jaffé, 1917, 996). Unmittelbar gefordert waren die „strengen Wissenschaftler" dann im Übergang von der Kriegs- zur Friedenswirtschaft 1918/1919, als die Frage nach Art und Maß der „Sozialisierung" die Agenda der praktischen Politik bestimmte und die Teilnehmer von Lauenstein ins Rampenlicht rückten.

11.4   Pläne und Probleme der „Sozialisierung" in der Revolution von 1918/1919

Die Revolution von 1918/1919 zielte in Deutschland wie in Österreich über den politischen Systemwechsel hinaus auf eine neue Sozialordnung jenseits des Kapitalismus. Wie positionieren sich in den nicht-marxistischen Debatten um die „Sozialisierung" unsere Hauptakteure? Die Jugendbewegten wie Eduard Heimann und auch Diederichs selbst blieben im Diskursfeld. Heimann als Generalsekretär der deutschen Sozialisierungskommission, Diederichs mit seiner bereits 1917 begründeten Reihe „Deutsche Gemeinwirtschaft"; darin erschienen Otto Neuraths „Vollsozialisierung" als Heft 15 (1920) und Walther Rathenaus „Autonome Wirtschaft" als Heft 16 (1919).[22]

Edgar Jaffé, der in den Kriegsheften seines AfSS so energisch für die „Gemeinwirtschaft" eingetreten war, wurde am 8. November 1918 als Finanzminister

---

[22] Ebenso eine Denkschrift des Reichswirtschaftsministeriums vom Mai 1919 „Der Aufbau der Gemeinwirtschaft". Vgl. Heidler (1998, 412–417).

in die Regierung von Kurt Eisner berufen. Nach Eisners Ermordung trat Jaffé am 17. März 1919 zurück und gehörte der Regierung Hoffmann nicht mehr an.[23] Über Edgar Jaffé fand Otto Neurath in die bayerische Politik.[24] Zwischen dem 31. März und dem 14. Mai 1919 wirkte er als Leiter des Zentralwirtschaftsamtes und versuchte mit Amtsautorität und Charisma, seine Idee der Vollsozialisierung umzusetzen. Was „Vollsozialisierung" in ihrer rigorosen Planungslogik heißen soll, beschrieb er in allen Journalen, die ihn einluden. Mit Wolfgang Schumann verfasste er den „Entwurf zu einem Reichs-Sozialisierungsgesetz" (Neurath & Schumann, 1919, 70–79) unter der Devise „Sozialisieren heißt: eine neue Lebensordnung heraufführen" (Neurath & Schumann, 1919, 57). Auch Jaffés und Lederers AfSS bot Neurath in seinem thematisch auf die Sozialisierung ausgerichteten Jahrgang 1920 eine Plattform, sein „System der Sozialisierung" mit einer detaillierten graphischen „Übersicht über die Organisation der Sozialisierung" (Neurath, 1920/1921, 73) internationalen Fachkreisen zu präsentieren.

Diese nicht-marxistische Kapitalismuskritik wirkte erkennbar auf die Jugendbewegung zurück. Für die Freideutsche Jugend kündigte Knud Ahlborn einen klaren Kurswechsel an:

> Das noch in Jena [auf dem Freideutschen Jugendtag von 1919, G.H.] versuchte Prinzip einer demokratischen Gesetzgebung der neuen Gemeinschaft wird entschieden verlassen. Fachleute sollen entscheiden, was auf den einzelnen Fachgebieten an praktischen Forderungen aufzustellen und an praktischer Arbeit zu leisten ist. (Ahlborn, o. J., 23)[25]

Darin liegt, ob direkt oder indirekt rezipiert, ein Bezug auf die Position von Otto Neurath. Denn Neurath hatte sich zu jeder Zeit, nicht erst verteidigungsstrategisch in seinem Münchener Hochverratsprozess, als reiner Fachmann verstanden. Sein logischer Sozialismus war szientistisch, einheitswissenschaftlich gedacht, beruhend auf Universalstatistik und Naturalrechnung. Nur als Fachmann habe er gehandelt, übergeordnet allen politischen Interessen- und Machtkämpfen, ließ er die Gesprächspartner wissen, sofern sie – wie Walther Rathenau – nach seiner Verhaftung den Kontakt mit ihm nicht abbrachen.[26]

Neurath stand mit seiner wissenschaftsbasierten Utopie einer „gesellschaftstechnischen Gesamtkonstruktion" recht isoliert da.[27] Demgegenüber propagierten die ökonomischen Experten, wenn sie die Chancen von Sozialisierungsmaßnahmen einem Wirklichkeitstest unterwarfen, gradualistische Strukturreformen verschiedener Reichweite.[28] Einen Eindruck vom hohen Niveau dieser Debatten liefert die

---

[23] Vgl. Menges (1988, 227).

[24] Vgl. Sandner (2014, 122–143).

[25] Vgl. Schenk (1991), besonders 184–198.

[26] Vgl. den Brief von Otto Neurath an Walther Rathenau vom 22. Mai 1919: „Sie sind wohl ausreichend darüber unterrichtet, wie peinlich ich mich von aller Politik fern hielt, und ich kann nicht glauben, daß ein Gerichtshof die rein wirtschaftlichen Maßnahmen als Hochverrat beurteilen wird" (zitiert nach Rathenau, 2006, 2183).

[27] Zu Neuraths Utopistik vgl. Sandner (2014, 118 f).

[28] Vgl. zu der ganzen Breite der Reformkonzepte Grebing (2000), besonders 272–296.

Generalversammlung des Vereins für Sozialpolitik in Regensburg vom September 1919. In vier Berichten stritten die Nationalökonomen Emil Lederer und Franz Eulenburg, der Soziologe Leopold von Wiese und der Bankier Theodor Vogelstein in dieser renommiertesten sozialwissenschaftlichen Vereinigung im deutschsprachigen Raum um „Arten und Stufen der Sozialisierung", wie es Eulenburg im Titel seines dritten Berichts nannte (Eulenburg, 1919). Diese Verhandlungen über die Probleme der Sozialisierung wurde durch Emil Lederer eröffnet. Auf der Basis seiner Erfahrungen aus der deutschen wie österreichischen Sozialisierungskommission warb Lederer für eine realitätsbezogene Sozialisierung in Anspielungen auf Neuraths „Wirtschaftsplan", von dem er sich in zwei grundsätzlichen Punkten klar abgrenzte. Jedes Sozialisierungskonzept habe davon auszugehen, dass die „Anarchie der kapitalistischen Produktion" schon vor dem Krieg durch vielfache Organisationsformen der „Unternehmerschicht" in „eine einheitliche *planmäßige* Struktur" (Lederer, 1919, 115) transformiert worden sei, gewissermaßen ein verborgener „Wirtschaftsplan" kapitalistischer Großorganisationen. Es komme deshalb „nur" darauf an, „daß ein bestehender Wirtschaftsplan ersetzt wird oder umgeformt wird zu einem andern Wirtschaftsplan" (Lederer, 1919, 115). Ähnlich Neurath geht Lederer in der ökonomisch obersten aller Fragen – wie steht es mit der Produktivität? – davon aus, dass kluge Sozialisierung die Produktivität einer Volkswirtschaft gegenüber kapitalistischen Fehlentwicklungen steigern kann. Gegen Neuraths logisches Konstrukt bringt Lederer jedoch zwei prinzipielle Argumente ins Spiel. Die Umformung zu mehr planwirtschaftlicher Organisation sei keine sozialtechnische, sondern vielmehr eine politische Frage, die eines kämpferischen politischen Willens bedürfe. Lederer votierte im politischen Interessenkampf gegen gewaltsam errichtete Rätestrukturen und für den Erhalt von Rahmenbedingungen eines demokratischen Kapitalismus, denn „alle diese Umformungen können sich vollziehen, ohne daß die kapitalistische Wirtschaft und ihr Mechanismus aufgehoben werden müßte" (Lederer, 1919, 116). Gemeint ist, „das Prinzip einer demokratischen Wirtschaft, welche von allen Klassen gewollt und getragen wird, zu realisieren" (Lederer, 1919, 116).

Max Weber, der die Kontroversen um die Sozialisierung konzentriert verfolgte, wurde auf der Regensburger Generalversammlung erneut in den Ausschuss des Vereins für Sozialpolitik gewählt (Herkner & Hainisch, 1920, 139). Außer Frage steht, dass sich Neurath mit seiner Gleichsetzung von wissenschaftlichem und politischem Ordnungsdenken den großen Zorn, aber auch die anhaltende Aufmerksamkeit von Max Weber gesichert hatte.

11.5   Die Konstellation Weber-Neurath-Lederer: Gegensätze und Berührungspunkte zwischen Weber-Kreis und Wiener Kreis

Obwohl es zwischen den intellektualistischen Denkströmungen des Logischen Empirismus, wie ihn Neurath verkörperte, und des Neukantianismus, wie ihn Max Weber unorthodox vertrat, erkenntnistheoretisch keine Brücke gab, finden sich aufschlussreiche kommunikative Berührungspunkte. Die Gegensätze zogen sich an. Das galt nicht weniger für Webers Interesse an der freideutschen Jugendbewegung. Fassen wir seinen zeitdiagnostischen Blick auf Jugendbewegung, Gemeinwirtschaft und Sozialisierungschancen unter diesem Gesichtspunkt zusammen.

In Lauenstein provozierte Weber bewusst und pädagogisch völlig unsensibel. Die Jugend dürfe sich nicht in romantische oder revolutionäre Utopien flüchten. Sie müsse ihre „Kraft vielmehr aus den nüchternen Tatsachen des Tages ziehen: die bösen Hunde der materiellen Interessengruppen müßten aufeinandergehetzt werden; der Kampfplatz sei das Parlament" (Schumann, 1917, 279).[29] Die berühmte Rede über „Politik als Beruf", die Weber am 28. Januar 1919 vor den Freistudenten in München hielt, konfrontierte die revolutionär gestimmte Jugend im Grunde mit nur einem Thema: Auch die leidenschaftlichste Gesinnungs- und Liebesethik oder der rationalste Wirtschaftsplan werden das Element des Politischen, den Kampf um „Machtverteilung, sei es zwischen Staaten, sei es innerhalb eines Staates zwischen den Menschengruppen, die er umschließt" (Weber, 1992, 159), nicht ausschalten. Kurz, Gemeinwirtschaft und Vollsozialisierung als erlösende Friedensordnungen schaffen den politischen Konflikt und die Gewalt nicht aus der Welt.

Hier wurde Otto Neuraths Wissenschaftsideal geradezu exemplarisch angesprochen. Das unterstreicht Webers Zeugenaussage im Münchener Prozess gegen Neurath am 23. Juli 1919. „Subjektiv", so Webers entlastendes Argument, sei Neurath „nach der Eigenart seines Studiums kein Vorwurf zu machen" (Prozessprotokoll, Weber, 1988, 495). Objektiv dagegen fehle ihm „ein gewisser Blick für die Wirklichkeit[,] da er sich eben zu leicht von der Utopie hinreißen lasse" (Weber, 1988, 495). Mehr noch belegt es der kurze Briefwechsel, den beide im Oktober 1919 führten. Auf einen Brief Neuraths vom 3. Oktober zu den Sozialisierungsabsichten in seiner Zeit als Leiter des bayerischen Zentralwirtschaftsamtes und nunmehr in Erwartung seiner Festungshaft reagierte Weber umgehend. Unter Berufung auf Franz Eulenburgs jüngsten Bericht in der September-Versammlung des Vereins für Sozialpolitik hielt er die „‚Planwirtschafts‘-Pläne für einen dilettantischen, *objektiv absolut verantwortungslosen Leichtsinn* sondergleichen, der den ‚Sozialismus‘ für hundert Jahre diskreditieren *kann*" (Weber, 2012, 800).[30] Neurath verteidigte sich drei Tage später:

---

[29] Vgl. zu Webers Kritik an der „Gemeinwirtschaft" auch Weber 1917: Nur die Rationalität des „bürgerlich-kapitalistischen Ethos" wappne gegen den „heiligen Bureaukratius" der sogenannten „Kriegsgemeinwirtschaft" (in Weber, 1984, 356 f).

[30] Vgl. auch Sandner (2014, 144).

Ich wehre mich andauernd gegen die Anschauung, ich hätte mich einer politischen Richtung zur Verfügung gestellt. Ich habe eine objektive Aufgabe auszuführen gehabt und dies eben getan, ohne Rücksicht auf die Gewalt, welche dies ermöglicht. [...] Über die Frage des Wirtschaftsplanes würde ich besonders gerne mit Ihnen sprechen, und insbesondere würde mich interessieren zu erfahren, welche Rolle der Reingewinn noch haben kann. Ich wäre Ihnen sehr dankbar für persönliche Kritik. Die Bedenken, daß die Reaktion gefördert werde, daß die Formen der ‚Demagogie' nicht einwandfrei seien, machen mich immer am meisten nachdenklich, weil hier meines Erachtens überhaupt vor allem aber für mich persönlich die größten Schwierigkeiten liegen. (Neurath an Weber, 7. Oktober 1919, Deponat BSB München, Ana 446)

Weber war in der Folge weniger an „persönlicher" Kritik interessiert, er speiste sie vielmehr in den staats- und wirtschaftswissenschaftlichen Diskurs ein. So förderte er eine Würzburger Dissertation zum Thema „Die wirtschaftlichen Maßnahmen der Münchener Räteregierung und ihre Wirkungen" und setzte sich bei dem Sozialpolitiker und Publizisten Ernst Francke, einem Mitglied der ersten Sozialisierungskommission, dafür ein, dem Kandidaten alle Akten zur Verfügung zu stellen, aus denen sich die „Wirkungen" explizit von Neuraths Sozialisierungsmaßnahmen ermitteln lassen. Denn „es ist natürlich unbedingt erforderlich: festzustellen nicht nur, was *er* dabei gedacht, angeordnet, verboten, erzwungen hat, sondern auch: was denn nun eigentlich *tatsächlich*, rein ‚betriebsmäßig', effektiv geschehen ist, d. h. wie sich die Betroffenen gegenüber dieser Lage *verhalten* haben" (Weber an Francke, 11. Januar 1920, Weber, 2012, 886).[31] Wie schon in seinen frühen Schriften richtet sich Webers wissenschaftliches Interesse auch jetzt vor allem darauf, wie Ideen und soziale Ordnungsmodelle verhaltensrelevant und damit gesellschaftlich wirksam werden.

Das sicherte Neurath einen Platz in Webers bedeutendstem ökonomischen Werk. *Wirtschaft und Gesellschaft* (Weber, 2013, 280–285) enthält einen eigenen Paragraphen über „Naturalrechnung, Naturalwirtschaft", in dem ausführlich Neuraths Sozialisierungs-Modell diskutiert wird: Wie sind Standortzuweisung eines Betriebes, Produktionsrichtung, geldlose Güterbewegung und Konsumentenbedarf in rein rational-technischer Planung aufeinander abzustimmen? Aus dem Gesamtwerk der beiden wissen wir, wo der entscheidende Gegensatz liegt. Was für Neurath die große ganzheitliche Utopie wissenschaftlich-technischer Rationalität ausmacht, bedeutet für Weber die absolute Dystopie einer bürokratisch versteinerten Lebenswelt.[32] Persönlich haben sich beide wohl zuletzt noch Anfang 1920 in München gesprochen, bevor Neurath der Ausweisung Folge leistete und nach Wien zurückkehrte. Weber, ganz der kollegiale Wissenschaftler, hatte

---

[31] Es handelt sich um die Dissertation von Ludwig Reiners, die sehr stark an Neurath ausgerichtet ist. Die Münchener Räterepublik gebe wegen ihrer Kurzzeitigkeit und begrenzten Reichweite den besten „nationalökonomischen Anschauungsunterricht" (Reiners, 1921, 8). Als „allgemeine Wirkungen" ließen sich vor allem „Produktionsabfall, Absatz- und Kreditverschlechterung, Lohnbewegungen und syndikalistische Übergriffe" (Reiners, 1921, 203) konstatieren.

[32] Die Tatsache, dass die Sozialisierungsfrage auch in seiner eigenen Partei, der DDP, auf fruchtbaren Boden fiel, veranlasste Weber, aus der DDP auszutreten. Vgl. seinen Brief an Carl Petersen vom 14. April 1920 (Weber, 2012, 985 f.).

versprochen, Neurath über den Druck seines AfSS-Aufsatzes „Ein System der Sozialisierung" in Kenntnis zu setzen und teilte dazu Emil Lederer am 17. Februar 1920 Neuraths noch gültige Münchener Anschrift mit, „p. Adr. A[lexandra] Franken, Wiltrudenstr. 5III" (Weber, 2012, 923).

Wo stand Emil Lederer selbst, der diesen Aufsatz in den Jahrgang 1920 mit dem Themenschwerpunkt zu den „sozialistischen Möglichkeiten von heute" aufnahm?[33] Lederer agierte einerseits als Zentrum des von ihm als „Kreis um Max Weber" charakterisierten AfSS-Netzwerkes.[34] Andererseits pflegte er seine österreichischen Wurzeln. Über die Grenznutzenschule hatte er eine gute mathematische Schulung erhalten und schrieb regelmäßig über Geld- und Konjunkturtheorien. Über den Austromarxismus festigte er seine wissenschaftliche Weltauffassung, zum unternehmerischen Kapitalismus als einer im Weltkrieg „versunkenen Epoche" (Lederer, 1920, 6) Alternativen zu entwickeln. Er studierte Weber und Neurath mit gleicher Intensität und votierte mit seinem Vorschlag einer „demokratischen Sozialisierung" für eine Synthese aus liberaler Markt- und sozialistischer Planwirtschaft, um die Nachkriegsökonomie der 1920er-Jahre zu beleben. Als der „letzte liberale Sozialist" gilt er in der Forschung (Gostmann & Ivanova, 2014, 26).

Für Otto Neuraths Ansprüche an eine „Wissenschaftliche Weltauffassung", wie er sie 1929 zusammen mit Hans Hahn und Rudolf Carnap im Manifest „Der Wiener Kreis" programmatisch fixierte, war das entschieden zu wenig. Neurath verantwortete dort zum Kapitel „Problemgebiete" den fünften Abschnitt „Grundlagen der Sozialwissenschaften", in dem „auch die soziologischen Wissenschaftsgebiete, in erster Linie Geschichte und Nationalökonomie", im einheitswissenschaftlichen Geist zu „empiristischer, antimetaphysischer Einstellung" (Verein Ernst Mach, 1929, 27) angehalten wurden. In der Forderung nach „einer logischen Analyse" der Begriffe und der Vermeidung aller Kollektivbegriffe wie ‚Volksgeist' deckt sich Neurath völlig mit Max Webers lebenslang erhobenem Insistieren auf exakter Begriffsbildung. Beide denken strikt antimetaphysisch. Ihre Grundeinstellung zum Verhältnis von Wissenschaft und Weltauffassung ist jedoch gegensätzlich. Neuraths Buch über *Empirische Soziologie*, auf der Basis des Wiener-Kreis-Manifestes verfasst und als fünfter Band der „Schriften zur Wissenschaftlichen Weltauffassung" erschienen, ist an diesem Punkt explizit gegen die Weber'sche Wissenschaftsauffassung geschrieben. Gleich auf der ersten Seite der Einleitung

wird nun all das abgelehnt, was als ‚Verstehen', ‚Sinngebung', ‚Wertbezogenheit' usw. auftritt, die Darstellungsweise, wie sie etwa Dilthey, Rickert und andere mit Erfolg verbreitet haben, so daß man sie sogar mehr oder minder abgeschwächt bei Gelehrten antrifft, die der

---

[33] Andere Beiträge im AfSS 48 (1920/21) waren unter anderem Max Hirschbergs „Bolschewismus. Versuch einer prinzipiellen Kritik des revolutionären Sozialismus" (1–43); Otto Neuraths „Ein System der Sozialisierung" (44–73; Emil Lederers „Randglossen zu den neuesten Schriften von Walther Rathenau" (286–303 [1920/21b]); Emil Lederers „Die soziale Krise in Österreich" (681–706 [1920/21c]); Joseph Schumpeters „Sozialistische Möglichkeiten von heute" (305–360); Carl Landauers „Sozialismus und parlamentarisches System. Betrachtungen zu Schumpeters Aufsatz: Sozialistische Möglichkeiten von heute" (748–760).

[34] Vgl. Eßlinger (1997, 117–146).

wissenschaftlichen Weltauffassung und der ihr eingegliederten Soziologie in vielem nahestehen. (Neurath, 1931, 1)

Das „und andere" zielt direkt auf Max Weber, wie gleich der nachstehende Absatz klarstellt: „Jede wissenschaftliche Aussage ist eine Aussage über eine gesetzmäßige Ordnung empirischer Tatbestände" (Neurath, 1931, 2). Das sah Weber in der Tat völlig anders: „Nicht die ‚sachlichen' Zusammenhänge der ‚Dinge', sondern die gedanklichen Zusammenhänge der Probleme liegen den Arbeitsgebieten der Wissenschaften zugrunde" (Weber, 2018, 167 f.), schon gar keine „gesetzmäßige Ordnung". Es ist das kantische Apriori der Wahl der „Probleme" und der wertbezogenen „Gesichtspunkte" auf diese Probleme, die den Sozialwissenschaftler neben dem ursächlichen Erklären auch zur Methode des deutenden Verstehens zwingt.[35] Hier baut sich der entscheidende Gegensatz zwischen Wiener Kreis und weberianischer „Wissenschaftslehre" auf.

Für Neurath und den Wiener Kreis begründet der „moderne Empirismus" eine „wissenschaftliche Weltauffassung", welche „die Formen persönlichen und öffentlichen Lebens, des Unterrichts, der Erziehung, der Baukunst durchdringt, die Gestaltung des wirtschaftlichen und sozialen Lebens nach rationalen Grundsätzen leiten hilft. *Die wissenschaftliche Weltauffassung dient dem Leben und das Leben nimmt sie auf*" (Verein Ernst Mach, 1929, 30).

Für Max Weber stößt dieses Ideal einer wissenschaftlich rationalistischen Lebensführung an dem Punkt an seine Grenzen, an dem in Anspruch genommen wird, den „polytheistischen" Konflikt gegensätzlicher Weltauffassungen in der modernen Kultur zu überwinden. Der wissenschaftlichen Weltauffassung seien Grenzen gesetzt, „weil die verschiedenen Wertordnungen der Welt in unauflöslichem Kampf untereinander stehen" (Weber, 1992, 99). Auf die dringlichste Frage der Jugendbewegung, „wie sollen wir leben, wie dem Leben einen Sinn verleihen?", halten die Wissenschaften keine Antwort bereit, so Webers desillusionierende Botschaft an die Freistudenten in „Wissenschaft als Beruf", im November des Kriegsjahres 1917 in München. Wissenschaft diene der „Klarheit" der Weltorientierung und der berechenbaren Weltbeherrschung.[36] Sie sei aber nur eine Wertsphäre unter mehreren, darunter die Gewissenswelt der Religionen und die Emotionswelt des Nationalbewusstseins. Und im „ewigen Kampf" der Weltauffassungen, „dieses Kampfes der Götter der einzelnen Ordnungen und Werte", sei im wertepluralistischen Kulturleben der Moderne mehr denn je „für den einzelnen das eine der Teufel und das andere der Gott, und der einzelne hat zu entscheiden, welches *für ihn* der Gott und welches der Teufel ist" (Weber, 1992, 101).[37] Nachdrücklich warnte Weber die akademische Jugendbewegung davor, im Wissenschaftler „einen *Führer* und nicht: einen *Lehrer*" (Weber, 1992, 101) zu erhoffen. Weber knüpfte damit unmittelbar an die zweite Lauensteiner Tagung über das „Führerproblem im

---

[35] Vgl. Weber (1973, 206–209).

[36] Vgl. Weber (1992, 103 f.).

[37] Vgl. zum Polytheismus der Werte und Kampf der Ideale („Götter") Schluchter (1988), besonders 305 f. Mit Bezug darauf Albert (2003), 92. Vgl. auch Hübinger (2019a, b, 1–6).

Staate und in der Kultur" an, die erst einen guten Monat zurück lag, und setzte die
dort begonnene Diskussion mit der Jugendbewegung fort.

Was am Ende die radikalisierten Weltanschauungskämpfe vor 1933 betrifft, so
teilten der intellektuelle Kreis um Carnap und Neurath wie auch nach Webers Tod
der Kreis um Emil Lederer und das AfSS die gleiche Erfahrung. Den politisch ver-
unsicherten bürgerlichen Bildungsschichten war mehr an einem autoritären
Führertum als an einer Verwissenschaftlichung der Weltauffassung gelegen. In der
Folge erlitten nach 1933 Wiener Kreis und Weber-Kreis das gleiche Schicksal. Die
„einzigartige Lebendigkeit und produktive Vielfalt der deutschsprachigen Kultur"
(Lepsius, 1993, 121), die sich in den urbanen Milieus von Wien und Berlin gebün-
delt hatte und in hohem Maße von jüdischen Intellektuellen und Wissenschaftler
geprägt worden war, wurde zerstört.

Ihrem Bild- und Textband *Der Wiener Kreis* haben Christoph Limbeck-Lilienau
und Friedrich Stadler als Motto einen Ausspruch von Viktor Kraft vorangestellt:
„Die Arbeit des Wiener Kreises ist ja nicht abgeschlossen, sie ist abgebrochen wor-
den" (Limbeck-Lilienau & Stadler, 2015, 5). Das Gleiche gilt für den Kreis des
Archivs, dem herausragende jüdische Sozial- und Wirtschaftswissenschaftler wie
Jakob Marschak, Eduard Heimann, Karl Pribram, auch Karl Mannheim, angehörten
(Hübinger, 2019a, b, 72–75). Im August 1933 stellte der Verlag von J.C.B. Mohr
(Paul Siebeck) die Zeitschrift ein. Ein Fortleben erfuhr sie in den USA. Alvin
Johnson, der Direktor der New School for Social Research in New York, war an der
Expertise der Emigranten zu den europäischen Wirtschaftsproblemen, der
Entwicklung des Arbeitsmarktes und der politischen Verhältnisse äußerst interes-
siert. Denn den amerikanischen Universitäten fehlten solche Experten. Er ernannte
Emil Lederer zum Dean der Graduate Faculty of Political and Social Science.
Mehrere der Redakteure und Autoren des AfSS wurden an die New School berufen
und gestalteten deren Zeitschrift *Social Research* nach dem Vorbild des AfSS.[38] So
wie den Geist des Logischen Empirismus bewahrte der transatlantische Transfer
auch weberianischen Geist. Alexander von Schelting, Lederers Vertreter in der
AfSS-Redaktion und Autor der ersten Monographie zu *Max Webers Wissenschaftslehre* (1934),[39] war es zum Beispiel, der das Weberverständnis von Talcott
Parsons entscheidend beeinflusste.[40] Und Hans Staudinger, der Wandervogel in
Webers Arbeitszimmer, Lederers enger Freund, Spitzenbeamter in der Weimarer
Republik und SPD-Reichstagsmitglied 1933, kurzzeitig inhaftiert und anschließend
über Belgien in die USA emigriert, gelangte 1934 an die New School und wurde
dort nach Lederers Tod 1939 dessen Nachfolger als Dekan.[41] Hier schließt sich
ein Kreis.

---

[38] Vgl. Krohn (1987, 2004).

[39] Alexander von Scheltings Dissertation bei Alfred Weber in Heidelberg 1922 wurde zuerst veröffentlicht unter dem Titel „Die logische Theorie der historischen Kulturwissenschaft von Max
Weber und im besonderen sein Begriff des Idealtypus". *AfSS* 49 (1922): 623–752.

[40] Vgl. Scaff (2011, 199–201).

[41] Zur Flucht aus dem nationalsozialistischen Deutschland vgl. Staudinger (1982, 134–141).

Literatur

Ahlborn, K. (o. J.). *Das Freideutschtum in seiner politischen Auswirkung* (1923) [Junge Republik. Bausteine zum neuen Werden, Heft 2]. Fackelträger.

Albert, H. (2003). Weltauffassung, Wissenschaft und Praxis. Bemerkungen zur Wissenschafts- und Wertlehre Max Webers. In G. Albert et al. (Hrsg.), *Das Weber-Paradigma. Studien zur Weiterentwicklung von Max Webers Forschungsprogramm* (S. 77–96). Mohr Siebeck.

Demm, E. (1990). Ein Liberaler in Kaiserreich und Republik. In *Der politische Weg Alfred Webers bis 1920*. Boldt.

Demm, E. (1999). *Von der Weimarer Republik zur Bundesrepublik. Der politische Weg Alfred Webers 1920–1958* (Schriften des Bundesarchivs, Bd. 15). Droste.

Eßlinger, H. U. (1997). Interdisziplinarität. Zu Emil Lederers Wissenschaftsverständnis am InSoSta. In R. Blomert et al. (Hrsg.), *Heidelberger Sozial- und Staatswissenschaften. Das Institut für Sozial- und Staatswissenschaften zwischen 1918 und 1958* (S. 117–146). Metropolis.

Eulenburg, F. (1916/17). Zur Theorie der Kriegswirtschaft. Ein Versuch. *Archiv für Sozialwissenschaft und Sozialpolitik, 43*, 349–358.

Eulenburg, F. (1917/18). Die wissenschaftliche Behandlung der Kriegswirtschaft. *Archiv für Sozialwissenschaft und Sozialpolitik, 44*, 775–785.

Eulenburg, F. (1918/19). Inflation (Zur Theorie der Kriegswirtschaft II.). *Archiv für Sozialwissenschaft und Sozialpolitik, 45*, 477–526.

Eulenburg, F. (1919). Arten und Stufen der Sozialisierung. Dritter Bericht (Schriftlicher Bericht). In *Verhandlungen des Vereins für Sozialpolitik* (Schriften des Vereins für Sozialpolitik, Bd. 159, S. 207–250). Duncker & Humblot.

Gay, P. (1970). Der Hunger nach Ganzheit: Erprobung der Moderne. In *Die Republik der Außenseiter. Geist und Kultur in der Weimarer Zeit 1918–1933* (S. 99–137). S. Fischer.

Gostmann, P., & Ivanova, A. (2014). Einleitung. In *Schriften zur Wissenscheaftslehre und Kultursoziologie. Texte von Emil Lederer*, Hrsg. Peter Gostmann und Alexandra Ivanova, 7–37. Springer.

Grebing, H. (Hrsg.). (2000). *Geschichte der sozialen Ideen in Deutschland. Ein Handbuch*. Klartext.

Heidler, I. (1998). *Der Verleger Eugen Diederichs und seine Welt*. Harrassowitz.

Herkner, H., & Hainisch, M. (Hrsg.). (1920). *Verhandlungen des Vereins für Sozialpolitik* (Schriften des Vereins für Sozialpolitik, Bd. 159). Duncker & Humblot.

Hirschberg, M. (1920/21). Bolschewismus. *Archiv für Sozialwissenschaft und Sozialpolitik, 48*, 1–43.

Honigsheim, P. (1926). Der Max-Weber-Kreis in Heidelberg. *Kölner Vierteljahrshefte für Soziologie, 5*, 270–287.

Hübinger, G. (1996). Eugen Diederichs' Bemühungen um die Grundlegung einer neuen Geisteskultur (mit Anhang: Protokoll der Lauensteiner Kulturtagung von Pfingsten 1917). In Wolfgang J. Mommsen mit Elisabeth Müller-Luckner (Hrsg.), *Kultur und Krieg: Die Rolle der Intellektuellen, Künstler und Schriftsteller im Ersten Weltkrieg* (S. 259–272). Oldenbourg.

Hübinger, G. (2016). Sozialwissenschaftliche Avantgarden. Das „Archiv für Sozialwissenschaft und Politik" (1904-1933). In *Engagierte Beobachter der Moderne. Von Max Weber bis Ralf Dahrendorf* (S. 23–44). Wallstein.

Hübinger, G. (2019a). *Max Weber. Stationen und Impulse einer intellektuellen Biographie*. Mohr Siebeck.

Hübinger, G. (2019b). Kapitalismus und Demokratie im „Archiv für Sozialwissenschaft und Sozialpolitik" 1904–1933. In D. Lehnert (Hrsg.), *Soziale Demokratie und Kapitalismus. Die Weimarer Republik im Vergleich* (S. 49–76). Metropol.

Jaffé, A. [Anon.]. (1917). Lauenstein. *Europäische Staats- und Wirtschaftszeitung 42*:994–996. Wiederabgedr. in *Ein Gipfel für Morgen. Kontroversen 1917/18 um die Neuordnung Deutschlands nach dem Krieg auf Burg Lauenstein*, Hrsg. Meike G. Werner, 227–230. Wallstein.

Jaffé, E. (1915a). Der treibende Faktor in der kapitalistischen Wirtschaftsordnung. *Archiv für Sozialwissenschaft und Sozialpolitik, 40,* 3–29.

Jaffé, E. (1915b). Die „Militarisierung" unseres Wirtschaftslebens. *Archiv für Sozialwissenschaft und Sozialpolitik, 40,* 511–547.

Keynes, J. M. (1915). The Economics of War in Germany. *The Economic Journal, 25,* 443–452.

Krohn, C.-D. (1987). „Let us be prepared to win the peace." Nachkriegsplanungen emigrierter deutscher Sozialwissenschaftler an der New School for Social Research in New York. In T. Koebner et al. (Hrsg.), *Deutschland nach Hitler. Zukunftspläne im Exil und aus der Besatzungszeit 1939-1949* (S. 123–135). Westdeutscher Verlag.

Krohn, C.-D. (2004). „Weimar" in Amerika: Vertriebene deutsche Wissenschaftler an der New School for Social Research in New York. In H. Lehmann & O. G. Oexle (Hrsg.), *Nationalsozialismus in den Kulturwissenschaften Bd. 2: Leitbegriffe – Deutungsmuster – Paradigmenkämpfe. Erfahrungen und Transformationen im Exil* (S. 289–304). Vandenhoeck & Ruprecht.

Landauer, C. (1920/21). Sozialismus und parlamentarisches System. Betrachtungen zu Schumpeters Aufsatz „Sozialistische Möglichkeiten von heute". *Archiv für Sozialwissenschaft und Sozialpolitik, 48,* 748–760.

Lederer, E. (1915a). Die Organisation der Wirtschaft durch den Staat im Kriege. *Archiv für Sozialwissenschaft und Sozialpolitik, 40,* 118–146.

Lederer, E. (1915b). Zur Soziologie des Weltkrieges. *Archiv für Sozialwissenschaft und Sozialpolitik, 39,* 347–384.

Lederer, E. (1919). Probleme der Sozialisierung. Erster Bericht. In *Verhandlungen des Vereins für Sozialpolitik* (Schriften des Vereins für Sozialpolitik, Bd. 159, S. 99–117). Duncker & Humblot.

Lederer, E. (1920/21a). Max Weber +. *Archiv für Sozialwissenschaft und Sozialpolitik, 48,* I–IV.

Lederer, E. (1920/21b). Randglossen zu den neuesten Schriften von Walther Rathenau. *Archiv für Sozialwissenschaft und Sozialpolitik, 48,* 286–303.

Lederer, E. (1920/21c). Die soziale Krise in Österreich. *Archiv für Sozialwissenschaft und Sozialpolitik, 48,* 681–706.

Lederer, E. (1920). *Deutschlands Wiederaufbau und weltwirtschaftliche Neugliederung durch Sozialisierung.* J.C.B. Mohr (Paul Siebeck).

Lenger, F. (2015). Krieg, Nation und Kapitalismus 1914–1918. Werner Sombart, seine Freunde, Kollegen und das „Archiv für Sozialwissenschaft und Sozialpolitik". In F. W. Graf et al. (Hrsg.), *Geschichte intellektuell. Theoriegeschichtliche Perspektiven* (S. 446–464). Mohr Siebeck.

Lepsius, R. M. (1993). Kultur und Wissenschaft in Deutschland unter der Herrschaft des Nationalsozialismus. In *Demokratie in Deutschland* (S. 119–132). Vandenhoeck & Ruprecht.

Limbeck-Lilienau, C., & Stadler, F. (2015). *Der Wiener Kreis. Texte und Bilder zum Logischen Empirismus.* LIT.

Menges, F. (1988). Edgar Jaffé (1866-1921). Nationalökonom und Finanzminister im Kabinett Kurt Eisner. In M. Treml & W. Weigand (Hrsg.), *Geschichte und Kultur der Juden in Bayern. Lebensläufe* (S. 225–230). K.G. Saur.

Neurath, O. (1915a). Kriegswirtschaft. *Archiv für Sozialwissenschaft und Sozialpolitik, 39,* 197–215.

Neurath, O. (1915b). Die konfessionelle Struktur Osteuropas und des näheren Orients und ihre politisch-nationale Bedeutung. *Archiv für Sozialwissenschaft und Sozialpolitik, 39,* 482–524.

Neurath, O. (1917/18). Aufgabe, Methode und Leistungsfähigkeit der Kriegswirtschaft. *Archiv für Sozialwissenschaft und Sozialpolitik, 44,* 760–774.

Neurath, O. (1919). Brief an Max Weber, 7. Oktober 1919. Deponat BSB München, Ana 446.

Neurath, O. (1920a). *Vollsozialisierung. Von der nächsten zur übernächsten Zukunft* (Deutsche Gemeinwirtschaft, Bd. 15). Diederichs.

Neurath, O. (1920b). Ein System der Sozialisierung. *Archiv für Sozialwissenschaft und Sozialpolitik, 48,* 44–73.

Neurath, O. (1931). *Empirische Soziologie. Der wissenschaftliche Gehalt der Geschichte und Nationalökonomie* (Schriften zur Wissenschaftlichen Weltauffassung, Bd. 5). J. Springer.

Neurath, O., & Schumann, W. (1919). *Können wir heute sozialisieren? Eine Darstellung der sozialistischen Lebensordnung und ihres Werdens* (Deutsche Revolution. Eine Sammlung zeitgemäßer Schriften, Bd. III). Klinkhardt.

Piper, E. (2013). *Nacht über Europa. Kulturgeschichte des Ersten Weltkriegs.* Propyläen.

Rathenau, W. (1917). *Von kommenden Dingen.* S. Fischer.

Rathenau, W. (1919). *Autonome Wirtschaft* (Deutsche Gemeinwirtschaft, Bd. 16). Diederichs.

Rathenau, W. (2006). In A. Jaser et al. (Hrsg.), *Briefe, Teilband 2: 1914-1922.* Droste.

Reiners, L. (1921). *Die wirtschaftlichen Maßnahmen der Münchener Räteregierung und ihre Wirkungen.* Diss. masch.

Sandner, G. (2014). *Otto Neurath. Eine politische Biographie.* Zsolnay.

Scaff, L. A. (2011). *Max Weber in America.* Princeton University Press.

Scheler, M. (1915). *Der Genius des Krieges und der Deutsche Krieg.* Verlag der Weissen Bücher.

von Schelting, A. (1934). *Max Webers Wissenschaftslehre. Das logische Problem der historischen Kulturerkenntnis.* J.C.B. Mohr (Paul Siebeck).

Schenk, D. (1991). *Die Freideutsche Jugend 1913-1919/20. Eine Jugendbewegung in Krieg, Revolution und Krise.* LIT.

Schluchter, W. (1988). *Religion und Lebensführung* (Studien zu Max Webers Kultur- und Werttheorie, Bd. 1). Suhrkamp.

Schumann, W. (1917). Pfingsttagung auf Burg Lauenstein, 1917. Darstellung der Haupttendenzen, welche auf der Lauensteiner Tagung der Vaterländischen Gesellschaft zu Tage traten. Erstmals ediert und kommentiert in Hübinger 1996, 268–274, Wiederabdruck Hübinger 2019, 279–286, im Text zitiert nach Werner 2021, 277–283.

Schumpeter, J. (1920/21). Sozialistische Möglichkeiten von heute. *Archiv für Sozialwissenschaft und Sozialpolitik, 48,* 305–360.

Speier, H. (1979). Emil Lederer: Leben und Werk. In J. Kocka (Hrsg.), *Kapitalismus, Klassenstruktur und Probleme der Demokratie in Deutschland 1910–1940* (S. 253–272). Vandenhoeck & Ruprecht.

Staudinger, H. (1982). *Wirtschaftspolitik im Weimarer Staat.* In H. Schulze (Hrsg.), *Lebenserinnerungen eines politischen Beamten im Reich und in Preußen 1889 bis 1934.* Neue Gesellschaft.

Verein Ernst Mach (Hrsg.). (1929). *Wissenschaftliche Weltauffassung. Der Wiener Kreis.* Artur Wolf.

Weber, M. (1973). Die „Objektivität" *sozialwissenschaftlicher und sozialpolitischer Erkenntnis. In Gesammelte Aufsätze zur Wissenschaftslehre* [4. Aufl.], Hrsg. Johannes Winckelmann, 146-214. Tübingen: J.C.B. Mohr (Paul Siebeck).

Weber, M. (1984). Wahlrecht und Demokratie in Deutschland (1917). In Wolfgang J. Mommsen in Zusammenarbeit mit Gangolf Hübinger (Hrsg.), *Zur Politik im Weltkrieg. Schriften und Reden 1914-1918* (MWG I/15, S. 344–396). J.C.B. Mohr (Paul Siebeck).

Weber, M. (1988). *Zur Neuordnung Deutschlands, Schriften und Reden 1918-1920* [MWG I/16], Hrsg. Wolfgang J. Mommsen in Zusammenarbeit mit Wolfgang Schwentker. J.C.B. Mohr (Paul Siebeck).

Weber, M. (1989). *Die Wirtschaftsethik der Weltreligionen. Konfuzianismus und Taoismus, Schriften und Reden 1915-1920* [MWG I/19], Hrsg. Helwig Schmidt-Glintzer in Zusammenarbeit mit Petra Kolonko. J.C.B. Mohr (Paul Siebeck).

Weber, M. (1992). *Wissenschaft als Beruf 1917/1919 – Politik als Beruf 1919* [MWG I/17], Hrsg. Wolfgang J. Mommsen und Wolfgang Schluchter in Zusammenarbeit mit Birgitt Morgenbrod. J.C.B. Mohr (Paul Siebeck).

Weber, M. (1996). Die Wirtschaftsethik der Weltreligionen. Hinduismus und Buddhismus 1916-1920 [MWG I/20], Hrsg. Helwig Schmidt-Glintzer in Zusammenarbeit mit Karl-Heinz Golzio. J.C.B. Mohr (Paul Siebeck).

Weber, M. (2005). *Die Wirtschaftsethik der Weltreligionen. Das antike Judentum, Schriften und Reden 1911-1920* [MWG I/21], Hrsg. Eckart Otto unter Mitwirkung von Julia Offermann. J.C.B. Mohr (Paul Siebeck).

Weber, M. (2008). *Briefe 1915-1917* [MWG II/9], Hrsg. Gerd Krumeich und M. Rainer Lepsius in Zusammenarbeit mit Birgit Rudhard und Manfred Schön. J.C.B. Mohr (Paul Siebeck).

Weber, M. (2009). *Wirtschaft und Gesellschaft. Entstehungsgeschichte und Dokumente* [MWG I/24], Hrsg. Wolfgang Schluchter. J.C.B. Mohr (Paul Siebeck).

Weber, M. (2012). *Briefe 1918-1920* [MWG II/10], Hrsg. Gerd Krumeich und Rainer M. Lepsius in Zusammenarbeit mit Uta Hinz et al. J.C.B. Mohr (Paul Siebeck).

Weber, M. (2013). Naturalrechnung, Naturalwirtschaft. In *Wirtschaft und Gesellschaft. Soziologie. Unvollendet 1919-1920* [MWG I/23], Hrsg. Knut Borchardt et al., 280–285. J.C.B. Mohr (Paul Siebeck).

Weber, M. (2018). Die „Objektivität" sozialwissenschaftlicher und sozialpolitischer Erkenntnis. In *Zur Logik und Methodik der Sozialwissenschaften (1904). Schriften 1900-1907, 142-234* [MWG I/7], Hrsg. Gerhard Wagner in Zusammenarbeit mit Claudius Härpfer et al. Mohr Siebeck.

Werner, M. G. (2003). *Moderne in der Provinz. Kulturelle Experimente im Fin de Siècle Jena.* Wallstein.

Werner, M. G. (2015). Freideutsche Jugend und Politik. Rudolf Carnaps *Politische Rundbriefe* 1918. In F. W. Graf, E. Hanke & B. Picht (Hrsg.), *Geschichte intellektuell. Theoriegeschichtliche Perspektiven* (S. 465–486). Mohr Siebeck.

Werner, M. G. (Hrsg.). (2021). *Ein Gipfel für Morgen. Kontroversen 1917/18 um die Neuordnung Deutschlands nach dem Krieg auf Burg Lauenstein* (marbacher schriften. neue folge. 18). Wallstein.

12

„Sie diskutieren sehr gern, aber sehr dilettantisch." Carnaps Vorträge am Dessauer Bauhaus

Peter Bernhard

Am 22. August 1929 berichtet Carnap in einem Brief an Auguste Dorothea Gramm: „Heute schrieb mir Hannes Meyer [der Bauhausdirektor, P.B.], ich möchte eine Woche zu Vorträgen ans Bauhaus kommen! Vielleicht tu ichs Ende Sept. od. Anf. Okt., weiss aber noch nicht bestimmt" (RC 024-31-03).[1] Diese Unentschlossenheit mag verwundern angesichts der Tatsache, dass Carnap seit einem dreiviertel Jahr zweiter Schriftführer des Vereins Ernst Mach war, dessen *Gründungsaufruf* konstatierte, die „wissenschaftliche Weltauffassung fördern und verbreiten" (zitiert nach Stadler, 2015, 153) zu wollen und in dessen von ihm mitverfasster Programmschrift die Absicht erklärt wurde, „mit den lebendigen Bewegungen der Gegenwart Fühlung zu nehmen" (Neurath et al., 1929, 304).[2] Man erfährt den Grund in einem kurz darauf, am 25. August verfassten Brief Carnaps an Otto Neurath, wo er schreibt:

> [S]oll für eine Woche zu Vorträgen über wiss. Weltauff. ans Bauhaus kommen. Feigls Tätigkeit scheint sie noch nicht gesättigt, sondern gerade ihren Appetit erfreulich angeregt zu haben. Habe grundsätzlich zugesagt, aber Zeit und Themen noch offen gelassen (viell. Okt.). Soll ichs machen? Mir ist klar, dass ich mich zum Popularisieren vor Nichtwissenschaftlern nicht so eigne wie Feigl. Fraglich ist mir, ob ich von meinen Gesichtspunkten aus den Bauhäuslern überhaupt etwas bringen kann. (RC 029-15-02)

Nachdem Neurath bereits am 27. Mai am Bauhaus gesprochen und Herbert Feigl im Juli an sieben aufeinanderfolgenden Tagen dort referiert hatte,[3] wäre Carnap nun

---

[1] Zu Rudolf Carnap vgl. auch die Beiträge von Christian Damböck, André W. Carus, Ádám Tamás Tuboly und Meike G. Werner in diesem Band.

[2] Zur Geschichte des Vereins Ernst Mach vgl. Stadler (2015, 150–158).

[3] In der Literatur werden stets nur sechs Bauhausvorträge Feigls genannt, ebenso im Veranstaltungsverzeichnis in *bauhaus. vierteljahr-zeitschrift für gestaltung* 3/4 (1929): 28 sowie in

---

P. Bernhard (✉)
Universität Erlangen-Nürnberg, Erlangen, Deutschland
E-Mail: peter.bernhard@fau.de

© The Author(s) 2022
C. Damböck et al. (eds.), *Logischer Empirismus, Lebensreform und die deutsche Jugendbewegung*, Veröffentlichungen des Instituts Wiener Kreis 32, https://doi.org/10.1007/978-3-030-84887-3_12

das dritte Wiener-Kreis-Mitglied gewesen, das in diesem Jahr Gastvorträge an der Dessauer Avantgarde-Schule gehalten hätte. Initiiert wurde diese markante Präsenz durch Neurath, der sich nicht zuletzt durch seine Aktivitäten im Österreichischen Siedlungsverband und dem von ihm geleiteten Gesellschafts- und Wirtschaftsmuseum dieser kulturrevolutionären Schule ideell und kollegial verbunden fühlte,[4] und mit der Gründung des Vereins Ernst Mach außerdem nun die „neue Philosophie ‚managen'" (Feigl, 1929, 23) wollte.

Carnap hatte wohl schon eine Absage erwogen, denn am 10. September findet sich in seinem Tagebuch der Eintrag, dass Neurath, Feigl, Hans Hahn und Josef Frank ihm zuredeten, „doch zum Bauhaus zu gehen" (Carnap, o. J.). Daraufhin fiel schließlich die Entscheidung – schon am nächsten Tag heißt es im Tagebuch: „Feigl kommt, bleibt bis Abend. [...] Er gibt mir Ratschläge für Themen in Dessau, erzählt von dort" (Carnap, o. J.). Wie ein Manuskript Carnaps zeigt, hatte er sich an diesem Abend eine erste Skizze seiner geplanten Bauhausvorträge gemacht.[5] An den folgenden Tagen kümmerte er sich allerdings zunächst um sein Referat für die „1. Tagung für Erkenntnislehre der exakten Wissenschaften", die vom 15. bis 18. September in Prag stattfand.[6] Von dort zurückgekehrt scheint er dann ab 1. Oktober täglich an den Bauhausvorlesungen gearbeitet zu haben.[7] So traf er wohlpräpariert am 15. dieses Monats, dem ersten Vortragstag, in Dessau ein. Von den Bauhäuslern kannte er wohl nur den Schriftleiter der Bauhauszeitschrift Ernst Kállai und den Studenten Willy Zierath, der ihm am Nachmittag eine Führung durch das Bauhausgebäude und die Werkstätten gab.[8] Am Abend musste sich Carnap – Meyer war noch verreist – selbst einführen. Worüber er dann sprach, lässt sich

---

der 1929 vom Bauhaus herausgegebenen Broschüre *junge menschen kommt ans bauhaus* (Faksimile in Flierl & Oswalt, 2018, 3–52). Feigl (1929, 13) nennt allerdings sieben mit leicht abweichenden Titeln; dieselben werden auch in einer handschriftlichen Aufzeichnung Carnaps vom 11.09.1929 aufgezählt (vgl. RC 110-07-44). Wie Feigl selbst berichtet, kamen ihm bei seinen Bauhausvorträgen seine Erfahrungen als Volkshochschuldozent zugute (vgl. Feigl, 1929, 11). Ein Vergleich seiner Vortragstitel mit seinen Volkshochschul-Kursen bzw. -Vorträgen (in Stadler, 2015, 317) zeigt, dass er diese am Bauhaus größtenteils verwendete.

[4]Vgl. Cartwright et al. (1996) und Stadler (1982a).

[5]Vgl. RC 110-07-44.

[6]Vgl. Carnap (o. J.), Eintrag vom 12.09.1929.

[7]Vgl. Carnap (o. J.), Einträge vom 01.10. und 08.10.1929.

[8]Der Maler, Grafiker und spätere Architekt Willy Zierath (auch „Zerath") wurde 1890 in Berlin geboren und zählte 1918 zu den Gründungsmitgliedern der Künstlervereinigung „Die Novembergruppe", von der er sich allerdings einige Zeit später öffentlich distanzierte (vgl. Kliemann, 1969, 52). Am Bauhaus war er von Sommersemester 1927 bis Wintersemester 1929/30 (vgl. Dietzsch, 1991, 286). Danach ging er – allerdings nicht mit der „Bauhausbrigade" von Hannes Meyer – als Architekt in die Sowjetunion, wo er 1934 beim Einsatz an einem havarierten Hochofen einem Herzinfarkt erlag (freundliche Auskunft von Astrid Volpert). Carnap kannte Zierath vermutlich aus dem Umfeld des sogenannten Westender Kreises (zu dieser Gruppe vgl. Koch, 2017, 65–73; Linse, 1973, 69–94), in welchem er während seiner Berliner Zeit von 1917 bis 1918 unter anderem verkehrte.

anhand der erhaltenen Vortragsmanuskripte grob rekonstruieren.[9] Die Vorlesungsreihe begann mit dem Thema „Wissenschaft und Leben". Carnap stellt hier die Frage, welche Rolle die Wissenschaft im alltäglichen Leben spielen kann. Mit seiner Antwort trägt er – zum ersten Mal überhaupt – seine nonkognitivistische Position vor,[10] indem er feststellt: „Wir müssen unterscheiden zwischen *Tatsachen* und *Werten*: das, was ist, und das, was ich möchte, wünsche, fordere (Wollen und Sollen)" (RC 110-07-49). Während er Tatsachen schlicht anhand der zuständigen Disziplinen Physik und Psychologie einteilt, fächert Carnap das Spektrum der Werte weit auf. Grundsätzlich unterscheidet er zwischen ästhetischen („Geschmack") und ethischen („Gewissen") Wertungen, wobei beide letztendlich auf einem „Streben nach *Lust*" (RC 110-07-49) beruhen sollten.

Im Folgenden geht Carnap nicht – was man bei diesem Publikum hätte erwarten können – auf die ästhetischen Werte ein, sondern vertieft die Betrachtung des ethischen Bereichs. Hier differenziert er weiter zwischen verschiedenen „Grundwerten" wie dem „Wohlergehen der *eigenen Person*" und dem „Wohlergehen einer *Gemeinschaft*" (RC 110-07-49), womit die Familie, die Nation, die soziale Klasse, die Rasse oder die gesamte Menschheit gemeint sein könne. Als das Entscheidende macht er hierbei aus: „Die Wertung selbst kann nicht von theoretischer Erkenntnis gefunden werden, denn sie ist nicht Erfassen einer Tatsache, sondern *persönliche Einstellung*" (RC 110-07-49). Bestehe aber die Aufgabe der Wissenschaft allein in Erkenntnis, so sei zu fragen, was „die Erkenntnis für das Handeln [leiste]" (RC 110-07-49). Nach Carnap zweierlei: einerseits zeigt sie die Konsequenzen auf, die bei einer bestimmten Entscheidung zu erwarten sind, andererseits belehrt sie darüber, welche Mittel für welche Ziele einzusetzen sind. Das für den ersten Punkt von Carnap angeführte Beispiel lässt sich kaum anders als ein offenes Bekenntnis zum Sozialismus auffassen, zumal er sich bei diesem Vortrag eine „deutliche Stellungnahme" bezüglich „Politik usw." (RC 110-07-44).[11] vorgenommen hatte:

> Wenn man eine Wirtschaftsordnung haben will, die ~~gleichzeitig~~ erstens Boden und Produktionsmittel (Fabrik und Maschinen) im Privatbesitz lässt (also zu willkürlicher Verfügung des Einzelnen), und die zweitens gleichzeitig keine Menschen unterdrückt, sondern allen freie Entfaltungsmöglichkeiten schafft, so ~~stimm~~ sind diese beiden Wünsche *unvereinbar.* (RC 110-07-49)

Zwar hebt Carnap hervor, dass die praktische Entscheidung, für den Sozialismus oder den Kapitalismus einzutreten, die Wissenschaft nicht fällen kann – sie „kann zwischen beiden nicht unterscheiden; aber die demokratisch-liberale Richtung, die

---

[9] Carnaps Aufzeichnungen zu den Bauhausvorträgen sind keine vollständig ausgearbeiteten Texte, stellenweise bestehen sie nur aus Stichworten. Im Hinblick auf konkrete Fragen wurden einzelne Passagen davon schon verschiedentlich behandelt, vgl. etwa (Dahms, 2004, 368–370; Carus, 2007, 218–220; Cunha, 2017).

[10] Auf diese wichtige Bedeutung des Vortrags wurde bereits wiederholt hingewiesen, vgl. zum Beispiel (Mormann, 2010, 84; Uebel, 2010, 111).

[11] Damit wollte Carnap wohl seine Übereinstimmung mit den Bauhäuslern bekunden. Nach Feigls Worten war „die gesamte Lebensstimmung und Lebensführung am Bauhaus: sehr aktionistisch, radikal, kommunistisch" (Feigl, 1929, 15).

den Kapitalismus bestehen lassen will, kann theoretisch erledigt werden (vorausgesetzt, dass die Wirtschaftstheoretiker Recht haben mit der Lehre jener Unvereinbarkeit)" (RC 110-07-49).

Als weitere Beispiele solcher Unvereinbarkeiten führt Carnap ohne Erläuterungen an: „die neue Lebenseinstellung (Bauhaus)" einerseits und „autoritative Unterordnung"[12] sowie „Metaphysik in Jäckhs Vortrag" (RC 110-07-49) andererseits. Mit letzterem war eine programmatische Rede gemeint, die Ernst Jäckh, der Geschäftsführer des Deutschen Werkbundes, auf dessen Tagung in Breslau im Juni 1929 gehalten hatte und die kurz darauf in der Zeitschrift *Die Form* (dem Presseorgan des Werkbundes) erschienen war. Jäckh stellte darin die Pläne für die größte bis dahin gezeigte Werkbund-Ausstellung vor, die unter dem Titel „Die Neue Zeit" 1932 in Köln stattfinden und einen Gesamtüberblick über die gegenwärtige Epoche geben sollte, flankiert von einer Reihe internationaler wissenschaftlicher und philosophischer Kongresse.[13] Carnap konnte davon ausgehen, dass alle Bauhäusler diesen Text jüngst gelesen hatten. Auch er selbst hatte sich unmittelbar vor seiner Dessaufahrt damit befasst: Für den 2. Oktober 1929 finden sich in seinem Tagebuch die Zeilen: „Nachmittags Werkbundsitzung in Handelskammer. Mit Neurath. Professor Jäckhs Vortrag über die Ausstellung ‚Die Neue Zeit' 1932 in Köln. Da muss auch die wissenschaftliche Weltauffassung vertreten werden!"

Jäckhs Ausstellungskonzeption sah eine Untergliederung in die Bereiche Raum-Zeit, Persönlichkeit, Materie, Funktion, Organisation, Idee und Gemeinschaft vor. Diese Schlagworte, die mit Goethes orphischen Urworten korrespondieren sollten,[14] ergaben sich für Jäckh zwangsläufig und sollten demgemäß eine höhere Einheit bilden: „Der Kreis ist durchschritten, der Ring ist geschlossen: von wissenschaftlicher physikalischer Forschung und philosophischer metaphysischer Folgerung aus – die innere Ordnung eines Gestaltungsprinzips, die einheitliche Struktur einer Totalität […],[eines] Gesamtorganismus" (Jäckh, 1929, 417) zeige sich hier. Es waren sicher diese Ausführungen, die Carnap als mit der Einstellung der Bauhäusler unvereinbare Metaphysik bezeichnete. Auch Neurath hatte dazu in einem Diskussionsbeitrag in der *Form* kritisch Stellung bezogen, indem er Jäckh zwar beipflichtete in der Ansicht, dass zwischen den wissenschaftlichen, den kulturell-künstlerischen und den gesellschaftlich-politischen Entwicklungen ein Zusammenhang bemerkbar sei, man hierin aber nicht ein „metaphysisches Gefüge unter kosmischen Aspekten" sehen müsse, sondern auch einfach nur „ein Gemenge geordneter und ungeordneter Erfahrungsbestandteile, deren logischen Aufbau man [in der Ausstellung ‚Die Neue Zeit', P.B.] zu bewältigen trachte" (Neurath, 1929, 588). Auch für die Feststellung, dass die Wissenschaft die anzuwendenden Mittel für gewünschte Zwecke aufzeigt, verwendet Carnap in seinem Bauhausvortrag ein die sozialistische Position darlegendes Beispiel:

---

[12] Auch dies lässt sich in Verbindung bringen mit den Bauhauserfahrungen Feigls, der berichtet: „So scharf bin ich in Diskussionen noch nie hergenommen worden wie dort" (Feigl, 1929, 16).

[13] Vgl. Jaeggi (2007). Der ehrgeizige Plan musste schließlich aufgrund der Weltwirtschaftskrise aufgegeben werden.

[14] Vgl. Jäckh (1929, 410).

Die Sozialwissenschaften (kaum erst begonnen) lehren die sozialen Bedingungen schaffen: die Menschen, die in einer bestimmten Wirtschaftsordnung an Machtmitteln und an politischen und sozialen Rechten schwächer, aber stark an Zahl sind (z. B. Proletariat), müssen sich zusammenschließen, straff *organisieren*, wenn sie ihre Lage ändern wollen. Die Sozialwissenschaft sagt nicht, ob sie dies tun oder lassen sollen, sondern nur, was im einen und im anderen Falle zu erwarten ist. (RC 110-07-49)[15]

Zusammenfassend hält Carnap fest, dass das „*rationale Denken nicht Führer* im Leben [sei], wohl aber *Wegweiser*. Es *bestimmt* nicht die Richtung (das geschieht durch irrationale Triebe) des Handelns, sondern macht nur Angabe über die zu erwartenden Folgen, belehrt also über die Mittel zu einem gewollten Zweck" (RC 110-07-49).[16] Explizit wendet er sich damit gegen den verkündeten Gegensatz von Ludwig „Klages ‚Leben' contra ‚Geist'!" (RC 110-07-49).[17] Der damals weit über die Fachgrenzen hinaus bekannte Klages wurde auch am Bauhaus sehr geschätzt. Dem dort angebotenen Unterrichtsfach „Der Mensch" lag ein Großteil seiner Werke zugrunde.[18] In der Zeitschrift *bauhaus* zeigte eine Besprechung des von dem Klages-Anhänger Hans Prinzhorn publizierten Werkes *Leib-Seele-Einheit* (1927) unter dem Titel „bauen und leben" [sic!] auf, wie die Bauhausarbeit von der Klages-Prinzhorn'schen Lehre profitieren könne.[19] Vielleicht hatte Carnap seinen Vortragstitel an diese Überschrift angelehnt, machte er doch den Bauhäuslern ein vergleichbares Angebot in Bezug auf die wissenschaftliche Weltauffassung.[20] Eine ausdrückliche Stellungnahme gegen Klages schien umso mehr geboten, als Meyer Prinzhorn zu Vorträgen ans Bauhaus eingeladen und sich dessen *Leib-Seele-Einheit* zu eigen gemacht hatte.[21] So hatte Meyer in einem in Wien gehaltenen Vortrag „die neue baulehre" als eine „erkenntnislehre vom dasein" bezeichnet, die „erkenntnis-kritisch den gesamten lebenskomplex anpacken" und somit auch „seelenkunde

---

[15] Ähnlich erklärte Carnap wenige Jahre später: Ob jemand „für oder gegen den *Sozialismus* ist, ist Sache der praktischen Stellungnahme, nicht des theoretischen Beweisens. […] Wir müssen uns entscheiden, ob wir die in theoretischer Überlegung festgestellten Folgen (z. B. Überwindung der Wirtschaftskrisen und der Arbeitslosigkeit) wollen oder nicht" (Carnap, 1934, 258 f.).

[16] Das Manuskript endet mit der Frage, ob wissenschaftlicher Fortschritt die Menschen besser macht. Da Carnap aber laut Tagebucheintrag vom 15.10.1929 nur eine halbe Stunde referierte (vgl. Carnap, o. J.), ist davon auszugehen, dass er diese Frage nicht mehr erörterte.

[17] Gerade war der erste Band von Klages' voluminösem Werk *Der Geist als Widersacher der Seele* erschienen.

[18] Vgl. Schlemmer (1969, 142).

[19] Vgl. Kállai (1929).

[20] Dass Carnap diese Ausgabe der Bauhauszeitschrift zur Vorbereitung seiner Bauhausvorlesungen nutzte, kann angenommen werden, da er in seinem letzten Vortrag aus Meyers Artikel „bauhaus und gesellschaft" [sic!] zitierte, der ebenfalls darin erschienen war (vgl. unten).

[21] Prinzhorn sprach am 15. März 1929 über „Leib-Seele-Einheit" und am darauffolgenden Tag über „Grundlagen der neuen Persönlichkeitspsychologie" am Bauhaus. Carnap hatte die Vortragsankündigungen möglicherweise gelesen in *bauhaus. vierteljahr-zeitschrift für gestaltung* 3/2 (1929): 26.

vermitteln" müsse „auf der grundlage der leib-seele-einheit (carus – nietzsche – klages – prinzhorn)" (Meyer, 1980, 62).[22]

Am zweiten Abend sprach Carnap über „Aufgabe und Gehalt der Wissenschaft". Wie die Vortragsskizze zeigt, wollte er hier ursprünglich darlegen, dass die Wissenschaft zu verdeutlichen habe, welche Dinge miteinander unverträglich sind, wie etwa „die neue Zeit" und „metaphysische Denkstile".[23] Damit ist wohl nicht Jäckhs Konzeption gemeint, sondern die in der geplanten Ausstellung angesprochenen Inhalte. Mit Sicherheit lässt sich das aber nicht sagen, denn im Vorlesungsmanuskript heißt es: „Dies ist Wiederholung aus dem Vortrag ‚Wissenschaft und Leben'" (RC 110-07-46). Deshalb verwarf Carnap dieses Vorgehen offensichtlich wieder und kehrte zu seinem ursprünglichem Plan zurück, der darin bestand, darzulegen: „Wissenschaft besteht aus Strukturaussagen, [...] Sagbares und Unsagbares" (RC 110-07-44). Dementsprechend hörten die Bauhäusler an diesem Abend: „Die *Aufgabe* der Wissenschaft ist: Erkenntnis und Darstellung von dem, was ist" (RC 110-07-47),[24] wobei zu unterscheiden sei zwischen einzelnen Tatsachen wie „Dieses Stück Kreide ist weiß" und allgemeinen Sachverhalten wie „Kreide ist stets weiß".[25] Da jede Erkenntnis der Wissenschaft in Sätzen formuliert sei, müsse man in diesem Zusammenhang auch die Frage beantworten, was durch Sprache überhaupt ausgedrückt werden könne. Carnaps Antwort lautet, dass „Sprache [...] nur das wiedergeben [kann], was zwischen Individuen übertragbar ist: Die Relationen zwischen Elementen, nicht das qualitative Wesen der Elemente selber" (RC 110-07-47). Er bringt dazu ein Beispiel aus der Lebenswelt des Bauhauses:

> Ob der andere mit „grün" dieselbe Qualität bezeichnet, wirklich das gleiche erlebt, ist eine sinnlose Frage, da ein Vergleich gar nicht möglich [...] ist. Durch Verwendung des Wortes „grün" [...] kann nur festgelegt werden, dass die und die Dinge *dieselbe Farbe* haben, also nur die Relation der Farbgleichheit. (RC 110-07-47)

Was die allgemeinen Sachverhalte beziehungsweise Naturgesetze anlangt, so müsse man sich darüber klar werden, was es heißt, eine Tatsache zu erklären, nämlich „nur: *Angabe eines allgemeinen Satzes*, unter den die Tatsache fällt. [...] ‚Erklärung' heißt *nicht*: Erkenntnis von *etwas, hinter der Tatsache* Liegendem, das ihren geheimen Urgrund bildet, aus dem sie hervorgeht. [...] Die Frage nach dem dahinter Stehenden ist eine sinnlose Frage (Metaphysik)" (RC 110-07-47).

Der Vortrag tags darauf am 17. Oktober mit dem Titel „Der logische Aufbau der Welt" ist nicht – wie man vermuten könnte – eine Zusammenfassung des

---

[22] Prinzhorns Buch *Leib-Seele-Einheit* endet mit einer Aufzählung derjenigen Personen, auf denen die neue, von ihm vorgestellte Psychologie aufbaue: „Goethe–Carus, Nietzsche, Klages" (Prinzhorn, 1927, 179). Carnap war bei Meyers Wiener Vortrag zwar nicht anwesend, wurde über den Inhalt aber sicher von Neurath informiert; zu weiteren Details hierzu vgl. Bernhard, 2021a.

[23] Vgl. RC 110-07-46.

[24] Ähnlich schreibt Carnap im Kapitel „Aufgabe und Grenzen der Wissenschaft" des *Aufbau*: „Das Ziel der Wissenschaft besteht darin, die wahren Aussagen über die Erkenntnisgegenstände zu finden und zu ordnen" (Carnap, 1998, 252); es gibt allerdings kaum Überschneidungen von seinem Bauhausvortrag und diesem Text.

[25] Vgl. RC 110-07-47.

Aufbau, sondern wohl Carnaps erste öffentlich vorgetragene Hinwendung zur Einheitswissenschaft. Schon in seiner Ideenskizze zu dieser Vorlesung notierte er: „Hauptsache Einheitswissenschaft; gemeinsame Basis aller Begriffe; nur 1 Erkenntnisquelle, alles spricht vom Gegebenen" (RC 110-07-44). Und dementsprechend begann der Vortrag: „*Grundthese:* Es gibt nur 1 Wissenschaft (‚Einheitswissenschaft'), nicht auseinanderfallende Fächer (‚Natur-, Geisteswissenschaft'), denn alle Erkenntnis stammt aus 1 Erkenntnisquelle: die Erfahrung […]. *These: Jeder Satz der Wissenschaft spricht von einem Gegebenen und nur von ihm*" (RC 110-07-45). Dass dies auch für abstrakte Begriffe gilt, zeigt Carnap am Beispiel von

> Gravitation. Konstituierbar aus Dingbegriffen. […] „An dieser Stelle herrscht eine *Schwerkraft* von dem und dem Betrage in der und der Richtung" bedeutet „An dieser Raumstelle erfährt jedes Ding eine (für alle gleiche) Beschleunigung in dieser Richtung in diesem Betrag". Damit ist der Begriff „Schwerkraft" zurückgeführt auf Begriff der wahrnehmbaren Dingwelt. Jeder Satz über die Schwerkraft lässt sich übersetzen in einen Satz über Bewegungen von Körpern; es gibt daher (für die Wissenschaft) nicht außer diesen Bewegungsverhältnissen noch eine „Schwerkraft", die diese erzeugt. „Schwerkraft" nur abkürzender Sprachausdruck. (RC 110-07-45)

Dies gelte auch für Begriffe aus anderen Bereichen. So gäbe es auch keinen „Sozialgegenstand, z. B. ‚Staat' oder ‚Volk', jenseits der Individuen! Gegen die ‚Volksgeist'- oder ‚Staats'-Metaphysik" (RC 110-07-45). Als vorbildlich lobt Carnap hier „die marxistische Geschichtsauffassung", denn diese stütze sich „auf das empirisch Erfassbare, letzten Endes also auf das Wahrnehmbare" (RC 110-07-45).

Am vorletzten Veranstaltungstag hielt Carnap wohl seinen technisch anspruchsvollsten Vortrag „Die vierdimensionale Welt der modernen Physik". Über dieses Thema zu reden hatte sicher seine Berechtigung vor dem Hintergrund, dass der relativitätstheoretische Paradigmenwechsel in der Physik von Anfang an auf die bildende Kunst und bald schon auf die Architektur wirkte und zu neuen Formensprachen anregte.[26] Dabei war freilich vieles nur halb verstanden und es waren mitunter nur die zu Assoziationen einladenden Begriffe wie „Raumzeit", die diese Faszination auslösten. So hatte etwa Walter Gropius in seiner Bauhausvorlesung „Raumkunde" von circa 1922 eine auf Einstein zurückführbare „Identität von Geist und Materie" (Gropius, o. J.) ausgemacht.[27] Carnap versuchte hier aufklärend zu wirken, indem er das neue physikalische Weltbild in seinen Grundlinien erläutern wollte. Ernüchternd konstatierte er: „Die Zeit wird *symbolisch* dargestellt als 4. *Raumdimension*; nur zur ~~Veranschaulichung~~ Verdeutlichung (und leichteren mathematischen Berechnung), nichts Mystisches dabei" (RC 110-07-48). Ob ihm die Entmystifizierung durch die wissenschaftliche Darstellung der Verhältnisse restlos

---

[26] Vgl. Bernhard (2013). Carnap war über diese Verbindungen vor allem durch seinen langjährigen Freund Franz Roh informiert, der schon 1925 mutmaßte, „daß die neue Kunst sogar in unterirdischem Zusammenhang mit der neuesten Physik steht, nämlich mit ihrer Grundlage der ‚starren Vierdimensionalität'" (Roh, 1925, 115).

[27] Vgl. Winkler (1993, 28–30).

gelang, darf jedoch bezweifelt werden,[28] wenngleich er versuchte, es mit dem Bild von „flachen Tieren" und ihren Wahrnehmungen in einer zweidimensionalen Welt anschaulich zu machen.[29] Schon Feigl hatte bei seinen Bauhausvorträgen die Erfahrung gemacht, dass manches „den Leuten wegen der Fülle der Tatsachen etwas schwierig geworden war" (Feigl, 1929, 13)[30] – wobei er sich mit seinem eigenen „Raum-Zeit-Vortrag" sehr zufrieden zeigte.[31] Und Carnap berichtete nach diesem Abend in einem Brief an Auguste Dorothea Gramm: „sie [die Bauhäusler, P.B.] diskutieren sehr gern, aber sehr dilettantisch" (RC 024-32-12).[32]

Der letzte Vortrag, den Carnap am 19. Oktober unter dem Titel „Der Missbrauch der Sprache" hielt, war sicher als abschließender Höhepunkt gedacht und deshalb am gehaltvollsten. Etwas enttäuscht vermerkt er daher in seinem Tagebuch: „nur wenig Zuhörer, obwohl viele vorher sich gerade hierauf gespitzt hatten; aber die Ausstellung wird gerade aufgebaut!" Laut erster Skizze wollte Carnap reden über „Probleme und Scheinprobleme (Gibt es Grenzen der Erkenntnis?) (Wodurch kommen Scheinprobleme?)", dabei plante er eine „Vereinheitlichung von Hans [sic!] und meinem Vortrag" (RC 110-07-44). Damit sind offenbar die beiden Vorträge gemeint, die Hans Hahn und er im Verein Ernst Mach wenige Monate zuvor gehalten hatten, Hahn am 10. Mai über „Überflüssige Wesenheiten (Occams Rasiermesser)" und er am 14. Juni über „Scheinprobleme der Philosophie (von Seele und Gott)".[33] Hahn beschreibt in seinem Vortrag werbend die von ihm so genannte *weltzugewandte* Philosophie:

---

[28] Noch in den 1940er-Jahren stritt Carnap mit László Moholy-Nagy über die adäquate Übersetzung von dessen „'Raum-Zeit'-Formulierung[en] ‚statisch', ‚dynamisch' usw. in psychologische Sprache" (Carnap, Tagebucheintrag vom 16.02.1940, RC 025-82-06).

[29] Carnap entlehnte dieses Gedankenexperiment vermutlich aus der leicht verständlichen Einführung in die Relativitätstheorie von Felix Auerbach, bei dem er in Jena Physik gehört hatte (vgl. Auerbach, 1921, 12–22). Auerbachs populäre Schriften zur modernen Mathematik und Physik waren auch einigen Bauhäuslern vertraut (vgl. Müller, 2004). Wie ein Vergleich nahelegt, hatte Carnap bei seinem Vortrag, dessen Manuskript das kürzeste zu seinen Bauhausvorträgen ist, auf den dritten Teil seiner *Physikalischen Begriffsbildung* (Carnap, 1926) zurückgegriffen, namentlich auf die Abschnitte „Die vierdimensionale Welt" und „Die Rückübersetzung in Qualitätsaussagen".

[30] Feigls Einschätzung findet eine Bestätigung in der Schilderung des Bauhausstudenten Werner David Feist, der sich erinnerte an einen „Vortrag von Otto Freundlich [sic!, gemeint wohl Erwin Finlay-Freundlich, P.B.], der ein ehemaliger Mitarbeiter von Albert Einstein war. Er versuchte, uns die noch ziemlich neue Relativitätstheorie [...] nahezubringen. Ich bin mir nicht sicher, wie viele von uns ihm bis zu welchem Grad folgen konnten" (Feist, 2012, 88). Einen vergleichbaren Eindruck gewann Carnap später am New Bauhaus in Chicago, wo er nach einem Vortrag von Karl Menger „Über nicht-räumliche Continua; Farben und utilities" im Tagebuch festhielt: „Interessant, aber etwas schwierig für die meisten" (Carnap, Tagebucheintrag vom 16.02.1940, RC 025-82-06).

[31] Vgl. Feigl (1929, 13).

[32] Im Tagebuch (18.10.1929) vermerkte Carnap eigens, dass sich auch Josef Albers an der Diskussion nach dem Physik-Vortrag beteiligte.

[33] Vgl. die Vortragsankündigungen auf dem Flugblatt des Vereins Ernst Mach, abgebildet in Galison (1990), 721 und in *Erkenntnis* 1 (1930): 74. Carnaps Vortragstitel geht auf einen Vorschlag Neuraths zurück (vgl. Carnap, o. J., Eintrag vom 14.06.1929; dort ist der Vortrag mit „Scheinprobleme *in* der Philosophie" betitelt). Wie man dem in Carnaps Nachlass erhaltenen

> [S]ie nimmt diese Welt, wie sie sich darbietet, in ihrer Unbeständigkeit, ihrer Regellosigkeit, ihrer Buntheit, und sucht sich in ihr zurechtzufinden, sich mit ihr abzufinden, sie zu genießen. Das einzige Wesenhafte ist ihr das durch die Sinne Kundgetane; sie verabscheut es, außerhalb dieser Sinnenwelt nach andersgearteten Wesenheiten zu fahnden. (Hahn, 1930b, 3)

Deshalb sei dieser Philosophie der Engländer Wilhelm von Occam mit seinem Leitsatz, „nicht mehr Wesenheiten an[zu]nehmen, als unbedingt nötig" (Hahn, 1930b, 7) ein Vorbild. Dabei weist Hahn auch auf die bestehende wechselseitige Bezogenheit von aufklärerischem Impetus, sozialkritischer Demokratie und antimetaphysischem Wissenschaftsverständnis hin, indem er feststellt:

> [E]s ist gewiß kein Zufall, daß es dasselbe Volk [die Briten, P.B.] war, das der Welt die Demokratie und die Wiedergeburt der weltzugewandten Philosophie schenkte, und es ist kein Zufall, daß in dem Lande, in dem die Metaphysik hingerichtet wurde, auch ein Königshaupt fiel. Denn alle die hinterweltlichen Wesenheiten der Metaphysik: die Ideen Platos, und das Eine der Eleaten, die reine Form und der erste Beweger des Aristoteles, und die Götter und Dämonen der Religionen, und die Könige und Fürsten auf Erden, sie alle bilden eine Schicksalsgemeinschaft – und wenn der Purpur fällt, muß auch der Herzog nach. (Hahn, 1930b, 6 f.)

Carnap notierte dazu am 19.05.1929 in sein Tagebuch: „Sitzung Ernst Mach Verein. Hahns Vortrag ‚Ockhams Rasiermesser', sehr gut" (Carnap, o. J.). Auch viele Bauhäusler hätten Hahns Ausführungen etwas abgewinnen können. So betrachtete Josef Albers das Ökonomieprinzip als ein Hauptmoment seines Unterrichts und hob zugleich bedauernd hervor, dass „die soziologischen parallelen [sic!] nicht notiert" (Albers, 1928, 4) würden.[34] In seiner Lehre unterschied er zwischen „arbeitsökonomie", die sich auf das Verhältnis von Aufwand und Nutzen beziehe, „materialökonomie", die auf eine Materialverarbeitung ohne Verlust im Sinne von Verschnitt abziele – es dürfe „in keiner form etwas *ungenutztes* übrig bleiben" (Albers, 1928, 5) – und der „soziologischen ökonomie", die auf „den kollektiven austausch der erfahrungen" abziele und damit „den persönlichkeitskult der bestehenden pädagogik" (Albers, 1928, 6) überwinde.

Bezüglich Hahns Vortrag hatte Carnap sich dann aber doch eines Besseren besonnen (siehe unten), wohingegen er Passagen des Manuskripts seines eigenen Mach-Verein-Vortrags direkt verwendete.[35] Seinen Bauhausvortrag leitete er mit der Feststellung ein, dass ein Missbrauch der Sprache dann vorliege, wenn

---

Vortragsmanuskript entnehmen kann, sollte der Titel ursprünglich „Von Gott und Seele. Scheinfragen in Metaphysik und Theologie" lauten (vgl. RC 089-63-01). Auch hinsichtlich des Neurath gegenüber geäußerten Zweifels über seine Fähigkeit, allgemeinverständlich zu referieren (vgl. oben), bot sich eine Verwertung dieses Manuskriptes an, findet sich doch im Tagebuch (14.06.1929) der Bericht: „Abends mein Vortrag im Machverein. […] Viele Hörer, darunter viele Studenten. Ich spreche aber ganz populär. Der Vortrag gefällt gut".

[34] Albers wehrte sich damit gegen Kritik seitens der Studierenden, die ihm einen weltfremden Unterricht vorwarfen (vgl. Bernhard, 2021b, 90).

[35] Carnap hatte diesen Vortrag nicht veröffentlicht. Zwar wurde der Wunsch danach seitens des Mach-Vereins geäußert (vgl. RC 089-63-05), doch riet ihm Hahn aus karrieretechnischen Gründen davon ab (vgl. Carnap, o. J., Eintrag vom 07.09.1930). War er selbst doch nach seinem Vortrag in

ein theoretischer Gehalt vorgetäuscht wird, wo keiner besteht. Sinnlose Wortreihen statt Aussagen. ~~Die Lyrik~~ *Die Dichtung* braucht keinen theoretischen Gehalt zu haben; wir fragen nicht „wahr oder falsch?" […] Die Metaphysik ist in diesem Sinne Dichtung, sie will aber Theorie sein. […] Daher bezeichnen wir als *„metaphysische Sätze"* auch solche, z. B. in Schriften über Kunst, die diese Beschaffenheit haben. (RC 110-07-43)[36]

Sinnlose Sätze, so fährt Carnap fort, entstehen vor allem durch

Verdinglichung: Durch die gleiche Sprachform verführt, fasst man […] etwas Nicht-Dingliches, z. B. einen Zustand eines Dinges, als Ding auf. *Beispiel:* „Ich bin meine Kopfschmerzen […] losgeworden" analog „Ich bin meine Hand losgeworden"; man nimmt, durch die Sprachform verführt […] die Kopfschmerzen als ein Ding. [Oder:] „Die *Seele* entflieht dem Körper" […]. Seele = Zustand der Beseeltheit. (RC 110-07-43)

Sinnlose Sätze entstehen aber auch, so Carnap weiter, durch

sinnlose Worte. Jedes Wort hat ursprünglich eine Bedeutung. Es kommt aber vor, dass man ihm die alte Bedeutung nimmt, ohne ihm eine neue zu geben. *Beispiel:* „Geist". Entwicklung: […] Zuerst Bezeichnung sichtbarer Personen, […] [dann] seelisches und geistiges Wesen, […] [schließlich, in der] *Metaphysik:* Geist als „das Absolute". (RC 110-07-43)[37]

Letzteres ist aber eine Bestimmung, die „*jenseits jeder möglichen Erfahrung* liegt und daher gar nichts besagt. […] Jeder Begriff, wenn er einen Sinn haben soll, muss auf Erfahrungsinhalte, Wahrnehmungen zurückgehen" (RC 110-07-43). Sätze der Metaphysik täten dies nicht und seien deshalb als theoretische Aussagen sinnlos. Ihr Sinn bestehe allein darin, ein allgemeines Lebensgefühl (nicht nur eine momentane Stimmung) zum Ausdruck zu bringen. Allerdings sei die Metaphysik eine für diesen Zweck ungeeignete Ausdrucksart. „Die richtigen Ausdrucksmittel für Lebensgefühle" seien dagegen einerseits Kunst, also die „Gestaltung besonderer Gegenstände", andererseits Architektur und Design, also „die Gestaltung der Dinge des Lebens" (RC 110-07-43). Carnap hatte also der von Hahn angeführten Schicksalsgemeinschaft von Klerus, Adel und Anti-Demokraten nicht noch die Anhänger ornamentaler Ästhetik hinzugefügt, um zu erklären, dass sie alle gemeinsam durch Metaphysikkritik anzugehen seien. Die „Ablehnung der Metaphysik",

---

der konservativen Presse angegriffen worden (vgl. N.N., 1929; wie Carnaps Tagebucheintrag vom 01.06.1929 zu entnehmen, wurde er von Hahn auf diesen Artikel hingewiesen; eine längere und leicht veränderte Version davon erschien vier Tage später in einem weiteren Blatt, vgl. Ein akademischer Wahrheitsfreund, 1929) und hatte daraufhin in der Publikation seines Vortrags offensichtlich einige schärfere religionskritische Passagen herausgenommen (da die Presseartikel auch die weltanschauliche Neutralität der Universität anmahnten, reagierte der Mach-Verein mit einer Verlegung seiner Vortragsabende vom Physikalischen Institut in Räumlichkeiten der Stadt Wien beziehungsweise ins eigene Vereinsgebäude; vgl. Stadler, 1982b, 182). Carnap verwendete sein eigenes Manuskript nun als Grundstock für seinen späteren Metaphysik-Artikel sowie für die Notiz über logische Sprachanalyse (vgl. Carnap, 1931a, b).

[36] Carnap nennt an dieser Stelle auch „Ausdruck", „Auslösung" und „Darstellung" als die „3 Funktionen der Sprache", was zeigt, dass er mit dem gerade von Karl Bühler entwickelten „Organon-Modell" einverstanden war (vgl. Bühler, 1934 sowie Carnap o. J. zu dessen Kontakten mit Bühler in den 1920er- und 1930er-Jahren).

[37] Diese Passage ist ausführlicher dargelegt in Carnaps Manuskript zu seinem Vortrag im Mach-Verein; vgl. „Von Gott und Seele" (RC 089-63-01).

für die die Bauhäusler in ihrem „Streben nach Echtheit" (RC 110-07-43) ebenso eintreten sollten wie die Logischen Empiristen, könne gar nicht im Bereich der Gestaltung, sondern nur im Bereich der Sprache zur Anwendung kommen. Und hier sah Carnap offensichtlich Handlungsbedarf, da er erklärte: „Ähnlich wie in der Metaphysik steht es häufig mit den Büchern und *Abhandlungen über Kunst; auch sogar den modernen über Formgestaltung!"* (RC 110-07-43).

Ein aktuelles Beispiel aus dem Bauhaus hatte Carnap ebenfalls parat, nämlich ein Zitat aus dem jüngst in der Bauhauszeitschrift publizierten Grundsatzartikel „bauhaus und gesellschaft" von Meyer, der dort schrieb: „kunst ist nur ordnung. klassisch: im modul der logischen raumlehre des euklid, gotisch: im spitzen winkel-maß als raster der leidenschaft, renaissance: im goldenen schnitt als regel des ausgleichs" (Meyer, 1929, 2).[38] Diese Sätze wurden anscheinend schon vorher in Wien diskutiert, denn zwei Tage nach dem Vortrag, am 21.10.1929, notiert Carnap in sein Tagebuch: „Mittags 1–3 mit Hannes Meyer zusammen. Ich erzähle auch, dass Hahn sein Zitat benutzen wollte" (Carnap, o. J.). Hahn wollte Meyers Äußerung vermutlich für seinen Artikel „Die Bedeutung der wissenschaftlichen Weltauffassung", als Veranschaulichung folgender Ausführungen:

> [D]ie Worte der Sprache führen, neben dem Hinweise auf das, was sie ihrem wörtlichen Sinne nach symbolisieren sollen, noch die verschiedenartigsten Begleitvorstellungen mit sich. Diese Begleitvorstellungen begünstigen nun ein Hin- und Herschwanken zwischen der wörtlichen Bedeutung und „übertragenen", „bildlichen" Bedeutungen. Die lyrische Dichtung beruht fast zur Gänze auf dieser Eigenschaft der Wortsprachen. So berechtigt nun die Lyrik als Mittel zum Ausdruck und zur Erzeugung von Gefühlen ist, so heterogen ist Lyrik dem Prozesse wissenschaftlicher Erkenntnis, dessen Wesen Eindeutigkeit und Klarheit ist. (Hahn, 1930a, 104)

Meyer konnte Carnap aber darlegen, dass sich sein Text als Metaphysikbeispiel nicht eignete, indem er erklärte, „diese Ausdrücke seien da auch lyrisch, ~~d. h.~~ gemeint, d. h. so, dass reiche gefühlsmäßige Assoziationen eintreten sollen" (Carnap, o. J.).[39] In der an den Vortrag anschließenden Diskussion bemerkte Carnap, „dass die theoretischen Arbeiten der Bauhäusler nicht von Metaphysik frei sind. Beispiel ‚Rot ist schwer' usw.; nur als psychologische Aussage gerechtfertigt" (Carnap, o. J.). Dies bezog sich vermutlich auf die Kunsttheorien von Wassily Kandinsky und Paul Klee. Vor allem Kandinsky musste sich an seinen eigenen Ansprüchen messen lassen, wenn er in Bezug auf seinen Bauhausunterricht erklärte: „der anfangende künstler muß von vornherein an ein objektives, das heißt wissenschaftliches denken gewöhnt werden" (Kandinsky, 1926, 4). In seinem 1926 erschienenen Werk *Punkt und Linie zu Fläche*, das das Kompendium eines großen

---

[38] Vgl. RC 110-07-43.

[39] Eintrag vom 21.10.1929. Hahn verwendete schließlich ein Zitat aus dem *Jahrbuch für Philosophie und phänomenologische Forschung* als Beispiel. Meyers Erwiderung macht deutlich, dass Carnap hier (wie schon in Bezug auf den Vortrag Jäckhs) nicht unterscheiden wollte zwischen appellieren-den Werbeschriften und theoretischen Texten, was er für sich und seine Wiener-Kreis-Kollegen durchaus in Anspruch nahm, etwa in seinem Vorwort zum *Aufbau* oder der Programmschrift *Der Wiener Kreis* (nicht ganz zu Unrecht spricht Brand (1988, 82–91) diesbezüglich von den „Weisheitsspruchdichtungen" des Wiener Kreises).

Teils seiner Lehre am Bauhaus bildet, werden Farben und Formen hinsichtlich ihrer Wirkungen, verursacht durch ihre „Temperatur", ihren „Klang", ihr „Gewicht" und so weiter untersucht.[40] Ähnliche Betrachtungen finden sich in dem bereits ein Jahr zuvor publizierten *Pädagogischen Skizzenbuch* von Klee.[41] Nach Carnap betrieben Kandinsky und Klee (wie Husserl und Oskar Becker) jedenfalls „Bewusstseins-analyse in metaphysischer Form".[42]

Dass Carnap, wie Dahms behauptet,[43] an dem Vortragsabend außerdem noch Martin Heideggers Satz „das Nichts nichtet" als Beispiel anführte, ist unwahr-scheinlich, wenn sich auch Carnap gerade erst intensiver mit Heidegger befasst hatte (der von Carnap vor Ort mitverfolgte zweite „Davoser Hochschulkurs" mit dem berühmten Disput zwischen Cassirer und Heidegger lag ja erst wenige Monate zurück).[44] Dahms stützt seine Behauptung auf eine Erinnerung Edith Tschicholds, die, von Carnap gefragt, ob sie sich unter dem genannten Satz etwas vorstellen könne, „geantwortet hatte, das könnte vielleicht Kurt Schwitters geschrieben haben und […] damit einen großen Heiterkeitsausbruch" (Tschichold, 1979, 192) erzielte. Allerdings gibt es keinen Anhaltspunkt dafür, dass Tschichold an den Tagen von Carnaps Bauhausvorträgen in Dessau war. Wahrscheinlicher ist, dass sich diese Szene später, im Januar 1931 in Seefeld in Tirol abspielte, wo Carnap zusammen mit den Tschicholds, den Rohs (Franz mit Frau Hildegard) und anderen seinen Silvesterurlaub verbrachte und bei dieser Gelegenheit das Manuskript zu seinem Aufsatz „Überwindung der Metaphysik durch logische Analyse der Sprache" (wo dieser Heidegger-Satz bekanntermaßen erörtert wird) vorlas.[45] Bei diesem Zuhörerkreis ist auch der erwähnte „große Heiterkeitsausbruch" als Reaktion auf Tschicholds Antwort verständlich (Dahms paraphrasiert hier mit „tosendem Gelächter", womit man freilich ein größeres Auditorium assoziiert), nicht aber bei den Bauhäuslern. Gegen Dahms' Version spricht auch, dass in Carnaps Vortragsmanuskript nicht „das Nichts" als Beispiel für einen sinnlosen Begriff genannt wird, sondern „Geist" und „Seele".

Als Resümee von Carnaps Bauhausvorträgen lässt sich festhalten, dass er für die beiden zentralen Anliegen des Meyer'schen Bauhauses, Sozialismus und Funktionalismus, die Möglichkeit einer wissenschaftlichen Fundierung für ausge-schlossen erklärte, zugleich aber darauf hinwies, dass die Logischen Empiristen und

---

[40]Vgl. Kandinsky (2000).

[41]Vgl. Klee (2003). Offensichtlich fühlte sich aber auch der beim Vortrag anwesende Albers ange-griffen, denn tags darauf informierte er Carnap „über seine psychologischen Experimente: schwarz oder weiß ist schwer, usw. (kalt, grob, …)" (Carnap, o. J., Eintrag vom 20.10.1929).

[42]Dasselbe Vergehen, aber „schlimmer", liegt Carnap zufolge bei Heidegger und Bergson vor. Diese Einschätzungen finden sich auf einer mit „Ordnung der Metaphysiker, nach dem Grade [der] Schlimmheit" betitelten Liste (UCLA 03-CM10), die Carnap an seinem letzten Tag in Dessau anfertigte (für den Hinweis auf diese Liste bedanke ich mich bei André W. Carus).

[43]Vgl. Dahms (2001, 85) sowie Dahms (2004, 369) (trotz des gleichen Aufsatztitels weichen die beiden Texte leicht voneinander ab).

[44]Vgl. Friedman (2000).

[45]Vgl. Carnap (o. J.), Eintrag vom 05.01.1931.

die Bauhäusler derselben Wertegemeinschaft angehörten.[46] Und da diese Werte den Kampf gegen die Metaphysik beinhalteten, betrachtete es Carnap als seine Aufgabe, auf diesbezügliche Defizite am Bauhaus hinzuweisen. Offenbar stimmte Carnap hier mit Roh überein, der die Direktive, dass „das Aesthetische […] aus der Architektur überhaupt weg zu fallen [sic!] habe," als „erkenntnistheoretischen Irrtum […] des Bauhauses" (Roh, 1932, 1) bezeichnete, mit der Begründung: „In allen politisch wissenschaftlichen, den sog. Gehäusefragen soll man rational organisiert sein. In allen Binnenfragen des Lebens aber soll man der freien Innerlichkeit individuellen Lauf lassen" (Roh, 1932, 1).

Ob Roh diese These von Carnap, den er (laut Carola Giedion-Welcker) „übertrieben vergöttert" (Carnap, o. J., Eintrag vom 24.03.1929) haben soll, leicht modifiziert (in Bezug auf das Politische) schlicht übernommen hatte, kann hier nicht entschieden werden.[47] Immerhin erklärte Roh schon 1919, dass das „Weltbild des modernen Künstlers", genommen als „ein bewusstes begrifflich geschichtliches philosophisches System" (Roh, 1919) meist „miserabel" sei, und doch könne der Künstler mit seinem Werk ein „Lebensgefühl", „eine Grundhaltung" bzw. eine „Wertorientierung" treffend zum Ausdruck bringen.[48] Als Roh diese Auffassung über zehn Jahre später wiederholte, fügte er als Beispiel an: „Moholy hat in seinem Buch die Raumarten ganz willkürlich aufgezählt, und doch empfinde ich seine Arbeiten gar nicht als willkürlich" (Roh, 1932, 2).[49] Genauso hatte es wohl auch Carnap gesehen, der, als er nach seinem Dessauaufenthalt noch einige Tage in Berlin weilte, am 24.10.1929 in seinem Tagebuch festhielt: „Mittags zu Moholys. Moholy seit einigen Jahren zum ersten Mal wieder gesehen. Er zeigt Korrekturbogen seines neuen Bauhausbuches; darin sind Raum und Logischer Aufbau genannt. Große Tabelle aller Raumarten (einfache Aufzählung), etwas spielerisch" (Carnap, o. J.).[50]

Wie hatten nun die Bauhäusler Carnaps Vorträge aufgenommen? Unmittelbare Reaktionen sind nicht bekannt. Vermutlich auf Carnap bezogen erinnerte sich der

---

[46] Vgl. Bernhard (2015).

[47] Noch in den 1950er-Jahren findet man bei Roh Sätze, die auch hätten von Carnap stammen können, wie: „Will man irgendwelches Problem der Klärung entgegentreiben, so kommt es bereits darauf an, dass die Frage, die man aufwirft, schon als Frage präzisierend gestellt ist. Schon wegen vieler unklarer Fragen wälzt die Philosophie jahrhundertelang gewisse Scheinprobleme oder schiefe, ja verwirrende Antworten mit sich herum" (zitiert nach Claus, 2013, 128); vgl. auch Roh (1993, 370).

[48] Vgl. Roh (1919).

[49] Bei dem genannten Buch handelt es sich um Moholy-Nagy (1929). Auch den Katalog zur großen Bauhaus-Ausstellung 1923 hatte Roh – nachsichtig – mit den Worten kritisiert: „Ein Buch von Künstlern ist keines von Wissenschaftlern. Es ist deshalb nicht auf begriffliche Richtigkeit abzuhorchen, sondern zunächst auf sein Wollen hin zu begreifen" (Roh, 1924, 376).

[50] Die Nennung von Carnap (1922, 1998) in Moholy-Nagy (1929, 194). Zu Moholy-Nagys Auseinandersetzung mit dem Thema Raum vgl. Loers (1997). Einig waren sich Carnap und Moholy-Nagy immerhin in der Ablehnung der pseudorationalistischen Kunstauffassung von Meyer – nicht zuletzt deshalb hatte Moholy-Nagy mit dessen Leitungsübernahme das Bauhaus verlassen.

ehemalige Bauhausstudent Werner Taesler rückblickend, dass „man einen Vertreter der Wiener Philosophenschule der Positivisten gewonnen [hatte], die Probleme des Bauhauses unter der Lupe erkenntnistheoretischer Wissenschaft zu prüfen" und nun belehrt wurde, dass „nur sinnlich gewonnene Erfahrungen" „objektive *Sachurteile*" ermöglichten, dagegen „nicht empirisch gewonnene Erfahrungen als metaphysische *Werturteile*" abzulehnen seien, was in der anschließenden „lebhaften Diskussion" die Frage aufwarf, wie „man denn in diesem Rahmen soziale, politische oder ästhetische Sachverhalte unterbringen" (Taesler, 2019, 39) könne – Taesler verließ kurz darauf das Bauhaus. Eine ganze Reihe Studierender musste von Carnap enttäuscht gewesen sein. Hatten doch Einige ihm gegenüber kritisiert, dass „nicht nur die Abhandlungen, sondern auch die Sachen (z. B. Lampen) des Bauhauses [...] noch Metaphysik" (Carnap, o. J., Eintrag vom 15.10.1929) enthielten, um nun zu erfahren, dass der vom Logischen Empirismus geführte Kampf gegen die Metaphysik nicht gleichzusetzen sei mit dem Kampf gegen die Ästhetik beziehungsweise das Ornament,[51] im Gegenteil Gestaltung als angemessenes Betätigungsfeld für Metaphysiker zu gelten habe. In diesem Punkt stand Carnap eher auf der Seite der Künstlerfraktion des Bauhauses,[52] was diese aber anscheinend nicht sah. So war es sicher als Kritik gemeint, als Lyonel Feiningers Frau Julia Carnap fragte, „ob nicht irgendwo das Denken doch zu Ende ist; z. B. beim Anhören von Musik" (Carnap, o. J., Eintrag vom 16.10.1929).[53]

Die Kommunistische Studentenfraktion dürfte Carnaps Ausführungen ganz ähnlich aufgenommen haben wie diejenigen Neuraths, zu denen sie bemerkte: „dieser mann will den marxismus unschädlich machen, indem er ihn zergliedert auf wissenschaft und politik [...]. der marxismus lehnt es ab, dass sich die wissenschaft verhält wie ein arzt, der zwar bei seinen patienten die tuberkulose feststellt, ihn aber im übrigen seinem schicksal überlässt." (N.N., 1930).[54] Neurath stieß bei den Studierenden freilich nicht nur auf Ablehnung. So heißt es im Protokoll einer Beiratssitzung des Bauhauses am 2. Dezember 1931: „herr mies van der rohe teilt mit, dass die studierenden-vertretung angeregt hat, [...] neurath, wien für einen vortrag zu verpflichten" (Sachsenberg, 1931). Und Carnap wurde immerhin von zwei seiner studentischen Zuhörer – Edmund Collein und Lotte Gerson – in Wien

---

[51] Gamwell (2016, 533) weist zu Recht darauf hin, dass auch bei Peter Galison dieses Missverständnis besteht. Carnap lud dazu freilich ein, wenn er (in seinem letzten Bauhausvortrag) Redewendungen wie „falsche Fassade" gebrauchte (womöglich in Anlehnung an Kállais Besprechung des Prinzhorn-Buches (vgl. oben), wo das „neue bauen" beschrieben wird als „ein bauen, das sich keine fassaden vormacht", Kállai, 1929).

[52] Die Spannungen zwischen den Praktikern auf der einen, und den Künstlern auf der anderen Seite begleiteten das Bauhaus während der gesamten Zeit seines Bestehens; vgl. Badura-Triska (1999).

[53] Kurze Zeit später wird Carnap schreiben: „Vielleicht ist die Musik das reinste Ausdrucksmittel für das Lebensgefühl, weil sie am stärksten von allem Gegenständlichen befreit ist. Das harmonische Lebensgefühl, das der Metaphysiker in einem monistischen System zum Ausdruck bringen will, kommt klarer in Mozartscher Musik zum Ausdruck" (Carnap, 1931b, 240).

[54] Die Ausführung bezieht sich auf Neuraths Bauhausvorträge „Geschichte und Wirtschaft" und „Voraussage und Tat" vom 19. und 20. Mai 1930.

aufgesucht, als diese in der österreichischen Hauptstadt Beschäftigungsmöglichkeiten ausloteten.[55]

Dass Meyer mit Carnaps Kritik umgehen konnte,[56] wird schon daran ersichtlich, dass er auch weiterhin Mitglieder des Wiener Kreises, namentlich Neurath und Philipp Frank, nach Dessau einlud,[57] freilich ebenso Felix Krueger, den Spiritus Rector der politisch konservativen Ganzheitstheoretiker der Leipziger Schule,[58] denn bei dem „Ausbau des Systems der Gastlehrer […] wurde, wie stets am Bauhaus, Pluralität im Weltanschaulichen bedacht" (Hoffmann, 1983, 40). Auch Walter Dubislav erhielt eine Einladung, vermutlich kurzfristig überbracht von Carnap bei seinem an Dessau anschließenden Berlinaufenthalt.[59] Das Mitglied der Berliner Gesellschaft für wissenschaftliche Philosophie sollte allerdings nicht über wissenschaftliche Weltauffassung sprechen, sondern mit den Grundthesen des Neukantianismus vertraut machen, vermutlich vor dem Hintergrund, dass ausgerechnet der kommunistische Kritiker Otto Gelsted sich auf die Marburger Schule berief, als er Meyers Position in der dänischen Zeitschrift *Kritisk Revy* angriff.[60]

Äußerungen Carnaps zu seinem Bauhausaufenthalt sind kaum überliefert. Noch von Dessau aus schrieb er am 19.10.1929 an Auguste Dorothea Gramm: „Das Bauhaus ist schon eine interessante Angelegenheit" (RC 024-32-12) und in seinem Tagebuch wird eine gesellige und gesprächsfreudige Atmosphäre gezeichnet. Die dort genannten Personen zählten zu den Anhängern Meyers, viele davon finden sich auf einem Foto wieder, das im folgenden Monat mit Walter Dubislav im Atelier von Alfred Arndt entstand.[61] Mit den Malerfürsten Klee und Kandinsky kam Carnap – im Gegensatz zu Feigl[62] – nicht in engere Berührung. Klee war er allem Anschein nach überhaupt nicht begegnet; der Besuch einer gerade gezeigten Ausstellung mit Aquarellen des Künstlers hinterließ bei Carnap einen „seltsamen Eindruck" (Carnap, o. J., Eintrag vom 18.10.1929).[63] Als sich am folgenden Abend Klees Frau

---

[55] Vgl. Carnap (o. J.), Eintrag vom 06.12.1930.

[56] Auffällig ist die Tatsache, dass Carnaps (ebenso Feigls) Vorlesungsreihe in der Liste der externen Bauhausvorträge fehlt, die Meyer als Teil seines Rechenschaftsberichts an den Vorsitzenden des Schiedsgerichtes im Streitfall mit dem Magistrat der Stadt Dessau bezüglich seiner Entlassung sandte (vgl. Meyer, 1989). Dass er damit dem gegen ihn erhobenen Marxismusvorwurf nicht weiter Vorschub leisten wollte, ist kaum anzunehmen, da doch das Verzeichnis den Vortrag „filosofische grundlagen des marxismus" des Leiters der KPD-Parteischule Hermann Duncker enthält. Dass Meyer Carnap gänzlich entfallen war, ist auch auszuschließen, da er ihn (wie auch Feigl) in dem Offenen Brief an den Dessauer Oberbürgermeister Fritz Hesse als Referenten nennt (vgl. Meyer, 1930, 1308).

[57] Vgl. Bernhard (o. J.)

[58] Vgl. Bernhard (2019a, b).

[59] Dubislav sprach bereits einen Monat nach Carnap am 26.11.1929 am Bauhaus.

[60] Vgl. Bernhard (2009, 96 f.).

[61] Vgl. Bernhard (2009, 90).

[62] Wie Feigl (1929, 15) berichtet, nahm er während seines Dessauaufenthaltes am Unterricht von Klee und von Kandinsky teil und hatte mit beiden „sehr interessante Auseinandersetzungen."

[63] Auf der ebenfalls von ihm besuchten großen Semesterausstellung fand Carnap zumindest einiges, was ihm „für geometrische Flächentheorie interessant" erschien (Carnap, o. J., Eintrag vom

Lily zu seinem Vortrag einfand, kommentierte er: „versteht sicher nichts davon" (Carnap, o. J.). Mit Kandinsky gab es ein – zufälliges – Zusammentreffen, über das Carnap festhielt: „Er meint, die Orientalen, Ägypter, Griechen hätten eine Metaphysik und eine Technik (z. B. der Wasserleitung usw.) gehabt, gegen die wir Kinder wären!" (Carnap, o. J., Eintrag vom 20.10.1929).

Selbst mit Meyer gab es nur wenig Austausch, da dieser erst gegen Ende von Carnaps Vorlesungsreihe in Dessau eintraf (und auch keinen der Vorträge mehr hörte). Am Tag vor seiner Abreise – einem Sonntag – notierte Carnap: „Hannes Meyer immer noch nicht gesehen; er hat dauernd Besprechungen" (Carnap, o. J., Eintrag vom 20.10.1929). Erst anderntags finden sich die Einträge: „1/2 8 aufgestanden. Mit Hannes Meyer in die Kantine zum Kaffee" sowie „Mittags 1–3 mit Hannes Meyer zusammen" (Carnap, o. J., Eintrag vom 21.10.1929). Dazwischen fand Carnap noch Zeit, die Bauhausweberei aufzusuchen, um sich für seine Wohnung „Muster für Sessel" anzusehen. Am 01.11.1929 berichtet er darüber an Auguste Dorothea Gramm: „Im Bauhaus habe ich mir *Möbelstoffe* angesehen. Breitstreifige haben sie nicht (aus Gesinnung!). Sondern nur in schmalen Streifen (3–6 mm)" (RC 024-32-14).

Dass Carnap nicht nur ethische, sondern auch ästhetische Werte mit den Bauhäuslern teilte, geht aus verschiedenen Tagebuchstellen hervor. Schon bei seinem ersten Dessaubesuch im Sommer 1926 zeigte er sich beeindruckt von dem „sehr schönen Haus" (Carnap, o. J., Eintrag vom 02.09.1926) der Moholys.[64] Als er im darauffolgenden Jahr mit seiner Frau Elisabeth die Werkbundausstellung der Stuttgarter Weißenhofsiedlung besichtigte, notierte er: „Das große Haus von Mies van der Rohe mit vielen Einzelwohnungen gefällt uns gut" (Carnap, o. J., Eintrag vom 15.10.1927). Elisabeth und Broder Christiansen berichten später gar, „daß er [Carnap] erschüttert war, als er die rationalistische Wohnungskunst des Dessauer ,Bauhaus' miterlebte" (Christiansen & Carnap, 1947, 135). Und noch in Chicago Mitte der 1930er-Jahre richtete sich Carnap, mit beratender Unterstützung von Moholy-Nagy, mit „Stahlmöbeln" (RC 025-82-03 [Carnap, Tagebuch vom 09.10.1937]) ein.

Carnaps im Vorfeld seiner Dessauer Vorträge geäußerter Zweifel, ob er den Bauhäuslern etwas Gewinnbringendes bieten könne, scheint berechtigt vor dem Hintergrund, dass er den Kampf gegen die Metaphysik auf den Bereich der Sprache beschränkt sah, Metaphysikkritik seiner Auffassung nach also nicht auf Gestaltung selbst, sondern nur auf das *Reden* über Gestaltung abzielen könne. Seine dazu angeführten Beispiele wirken in der Tat etwas gesucht. Dass er mit seinen diesbezüglichen Bemühungen bei den Bauhäuslern letztendlich ohnehin keinen Erfolg hatte, kann man seinem Tagebuch entnehmen, in dem er noch Jahre später die Konfusität Moholy-Nagys konstatierte.[65]

20.10.1929).

[64] Historische Aufnahmen des von Gropius entworfenen Hauses sind zu finden in Thöner (2002, 32–35).

[65] Vgl. Carnap, Tagebucheintrag vom 16.01.1939 (RC 025-82-05). Mit dieser Einschätzung war Carnap offensichtlich nicht allein. So vermerkte er am 17. Oktober 1937 im Tagebuch: „Abends zu

Vielleicht hätten die Bauhäulser stärker profitieren können von Carnaps vorgetragenem Nonkognitivismus. Besagte dieser doch, dass die am Bauhaus gerade so brennend diskutierte Frage: „Nur utilitaristisches Bauen für die sozialen & ökonomischen Forderungen des Tages oder auch Berücksichtigung der ästhetischen Forderungen?"[66] nicht rational zu beantworten sei, es sei denn, die genannten Alternativen würden als Mittel für einen feststehenden Zweck angesehen. Damit aber war die eigentliche Frage des Bauhauses unausgesprochen offengelegt, nämlich „wie wollen wir leben?".[67]

Literatur

Albers, J. (1928). werklicher formunterricht. *bauhaus. zeitschrift für gestaltung, 2*(2/3), 3–7.
Auerbach, F. (1921). *Raum und Zeit, Materie und Energie. Eine Einführung in die Relativitätstheorie.* Dürr'sche Buchhandlung.
Badura-Triska, E. (1999). Freie Malerei am Bauhaus. In J. Fiedler & P. Feierabend (Hrsg.), *Bauhaus* (S. 160–171). Könemann Verlagsgesellschaft mbH.
Bernhard, P. (o. J.). Die zu spät gekommene Unterstützung: Philipp Franks Bauhausvorträge. In K. Kokai & A. Schnell (Hrsg.), *Was bleibt von der Idee der Weltbürgermoderne? Der Dialog zwischen Kunst und Wissenschaft am Bauhaus.* NoPress.
Bernhard, P. (2009). Die Gastvorträge am Bauhaus – Einblicke in den „zweiten Lehrkörper". In A. Baumhoff & M. Droste (Hrsg.), *Mythos Bauhaus. Zwischen Selbsterfindung und Enthistorisierung* (S. 90–111). Reimer.
Bernhard, P. (2013). Moderne Architektur: eine Raumvision zwischen Kunst und Wissenschaft. In B. Eiglsperger et al. (Hrsg.), *Spaces – Perspektiven aus Kunst und Wissenschaft* (S. 13–26). Universitätsverlag.
Bernhard, P. (2015). Zur „inneren Verwandtschaft" von Neopositivismus und Neuem Bauen. In J. Gleiter & L. Schwarte (Hrsg.), *Architektur und Philosophie. Grundlagen, Standpunkte, Perspektiven* (S. 162–176, 267–275). transcript.
Bernhard, P. (2019a). Die Leipziger Schule in Dessau. In O. Thormann (Hrsg.), *Bauhaus in Sachsen* (S. 365–370). arnoldsche.
Bernhard, P. (2019b). Meyers Programm der Gastvorträge. In P. Oswalt (Hrsg.), *Hannes Meyers neue Bauhauslehre: von Dessau nach Mexiko* (S. 30–33, 308–315). Birkhäuser.
Bernhard, P. (2021a). Carnap und das Bauhaus. In C. Damböck & G. Wolters (Hrsg.), *Der junge Carnap in historischem Kontext: 1918–1935.* Springer.
Bernhard, P. (2021b). „Mit Hannes Meyer geht es nicht mehr". Ludwig Grotes Rolle bei der Entlassung des zweiten Bauhausdirektors. In P. Bernhard & T. Blume (Hrsg.), *Ludwig Grote und die Bauhaus-Idee* (S. 78–92). Spector Books.
Brand, K. J. (1988). *Ästhetik und Kunstphilosophie im „Wiener Kreis".* Die blaue Eule.
Bühler, K. (1934). *Sprachtheorie. Die Darstellungsfunktion der Sprache.* Fischer.

Helmers. Eileen [Olaf Helmers Frau] über Moholys und anderer Leute pseudowissenschaftliche Formulierungen" (RC 025-82-03).

[66] Das berichtete Feigl (1929, 15) von seinem Bauhausaufenthalt. Auch Carnap erwähnt schon am Ankunftstag in Dessau eine „Diskussion, ob nur die ‚ästhetischen' Eigenschaften der Materialien durchforscht werden" (Carnap, o. J.), Eintrag vom 15.10.1929).

[67] Für zahlreiche wertvolle Hinweise bedanke ich mich herzlich bei Brigitte Parakenings. Carnaps Zitate aus unveröffentlichten Quellen sind wiedergegeben mit Genehmigung der Universität Pittsburgh. Alle Rechte vorbehalten.

Carnap, R. (o. J.). *Tagebücher 1908–1935*, Hrsg. Christian Damböck unter der Mitarbeit von Brigitta Arden et al. Felix Meiner.

Carnap, R. (1922). *Der Raum. Ein Beitrag zur Wissenschaftslehre.* Reuther & Reichard.

Carnap, R. (1926). *Physikalische Begriffsbildung.* G. Braun.

Carnap, R. (1931a). Ergebnisse der logischen Analyse der Sprache. *Forschungen und Fortschritte. Nachrichtenblatt der Deutschen Wissenschaft und Technik, 7,* 183–184.

Carnap, R. (1931b). Überwindung der Metaphysik durch logische Analyse der Sprache. *Erkenntnis, 2,* 219–241.

Carnap, R. (1934). Theoretische Fragen und praktische Entscheidungen. *Natur und Geist, 9,* 257–260.

Carnap, R. (1998). *Der logische Aufbau der Welt (1928).* Felix Meiner.

Cartwright, N., et al. (1996). *Otto Neurath: Philosophy between science and politics.* Cambridge University Press.

Carus, A. W. (2007). *Carnap and twentieth-century thought. Explication as enlightenment.* Cambridge University Press.

Christiansen, B., & Carnap, E. (1947). *Lehrbuch der Handschriftendeutung.* Reclam.

Claus, J. (2013). *Liebe die Kunst. Eine Autobiografie in einundzwanzig Begegnungen.* Kerber.

Cunha, I. F. (2017). Utopias and forms of life: Carnap's bauhaus conferences. *Princípios. Revista de Filosofia, 24*(45), 121–148.

Dahms, H.-J. (2001). Neue Sachlichkeit in der Architektur und Philosophie der zwanziger Jahre. *Arch+, 156,* 82–87.

Dahms, H.-J. (2004). *Neue Sachlichkeit* in the architecture and philosophy of the 1920s. In S. Awodey & C. Klein (Hrsg.), *Carnap brought Home. The view from Jena* (S. 357–375). Open Court.

Dietzsch, F. (1991). *Die Studierenden am Bauhaus. Eine analytische Betrachtung zur strukturellen Zusammensetzung der Studierenden zu ihrem Studium und Leben am Bauhaus sowie zu ihrem späteren Wirken.* Dissertation (A), Hochschule für Architektur und Bauwesen Weimar, Bd. 2.

Ein akademischer Wahrheitsfreund. (12. Juni 1929). Freidenkerpropaganda an der Wiener Universität. *Neuigkeits-Welt-Blatt. Tageszeitung für den Mittelstand.*

Feigl, H. (1929). Brief an Moritz Schlick vom 21.7. Rijksarchief in Noord-Holland, Wiener Kreis Stichting (Amsterdam). Teilweise abgedruckt in Dahms, Hans-Joachim. (2001). Neue Sachlichkeit in der Architektur und Philosophie der zwanziger Jahre. *Arch+, 156,* 82–87.

Feist, W. D. (2012). *My Years at the Bauhaus/Meine Jahre am Bauhaus.* Bauhaus-Archiv.

Flierl, T., & Oswalt, P. (2018). *Hannes Meyer und das Bauhaus. Im Streit der Deutungen.* Spector Books.

Friedman, M. (2000). *A parting of the Ways: Carnap, cassirer, and heidegger.* Open Court.

Galison, P. (1990). Aufbau/Bauhaus: Logical positivism and architectural modernism. *Critical Inquiry, 16,* 709–752.

Gamwell, L. (2016). *Mathematics + art. A cultural history.* Princeton University Press.

Gropius, W. (o. J.) [ca. 1922]. *Raumkunde.* Manuskript (14 Blatt). Bauhaus-Archiv, Nachlass Gropius.

Hahn, H. (1930a). Die Bedeutung der wissenschaftlichen Weltauffassung, insbesondere für Mathematik und Physik. *Erkenntnis, 1,* 96–105.

Hahn, H. (1930b). Überflüssige Wesenheiten *(Occams Rasiermesser).* Wolf. Wieder abgedruckt in Schleichert, Hubert (Hrsg.). (1975). *Logischer Empirismus – Der Wiener Kreis* (S. 95–117). Wilhelm Fink.

Hoffmann, H. (1983). Otto Neurath – seine Bedeutung für die Städtebautheorie. *Bauforum. Fachzeitschrift für Architektur, Bautechnik, Bauwirtschaft, industrial design, 16*(2), 40–41.

Jäckh, E. (1929). Idee und Realisierung der Internationalen Werkbund-Ausstellung „Die Neue Zeit" Köln 1932. *Die Form. Zeitschrift für gestaltende Arbeit, 4,* 401–421. Wieder abgedruckt in Schwarz, F., & Gloor, F. (Hrsg.). (1969). *„Die Form": Stimme des Deutschen Werkbundes 1925–1934* (S. 32–74). Bertelsmann.

Jaeggi, A. (2007). „Die Neue Zeit", Köln 1932 – Weltgestaltung in einem von Technik und Industrie geprägten Zeitalter. In W. Nerdinger (Hrsg.), *100 Jahre Deutscher Werkbund 1907/2007* (S. 150–154). Prestel.

Kállai, E. (1929). bauen und leben. *bauhaus. vierteljahr-zeitschrift für gestaltung, 3*(1), 12.

Kandinsky, W. (2000). *Punkt und Linie zu Fläche. Beitrag zur Analyse der malerischen Elemente* (1926). Benteli.

Kandinsky, W. (1926). der wert des theoretischen unterrichts in der malerei. *bauhaus, 1*(1), 4. Wieder abgedruckt in Kandinsky, Wassily. (1955). *Essays über Kunst und Künstler* (S. 89–98). Benteli.

Klages, L. (1929–1932). *Der Geist als Widersacher der Seele* (Bde. 3). J. A. Barth.

Klee, P. (2003). *Pädagogisches Skizzenbuch* (1925). Gebr. Mann.

Kliemann, H. (1969). *Die Novembergruppe*. Gebr. Mann.

Koch, U. (2017). „Ich erfuhr es von Fritz Klatt" – Käthe Kollwitz und Fritz Klatt. In Käthe-Kollwitz-Museum Berlin (Hrsg.), *Käthe Kollwitz und ihre Freunde* (S. 65–73). Lukas.

Linse, U. (1973). *Die Kommune der deutschen Jugendbewegung*. Beck'sche Verlagsbuchhandlung. [Beck.].

Loers, V. (1997). Moholy-Nagy und die vierte Dimension. In G. Jäger (Hrsg.), *Über Moholy-Nagy. Ergebnisse aus dem internationalen László Moholy-Nagy-Symposium* (S. 157–162). Kerber.

Meyer, H. (1929). bauhaus und gesellschaft. *bauhaus. vierteljahr-zeitschrift für gestaltung 3*(1), 2. Wieder abgedruckt in Meyer, Hannes. (1980). *Bauen und Gesellschaft. Schriften, Briefe, Projekte* (S. 49–53). Verlag der Kunst.

Meyer, H. (1930). Mein Hinauswurf aus dem Bauhaus. *Das Tagebuch* 11/33: 1307–1312. Wieder abgedruckt in Meyer, Hannes. 1980. *Bauen und Gesellschaft. Schriften, Briefe, Projekte* (S. 67–73). Verlag der Kunst.

Meyer, H. (1980). *Bauen und Gesellschaft. Schriften, Briefe, Projekte*. Verlag der Kunst.

Meyer, H. (1989). Schreiben an den Reichskunstwart Edwin Redslob vom 20.8. (1930). In Werner Kleinerüschkamp et al. (Hrsg.), *Hannes Meyer. 1889–1954: Architekt, Urbanist, Lehrer* (S. 176–178). Ernst & Sohn.

Moholy-Nagy, L. (1929). *von material zu architektur*. Langen.

Mormann, T. (2010). Wertphilosophische Abschweifungen eines Logischen Empiristen: Der Fall Carnap. In Anne Siegetsleitner (Hrsg.), *Logischer Empirismus, Werte und Moral: Eine Neubewertung* (S. 81–102). Springer.

Müller, U. (2004). *Raum, Bewegung und Zeit im Werk von Walter Gropius und Ludwig Mies van der Rohe*. Akademie.

N.N. (1929). Freidenkerpropaganda an der Universität. *Reichspost. Unabhängiges Tagblatt für das christliche Volk,* 08.06.1929.

N.N. (1930). der austromarxismus und neurath. *bauhaus. organ der kommunistischen studierenden am bauhaus. monatsschrift für alle bauhausfragen 1*(2), o.S. Bauhaus-Archiv Berlin, Inv.-Nr. 12142/5-6.

Neurath, O. (1929). „Die Neue Zeit", Köln 1932. *Die Form. Zeitschrift für gestaltende Arbeit, 4,* 588–590. Wieder abgedruckt (mit anderer Abbildung) in Otto Neurath (1991). *Gesammelte bildpädagogische Schriften,* Hrsg. R. Haller & R. Kinross (S. 133–138). Hölder-Pichler-Tempsky.

Neurath, O., et al. (1929). Wissenschaftliche Weltauffassung – Der Wiener Kreis. In R. Haller & H. Rutte (Hrsg.), *Otto Neurath: Gesammelte philosophische und methodologische Schriften* [Otto Neurath Band 1] (S. 299–336). Hölder-Pichler-Tempsky.

Prinzhorn, H. (1927). *Leib-Seele-Einheit. Ein Kernproblem der neuen Psychologie*. Müller & Kiepenheuer.

Roh, F. (1919). *Das Weltbild des modernen Künstlers*. Typoskript (7 Blatt), Deutsches Kunstarchiv im Germanischen Nationalmuseum, Nürnberg, Bestand Roh, Franz, I, B-72.

Roh, F. (1924). Das staatliche Bauhaus in Weimar. *Der Cicerone. Halbmonatsschrift für Künstler, Kunstfreunde und Sammler, 16,* 376–369.

Roh, F. (1925). *Nach-Expressionismus. Magischer Realismus – Probleme der neuesten europäischen Malerei*. Klinkhardt & Biermann.

Roh, F. (1932) [Datum unsicher]. *Die Hauptgegensätze in der heutigen Gestaltung, Malerei und Architektur.* Typoskript (8 Blatt), Deutsches Kunstarchiv im Germanischen Nationalmuseum, Nürnberg, Bestand Roh, Franz, I, B-87.

Roh, F. (1993). *Der verkannte Künstler. Studien zur Geschichte und Theorie des kulturellen Mißverstehens* (1948). DuMont.

Sachsenberg, M. (1931). Protokoll der Beiratssitzung des Bauhauses vom 2.12., Stiftung Bauhaus Dessau, Schriftenarchiv, I 8341 D.

Schlemmer, O. (1969). *Der Mensch: Unterricht am Bauhaus; nachgelassene Aufzeichnungen.* Kupferberg.

Stadler, F. (1982a). *Arbeiterbildung in der Zwischenkriegszeit: Otto Neurath – Gerd Arntz.* Löcker.

Stadler, F. (1982b). *Vom Positivismus zur „wissenschaftlichen Weltauffassung": am Beispiel der Wirkungsgeschichte von Ernst Mach in Österreich von 1895 bis 1934.* Löcker.

Stadler, F. (2015). *Der Wiener Kreis. Ursprung, Entwicklung und Wirkung des Logischen Empirismus im Kontext.* Springer.

Taesler, W. (2019). *Flüchtling in drei Ländern. Ein Bauhaus-Architekt und Sozialist in Deutschland, der Sowjetunion und Schweden.* opus magnum.

Thöner, W. (2002). *Das Bauhaus wohnt. Leben und Arbeiten in der Meisterhaussiedlung Dessau.* E.A. Seemann.

Tschichold, E. (1979). Interview in Berzona am 16.08.1979. In Deutscher Werkbund und Werkbundarchiv (Hrsg.), *Die zwanziger Jahre des Deutschen Werkbundes* (S. 183–192). Anabas.

Uebel, T. (2010). „BLUBO"-Metaphysik: Die Verwerfung der Werttheorie des Südwestdeutschen Neukantianismus durch Carnap und Neurath. In Anne Siegetsleitner (Hrsg.), *Logischer Empirismus, Werte und Moral: Eine Neubewertung* (S. 103–129). Springer.

Winkler, K.-J. (1993). *Die Architektur am Bauhaus in Weimar.* Verlag für Bauwesen.

13

Karl Korsch und der Logische Empirismus. Ambivalenzen, Kritik, Perspektiven

Michael Buckmiller

Karl Korschs marxistische Sonderstellung im Verhältnis zum Logischen Empirismus werde ich in den drei abgrenzbaren Entwicklungsphasen seiner philosophischen Positionierungen etwas genauer zu bestimmen versuchen. Dem Schwerpunkt dieses Bandes folgend soll erstens der ideengeschichtliche Ausgangspunkt in der freistudentischen Reformbewegung vor 1914 und ihren Konsequenzen bis etwa 1920 analysiert werden. Zweitens wird der Blick auf die unter diesen spezifischen erkenntnistheoretischen Voraussetzungen gezeitigten Ergebnisse von Korschs Marxismus-Rezeption im Kontext seines politischen Engagements in der KPD beziehungsweise der wesentlich durch Moskau geprägten Kommunistischen Internationale gerichtet. Schließlich werde ich drittens zur Neureflexion und Wiederaufnahme der Behandlung des Problems der Funktion von Wissenschaft und Philosophie versus Marxismus in der Phase der „Krise des Marxismus" Ende der zwanziger/Anfang der dreißiger Jahre übergehen. Seine Teilnahme am Internationalen Kongress der Unified Science 1939 in Chicago werde ich kurz kommentieren anhand von Korschs Selbstbewertung des faktisch von Kurt Lewin verfassten Papiers.

13.1 Jugend und Aktivismus: die vernünftige Gesellschaftsordnung

Der gesellschaftliche Aufstieg durch Bildung und Wissenschaft war für den 1886 letztgeborenen Sohn von sechs Geschwistern durch den ehrgeizigen, geistig ambitionierten Vater vorprogrammiert. Dieser hatte das ostpreußisch bäuerliche Milieu

M. Buckmiller (✉)
Leibniz Universität Hannover, Hannover, Deutschland
E-Mail: info@offizin-verlag.de

© The Author(s) 2022
C. Damböck et al. (eds.), *Logischer Empirismus, Lebensreform und die
deutsche Jugendbewegung*, Veröffentlichungen des Instituts Wiener Kreis 32,
https://doi.org/10.1007/978-3-030-84887-3_13

verlassen und war überwiegend durch Selbstbildung zum Gerichtsschreiber avanciert. Für dieses damals durchaus einflussreiche und verantwortungsvolle Amt publizierte er im Selbstverlag einen umfangreichen beruflichen Leitfaden. In Meiningen stieg er auf zum Prokuristen bei der Bank für Thüringen, einer Vorläuferin der späteren Deutschen Bank. Der Sohn dieses bekennenden Atheisten sollte Volljurist werden und es war des Vaters höchster Stolz, dessen gedruckte Dissertation seinem Chef, dem „hochverehrten Herrn Geheimrat", Bankdirektor Dr. Gustav Strupp, überreichen zu dürfen.[1]

Zu Beginn des Studiums trat der junge Korsch in eine schlagende Verbindung ein, das muss wohl 1906 in München gewesen sein. Ein Foto, das mir seine spätere Frau Hedda Korsch überließ, zeigt ihn in vollem Wichs mit Säbel, Bierseidel in der einen Hand, Tabakspfeife in der anderen. Die wohl kurze Erfahrung dieser Art der Gemeinschaftspflege führte zu konsequent abstinenter Lebensführung und politisch zur entschiedenen Gegnerschaft gegen Korporationen.[2] 1908 gehört Korsch zu den Wiederbegründern der Freien Studenterschaft in Jena, verfasst eine Reihe sozialkritischer Artikel für die ab 1909 erscheinende Jenaer Hochschulzeitung, organisiert eine Reihe von sozialwissenschaftlichen Vorträgen (auch von Sozialdemokraten), beteiligt sich an den jeweiligen Unterabteilungen wie dem Studienamt oder Rudern. Sein Studentenleben ist überwiegend von konzentrierter Lektüre in Anspruch genommen. Am jugendbewegten Serakreis um den Verleger Eugen Diederichs nimmt er gelegentlich zwar teil, aber hier ist eindeutig die entflammte Liebe zu Hedda Gagliardi, seiner späteren Frau, die treibende Kraft. Hedda lebt mit Alexander Schwab, Rudolf Becker und den seit Berliner Wandervogeltagen befreundeten Hildegard Felisch und Ilse Neubart in einer Art Wohngemeinschaft, wo ein prächtiges musisches Leben gepflegt wird, das Karl Korsch eher meidet. Aber er wandert gerne und macht mit der Klicke (so bezeichnete sich die Gruppe) Ausflüge, wo große Reformprojekte besprochen werden wie zum Beispiel die Sommerakademien über das „Problem des Aufsteigens Begabter" im herkömmlichen Universitätssystem.[3] Kultur im weitesten Sinne ist für ihn – nach eigener Aussage – nur über Dichtung zugänglich.

Vom Typ her war Korsch eher ein unmusischer, kopfgesteuerter Aktivist. Und so exponiert er sich bei den Freistudenten als scharfzüngiger, logisch versierter Debattenredner im neu entbrannten Streit um die sogenannte Organisationsfrage. Angesichts dieser komplexen Rechtsproblematik die Legitimation einer Organisationsform aller Nichtinkorporierten betreffend, die dem Ganzheitsanspruch einer zukünftigen Vertretung aller Studenten genügen sollte, argumentiert Korsch formallogisch. Er macht die Möglichkeiten freistudentischer Aktivitäten nicht von einem weltanschaulichen Standpunkt abhängig, sondern vom allgemeinen Zweck der Hochschule, nämlich der Förderung des akademischen Gemeinschaftslebens

---

[1]Vgl. Carl Korsch, sen. an Gustav Strupp vom 14. Februar 1911, Thür. Staatsarchiv Meiningen, NL Strupp, Mappe Nr. 9. Vgl. auch Erck und Rauprich (1998).

[2]Vgl. hierzu meine Einleitung zu Korsch (1980a) ebenso wie Werner (2003, 231–275).

[3]Vgl. Werner (1999).

und der Erweiterung der wissenschaftlichen Erkenntnisse. Die freistudentische Organisation ist nur Mittel zur Verwirklichung des freistudentischen Ideals und erweist sich in der tatsächlich existierenden praktischen Arbeit. Damit bleibt, so Korsch, jeder Alleinvertretungsanspruch ausgeschlossen. Tatsächlich konnte sich Korsch mit seiner Argumentation nicht durchsetzen; er wurde als purer Logiker verspottet. Man hielt ihm vor, er wolle die Freistudentenschaft in einen „Verein für metaphysische Methodologie" (Kranold, 1913, 21) umwandeln. Interessant ist freilich, dass mit der nachfolgenden Studentengeneration in Jena, vor allem durch die Tatkraft Rudolf Carnaps, und der Gründung einer Akademischen Vereinigung als Kulturpartei die Verwirklichung des Ideals der Einigung der gesamten deutschen Studentenschaft aufgegeben wurde.[4]

Korschs Argumentation des reinen Formprinzips basiert nicht nur grundsätzlich auf der erkenntnistheoretischen Ebene der Form-Inhalt-Relation, sondern bezieht sich implizit auf eine wenig rezipierte rechtssoziologisch formierte Differenz zwischen Rechtssubjekt und Rechtszweck, wie sie 1908 von Gustav Schwarz in seiner Schrift „Rechtssubjekt und Rechtszweck" formuliert worden war. Diese brachte Korsch auch in anderen rechtstechnischen Fragen analog zur Anwendung. Der Sache nach geht es um das Heiligtum der bürgerlichen Gesellschaft: das Eigentum, das der inneren Natur nach, so die herrschende Meinung, an das Rechtssubjekt geknüpft sein soll. Schwarz hält diese theoretische Natur des Rechtssubjekts als Idee für haltlos. Was einer bestimmten Vermögensgesamtheit juristische Einheit verleiht und was die eine Gesamtheit gegenüber der anderen individualisiert, mache nicht das Subjekt aus, dem das eine oder andere Vermögen gehöre, sondern das juristische Ziel, das dem Vermögen dient. Überhaupt diene aber Vermögen nicht jemandem, sondern *etwas*, das heißt von der Rechtsordnung anerkannten Zielen. Alle Ziele, auch die einer Person, müssten als notwendige, vernünftige Ziele der Gemeinschaft anerkannt werden. Fängt der Mensch an, sein Vermögen für unvernünftige, also für die Gemeinschaft nutzlose oder gar schädliche Ziele einzusetzen und zu verbrauchen, so müsse der Staat einen Verwalter einsetzen, der das Vermögen seiner *objektiv vernünftigen Bestimmung* wieder zuführe. Man solle also statt Rechtssubjekt den Begriff der Rechtszwecke setzen, so Schwarz.[5]

Diese philosophischen Grundlegungen seiner in der Organisationsfrage zum Ausdruck kommenden Argumentation entwickelt Korsch 1917 – „im Felde" liegend (Korsch, 2001, 255) – indirekt weiter und zwar in der Korrespondenz mit seinem Lehrer Heinrich Gerland. Er habe, so Korsch, in letzter Zeit mit besonderer Intensität das philosophische und juristische Nachdenken wieder aufgenommen und eine kurze Abhandlung über den Gegenstand der Rechtswissenschaft abgeschlossen.[6] Diese Abhandlung schließe weniger an juristische (rechtsphiloso-

---

[4] Vgl. Werner (2015a, 117). Zu Rudolf Carnap vgl. auch die Beiträge von André W. Carus, Christian Damböck, Adam Tuboly und Meike G. Werner in diesem Band.

[5] Vgl. hierzu Pokrovskij (2015, 89).

[6] Die Arbeit wurde tatsächlich abgeschlossen und Gerland bemühte sich intensiv um eine Publikation, die sich nicht nachweisen lässt. Auch in den verschiedenen Teilnachlässen von Heinrich Gerland findet sich keine Spur zu diesem Manuskript.

phische) Gedanken an, als – wie Korsch in einem Brief an Gerland vom 11. Dezember 1917 (dem Jahrestag des ersten deutschen Friedensangebots) ausführt – „an reinphilosophische, d. h. Kant und die neueste ‚wissenschaftstheoretische' Richtung der erkenntnistheoretischen Philosophie und einige andere Philosophen. Z. B. ohne Dilthey, Simmel und Rickert, um nur einige zu nennen, hätte die Schrift nicht entstehen können" (Korsch, 2001, 255). Die Schrift selber ist leider nicht erhalten.

In der Tat sind gedankliche Anleihen an Dilthey deutlich erkennbar. Darauf komme ich später zurück. Denn für Dilthey entstehen Kultursysteme wie etwa Kunst, Wissenschaft, Recht, Wirtschaft und Sittlichkeit (das heißt ein System des praktischen Handelns), wenn „ein auf einen Bestandteil der Menschennatur beruhender und darum andauernder Zweck psychische Akte in den einzelnen Individuen in Beziehung setzt und so zu einem Zweckzusammenhang verknüpft" (Dilthey, 1959, 43).[7] Korsch lässt sich – grob skizziert – mit Abschluss seiner Studentenzeit als praktischer Sozialreformer gedanklich in die neokantianische Richtung verorten, der auch juristisch der positivistischen Denkschule folgt, ohne sich den plausiblen Reform-Argumenten der Freirechtsschule zu verschließen.

Für Korschs Entwicklung zum entschiedenen praktischen Sozialisten sind indes seine Erfahrungen in England mit der Fabian Society vor 1914 prägend. Er ist begeistert von der positivistisch-empiristischen Diktion der Fabier. Seine frühe sozialistische, an den Fabiern orientierte Konzeption ähnelt übrigens nicht unwesentlich jener Rudolf Carnaps, dessen Reformansätze jedoch im bürgerlichen Modell verbleiben und keine Bindung etwa an die Arbeiterbewegung erkennen lassen. Die „Anziehungskräfte, die aus dem chaotischen Atomismus der Welt einen Kosmos gestalten werden" (Werner, 2015b, 472) bildeten auch die Grundlage von Carnaps 1928 erscheinenden Schrift *Der logische Aufbau der Welt*. Carnaps Hoffnung bestand, sehr vereinfacht formuliert, darin, dass eine Gesellschaft, die auf rationale Diskussion setzt und die sich der Methode der formalen Logik verpflichtet, am Ende kollektiv in eine Gefühlslage geraten werde, in der die Individuen dann solche Wertsetzungen vornehmen, die den Grundsätzen des Sozialismus nahekommen. Das Programm des *Aufbaus* war also das einer radikalen, auf die Fundamente des Denkens gehenden Reform der rationalen Seite des gesellschaftlichen Lebens mit dem Ziel, dadurch indirekt auch die irrationale Seite des Lebens zu reformieren.

Korsch orientiert sich frühzeitig an den Erfahrungen der englischen Arbeiterbewegung, die auf der Grundlage der von ihrer mit der sozialwissenschaftlichen Forschungsabteilung der Fabian Society erstellten konkreten, auf soziologisch fundierten Tatsachen basierenden Reformvorschlägen die Gesellschaft auf demokratischem, nicht wie damals noch die SPD auf revolutionärem Wege in eine sozialistische transformieren wollte. Korsch sieht ganz im Sinne der Begründer des französischen und englischen Positivismus die Funktion von Wissenschaft in der Erfassung der sozialen Tatsachen, um konkrete Vorhersagen treffen zu können und sie in der sozialen Praxis als wissenschaftlich geleitetes *social engineering* anzuwenden. Der

---

[7]Vgl. auch Lessing (2011, 52 ff.).

Marxismus spielt in dieser Phase als Theorie kaum eine Rolle, allenfalls als Negativfolie der bürgerlichen Marx-Kritik.

Auch der Erste Weltkrieg veranlasst Korsch noch nicht zur theoretischen Revision seiner sozialistischen Grundhaltung. Zu Beginn des dritten Kriegsjahres, am 27.9.1916, übermittelt er dem drei Jahre jüngeren freistudentischen Mitstreiter und engen persönlichen Freund Walter Fränzel, der seit den ersten Kriegstagen den Machtwillen der Nation, ja den Krieg selbst in seiner individualisierenden Kraftentfaltung zu bejahen sich anschickte, folgendes Bekenntnis, das die Quintessenz seines reform-aktivistischen Lernprozesses darstellt:

> Du mußt bedenken, daß für mich dieser Krieg der Zusammenbruch alles dessen war, wofür ich leben wollte. Das Verhältnis des Menschen zum Menschen feiner, geistiger zu gestalten, dadurch das Leben reicher, voller, breiter, lebendiger zu machen und dieses lebendige Leben durch und durch zu vergeistigen, – das ungefähr war mein Traum, damals von mir für einen kontinuierlich ausführbaren, – in seinen Anfängen bereits ausgeführten Plan gehalten und 'Sozialismus' genannt. – Jetzt werde ich vermutlich auf jede Gestaltung überhaupt verzichten – mit Ausnahme vielleicht der pädagogischen Individualgestaltung, ohne Garantie der Kontinuität des so begonnenen Werks mit allem Gleichzeitigen und Künftigen (die früher wesentliche condicio aller meiner Bestrebungen war) – und mein zersplittertes Einzelleben dem Dienst an einem Objektiven – der theoretischen Wahrheitserkenntnis (wiederum ohne Garantie der allseitigen Kontinuität) – widmen. Das ist ein Übergang vom „Menschen" (was ich früher so nannte) zum Robinson, aus der Welt ins Kloster. Verzicht auf moralischen Monismus, – Resignation, Positivismus mit pluralistischer metaphysischer Hypothesis. (Korsch, 2001, 241)[8]

Den kontinuierlich ausführbaren Plan der gesellschaftlichen Entwicklung in Richtung „Sozialismus", den er in seinen Anfängen auf bestem Wege sah, zerschmetterte das gigantische Völker-Morden auf den europäischen Schlachtfeldern. Diese oft beschworene Urkatastrophe des zwanzigsten Jahrhunderts zerstörte auch tief verwurzelte Freundschaften. Korschs Bruch mit seinem Freund Fränzel lässt sich ähnlich deuten wie das nie wieder wirklich ins Lot gebrachte Zerwürfnis zwischen Carnap und Flitner in der Auseinandersetzung um die gleiche Frage.[9] An der grundsätzlich divergenten Haltung zur Kriegsfrage ist vermutlich die Spaltung der Jugendbewegung auf der Führertagung im April 1919 in Jena festzumachen, die dann auf dem zehnten Jahrestag auf dem Hohen Meißner 1923 endgültig zum Bruch führt – zumindest geben die bereits erforschten Biographien davon Zeugnis.[10]

---

[8] Interessant ist die Grundstimmung auch bei Rudolf Carnap, der Pazifismus, Rationalismus und Internationalismus wie Korsch als eine wie immer geartete Form von Sozialismus ansah, über die er nicht weiter nachdachte. Das war freilich bei Korsch doch schon etwas weiterentwickelt.

[9] Zur Biographie von Walter Fränzel siehe Werner (1992, 199 ff.). Zu Carnap vgl. Werner (2015b). Im Hintergrund der Kontroverse stand neben der Kriegsfrage vor allem die Heidegger-Cassirer-Kontroverse, die am Ende zu einer tiefgreifenden Entfremdung führt. Vgl. dazu Werner (2015a, 117).

[10] Vgl. Schenk (1991) und Fiedler (1989).

13.2   Marxismus und Philosophie

Erst durch die Revolution 1918 scheint für Korsch die Zeit auch in Deutschland reif
zu sein, eine positive „Konstruktionsformel" für die Sozialisierung als Grundlage
einer sozialistischen Gesellschaft zu entwickeln.[11] Er nennt nach der siegreichen
Konterrevolution zwei Hauptgründe für das Scheitern der Verwirklichung des
Sozialismus, wie er ihn sich bis dahin in seiner Konstruktionsformel vorgestellt
hatte: erstens den orthodoxen Marxismus und die damit verbundene „fast unver-
ständliche Rückständigkeit der sozialistischen Theorie gegenüber allen Problemen
der praktischen Verwirklichung" (Korsch, 1980c, 219) des Sozialismus und zweitens die „*sozialpsychologischen* Voraussetzungen" bei den Massen, denen ein
„fortreißender *Glaube* an die sofortige Realisierbarkeit des sozialistischen
Wirtschaftssystems vereint mit einem klaren Wissen um die Natur der zunächst zu
unternehmenden Schritte" (Korsch, 1980c, 218) fehlte. In Summa also: fehlende
politische Bildung der als revolutionär gedachten Massen. In der „neuen revolutionären Epoche" ist für die „Weitertreibung der sozialen Revolution" die „bewußte
Weiterentwicklung und Klärung der auf die endliche Verwirklichung des Sozialismus
gerichteten Tatgedanken" (Korsch, 1980c, 219), das heißt der mit Bewusstsein vollzogenen Weiterentwicklung der wissenschaftlichen Theorie, unbedingt erforderlich. Nachdem Korsch zunehmend seine früher vertretenen Reformkonzepte
aufgegeben und sich politisch radikalisiert hatte, knüpft er nunmehr an den „wissenschaftlichen Sozialismus" von Marx und Engels an. Aber sein Programm der
Wiederherstellung und Weiterentwicklung der Marx'schen Theorie der sozialen
Revolution für die Erfordernisse der neuen Zeit steht von Anfang an unter dem
Vorzeichen der Klärung der allgemeinen Frage des Verhältnisses der Marx'schen
Wissenschaft zur Philosophie und zugleich der Prüfung der Möglichkeit der
Selbstanwendung dieser Wissenschaft auf ihre eigene Geschichte.

   Es ist überaus aufschlussreich, dass Korsch seine berühmte Schrift „Marxismus
und Philosophie" von 1923, die einen Abschluss seiner ersten Marx-Rezeption darstellt und in der er als erster den methodischen Versuch der Anwendung der materialistischen Geschichtsauffassung auf die Geschichte des Marxismus unternimmt,
selbst begreift als ersten Teil einer größeren Schrift mit dem Titel „Historisch-
logische Untersuchungen zur Frage der materialistischen Dialektik".[12] Anders ausgedrückt: Korsch geht es um die Frage, in welchem Verhältnis die empirische
Methode der exakten Wissenschaften zur dialektischen Methode in der marxistischen Sozialwissenschaft steht. Denn verbleibt man zunächst einmal immanent im
szientistischen Rahmen des auch von Korsch vertretenen Positivismus und will man

---

[11]Vgl. Korsch (1980b). Vgl. dazu auch seine gesamte Auseinandersetzung mit der
Sozialisierungsliteratur.

[12]Das ursprüngliche Konzept umfasste eine weitgefächerte Gesamtdarstellung des Marx'schen
Systems, wie aus einem Brief an seinen Lehrer Heinrich Gerland vom 2.3.1922 deutlich wird
(abgedruckt in Korsch, 2001, 303–306). Dieser Hinweis findet sich in der ersten Fußnote, die
Korsch in der 2. Aufl. von 1930, und damit in allen späteren Auflagen, getilgt hat.

auf der Ebene der Erkenntnistheorie und Methodologie klären, ob diese Wissenschaft tatsächlich noch dem geschichtlichen Stand der Entwicklung entspricht oder schon zur bloßen Ideologie herabgesunken ist, dann muss gezeigt werden können, durch welche anderen empirischen Methoden die veralteten ersetzt oder ergänzt, oder ob sie in einem erweiterten Interpretationsrahmen aufgehoben und dadurch in den geschichtlich-gesellschaftlichen Handlungsrahmen zurückgeführt werden können. Korsch will interessanterweise den argumentativen Nachweis führen, dass die richtig verstandene Marx'sche Theorie diesem Erkenntnistypus entspricht, wenn er ausführt, dass an keiner Stelle „die auch von Marx" vertretene „gründliche und exakte empirische Erforschung des Erfahrbaren in Natur und Gesellschaft" jenen „naiven Realismus" (Korsch, 1993b, 266) der vulgären Naturwissenschaft und vulgären Ökonomie ablehne. Korsch wertet sogar in umgekehrter Frontstellung die größten Triumphe der Naturforschung, wie zum Beispiel die Einstein'sche Relativitätstheorie, als einen Beleg dafür, dass sich ihr Begründer auch politisch und gesellschaftlich auf die Seite des Fortschritts stellt.[13] Was er allerdings an dieser empirischen Forschung kritisiert, ist ihre Selbstbegrenzung, über die mit der Marx'schen materialistischen dialektischen Methode hinausgegangen werden müsse. Das Spezifische dieser Methode liegt nach Korsch darin, dass sie über jenen „von aller Philosophie verlassenen ‚naiven Realismus', der als erkenntniskritische Position der sogenannten empirischen Methode der vulgären Naturwissenschaft und der vulgären Ökonomie" zugrunde liegt, ebenso hinausgehe wie über das „rein apriorische Verfahren der abstrakten Metaphysiker" (Korsch, 1993b, 266). Dies sei möglich, weil die dialektische Methode ein Verfahren zur Bestimmung der Entwicklung der Begriffe selbst besitze, während der gewöhnliche Empirismus nur von willkürlich aufgestellten Hypothesen zu überprüfbaren Schlussfolgerungen fortschreite.

Korsch erweitert das anti-metaphysische Programm des Positivismus durch die materialistische Dialektik, die in sich die empirischen Methoden aufhebe und der Garant nicht nur für die höhere Genauigkeit der wissenschaftlichen Resultate, sondern auch für ihre revolutionäre Wirkung sei. Er spricht ausdrücklich vom „positiven Inhalt", der durch diese dialektische Methode erreicht werde und der über den des „reinen Empirismus" (Korsch, 1993b, 266) hinausgeht. Korsch hat aber diese seine Entdeckung der materialistisch-dialektischen Methode der Erforschung von Natur und Gesellschaft zu Beginn der zwanziger Jahre nicht weiter expliziert, sondern stattdessen selbst im praktischen Vollzug seiner eigenen geschichtlichen und gesellschaftlichen Untersuchungen und Erfahrungen demonstriert. Sein eigenes theoretisches und praktisches Engagement in der revolutionären Arbeiterbewegung, insbesondere der Dritten Internationale, lässt ihm die Einheit von Theorie und Praxis quasi als Faktum erscheinen, weil er dem geschichtlichen Forschungsprinzip der Dialektik selbst einen historischen Träger zugrunde legt: das Proletariat, das durch seine praktisch-revolutionäre Aktion eine abstrakte Methodendiskussion im

---

[13]Vgl. Korsch (1993c). Im *Nachlass Korsch* befindet sich eine stenographische Mitschrift eines Vortrags von Einstein vom 14. November 1930 (abgedruckt in Korsch, 1996a, 757–767); vgl. dazu auch seine Diskussion mit dem japanischen Marxisten Eichito Sugimoto in den Briefen vom 7.4. und 7.5.1931 in Korsch (2001, 380–389).

Sinne der Wissenschaftstheorie als überflüssig erscheinen lässt.[14] Dies aber tun, wenn ich recht sehe, gerade die Vertreter der sich konstituierenden anti-metaphysischen „Wissenschaftlichen Weltauffassung", die ihr Reformprogramm auf die Präzisierung des Wissenschaftsbegriffs und weniger auf die Frage der praktischen Vermittlung legen.[15] Die praktische Verwirklichung reduziert sich, ver-kürzt ausgedrückt, auf die behavioristisch konzipierte sozialtechnologische Realisierbarkeit wissenschaftlicher Programme.[16] Dass für den radikalen Flügel des Logischen Positivismus ebenfalls das Proletariat der Adressat der gesellschaftlichen Umwälzung ist, macht die beiden Konzepte nicht nur in der Intention vergleichbar, sondern auch in Bezug auf die Frage, welche Schlussfolgerungen zu ziehen sind, wenn der Adressat sich der intendierten Handlungskonzeption versperrt. Das aktu-elle Scheitern der Arbeiterbewegung kann für die wissenschaftliche Weltanschauung keine grundsätzliche Anfechtung in Bezug auf die Wissenschaftstheorie, sondern allenfalls eine in Bezug auf die Mängel in der Durchsetzung der Volkspädagogik bedeuten. Denn, wie Neurath einfach konstatiert: „Gerade das Proletariat wird zum Träger der Wissenschaft ohne Metaphysik" (Neurath, 1979, 310). Ganz anders gela-gert ist die Konsequenz im Falle der Konzeption der materialistischen Dialektik von Korsch.

Wenn man wie Korsch die Methode der Dialektik in ihrer materialistischen Umstülpung durch Marx unmittelbar mit dem geschichtlichen Gang der revolutio-nären Selbstbefreiung des Proletariats als Emanzipation der Menschheit identifi-ziert und wenn gleichzeitig der aktuelle Verlauf der Geschichte als Erfahrung diese Identifikation zunichtemacht, sei es durch Nicht-Handeln oder durch die erkennbare Umkehrung des geschichtlichen Sinns der Aktion des Proletariats in ihr Gegenteil,

---

[14]Auch wo eine Methodendiskussion unter dem Vorzeichen des Fraktionskampfes in der Frage der Konstitution des Leninismus nach Lenins Tod in der Dritten Internationale geführt wird, wie sich am Beispiel von Korschs Kritik an August Thalheimer zeigt, stehen bei Korsch die Begriffe doch für andere Inhalte. Die materialistisch-dialektische Methode ist das konkrete Begreifen des geschichtlichen Prozesses und der geschichtlichen Aktion der proletarisch-revolutionären Klasse. Thalheimer unterstellt er mit seiner leninistischen „Widerspiegelungstheorie" eine Umwandlung dieser revolutionären Methode in eine „rein historische Erfahrungswissenschaft und Praktik", also auch das, was er selbst zum methodischen Prinzip erhoben hatte. Materialistische Dialektik wird ein Grenzbegriff, an dem sich ermessen lasse, ob man ins Lager des „Historismus, Positivismus und Praktizismus" (der Sozialdemokratie) übergelaufen sei. Die „materialistische Dialektik" wird zum aktivistischen Ferment stilisiert, das den „objektiv und dialektisch" verlaufenden Prozess der lebendigen Wirklichkeit zwar auch nicht vollständig „erkennen" lässt, aber immerhin im Prinzip die umwälzende Tätigkeit und die wissenschaftliche Tatsachenerkenntnis zur Einheit bringen kann. Vgl. Korsch (1924, 320 ff.). Zum historischen Hintergrund dieser Auseinandersetzung vgl. Prat (1988, 113 ff.).

[15]Vgl. hierzu die Gemeinschaftsarbeit von Rudolf Carnap, Hans Hahn und Otto Neurath: „Wissenschaftliche Weltauffassung des Wiener Kreises" (Carnap et al., 1979, 81–101).

[16]Starke Anklänge hierfür finden sich bei Otto Neurath in seiner 1931 zum ersten Mal erschienen *Empirischen Soziologie*. Damit ist jedoch keine grundsätzliche Kritik an den fortschrittlichen Tendenzen der damaligen Wiener Volksbildung intendiert, wie sie von vielen Mitgliedern des Wiener Kreises aktiv betrieben wurde. Zu Otto Neurath vgl. auch die Beiträge von Günther Sandner und Gangolf Hübinger in diesem Band.

wie im Stalinismus und Faschismus, dann muss die dialektische Methode selbst geschichtlich von ihrem Ursprung abgelöst und zudem mit den modernen Methoden der Forschung ergänzt und in Einklang gebracht werden, will man prinzipiell den Emanzipationsanspruch weiter aufrecht erhalten.

13.3   Krise des Marxismus und Logischer Empirismus

Schon 1929 spricht Korsch von der Krise *des* Marxismus. Aber er hält weiter am „wissenschaftlichen Prinzip" der materialistisch-dialektischen Methode von Marx fest, die sich allen doktrinären und ideologischen Selbsttäuschungen kritisch widersetze und in der allgemeinen, auch auf die materialistisch-dialektische Auffassung selbst angewendeten Einsicht beruhe, „daß alle wissenschaftliche Theorie nur das Erzeugnis der historischen Bewegung selbst ist" (Korsch, 1996a, 283). Und hier kommt wiederum Wilhelm Dilthey ins Spiel, also eine seiner philosophischen Prägungen aus der freistudentischen Bewegung. Denn diese Beschreibung der materialistisch-dialektischen Methode trägt stark die Züge der geisteswissenschaftlichen Methode Diltheys, die Korsch mit Hilfe der Marx'schen Feuerbach-Thesen in einer aktivistischen Synthese zur praktischen Einheit umformt. Dies lässt sich plausibel zeigen, wo er in seiner Kritik an Karl Kautsky die Differenz zwischen dem Kantischen und dem Marx'schen geschichtlichen Entwicklungsbegriff herausarbeitet.[17] Kants Entwicklungsbegriff beruhe auf der zweifach vollzogenen Trennung und Wiedervereinigung der beiden Wirklichkeitsbereiche ‚Natur' und ‚Gesellschaft'. Die theoretische Vernunft bestimme letzten Endes auch die Gesellschaft als eine „zweite Natur", der eine den in der Natur erkannten Gesetzen nachgebildete Gesetzlichkeit unterstellt wird. Umgekehrt bringe die praktische Vernunft beide Bereiche in einem Reich des Sollens autonom und unabhängig von dem naturgesetzlich bestimmten gesellschaftlichen Sein zur Synthese. Wenn Korsch dann behauptet, Marx habe ein halbes Jahrhundert später die „theoretisch materialistische, aber praktisch idealistische Gesellschaftsauffassung" (ebd.) Kants dahingehend umgeformt, dass er den Materialismus auch auf die Praxis ausdehnte, dann nimmt er damit im Grunde nur eine materialistische Transformation der lebensphilosophisch fixierten Synthese Diltheys vor.

Auch Dilthey will die strikte Trennung zwischen Natur- und Gesellschaftswissenschaften überwinden. Haben die Naturwissenschaften ihren epochalen Erfolg durch Präzisierung ihrer Thematik und Methoden erreicht, so sieht Dilthey die Notwendigkeit, auch die Methoden und Erfahrungsgrundlagen der Geisteswissenschaften neu zu bestimmen. Dilthey setzt seine „Anpassung" an die neuen naturwissenschaftlichen Erfahrungen mit einer Kritik an Kants Methode und Erfahrungsbegriff an. Er formt die Kritik der reinen Vernunft durch seine methodische Fundierung der Geisteswissenschaften zu einer historischen Kritik der Vernunft

---

[17]Vgl. Korsch (1996a, 241 f.).

im geschichtlichen Werden oder, wie Dilthey sagt, zur „Kritik der historischen Vernunft"[18] um. Dann bringt er die Erkenntniskritik Kants mit dem objektiven Idealismus Hegels in Verbindung. Die Geisteswissenschaften sollen nach Dilthey eine Begründung der Erkenntnis des Historischen ebenso liefern wie eine Historisierung der gesellschaftlichen Erkenntnis sichtbar machen. Erfahrung ist damit nicht mehr nur formal wie bei Kant. Den Ausgangspunkt der Forschung soll das konkrete Leben in all seinen individualpsychologischen, kulturellen, ökonomischen, politischen und wissenschaftlichen Äußerungen bilden. In Diltheys Verständnis steht nicht mehr *die* Wissenschaft als allmächtige, reine und kritische Instanz der Wirklichkeit gegenüber, sondern die Wirklichkeit selbst ist aufgespalten in eine Vielfalt geistiger Wirklichkeiten, die in einem inneren Zusammenhang verbunden sind als geschichtlich-gesellschaftliche Gesamtwirklichkeit. Innerhalb dieser Gesamtwirklichkeit übernehmen die Teilwirklichkeiten verschiedene Funktionen für die Orientierung des praktischen gesellschaftlichen Lebens.

Aufgabe der Forschung ist einerseits die exakte empirische Rekonstruktion der geschichtlich-gesellschaftlichen Wirklichkeit als äußere Erscheinung und andererseits deren innere Vermittlung und Wechselwirkung mit ihren geistigen Objektivationen. Es geht also um die dialektische Beziehung zwischen dem naturwissenschaftlich konstatierbaren Prozess der gleichförmigen materiellen Vorgänge (Natur) und den „geistigen Tatsachen" des Bewusstseins. Der historische Forscher muss als Bedingung der Möglichkeit seiner Wissenschaft anerkennen, dass er selbst ein geschichtliches Wesen ist, „daß der, welcher die Geschichte erforscht, derselbe ist, der die Geschichte macht" (Dilthey, 1927, 278). Grundsätzlich macht also auch bei Dilthey die Einheit von Subjekt und Objekt geschichtliche Erkenntnis erst möglich. Die Möglichkeit der Erkenntnis birgt in sich die Möglichkeit der Heilung der Welt von metaphysischer Befangenheit:

> Das Messer des historischen Relativismus, welches alle Metaphysik und Religion gleichsam zerschnitten hat, muß auch die Heilung herbeiführen. Wir müssen nur gründlich sein. Wir müssen die Philosophie selbst zum Gegenstand der Philosophie machen. Eine Wissenschaft ist notwendig, welche durch entwicklungsgeschichtliche Begriffe und vergleichende Verfahren die Systeme selbst zum Gegenstand hat. (Dilthey, 1962, 234 f.)

Da diese eine Wissenschaft als empirische verstanden werden soll, die sich durch Selbstanwendung historisch reflektiert und damit eine Selbstbesinnung der historischen Zwecksetzungen erreicht, so ist bei Dilthey diese Form der Einheit von Geist und Natur in der Praxis wissenschaftlich grundsätzlich nicht mehr vollziehbar, sie bleibt leer. Sie ist intuitiv lebensphilosophisch, das heißt in der Irrationalität des Lebens *gegen die Macht der Wissenschaft* gesetzt. Denn wenn man das geschichtliche Bewusstsein bis in seine letzte Konsequenz hinein verfolgt und gleichzeitig jede geschichtliche Erscheinung in ihrer Endlichkeit als in einen fließenden Prozess auffasst, dann bleibt nichts. Dilthey als der Mann der Wissenschaft macht vor den materialistischen Konsequenzen seines Denkens Halt und flüchtet, zeitgeschichtlich verständlich, in die Lebensphilosophie. Korsch möchte diesen Irrationalismus von

---

[18] Dilthey (1959, 116).

Dilthey korrigieren durch das „praktisch materialistische" Prinzip der aktivistisch interpretierten Feuerbach-Thesen, bleibt aber zunächst im selben erkenntnistheoretischen Schema gefangen. Die Einheit von Theorie und Praxis bleibt eine geborgte.[19]

Korsch versucht dieser Aporie zunächst dadurch zu entgehen, dass er die ersten geschichtlichen Erscheinungsformen der marxistischen Dialektik über eine Neubewertung der Philosophie Hegels, insbesondere der Dialektik historisch ablösen will. In mehreren Vorträgen im Hegel-Jahr 1931 sieht er die Hegel'sche Philosophie nun überwiegend als Philosophie der Restauration.[20] Damit ist die Dialektik als Methode auch für den Marxismus historisch belastet und nur noch als Übergangserscheinung zu bewerten, von der sich ein weiterentwickelter Marxismus befreien müsse.

Korschs Bruch mit dem Parteikommunismus Mitte der zwanziger Jahre und die Beendigung seiner Karriere als Berufspolitiker durch sein Ausscheiden aus dem Reichstag 1928 forderten den kritischen und umtriebigen Intellektuellen zu veränderten Formen der öffentlichen Auseinandersetzung und Intervention heraus. Da ihm die Wiederaufnahme seiner Jenenser Professur durch das gerichtlich fixierte Berufsverbot versagt blieb, bot er nun in Berlin unter eigenem Namen öffentliche Vorlesungen über Marx und die Weiterentwicklung des Marxismus an.[21] Diese Öffnung in Richtung einer kritischen Verständigung auch mit anders orientierten philosophischen Ansätzen von Gesellschaftskritik zog eine Reihe von Intellektuellen und Schriftstellern an, die wie im Falle Bert Brechts zu lebenslangen Freundschaften führten. Auch alte Kontakte, die bis in die freistudentische Bewegung zurückreichten, lebten wieder auf, wie zu Hans Reichenbach oder Rudolf Carnap, die in der Emigration auch inhaltlich zur konkreten Zusammenarbeit führten.

Am 27. Oktober 1931 hält Korsch in Hans Reichenbachs Berliner Gesellschaft für empirische Philosophie einen Vortrag über den Empirismus in der Hegel'schen Philosophie, der sich auch mit dem Problem der Umstülpung der idealistischen in die materialistische Dialektik befasst[22]. Dass Hegel seine großen empirischen Beobachtungen insbesondere der bürgerlichen Gesellschaft nicht wegen, sondern trotz seiner idealistischen Methode gewonnen habe, gesteht Korsch den Kritikern gerne zu. Weit schwieriger hingegen sei die wirkliche Transformation der idealistischen Philosophie des Geistes in eine „materialistische Wissenschaft von Natur und der menschlichen Gesellschaft" (Korsch, 1996c, 477), die Voraussetzung dafür, dass überhaupt eine vernünftige Diskussion zwischen ihr und den modernen,

---

[19]Es ist aufschlussreich, dass Korsch in „Marxismus und Philosophie" ebenfalls die Selbstanwendung der Philosophie, in diesem Fall des Marxismus, betreibt und Dilthey und seine Schule unter den bürgerlichen Philosophen als am weitesten fortgeschritten würdigt. Korsch hat in Jena Seminare des letzten Assistenten von Dilthey, Herman Nohl, besucht. Siehe dazu die Briefe an Fränzel vom 11.05.1910 und 26.11.1911; ferner ist ein Brief von Korsch an Nohl vom 22.12.1918 überliefert. Abgedruckt in Korsch (2001, 82, 138 und 280).

[20]Vgl. Korsch (1996b).

[21]Vgl. dazu die in Band 5 der KoGA abgedruckten Einladungen zu den Vorlesungen im Winter 1928/29, 1930/31 und 1932/33, 729 ff.

[22]Vgl. Korsch (1996c).

hauptsächlich am Vorbild der Mathematik und Physik orientierten exakten Wissenschaften möglich wird. Mit zwei gewichtigen Einwänden der modernen Empiriker gegen die dialektische Methode setzt sich Korsch kritisch auseinander: Erstens setze die Dialektik nicht bei der Erfahrung, sondern beim Begriff ein und zweitens sei der Fortgang der dialektischen Gedankenentwicklung wissenschaftlich nicht überprüfbar.

Hinsichtlich des ersten Einwandes kehrt er das Argument der Logiker gegen sie selbst. Auch die Mathematik beginne nicht bei der Erfahrung, sondern mit dem axiomatischen Begriffsrahmen. Es genüge, so Korsch, dass auch die abgeleiteten Begriffe empirisch erfüllbare und erfüllte Begriffe sind.[23] Insofern sind die beiden ersten Schritte der Hegel'schen Dialektik völlig übereinstimmend mit den empirischen Prinzipien des entwickeltsten Stands der Naturwissenschaften. Schließlich sei auch die Naturwissenschaft nicht mehr auf dem Stand von Bacon, schon gar nicht die Mathematik. Was indes bei aller Produktivität des Denkens in Widersprüchen, Gegensätzen und der Einheit von Gegensätzen bei der Dialektik fehle, sei das formelle Kriterium dafür, zu entscheiden, wann eine dialektische Gedankenrichtung wahr oder falsch sei, wie man es im Falle der einfachen Widerspruchsfreiheit der Logik besitze. Man habe zwar in beiden Fällen das materielle Kriterium des Erfolgs, das allein aber reiche nicht aus. Tatsächlich ist für Korsch hier die Grenze der dialektischen Methode erreicht: „Eine positive Antwort auf die Frage, ob es solche *bestimmte formelle Kriterien für die richtige Anwendung der dialektischen Methode* gibt und worin sie bestehen, kann heute noch nicht gegeben werden" (Korsch, 1996c, 493).

Wenn denn überhaupt eine Antwort möglich ist, so ist sie für Korsch nur denkbar aus einer intensiven Kooperation des kritischen Marxismus mit dem Logischen Empirismus. Weder die bürgerlichen Gesellschaftswissenschaften, die sich nach Korschs Urteil noch immer nicht von ihren religiösen Bindungen zu lösen vermochten, noch die Logiker allein können eine Weiterentwicklung der Methode im Korsch'schen Sinne vorantreiben. Wie ernst Korsch die angestrebte Synthese verstand, geht auch daraus hervor, dass er seine persönliche Freundschaft mit dem Mathematiker und Philosophen Walter Dubislav ebenfalls dazu nutzte, in einer Art Privatunterricht sich in neuerer Mathematik und Logik unterrichten zu lassen. Korsch erlernte auch die logische Formalsprache von Carnap, wie aus einem Brief von 1939 an seinen engen Freund und theoretischen Mitarbeiter Paul Partos hervorgeht, der seinerzeit an der TH Charlottenburg Mathematik und Elektrotechnik studierte.[24]

---

[23] Hier greift Korsch einen Gedanken auf, den er bereits in seinem ersten Vortrag in der Gesellschaft für empirische Philosophie, „Der Empirismus in den Gesellschaftswissenschaften", am 24.2.1931 gehalten hat. Das Manuskript dieses Vortrags ist nicht überliefert. Die Vossische Zeitung vom 28. Februar 1931 berichtet über den Vortrag, dass nach Korsch „der Empirismus keine abstrakte Methode" sei, „keine Lehre von einer ‚Erfahrung – an sich', sondern eine wissenschaftliche ‚Arbeitsform', die sich in gesellschaftlicher Praxis zu bestätigen hat".

[24] Karl Korsch an Paul Partos vom 26. Juli 1939, abgedruckt in Korsch (2001, 762).

Der Nachfolger auf Albert Einsteins Prager Lehrstuhl, Philipp Frank, hat in seinem Buch *Das Kausalgesetz und seine Grenzen* (1932) eine Kooperation mit dem Marxismus sowjetischer Bauart anvisiert, wurde dafür aber von Korsch in seiner Rezension kritisiert: So sehr er das Kampfbündnis zwischen Marxismus und „jener fortschrittlichsten Richtung des westeuropäischen Positivismus, die heute auf dem naturwissenschaftlichen Gebiet" von Frank, Neurath, Carnap, Dubislav und anderen Mitgliedern des Wiener Kreises „gegen alle metaphysisch, idealistisch und philosophisch verkleidete Dunkelmännerei" (Korsch, 1996c, 587) begrüße, übersehe Frank die willkürlichen theoretischen Positionen des autoritär verknöcherten Sowjetmarxismus, die jenen erhofften Bruch mit der Schulphilosophie als Voraussetzung für das Kampfbündnis noch lange werde auf sich warten lassen.[25] Wenn man die Dialektik, so argumentiert Korsch weiter, die bei Hegel am Ende doch nur eine höhere Art von Erfahrung bleibe, zur exakten wissenschaftlichen Methode fortentwickeln wolle, dann könne man auf einen für Korsch zentralen Aspekt der Dialektik nicht verzichten, den die Hegel'sche Philosophie bei aller Kritik gleichwohl fortführe, nämlich den der Aktion:

> Der Hegelsche Begriff der Erfahrung ist nicht nur ungeheuer viel weiter als der heutige naturwissenschaftliche Erfahrungsbegriff, sondern er hat außerdem noch eine für die zukünftige Entwicklung des Empirismus ganz spezielle Wendung zum Subjektiven, zur Erfahrung als *Handeln*, als menschliche gesellschaftliche *Praxis*. Man wird vielleicht einmal sagen, dass der Philosoph Hegel der entscheidende Vorläufer einer exakten *Empirie des denkenden und handelnden Subjekts* gewesen ist. (Korsch, 1996c, 497)

Als zwei Fortführungen dieser Richtung der Hegel'schen Philosophie betrachtet Korsch, für viele überraschend, einerseits den amerikanischen Pragmatismus und Behaviorismus und andererseits den revolutionären Marxismus.[26] Lässt sich aber aus all diesen Tendenzen eine neue Wissenschaft mit tragfähigen Ergebnissen entwickeln, die zur Lösung all der gravierenden Probleme der beginnenden dreißiger Jahre eine positive Perspektive aufzuzeigen in der Lage wäre? Korsch gibt nur

---

[25] Zur Haltung Philipp Franks zum Kommunismus vgl. Danneberg (1990).

[26] An Eichito Sugimoto schreibt Korsch am 7.4.1931: „Eine wirkliche Überwindung des metaphysischen Dualismus von Subjekt und Objekt, Wahrheit und Wirklichkeit gibt es nur vom Standpunkt des dialektischen Materialismus und vom Standpunkt einiger amerikanischer Pragmatisten (John Dewey und seine Schüler), die nach meiner Meinung eine zwar unvollkommene aber doch immerhin die beste Fortsetzung dieser Hegel-Marxschen Anschauung in der neueren Zeit darstellen" (Korsch, 2001, 380 f.). Interessant in diesem Zusammenhang ist auch die absolut gegensätzliche Beurteilung seitens der wissenschaftlichen Philosophie auf der einen und der „Kritischen Theorie" auf der anderen Seite. Vgl. hierzu Reichenbach (1989). – Auf Korschs Anfrage an Horkheimer, ob er an den Veranstaltungen zu Deweys achtzigstem Geburtstag teilnehmen würde, zeigte sich Horkheimer äußerst desinteressiert und fragt ausweichend Korsch um Rat, der ihm am 5.10.1939 antwortet: „Es ist schwer zu beantworten, ob ich Ihre Teilnahme an Dewey-Geburtstags-Veranstaltungen für wichtig genug halte, um Ihre gewohnte Abgeschlossenheit zu unterbrechen. Ich selbst habe in meinem Leben noch viel weniger derartige Veranstaltungen besucht als Sie, und wenn ich es tat, war ich meist sehr enttäuscht. Immerhin denke ich, dass Sie als Philosoph und als ‚kritischer Philosoph' in unserm Sinne, hier eine vernünftige Veranlassung hätten, teilzunehmen" (Korsch, 2001, 802).

die Richtung vor, in der er Möglichkeiten einer Lösung vermutet, bietet selbst aber keine Rezepte an.[27]

Eine Weiterentwicklung der geistigen Kooperation zwischen den beiden erkenntnistheoretischen Richtungen wurde durch den Machtantritt der Nationalsozialisten 1933 jäh unterbrochen und zwang die meisten ihrer Vertreter in die Emigration. Korsch verließ Deutschland im Oktober 1933 in Richtung Dänemark und fand zunächst bei Bert Brecht in Skovsbostrand Unterschlupf, bis er zur Bearbeitung seines geplanten Buches über Karl Marx nach London übersiedelte. Nach seiner Ausweisung 1935 folgte er 1936 seiner Familie in die US-amerikanische Emigration, wo seine Frau eine Professur am Wheaton College erhielt und seine älteste Tochter eine Assistenz bei seinem Freund, dem Gestaltpsychologen Prof. Kurt Lewin, annahm.

Korschs zaghafte Versuche im US-Exil sich vom Marxismus auf die amerikanische Soziologie „umzuspezialisieren" und gar eine größere Arbeit über eine materialistische Theorie des Denkens in Angriff zu nehmen, können aus vielfältigen, zum Teil rein persönlichen Gründen nicht umgesetzt werden.[28] Der Grund ist sicherlich nicht, dass er die Vorurteile des alten Europa gegenüber den USA hegen wollte. Sehr einfühlsam und realistisch beschreibt er nämlich den funktionalistischen Charakter der spezifisch amerikanischen Sozialwissenschaft, auch in ihren positiven sozialen Auswirkungen.

Nach über zweieinhalb Jahren Exil charakterisiert Korsch Ende der dreißiger Jahre seine eigenen Arbeitspläne als „subjektiver, augenblicksbedingter und zugespitzter – zu sehr als ‚Bruch' mit eigenen früheren Einstellungen –" (Korsch, 2001, 769). In Europa stand man noch „in einer Bewegung, die von einer wohlbekannten Vergangenheit über eine bekannte Gegenwart in eine hinreichend bekannte Zukunft hinüberführte. Man hatte eine Theorie, gegenüber der man sich beliebig ‚kritisch' verhalten konnte, gerade weil man so fest in ihr stand. Von alledem ist hier keine Rede" (Korsch, 2001, 770). In Amerika erscheine alles zu groß und zusammenhanglos:

> Eine abstrakte Unendlichkeit und Freiheit besteht für alle und für keinen. […] Ebenso verschieden wie die allgemeinen Verhältnisse ist von ihrem europäischen Äquivalent auch die amerikanische Wissenschaft. Ich meine nicht die Physik, die wie die Technik kosmopolitisch international ist. […] Ich meine die Wissenschaft vom ‚Menschen' oder um es gleich amerikanischer auszudrücken, die Wissenschaft von ‚behavior' (sociology, psychology,

---

[27] In einem Entwurf des Vorworts zu seinem Buch über Karl Marx (1938[?]), das später als Teil „Ergebnisse" in den deutschen Text einging, notiert Korsch stenographisch: „Die kritische Fortbildung der in der materialistischen Dialektik enthaltenen Keime zu einer von allen philosophischen Überresten befreiten, strengen wissenschaftlichen Methode der Sozialforschung bleibt einer späteren Arbeit vorbehalten" (aus dem Nachlass von Herbert Levi beim Verf.).

[28] Vgl. Karl Korsch an Bertolt Brecht vom 31. Juli 1939 (Korsch, 2001, 779 f.). Es erscheint mir mehr als nur ein taktisches Zugeständnis an den amerikanischen Wissenschaftsbetrieb, dass Korsch seinen „Plan for Works" für die Guggenheim-Stiftung mit dem altpositivistischen Grundsatz von Comte schließt: „Savoir pour prévoir, prévoir pour prévenir" (NL Korsch, IISG, Nr. 92).

education, marriage, ‚economics and business', social work advertising, political science, mental hygiene, public relations, und hundert andere). (Korsch, 2001, 770 f.)[29]

Was Korsch als Impuls für die eigene Produktivität am meisten fehlt ist eine breitere, wirkungskräftige politisch-praktische Einbindung in Handlungsmöglichkeiten, in eine soziale Bewegung ebenso wie institutionell in akademisch-wissenschaftliche Arbeitsmöglichkeiten.[30] Hier liegt auch ein essentieller Unterschied zu seinen Freunden der strengen Wissenschaft, die sich im akademischen Milieu in den USA weitgehend etablieren können, zuweilen sogar direkt als Innovatoren ins Land gerufen werden.

Natürlich weiß er, dass man „Wissenschaft, wenn man nicht mehr als Wissenschaft machen will, immerzu machen kann und niemals als Wissenschaftler mehr als das machen kann" (Korsch, 2001, 766). Aber eine einfache „Positivierung" und „Kalkülisierung" bestimmter Teile der jetzt „positiv" geltenden, aber noch nicht formulierten Systeme von Sätzen erachtet er als eine „ganz nutzlose Beschäftigung", es sei denn man betrachtet sie „als bloße Vorarbeit für wirkliche Kritik. Also sozusagen ‚kopernikanische Tat' immer nur auf verschiedenen Reifestufen; aber diese ‚Tat' ist gar keine Tat, sondern allenfalls ein Index für geschichtliche Taten" (Korsch, 2001, 766). Er verteidigt relativierend den „erfrischenden" Ansatz des norwegischen Philosophen Arne Naess, besonders „im Vergleich zu den allzusehr an die philosophia perennis erinnernden (ihren Geist sozusagen auf dem metaphysischen Zeropunkt weitererhaltenden) Logistikern um und einschließlich Carnap" (Korsch, 2001, 766. Er arbeitet wieder über soziologische Methodenfragen und logisches Kalkül, hält einen Vortrag über Sprachtheorie. Aber er bleibt doch auf Abstand. In einem anderen Brief an Paul Partos vom 12. Juni 1939 sieht man, wie die vormals angestrebte Synthese zunehmend aus dem skeptischen Blick verschwindet, „obwohl hierher gehörige Emigranten (Carnap, Hempel usw.) die Berührung mit Amerika nicht schlecht bekommen ist; sie sind sehr aufgelockert und alles ist, fast schon zu sehr, in Bewegung geraten" (Korsch, 2001, 753).

Sein Auftritt auf dem Kongress der Unified Science 1939 in Chicago mit dem von Kurt Lewin in Eile verfassten Paper über „mathematical constructs in psychology and sociology" gibt durchaus eine Forschungsrichtung an, die Korsch für wichtig hielt auch für sein eigenes Forschungsanliegen. Gleichzeitig war seine Teilnahme an der Tagung einer der letzten Versuche, über diese in den USA anerkannte Wissenschaftsrichtung die eigene kommunistische Vergangenheit in der akademischen Welt etwas zu kaschieren und seine akademischen Berufschancen zu verbessern. Fast resignativ schreibt er seinem Freund Paul Partos, Spanienkämpfer im englischen Exil und von Beruf Naturwissenschaftler:

---

[29] Vgl. auch die Schilderung im Zusatz zum genannten Brief über die amerikanische Wissenschaft (Korsch, 2001, 776).

[30] Mit Ausnahme einer kurzfristigen Kriegs-Vertretung in New Orleans bleibt Korsch ein beruflicher Neuanfang in der Neuen Welt verschlossen. Sein Marx-Buch verschwindet im Horizont der wachsenden Dominanz des Positivismus und erscheint für den akademischen Raum – trotz seiner Marx-kritischen Aspekte – eher als Fremdkörper im sich zuspitzenden Konflikt des beginnenden Zweiten Weltkrieges.

In Wirklichkeit glaube ich nicht an das ganze, von Bridgman aufgebrachte Gerede von sogenannten constructs, denen keine unmittelbare Erfahrung entsprechen soll. Es handelt sich dabei, im allgemeinsten Sinne, um weiter nichts als den Unterschied von „vorwissenschaftlicher und wissenschaftlicher Begriffsbildung" (dieser term ist nur darum ebenfalls unsympathisch, weil er von den deutschen Kantianern, Rickert usw. aufgebracht worden ist!) und speziell bei den dynamischen constructs darum, daß diese besondere Gruppe von Begriffen oder terms sich nicht auf sogenannte einzelne Tatsachen (Formen), sondern auf ganze Gruppen und die zwischen ihnen bestehenden dynamischen Gesetze bezieht. (Korsch, 2001, 772 f.)[31]

Wichtig ist vor allem die Feststellung, dass Korsch der Dialektik, oder wie immer die weiter entwickelte Methode der Wissenschaft heißen soll, zwar noch das aktivistische Moment der Synthese zumisst, ihr jetzt aber weder ein Individuum, noch eine Klasse, noch ein transzendentales Bewusstsein als Subjekt zuordnet. Das heißt, dass er die orthodoxe Zuordnung der materialistischen Dialektik zu dem geschichtlichen Subjekt Proletariat aufgibt. Stattdessen greift er hier, wie ich meine, einen altpositivistischen Gedanken auf, dass nämlich das wirkliche Subjekt der Wissenschaft nur die Wissenschaft selbst in ihrer geschichtlichen Entwicklung als realer Bestandteil der jeweils auf der Basis einer bestimmten materiellen Produktionsweise bestehenden und sich entwickelnden Gesellschaft ist.[32]

Das vollständige Scheitern der europäischen, marxistisch orientierten Arbeiterbewegung hat zwar den Marxismus selbst noch nicht vollständig zur Literatur werden lassen, aber doch deutlich gemacht, dass die fehlende handlungstheoretische Dimension im Marxismus nicht einfach durch strengere wissenschaftliche Systeme korrigierbar ist. Die schwache aktivistische Liaison zwischen dem Reformeifer des linken Flügels des Logischen Positivismus und dem revolutionären Aktivismus des kritischen Marxismus eines Korsch brach angesichts der völligen Erstarrung in die zwei Weltblöcke des „freien" Westens und des „totalitären

---

[31] Interessant ist die Tatsache, dass Korsch auf Andeutungen von Partos über die „Beziehungen" zwischen ihm und Korsch nach so langer Zeit, geschrieben in der Carnap'schen Symbolsprache, selbst ebenfalls in dieser Sprache antwortet: „ich nehme mir heute mal die Zeit, um zu sehen, ob ich für $(`x)(`y)f(x,y)$ einen Inhalt φ finden kann, der uns wieder berechtigt, ein E! davor zu setzen $\vdash: \varphi(`x)(`y)f(x,y).).E!(`x)(`y)f(x,y)$" (Korsch, 2001, 762).

[32] Der Gedanke der Selbstanwendung der Wissenschaft im Sinne Hegels, dass „der Weg zur Wissenschaft selbst schon Wissenschaft" zu sein habe, taucht implizit bereits 1923 in seiner Schrift „Marxismus und Philosophie" auf, in der er die Methode der materialistischen Geschichtsauffassung auf die Geschichte der Entstehung und Entwicklung dieser Wissenschaft selbst anwendet. In seinem Arbeitsexemplar von Hegels *Phänomenologie des Geistes* (hrsg. von Johann Schulze, 2. Aufl., Berlin: Duncker und Humblot 1841, 27 und 60 [Hegel, Werke in zwanzig Bänden, 1970, Frankfurt am Main: Suhrkamp, Band 3, 38 und 70]), das stenographische Annotationen aus der Zeit des amerikanischen Exils enthält, vermerkt Korsch an der entsprechenden Stelle des Zitates aus der Einleitung: „Soziologie des Wissens", die Korsch in der Version Karl Mannheims allerdings ablehnte. Wenige Seiten vorher notiert er zum gleichen Stichwort: „Zum ganzen Problem: 1. Das Wissen von außen, als eine Tatsache von anderen, 2. besondre Beziehung, dass das Wissen von anderen Tatsachen weiß, 2. [sic!] das Wissen weiß vielleicht auch von sich selbst und von seinem Wissen, 3. seine (vielleicht auch nicht) Identität der Tatsachen, von denen das Wissen weiß und die wir über diese gewussten Tatsachen (und das Wissen von ihnen) wissen (‚für es' und ‚für uns') Nr. 3 ist das Problem der Ideologie" (aus dem Nachlass von Korsch beim Verf.).

marxistischen" Ostens zwangsläufig wieder auseinander. Die Auflösung der bipolaren, auf wechselseitige Vernichtung getrimmte Welt ließe eine neue fruchtbare gedankliche Belebung dann in den Fokus der Möglichkeit treten, wenn zunächst die ausschließenden Positionen gedanklich zurückgeholt werden in das Reich der offenen und experimentellen theoretischen Positionen. Eine dialektische Logik darf nicht per se ausgeschlossen bleiben nur weil sie mit den Maximen der als geltend bestimmten Logik als nicht vereinbar scheint.

Die Auflösung des geschichtlichen Spannungsverhältnisses von Wissenschaft und Philosophie durch den logischen Aufweis als Scheinproblem und die Reduktion des Problems auf die Erörterung von *Wissenschaftstheorie* einerseits und die mechanizistische, natur-evolutionistische *Dialektik* der geschichtlichen Entwicklung zum unvermeidlichen Kommunismus andererseits bilden in der sozialwissenschaftlichen *Theorieentwicklung* Sackgassen: Weder der Logische Positivismus noch der Marxismus-Leninismus konnten tatsächlich eine weiterführende Problemlösung der zentralen Fragen der Menschheit eröffnen. Man gewinnt den Eindruck, dass die leidvolle und irrational geprägte geschichtliche Entwicklung des zwanzigsten Jahrhunderts den gemeinsamen revolutionären Kern des ursprünglichen Positivismus verschüttet hat: die Idee, dass die soziale Entwicklung durch die Entfaltung von Wissenschaft und Technik politisch und moralisch zum Positiven fortschreiten werde.

Literatur

Carnap, R., et al. (1979). Wissenschaftliche Weltauffassung des Wiener Kreises (1929). In R. Hegselmann (Hrsg.), *Wissenschaftliche Weltauffassung, Sozialismus und Logischer Empirismus* (S. 81–101). Suhrkamp.

Carnap, R. (1998). *Der logische Aufbau der Welt (1928)*. Felix Meiner.

Danneberg, L. (1990). Kontextbildung und Kontextverwendung. *Siegener Periodicum zur internationalen empirischen Literaturwissenschaft, 9*(1), 89–130.

Dilthey, W. (1927). In B. Groethuysen (Hrsg.), *Der Aufbau der geschichtlichen Welt in den Geisteswissenschaften* (Wilhelm Dilthey Gesammelte Schriften, Bd. 7). Teubner.

Dilthey, W. (1959). In B. Groethuysen (Hrsg.), *Einleitung in die Geisteswissenschaften. Versuch einer Grundlegung für das Studium der Gesellschaft und der Geschichte* (Wilhelm Dilthey Gesammelte Schriften, Bd. 1). Teubner.

Dilthey, W. (1962). In K. Gründer (Hrsg.), *Weltanschauungslehre. Abhandlungen zur Philosophie der Philosophie* (Wilhelm Dilthey Gesammelte Schriften, Bd. 8). Teubner/Vandenhoeck & Ruprecht.

Erck, A., & Rauprich, J. (1998). Dr. Gustav Strupp – Eine biographische Skizze. In N. Moczarski et al. (Hrsg.), *Archiv für Regionalgeschichte: 75 Jahre Thüringisches Staatsarchiv Meiningen* (S. 343–364). Frankenschwelle.

Fiedler, G. (1989). *Jugend im Krieg. Bürgerliche Jugendbewegung, Erster Weltkrieg und sozialer Wandel 1914-1923* (Edition Archiv der deutschen Jugendbewegung, Bd. 6). Verlag Wissenschaft und Politik.

Frank, P. (1988). *Das Kausalgesetz und seine Grenzen* (1932, Hrsg. Anne J. Kox). Suhrkamp.

Hegel, G.W.F. (1841). *Phänomenologie des Geistes* (hrsg. von Johann Schulze, 2. Aufl.). Berlin. [= mit stenografischen Notizen bearbeitetes Handexemplar aus dem NL von Karl Korsch beim Autor].

Korsch, K. (1938). *Karl Marx*, 2022 [Karl Korsch Gesamtausgabe, Band 6], Erweiterte Neuauflage der deutschen Erstausgabe. Herausgegeben und eingeleitet von Michael Buckmiller und Götz Langkau. Offizin.

Korsch, K. (1980a). *Recht, Geist und Kultur. Schriften 1908–1918* (Karl Korsch Gesamtausgabe, Band 1], Hrsg. Michael Buckmiller). Europäische Verlagsanstalt.

Korsch, K. (1924). Lenin und die Komintern. *Internationale, 7*(10/11), 320–327.

Korsch, K. (1980b). Was ist Sozialisierung? (1919). In M. Buckmiller (Hrsg.), *Rätebewegung und Klassenkampf: Schriften zur Praxis der Arbeiterbewegung 1919–1923* (Karl Korsch Gesamtausgabe, Bd. 2, S. 97–133). Europäische Verlagsanstalt.

Korsch, K. (1980c). Grundsätzliches über Sozialisierung (1920). In M. Buckmiller (Hrsg.), *Rätebewegung und Klassenkampf: Schriften zur Praxis der Arbeiterbewegung 1919–1923* (Karl Korsch Gesamtausgabe, Bd. 2, S. 213–226). Europäische Verlagsanstalt.

Korsch, K. (1993a). Marxismus und Philosophie (1923). In M. Buckmiller (Hrsg.), *Marxismus und Philosophie* (Karl Korsch Gesamtausgabe, Bd. 3, S. 299–367). Stichting beheer IISG/Offizin.

Korsch, K. (1993b). Allerhand Marx-Kritiker (1922). In M. Buckmiller (Hrsg.), *Marxismus und Philosophie* (Karl Korsch Gesamtausgabe, Bd. 3, S. 251–275). Stichting beheer IISG/Offizin.

Korsch, K. (1993c). Die Umwälzung der Naturwissenschaft durch Albert Einstein (1921). In M. Buckmiller (Hrsg.), *Marxismus und Philosophie* (Karl Korsch Gesamtausgabe, Bd. 3, S. 93–97). Stichting beheer IISG/Offizin.

Korsch, K. (1996a). Die materialistische Geschichtsauffassung. Eine Auseinandersetzung mit Karl Kautsky (1929). In M. Buckmiller (Hrsg.), *Krise des Marxismus. Schriften 1928–1945* (Karl Korsch Gesamtausgabe, Bd. 5, S. 190–309). Stichting beheer IISG.

Korsch, K. (1996b). Thesen über „Hegel und die Revolution" (= „Thesen zum Vortrag vom 19.11.1931"). In M. Buckmiller (Hrsg.), *Krise des Marxismus. Schriften 1928–1945* (Karl Korsch Gesamtausgabe, Bd. 5, S. 499–500). Stichting beheer IISG.

Korsch, K. (1996c). Der Empirismus in der Hegelschen Philosophie (1931). In M. Buckmiller (Hrsg.), *Krise des Marxismus. Schriften 1928–1945* (Karl Korsch Gesamtausgabe, Bd. 5, S. 473–498). Stichting beheer IISG.

Korsch, K. (2001). In M. Buckmiller, M. Prat & G. Meike (Hrsg.), *Briefe 1908–1939* (Karl Korsch Gesamtausgabe, Bd. 8). Offizin.

Kranold, H. (1913). Der Werdegang des Freistudententums. In *Freistudententum. Versuch einer Synthese der freistudentischen Ideen in Verbindung mit Hans Reichenbach und Karl Landauer* (S. 79–91). M. Steinebach.

Lessing, H.-U. (2011). *Wilhelm Dilthey. Eine Einführung.* Böhlau.

Neurath, O. (1931). *Empirische Soziologie. Der wissenschaftliche Gehalt der Geschichte und Nationalökonomie* (Schriften zur Wissenschaftlichen Weltauffassung, Bd. 5). Springer.

Neurath, O. (1979). In R. Hegselmann (Hrsg.), *Wissenschaftliche Weltauffassung, Sozialismus und Logischer Empirismus.* Suhrkamp.

Pokrovskij, I. A. (2015). In M. Avenarius & A. Berger (Hrsg.), *Grundprobleme des bürgerlichen Rechts (1917).* Mohr Siebeck.

Prat, M. (1988). *Karl Korsch: de ›Marxisme et Philosophie‹ à la ›crise du marxisme‹ (1923–1930).* Diss. phil. École des hautes études en sciences sociales (EHESS).

Reichenbach, H. (1989). Dewey's theory of science (1939). In P. A. Schilpp & L. E. Hahn (Hrsg.), *The philosophy of John Dewey* (The library of living philosophers, Bd. 1, S. 159–192). Open Court.

Schenk, D. (1991). *Die Freideutsche Jugend 1913–1919/20.* LIT.

Schwarz, G. (1908). Rechtssubjekt und Rechtszweck. Eine Revision der Lehre von den Personen. *Archiv für Bürgerliches Recht, 32,* 12–139.

Werner, M. G. (1992). „Die Freudigen leben nicht umsonst ...": Walter Fränzel – Ein Lebensbild aus der Jugendbewegung. *Jahrbuch des Archivs der deutschen Jugendbewegung, 17,* 199–230.

Werner, M. G. (1999). Fabian Touch: Die „Klicke" um Karl Korsch und der Versuch einer politischen Geselligkeit in der „Sommerakademie", 1912–1914. Eine Skizze. In J. Oelkers &

D. Tröhler (Hrsg.), *Die Leidenschaft der Aufklärung. Studien über Zusammenhänge von bürgerlicher Gesellschaft und Bildung. Festschrift für Ulrich Herrmann* (S. 263–282). Beltz.

Werner, M. G. (2003). *Moderne in der Provinz. Kulturelle Experimente im Fin-de-Siècle Jena.* Wallstein.

Werner, M. G. (2015a). Freundschaft/Briefe/Sera-Kreis. Rudolf Carnap und Wilhelm Flitner. Die Geschichte einer Freundschaft in Briefen. In B. Stambolis (Hrsg.), *Die Jugendbewegung und ihre Wirkungen* (S. 105–131). V & R Unipress.

Werner, M. G. (2015b). Freideutsche Jugend und Politik. Rudolf Carnaps Politische Rundbriefe 1918. In F. W. Graf et al. (Hrsg.), *Geschichte intellektuell. Theoriegeschichtliche Perspektiven* (S. 465–486). Mohr Siebeck.

Teil IV
Dokumente und Abbildungen

14

Einleitung zu Rudolf Carnap, „Religion und Kirche" und „An Pastor LeSeur"

André W. Carus

Die beiden Texte, die hier erstmalig abgedruckt werden, stammen aus Rudolf Carnaps Studien- und Kriegsjahren, die bis jetzt wenig erforscht worden sind. Lediglich über seine politische Entwicklung gegen Ende des Ersten Weltkriegs, im Jahre 1918, sind wir inzwischen etwas weniger im Dunkeln. Seine erste Veröffentlichung, eine Besprechung zweier Bücher über mögliche Formen eines Staaten- beziehungsweise Völkerbundes, erscheint demnächst im ersten Band der Carnap Gesamtausgabe. Eine weitere, viel umfassendere „politische Stellungnahme", wie er sie nannte, die in derselben Zeitschrift am Vorabend der Revolution 1918 erscheinen sollte, um dann aber von den sich überstürzenden Ereignissen überholt zu werden, nämlich der Aufsatz „Deutschlands Niederlage: Sinnloses Schicksal oder Schuld?", erscheint ebenfalls im vorliegenden Band. Meike Werner hat den Hintergrund dieser ganzen Phase in Carnaps Entwicklung nun beleuchtet, durch ihre Untersuchung zu Carnaps eigenen *Politischen Rundbriefen*.[1] Das waren kommentierte Sammlungen von unter anderem Zeitungsausschnitten der ausländischen Presse, die er im Freundeskreis umlaufen ließ, worauf seine militärischen Vorgesetzten kurz vor der Revolution aufmerksam wurden. Dank des Regimewechsels folgten dieser Aufdeckung aber keine Strafmaßnahmen gegen Carnap. Die insgesamt neun *Politischen Rundbriefe* werden im geplanten ersten Band der Carnap-Korrespondenzen abgedruckt.

---

[1] Vgl. Werner (2015).

A. W. Carus (✉)
LMU München, München, Deutschland

© The Author(s) 2022
C. Damböck et al. (eds.), *Logischer Empirismus, Lebensreform und die deutsche Jugendbewegung*, Veröffentlichungen des Instituts Wiener Kreis 32, https://doi.org/10.1007/978-3-030-84887-3_14

14.1 Einleitung (A.W. Carus)

Über die Zeit vor 1918 wissen wir noch weniger, aber das beginnt nun sich zu
ändern. Bis vor Kurzem haben wir uns zum größten Teil nur auf Carnaps
Autobiographie (Carnap, 1963) verlassen müssen, die von Carus (2007) durch längere Zitate aus ihren unveröffentlichten Teilen und einigen anderen Dokumenten
ergänzt wurde. Ein sehr wichtiges Erlebnis der Vorkriegszeit in Jena war für Carnap
seine Teilnahme an der Jugendbewegung, das heißt dem Serakreis um Eugen
Diederichs, und zu dieser lokalen Variante der Gesamtbewegung gibt es inzwischen – ebenfalls von Meike Werner – die ausgezeichnete Studie *Moderne in der
Provinz: Kulturelle Experimente im Fin de Siècle Jena* (2003). Außerdem sind auch
die kompletten Tagebücher Carnaps online zugänglich, aus seiner Kurzschrift transkribiert von Brigitte Parakenings und Brigitta Arden, herausgegeben von Christian
Damböck. Auch viele andere Zeugnisse aus diesen Jahren, vor allem Carnaps
Briefwechsel mit seiner Mutter (in Langschrift), sind nun online greifbar auf der
Webseite der Archives of Scientific Philosophy (Pittsburgh). Diese nun einfach
zugänglichen Dokumente bringen uns viel weiter, harren aber noch größtenteils
ihrer Auswertung.

Was bisher fehlte, waren zusammenhängende Darstellungen von Carnaps gesam-
ter Weltauffassung in dieser Zeit. (Diese gibt es allerdings auch für die späteren
Jahre kaum – was ein Grund unter anderen ist, warum seine Philosophie lange Zeit
der Aufnahme in den philosophischen Kanon so widerspenstig blieb.) Die beiden
hier wiedergegebenen Dokumente tragen dazu bei, diese Lücke zu schließen. Das
erste der beiden ist eine Vorlage für einen Vortrag, den Carnap in Freiburg während
des Wintersemesters 1911/1912 vor der dort neugegründeten Freischar hielt, und
zwar zum Thema „Religion und Kirche“. Das zweite ist ein offener Brief, den
Carnap, damals an der Ostfront in Polen, im Sommer 1916 an einen Pastor Eduard
Le Seur in Berlin richtete, der in einem Beitrag zur Zeitschrift *Der deutsche Michel*
das traditionelle Christentum als Heilmittel gegen das Versagen der „modernen
Kultur“ empfohlen hatte. Im Folgenden wird einzeln auf die beiden Dokumente
kurz eingegangen.

14.1.1 „Religion und Kirche“ (1911)

Bei diesem Dokument aus dem Carnap-Nachlass in Pittsburgh handelt es sich nicht,
wie bei Carnaps späteren Vortragsvorlagen, um stichpunktartige Notizen, sondern
um meist ausgeschriebene Sätze, allerdings versehen mit vielen Korrekturen und
Einschüben.[2] Es fehlt auch ein wichtiger Bestandteil des Manuskripts. Carnap argu-

---

[2] Das Original ist online einzusehen in den ULS Digital Collections der Bibliothek der Universität
Pittsburgh (University of Pittsburgh Library System, Archives of Scientific Philosophy), Signatur
RC 081-47-05.

mentierte hier (entgegen seiner späteren Praxis) historisch und mit vielen Beispielen, und jedes historische Beispiel wurde durch ein offenbar recht langes Zitat veranschaulicht.

Diese Zitate sind in Carnaps Vorlage mit blauen Ziffern angegeben, die hier durch fettgedruckte Zahlen in eckigen Klammern wiedergegeben sind. Anlässlich des Vortrags hat er entweder einen Stapel von Büchern dabeigehabt, aus denen er die Zitate vorlas, oder er hat sie separat aufgeschrieben oder abgetippt. Diese Abschriften, falls sie existierten, sind aber nicht erhalten geblieben; weder die Zitate selbst noch eine Liste der Stellen sind mit dem Vortrag selbst aufbewahrt worden. Bis jetzt hat sich auch sonst in den Carnap-Nachlässen in Pittsburgh und an der UCLA nichts Derartiges finden lassen. Die meisten dieser Zitate sind vermutlich aus ihrem jeweiligen Zusammenhang rekonstruierbar. Es gibt sieben blaue Ziffern, mit Texthinweisen auf: 1. Sokrates (wohl aus der *Apologie des Sokrates*), 2. Platon, 3. Seneca, 4. Buddha (Predigt von Benares), 5. Luther („Von dem Mißbrauch der Messe"), 6. wieder Luther und 7. Johannes Müller, als einziger Repräsentant einer „moderneren" Auffassung (also der Theologie seit Schleiermacher, der kurz erwähnt wird).

Was wir zur Datierung des Textes wissen, ist in Carnaps eigenhändigem späteren Hinweis auf der ersten Seite enthalten: „Freiburg, vermutlich 1911 (oder 1912?)". In Carnaps Tagebüchern zu dieser Zeit (d. h. in den mit den Tagebüchern aufbewahrten Kurzschriftversionen seiner Briefe an Tilly Neovius) findet sich keine Erwähnung des Vortrags, auch nicht in seinen Briefen an die Mutter aus dieser Zeit. Auch inhaltlich deutet nichts auf ein bestimmtes Datum hin. Da Carnap offenbar ab Anfang des Wintersemesters 1911/1912 Rickerts Vorlesungen besuchte, lässt der beiläufige und recht vage, nachträglich eingefügte Hinweis auf Rickert ebenfalls auf keinen bestimmten Zeitpunkt schließen.

Der vielen Korrekturen und Einschübe wegen ist die Kurzschrift stellenweise schwer zu entziffern. Frau Brigitte Parakenings (Universität Konstanz) und Frau Brigitta Arden (damals Universität Pittsburgh) haben mir sehr bei der Transkription geholfen, vor allem bei einigen schwierigen Stellen, wo verschiedene Lesarten möglich sind. Die hier wiedergegebene Transkription beansprucht dennoch keineswegs, das letzte Wort zu sein; sie soll als vorläufig sondierende Fassung angesehen werden, vor allem da die Zitate fehlen, die offenbar nach Carnaps Gefühl dem Vortrag ein gewisses Gewicht verliehen. Deshalb wurde auch kein Versuch gemacht, jede Einzelheit des Kurzschriftdokuments mit philologischer Genauigkeit wiederzugeben. Rechtschreibe- und Interpunktionsfehler wurden stillschweigend korrigiert. Wörter stehen nur dann in eckigen Klammern, wenn sie im Manuskript gänzlich fehlen, fehlende Wortteile wurden stillschweigend ergänzt. Bei fraglichen Stellen wurde eine naheliegende Lesart gewählt, die in den Zusammenhang passt. Durchgestrichene Passagen wurden ohne Anmerkung übergangen. Der Sinn des Abdrucks im vorliegenden Band ist, diesen Text erstmal in die Diskussion einzubringen beziehungsweise weitere Kreise auf ihn aufmerksam zu machen.[3]

---

[3] Ein erster Versuch der Auswertung ist mein Beitrag in diesem Band, „Die religiösen Ursprünge des Nonkognitivismus bei Carnap", S. 143.

14.1.2   Carnaps offener Brief an Pastor [Eduard] LeSeur (1916)

In Carnaps Tagebuch befindet sich im Februar 1916 eine Liste gelesener Schriften, darunter die Ausgabe des *Deutschen Michel*, in der Eduard Le Seurs Brief an einen ungenannten Freund abgedruckt ist, auf den Carnap in seinem offenen Brief reagiert, sowie ein Band *Predigten über das Glaubensbekenntnis* von Le Seur.[4] Carnaps eigener Brief ist im Pittsburgher Nachlass nur als Kurzschriftentwurf (RC 089-74-02, datiert März 1916) erhalten und in einer Abschrift seiner Schwester Agnes (RC 089-74-01, ebenfalls März 1916), die im Folgenden abgedruckt ist. Aufgrund der erhaltenen Materialien sind die Umstände der Entstehung des Textes schwer zu rekonstruieren, vor allem ist nicht klar, worin das „Offene" an dem Brief bestand. Getippt wurde der Brief anscheinend nicht, da Carnap an der Ostfront keine Schreibmaschine zur Verfügung hatte. Gedruckt oder veröffentlicht wurde er auch nicht, sonst wäre sicherlich ein Exemplar im Nachlass zu finden. In den Briefen der Serafreunde, die in Pittsburgh aufbewahrt sind (auch unter den Photokopien aus anderen Archiven), wird der Brief an LeSeur meines Wissens nicht erwähnt. Allerdings lasen und kommentierten verschiedene Verwandte den Brief, vor allem Carnaps Mutter. Es mag sein, dass die Motivation dieses Briefes gerade in seiner sonst nicht wirklich sichtbaren Auseinandersetzung mit der Mutter über religiöse Fragen lag. Es finden sich nämlich im gleichen Ordner einige Gedanken in Kurzschrift (datiert 10.08.1917) „über den Austritt aus der Kirche" in Form einer Antwort Punkt für Punkt auf „Mutters Aufzeichnungen vom 10.3.17" (RC 089-74-08) zu diesem Thema. Dieser Diskussion wäre im Einzelnen nachzuspüren, dabei wäre vor allem zu untersuchen, ob diese sich direkt an die Gedanken Carnaps im offenen Brief an LeSeur anschließt, wie ihre Ablage in Carnaps Papieren nahelegt.

Wie dem auch sei, die Rhetorik des Briefs ist keineswegs privat, sondern appelliert unmissverständlich an eine breitere Öffentlichkeit. Carnap gibt sich hier als Repräsentant seiner Generation, er spricht im Namen der Millionen, die in die Schützengräben geschickt wurden und, sofern sie überlebten, nun allmählich beginnen, sich Gedanken über den Krieg und die Zukunft zu machen. Schon aus diesem Grund ist der Brief interessant, und sollte auf jeden Fall mit ähnlichen – veröffentlichten und nicht veröffentlichten – Aufrufen und Ausrufen dieser Art aus den Schützengräben in den späteren Kriegsjahren verglichen werden. Der auf die Öffentlichkeit zielende Gestus heißt natürlich nicht, dass Carnap mit diesem Brief nicht *auch* die Diskussion innerhalb seiner Familie fortsetzt, indem er in einem manifestartigen Statement eine systematische Darstellung seiner Gesamtansicht ausformuliert, um seiner Familie klarzumachen, dass er nicht nur für sich als Einzelnen spricht, und nicht aus eigenwilliger Laune oder Besserwisserei das Christentum ablehnt, sondern dies aus allgemeineren – nicht nur sachlichen, sondern auch moralischen – Erwägungen.

Agnes Carnap schrieb den offenen Brief ihres Bruders in Sütterlin-Schrift ab, die heute der Transkription bedarf. Meine Vorabveröffentlichung des Briefes im

---

[4] Zu LeSeur (1916) sind einige Kurzschriftnotizen Carnaps erhalten, vgl. RC 089-74-06.

Carnap-Blog vom 30.11. 2015 beruhte auf einer offenbar zu eiligen Transkription. Inzwischen wurde diese von Wolfgang Kienzler (Universität Jena) an einigen Stellen wesentlich verbessert. Die Herausgeber dieses Bandes und ich sind ihm sehr dankbar, dass er uns seine Korrekturen und Anmerkungen zum Brief für diese Veröffentlichung zur Verfügung stellte. Der von ihm transkribierte Text ist es auch, der hier abgedruckt wird.

14.2 Religion und Kirche

Rudolf Carnap

Mein Vortrag in der Freischar, Freiburg, vermutlich 1911 (oder 1912?)

Iddio non vuole religioso di noi se non il cuore.
 Convivio IV
 Wir wollen heute zusammen über das Thema „Religion und Kirche" sprechen. Die Religion selbst, im Gegensatz zu ihren Erscheinungsformen, [ist] etwas, was dem einzelnen nur als sein individueller Besitz bekannt ist. Als eine allgemeine menschliche Erscheinung nehmen wie sie erst dann wahr, wenn wir die konkreten Vorgänge betrachten, die wir als Ausflüsse der Religion auffassen, die aber selbst nicht die Religion darstellen. Von diesen sozusagen „Symptomen" der Religion fallen am meisten die in die Augen, die nur religiöse Handlungen sind: der Kultus. Durch den Kultus will der Mensch entweder seine religiöse Gesinnung vor den Menschen oder vor seinem Gott zum Ausdruck bringen, oder sich in eine gewisse Gefühlslage versetzen lassen. In den meisten Fällen ist beides vereinigt. Der Ausdruck der Gesinnung geschieht entweder symbolisch oder sachlich. So z. B. das Opfer, das sich in fast allen Religionsformen in irgendeiner Gestalt vorfindet, meist als ein symbolischer Ausdruck für Ehrerbietung oder Dankbarkeit aufzufassen, zuweilen aber auch direkt sachlich als eine Beschenkung des Gottes, um ihn sich günstig zu stimmen. Andererseits wird das Pathos der Rede, noch wirkungsvoller die Musik oder gar der Tanz dazu verwendet, eine gewisse Stimmung hervorzurufen, die sich unter Umständen bis zum Rausch oder zur Ekstase steigert. Nämlich bei den Religionsformen, die auf den Kultus – und zwar speziell auf diese zweite Seite des Kultus – großen Wert legen. [S. 2] Als Beispiel für diese Seite des Kultus nenne ich einerseits die exotischen Erscheinungen des Derwischtanzes, der neuplatonischen Verzückung, der Gott-schauenden Kontemplation der Mystiker, ferner in der Gegenwart die Verzückungen der sog. „Erweckten" in Wales, das Zungenreden in den Versammlungen der in unserem eigenen Lande immer weiter um sich greifenden Pfingstbewegung; andererseits aber auch den Kirchengesang und das Orgelspiel in den protestantischen Kirchen, dazu noch das Weihrauchstreuen in den katholischen, usw.
 Für unser Problem, was Religion selbst eigentlich ist, wollen wir uns also merken, dass wir gefunden haben, daß diese Religionsäußerungen, nämlich der Kultus,

R. Carnap (Deceased)

Symptome sind für eine gewisse Gesinnung gegenüber etwas höherem und für das Streben nach gewissen Gemütszuständen.

2. Die Religion tritt nun noch auf eine andere Art in die äußere Erscheinung, nämlich in ihrer *Ethik*. Ich spreche hier noch nicht von den Moralgesetzen, die etwa die Religion aufstellt, sondern von der Einwirkung, die jede Religion, mehr oder weniger bewußt, auf die Lebensführung des Menschen ausübt. Sie betrifft in erster Linie sein Verhalten gegenüber den Mitmenschen, dann auch seine Stellung zu den anderen Lebewesen und der übrigen Natur. Wie wir uns aus den einzelnen Taten eines Menschen ein Bild seines Charakters zu konstruieren versuchen, so muß auch umgekehrt seiner ganzen Lebensführung, sofern sie einheitlich ist, eine [S. 3] bestimmte Gesinnung zu Grunde liegen (das, was allen einzelnen Handlungen des Menschen zu Grunde liegt, nennen wir die Gesinnung). In diesem Sinne nennt z. B. Paulus ein bestimmtes ethisches Verhalten die „Frucht des Geistes", das heißt: das Symptom der Gesinnung, in der seine Religion besteht. Jesus sagt: „Ich will mein Gesetz (das heißt: meine Ethik) in ihr Herz legen und in ihren Sinn schreiben"; mit anderen Worten: „Sie sollen meine Willensstellung oder meine Gesinnung des Herzens haben." Deutlicher kann er doch nicht aussprechen, daß seine Religion in einer bestimmten Gesinnung besteht. Darauf würde also auch hier wieder unsere Antwort auf das Problem, was Religion ist, hinauslaufen. Aber es ist ein Unterschied da: während uns der Kultus auf die Stellung des Menschen zu etwas Höherem, idealem hinwies, so kommen wir hier auf sein Verhältnis zu der ihn umgebenden Welt, das als Ausfluß jener anzusehen ist, denn in jeder Religion ist die Stellung des Menschen zu dem Höheren das Primäre, aus dem sich sein Tun und Lassen im Leben bestimmt.

Um noch einmal kurz *zusammenzufassen*: Die Religion eines Menschen besteht in der Gesinnung, in der Stellung seines Herzens zu dem, was ihm das Höchste ist, und der daraus hervorgehenden Gesinnung gegenüber der ihm umgebenden Welt. Ich fasse hier Religion weiter, als es gewöhnlich geschieht. Ich sehe sie als etwas allgemein Menschliches an, was weder von dem Glauben an einen Gott, – wie ich ja bisher überhaupt noch nicht von irgendeinem Glauben in diesem Sinne gesprochen habe, – noch etwa an ein bestimmtes Ideal abhängig wäre. So ist nach meiner Auffassung [S. 4] z. B. auch der Patriotismus Religion und seine Betätigung Religionsausübung, nämlich für den Menschen, dem das Vaterland auf der höchsten Stufe seiner Wertung steht. *Was* für den Menschen auf dieser Stufe steht, ist für die Frage, ob sein Verhältnis dazu Religion ist oder nicht, prinzipiell gleichgültig, wenn wir auch zuweilen an anderen Menschen *eine* solche Religion höher als eine andere werten. Während dem einen auf der Stufe des Höchsten Wertes ein persönlicher Gott steht, oder das Weltganze als Organismus im pantheistischen Sinne, stellt z. B. ein anderer dorthin die Kunst im allgemeinen, oder eine bestimmte Kunst, oder die Wissenschaft; wieder andere Familie, Vaterland, Rasse, Menschheit; das letztere gewöhnlich im Sinne von Humanität oder Kultur der Menschheit.

3. Außer im Kultus und in der Lebensführung des Einzelnen tritt die Religion noch auf einem dritten Gebiete in die äußere Erscheinung; und zwar steht es bei den meisten Religionsformen so sehr im Vordergrund, daß es bei oberflächlicher Betrachtung als das wichtigste erscheinen könnte, nämlich die *Lehrsätze* der

einzelnen Konfessionen, wenn wir mit „Konfessionen" im weiteren Sinne jede einzelne Religionsform, besonders im Hinblick auf ihr Bekenntnis, verstehen. Die Gesamtheit der Lehrsätze einer Konfession bildet ein mehr oder weniger geschlossenes und logisch gestütztes System. Diese Sätze als solche können sich selbstverständlich zunächst nur an den Verstand des Menschen wenden; doch können sich, wenn sie verstanden worden sind, Gefühle daran knüpfen [S. 5] oder Motive daraus ergeben. Über den groben Mißbrauch, der zu allen Zeiten innerhalb der Konfessionen mit diesen Sätzen getrieben worden ist, daß z. B. das intellektuelle Überzeugtsein von den in ihnen ausgesprochenen Behauptungen zur ethischen Pflicht gemacht wurde, bzw. in manchen Konfessionen noch gemacht wird, will ich hier nicht sprechen. Sondern selbst gegenüber der maßvollen Anwendung behaupte ich: die Religion besteht nicht nur nicht in den Lehrsätzen, – was jeder zugeben wird, – sondern sie kann durch sie weder unterstützt noch gestürzt werden, da sie von ihnen überhaupt nicht berührt wird. Man kann entgegnen, daß jede Religion doch *mit Hülfe des Wortes* von Mensch zu Mensch weitergegen wird. Unter den Sätzen, die allerdings zu diesem Zwecke gesprochen werden müssen, möchte ich deshalb *unterscheiden* zwischen denen, die sich auf verstandesmäßig erfaßbare Dinge beziehen, und denen, die ethische Forderungen oder die subjektive Auffassung des Weltganzen und des Menschenlebens zum Ausdruck bringen. Die erstere Art von Behauptungen, nämlich die über ihrer Natur nach objektive, wenn auch vielleicht noch nicht erkannte oder unerkennbare, Thesen, will ich „*Wissenssätze*" nennen. Alle nur möglichen menschlichen Wissenssätze bilden in ihrer Gesamtheit das „*Weltbild*". Ihnen gegenüber stehen die Sätze über unsere Stellung zu diesem Weltbild, die also beispielsweise unseren Pessimismus oder Idealismus oder dergleichen zum Ausdruck bringen; sie lassen sich weder rein verstandesmäßig beweisen, noch widerlegen, also nicht diskutieren. Ich will sie „*Glaubenssätze*" nennen; die Ausdrücke „Wissens- und Glaubenssätze" [S. 6] möchte ich ohne jede Prätendenz nur für unsere heutige Diskussion vorschlagen, um eine gemeinsame Terminologie zu haben. Dagegen bitte ich, die Ausdrücke „Glauben" und „Wissen" für sich möglichst zu vermeiden, da sie vor genauer Definition sicherlich nicht in übereinstimmendem Sinne verstanden werden. Auch bitte ich, statt des Ausdruckes „Weltanschauung" lieber entweder „Weltbild" oder „Weltauffassung" zu sagen, da „Weltanschauung" beides bedeuten kann.

Nach Rickertscher Terminologie wären Wissenssätze mit den Seinssätzen, die Glaubenssätze mit den Wertsätzen in Parallele zu stellen; doch decken sie sich nicht vollständig mit jenen.

Da die Religion sich nun nach meiner vorhin ausgesprochenen Auffassung nicht mit Wissenssätzen berühren kann, so bedeutet die Aufstellung von Wissenssätzen von Seiten einer Konfession einen Übergriff in ein ihr wesensfremdes Gebiet. Daß Religion und Weltbild (in der vorhin bezeichneten Bedeutung als Gesamtheit der Wissenssätze) sich nicht gegenseitig bedingen, ersehen wir ja deutlich aus der Tatsache, daß einerseits Leute mit dem gleichen Weltbild verschiedene Religionen haben konnten, wie z. B. Christus und die Juden, oder Luther (wenigstens in früheren Jahren) und die Katholiken, daß andererseits Leute dieselbe Religion haben können, obwohl sie so verschiedene Weltbilder haben, wie das heutige und das von vor zwei Jahrtausenden, z. B. Christus und die Propheten des Evangeliums in unserer Zeit, wie Johannes Müller, Lhotsky, und manche andre.

Die Vermengung von Religion und Weltbild, oder mit unseren Ausdrücken, von Glaubens- und Wissenssätzen, finden wir bei fast jeder ausgebildeten Konfession. Die Wissenssätze sind dabei meist historischer Art, indem sie sich auf Lebensschicksale von Personen oder sonst ältere Ereignisse beziehen; zuweilen betreffen sie auch Ereignisse der [S. 7] Gegenwart oder Zukunft; ja sogar mitunter psychologische oder naturwissenschaftliche Tatsachen. So betrachte ich es z. B. als eine unberechtigte Vermengung der Religion mit historischen Tatsachen nicht nur, wenn die christliche Lehre die Auferstehung Christi behauptet, sondern sogar, wenn die Religion so eng mit der Behauptung der historischen Persönlichkeit Christi, von der ich übrigens, nebenbei gesagt, selbst überzeugt bin, verknüpft wird, daß man sagt, mit der Tatsache des historischen Christus stehe und falle das Christentum selbst. Die sogenannten „Religionsgründer", das heißt die Persönlichkeiten, die einen neuen Religionsausdruck gefunden haben, der dann später zur Konfession erstarrte, haben sich von dieser Vermengung von Glaubens- und Wissenssätzen immer viel freier gehalten als die[jenigen] ihrer Jünger, die die betr. Konfession, oder richtiger die Theologie dieser Confession begründet haben. So hat z. B. selbst die größere zusammenhängende Rede, die uns von Christus überliefert wird, rein ethischen Inhalt, bezieht sich auf die Herzensgesinnung. „An ihren Früchten sollt ihr sie erkennen", das sind also nur die Symptome. „Ein guter Baum kann nicht arge Früchte bringen, und ein fauler Baum kann nicht gute Früchte bringen"; es ist also immer das *esse* die Hauptsache, nicht das *operari*, geschweige denn das *credere*. Als Gegenprobe nehmen wir den ersten Theologen, Paulus. Ich habe nicht etwa seine Schriften nach passenden Sätzen durchgesiebt, bin auch nicht so bibelfest, daß ich sogleich die geeigneten Stellen fände, sondern habe gestern mal aufs Geratewohl den ersten Korintherbrief genommen. Gleich nach der Begrüßungsformel heißt es: „Ich danke meinem Gott, . . . , daß ihr seid [S. 8] an allen Stücken reich gemacht, *an aller Lehre und in aller Erkenntnis*; wie denn *die Predigt von Christo* in euch kräftig worden ist, . . ." und später: „das Wort vom Kreuz ist uns eine Gotteskraft". Ich glaube, hieraus geht *so* deutlich hervor, daß Paulus auf die Erkenntnissätze großen Wert legte, daß ich es ruhig wagen darf, auch eine Stelle anzuführen, in der sich zeigt, daß Paulus das Christentum selbst als innere Kraft auffaßt: „Und mein Wort und meine Predigt war nicht in vernünftigen Reden menschlicher Weisheit, sondern in Beweisung des Geistes und der Kraft, auf daß euer Glaube bestehe, nicht auf menschlicher Weisheit sondern auf Gottes Kraft." Ich mußte dies anführen, um Paulus nicht ungerechterweise als Dogmatiker hinzustellen. Trotzdem bleibt bestehen, daß er diese reine Auffassung der Religion mit Wissenssätzen verknüpfte, die in späteren Jahrhunderten als Hemmschuh wirken mußten, was er wohl kaum geahnt hat. [S. 9]

Ich möchte hier einen kurzen *historischen Exkurs* einschieben, um zu zeigen, daß zu allen Zeiten und in den verschiedensten Richtungen die größten Geister, die uns neues gelehrt haben, immer ihre Religion möglichst unabhängig von Wissenssätzen zu machen suchten, wenn auch natürlich ihre Lehre kaum jemals *vollständig* frei davon war. Daß ich dies zeigen will, spreche ich ausdrücklich vorher aus, damit Sie bei den verschiedenen Beispielen auf diesen Punkt achten. Übrigens erinnere ich daran, daß ich nach meiner umfangreicheren Auffassung von Religion noch manches mit diesem Namen bezeichne, was gewöhnlich nicht so genannt wird; sondern z. B. Philosophie oder noch anderes.

Beginnen wir mit dem ersten Ethiker in Europa, mit *Sokrates*; „ Ἔφη . . ." [1] Man wird sagen, er sei ein recht ungeeignetes Beispiel für meine Behauptung; für ihn gebe es ja nichts anderes als Erkenntnis. Aber wir müssen hier wieder den Unterschied zwischen Glaubens- und Wissenssätzen machen. S[okrates] entwickelt seine Tugendlehre dialektisch, indem er zuweilen auf der Grundlage einer Verstandeseinsicht, zuweilen auf der einer Gewissenseinsicht aufbaut. Wenn wir scharf trennen wollen, so müssen wir Voraussetzung und Resultat im ersteren Falle zur *Wissenschaft*, im zweiten Falle zu den *Religionssätzen* rechnen. So lehrte S[okrates] seine Ethik allerdings sowohl als Religion, als auch als Wissenschaft, meist durcheinander. Niemals aber (und das ist das Wesentliche!) setzte er als notwendige [S. 10] Bedingung der Einsicht seiner Lehre die Annahme eines Wissenssatzes voraus, sondern baute stets auf der Anschauung des gerade vor ihm stehenden auf. Und was seine eigene persönliche Religion anbetrifft; so bestand sie, um unsere früheren Ausdrücke zu gebrauchen, in seiner Stellung zu dem, was für ihn auf der höchsten Wertstufe stand, in seiner Stellung zu dem δαιμόνιον, der Stimme der ἀρετή in seinem Innern, kam also überhaupt nicht mit irgendwelchen Lehrsätzen, weder Wissens- noch Glaubenssätzen, in Berührung.

Sein Schüler *Plato* entrüstet sich einmal in seiner Πολιτεία darüber, daß die Dichter, besonders Homer, allerlei menschliche Geschichten von den Göttern erzählen. Er empfand eben eine Verknüpfung seiner Gottesidee mit menschlichen Vorstellungen als Herabwürdigung: er nennt, philosophischer als S[okrates], den höchsten Wert das ἀγαθόν, die Idee des Guten, die für ihn identisch ist mit der Idee der Gottheit. Wie hoch diese Idee des Guten über der Wissenschaft steht, die durch sie als Voraussetzung überhaupt erst möglich wird, sehen wir aus folgender Stelle. [2] Ein großartigerer Ausdruck für die Unabhängigkeit des höchsten Wertes von der Wissenschaft und allen Wissenssätzen läßt sich wohl nicht finden. [S. 11]

Aristoteles lehrt, daß jede Handlung des Menschen einen Zweck hat, der nur wieder Mittel zum Zweck; der letzte und höchste Zweck aber ist immer die εὐδαιμονία, die Glückseligkeit. Der Ausdruck „Glückseligkeit" könnte uns verleiten, unter der Aristotelischen εὐδ[αιμονία] eine bestimmte Art des Wohlbefindens zu verstehen. Es ist aber nach meiner Auffassung damit der rein formelle Begriff des Endzieles aller Handlungen des einzelnen Menschen gemeint, mit anderen Worten: der höchste Wert. Dem an sich inhaltleeren Begriff der εὐδ[αιμονία] gibt erst jede Philosophie für sich einen bestimmten Inhalt. Für Ar[istoteles] selbst besteht sie in der „ψυχῆς ἐνέργεια κατ'ἀρετήν", das heißt: in der „Tätigkeit der Seele gemäß einer guten Gesinnung", (denn ἀρετή bezieht sich immer auf Gesinnungseigenschaften). Bei Ar[istoteles] liegt also die Religion genau auf demselben Gebiete, auf das unsere Auffassung sie beschränkt wissen will.

Von dem *Stoizismus*, den ich nach meiner zu Anfang dargelegten Auffassung durchaus als Religion betrachten muß, kann ich nur zwei spätere, meiner Meinung nach aber hervorragende Vertreter anführen: Epiktet und Seneca, da ich mich nur mit diesen beiden beschäftigt habe. *Epiktet* mahnt uns, bei allen Dingen zu unterscheiden zwischen dem, was ich nicht ändern [S. 12] kann, und dem, was in meiner Macht liegt. Und zwar liege in meiner Macht all das, was ich an unkörperlichem in mir trage; die äußere, materielle Welt dagegen ist nicht in meine Hände gegeben, folglich geht sie mich nichts an und ich will mich auch nicht darum kümmern. Jede Abhängigkeit von irgendeinem Wissenssatze, mag er sich nun auf ein gegenwärtiges, zukünftiges, oder vergangenes Ereignis beziehen, ist demnach bei Ep[iktet] undenkbar.

Worauf sich bei *Seneka* die Religion, oder wie er es nennt, die „Philosophie", bezieht, mag er mit eigenen Worten sagen: [3]

Daß er unter Philosophie das versteht, was wir Religion nennen, zeigt sich darin, daß er ausdrücklich sagt: „Philosophie ist das Streben nach virtus", das heißt: nach der rechten Gesinnung.

Daß *Epikur*, für den die Aristotelische εὐδ[αιμονία] „Lust" bedeutet, zu ihrer Erreichung nicht der Annahme irgendwelcher bestimmter Wissenssätze bedarf, wird wohl keiner bezweifeln.

Über die *Skeptiker* mit ihrer vollständigen Ablehnung jeden Urteils brauche ich wohl keine Worte zu verlieren.

Für die *Neuplatoniker* war die Aufhebung des Selbstbewußtseins, die Verzückung, das Höchste. Die Erkenntnis des Wahren ist nur möglich [S. 13] durch das unmittelbare Schauen in der Ekstase, lehrt z. B. *Plotin*. Dieser Teil seiner Philosophie, den wir als Religion aufzufassen haben, ist also völlig frei von Wissenssätzen. –

Daß ich aus der Geschichte des Altertums nur Philosophen angeführt habe, liegt daran, daß man damals alle Propheten und Ethiker mit dem Namen φιλόσοφοι bezeichnete. Aus späteren Epochen würden auch solche Dichter und Denker zu nennen sein, die man in der Geschichte der Philosophie nicht nennt, da sie nicht auf dem Gebiete der Philosophie, sondern etwa auf dem der Religion, der Kunst[,] oder sonst irgendeinem Gebiet Hervorragendes geleistet haben. Es würde wohl nicht allzu schwer sein, den Nachweis, den ich bei einigen Vertretern der antiken Geistesgeschichte geführt habe, durch Mittelalter und Neuzeit weiter zu führen. Doch würde es hier zuviel Zeit in Anspruch nehmen. Doch will ich wenigstens von den Propheten der Religion selbst (sozusagen aus jedem Jahrtausend einen) anführen: Buddha, Christus, Luther, und die religiöse Bewegung der Gegenwart, als deren Vertreter ich Joh[annes] Müller wähle; andere mögen einen anderen herausgreifen; ich bin von vornherein überzeugt, daß dann auch bei diesem, wenn es einer der hervorragenden Vertreter der modernen religiösen Strömung ist, sich der von uns festgestellte Grundzug als das wesentliche seiner Religion herausstellen würde. [S. 14]

Von dem wegen seines Dogmatismus viel geschmähten *Buddhismus* wollen wir die vier Hauptdogmen herausgreifen. Es sind die vier sogenannten heiligen Wahrheiten, über die Buddha in der Predigt von Benares spricht, der wichtigsten zusammenhängenden Rede, die uns von ihm überliefert ist. [4]

(Dabei sehen wir, daß die beiden ersten heiligen Wahrheiten seine Stellung, nämlich die pessimistische, gegenüber der äußeren Welt zum Ausdruck bringen, nicht aber das Weltbild selbst berühren; die beiden letzten sind rein ethischer Art; in der letzten wird in acht Punkten spezialisiert, was wir zusammenfassend „rechte Gesinnung" nennen würden. Alle vier heiligen Wahrheiten sind also nicht Wissens-, sondern Glaubenssätze.)

Daß für den Jünger Buddhas das Hauptstreben nach der rechten inneren Gesinnung gerichtet ist, zeigt zum Beispiel auch der Spruch:

> „Schritt um Schritt, Stück für Stück, Stunde für Stunde soll, wer da weise ist, . . . sein Ich
> von allem Unreinen läutern, wie ein Goldschmied das Silber läutert."

Vom *Christentum* in seiner ursprünglichen Gestalt habe ich schon gesprochen und dabei Christus und Paulus für Beispiele und Gegenbeispiele angeführt. Auch die späteren Christen haben, wenn sie auf das ursprüngliche Christentum der Evangelien wieder zurückgingen, die Unwichtigkeit der Wissenssätze betont. *Luther* sagt in seiner Schrift „Von dem Mißbrauch der Messe": **[5]** [S. 15]

Aus der neueren Zeit möchte ich kurz *Schleiermacher* berühren; für ihn besteht die Religion nicht in Wissenssätzen, sondern ganz entsprechend unserer Auffassung, in der Stellung das Menschen zu dem, was für ihn das Höchste ist; für Schl[eiermacher] selbst also seine Stellung zu dem ewigen Unendlichen, von dem sich der Mensch abhängig fühlt.

Von unseren Zeitgenossen will ich nur *Johannes Müller* anführen, der alle Lehrsätze, seien es nun Wissens- oder auch Glaubenssätze, für im Grunde wertlos ansieht. Dies spricht er z. B. recht deutlich in folgenden Worten aus: **[7]**

Nachdem wir uns darüber klar geworden sind, was wir als Religion aufzufassen haben, können wir das Problem der *Kirche* näher ins Auge fassen.

Unter „Kirche" versteht man zuweilen die unsichtbare Gemeinschaft aller Gläubigen; von Kirche in diesem Sinne will ich hier gar nicht sprechen, sondern nur von der äußeren Organisation, in der sich Menschen zu einem bestimmten Zweck zusammengeschlossen haben. Dieser Zweck ist allgemein ausgedrückt die Pflege der Religion. Wir haben nur christliche Kirchen vor Augen; ich will darum nur über [die] sprechen. Wir bemerken an ihnen die vorhin genannten drei äußeren Erscheinungsformen, die mit der Religion verknüpft sind: 1.) den Kultus der Kirche, das heißt also Gottesdienste und überhaupt alle Zeremonien, auf denen ein Geistlicher seines Amtes waltet, 2) Ausübung [der] christlichen Ethik, in Krankenpflege und sonstiger Wohltätigkeit, 3) in der Aufstellung und Apologie der Lehrsätze, die teils Glaubens-, teils aber auch Wissensätze sind. Kultus, caritative Betätigung und Theologie finden wir bei fast allen christlichen Konfessionen. Als *Problem* stelle ich [die] Frage auf: hat die Gesellschaft als solche ein Interesse daran, daß die Kirche als öffentliche Institution besteht, oder wäre es die Sache der Individuen, sich privatim zu einer nicht-öffentlichen Kirche zusammenzuschließen?

Was den ersten Teil der Kirchenbetätigung anbetrifft, den *Kultus*, so ist [er] offenbar [S. 17] nur im Interesse der Personen da, die ein Bedürfnis für gerade diese Zeremonien empfinden. Dieses individuelle Bedürfnis und diese Befriedigung ist selbstverständlich berechtigt; aber trotzdem hat die Gesellschaft als solche kein Interesse daran. Anders steht es beim zweiten Teil der Tätigkeit der Kirche: der Wohlfahrtspflege; sie beruht ja auf sozialer Grundlage und ist die Aufgabe der

Gesellschaft. Es ist stets die christliche Kirche gewesen, die die Iniziative zu diesen Einrichtungen, die das Gemeinwohl fördern, ergriffen hat. Erst spät hat es die Gesellschaft in ihrer organisierten Form, also der Staat, eingesehen, daß es seine Aufgabe ist, diese sozialen Arbeiten zu übernehmen; dabei haben ihm die kirchlichen Einrichtungen zum Vorbild gedient. Ich bin überzeugt, daß er dies immer mehr als seine eigene Aufgabe ansehen und diese Arbeit den einzelnen konfessionellen Kirchen abnehmen wird. Nach meiner Auffassung ist es z. B. noch rückständig zu nennen, daß in Bayern alle Anstalten für Epileptiker konfessionell sind, und auch in allen protestantischen Gemeinden von der Kirchengemeinde aus Krankenpflege und dergleichen betrieben wird. Die Pflege der öffentlichen Wohlfahrt als zweiter Teil der Tätigkeit der Kirche ist also zwar nicht individueller, sondern allgemein öffentlicher Natur, gehört aber auch nicht in die Hände der Kirche, sondern in die des Staats. Nun kommt der dritte Punkt: die Lehre der Kirche. Die Wissenssätze, die sich ja auch häufig unter den Lehrsätzen befinden, haben nach meiner ganzen durchgeführten Auffassung nichts mit Religion zu tun, sondern gehören ins Gebiet der Wissenschaften. Aber die Glaubenssätze [haben mit Religion zu tun]: die Wertauffassungen der Welt, die ethischen Forderungen usw. Was die *Weltauffassung* betrifft, so hat nach meiner Überzeugung [S. 18] die Gesellschaft als solche kein Interesse daran, daß eine bestimmte, etwa die christliche, gelehrt wird. Sie interessiert sich ja auch nicht dafür, ob die Menschen eine pessimistische oder optimistische Lebensauffassung haben. Und was die ethischen Sätze angeht, so [hat] der Staat ganz mit Recht sich bisher nicht darum bekümmert, welcher von den vielen möglichen Ethiken einer seiner Untertanen huldigt, sondern nur vom politischen Gesichtspunkte aus eine Kontrolle über die öffentlich gelehrten Ethiken ausgeübt, ob sie nicht strafrechtlich unzulässig, also etwa anarchistisch, seien.

Aus allen drei Tätigkeitsgebieten der Kirche geht also hervor, daß die Kirche nicht nur nicht die Berechtigung hat, mit dem Staat verbunden und von ihm unterstützt zu werden, sondern nicht einmal, überhaupt eine öffentliche Institution zu sein, sondern nur als Vereinigung bestimmter Einzelpersonen zum Zweck der Ausübung bestimmter Kultusform[en] und der Verbreitung und Befestigung einer bestimmten Lehre.

Diese Auffassung erscheint vielleicht ziemlich radikal anti-kirchlich. Und doch habe ich mit dieser Auffassung die Zustimmung einer der hauptgrundlegenden Bekenntnisschriften der protestantische[n] Kirche: die *Augsburger Konfession*: Kirche ist „die Versammlung aller Gläubigen, bei welcher das Evangelium rein gepredigt und die heiligen Sakramente laut des Evangeliums gereicht werden". Also: Lehre und Kultus innerhalb der „Gemeinschaft der Gläubigen", das heißt der Einzelpersonen, die sich zu dieser Gemeinschaft zusammenschließen wollen [S. 18].

Um meine Auffassung von Kirche deutlicher zu machen, will ich noch auf eine Konsequenz hinweisen, die sich aus ihr ergibt. Die christliche Kirche ist dann nämlich nicht nur für die vielen nicht-Christen, die ihr heute noch angehören, überflüssig, sondern auch für die Christen, die die Überzeugung haben, daß die christlichen Lebensauffassung und Gesinnung nicht durch öffentliche Predigt, sondern nur durch häusliche Erziehung übermittelt werden kann, die ferner auch kein Bedürfnis nach Gottesdienst oder sonstigen Kultusformen haben. Solche Leute sind

z. B. Müller, Lhotzky, Schrempf, von denen nur *einer* aus seiner Überzeugung die letzte Konsequenz gezogen hat.

14.3   An Pastor Le Seur (Krotoschin, März 1916)

Rudolf Carnap[5]

[Auf seinen „Brief an den Jünger der modernen Kultur"
in *Vom deutschen Michel*][6]
(Dies ist Agnes' Abschrift meines Briefes)[7]

... Aus Ihrem „Briefe an den Jünger der modernen Kultur" spricht eine so herzliche Anteilnahme an unserem, der Soldaten-Studenten innerem Schicksal, daß ich es auch als Unbekannter wage, Sie um einige Augenblicke Gehör zu bitten. Ich möchte einige Gedanken mit Ihnen besprechen, die durch den Brief angeregt wurden.

Es sind im wesentlichen zwei Punkte, die mich zum Widerspruch reizen, Ihre Behandlung der Frage der Kultur und der der Erlösung. Der innere Zusammenhang, der zwischen beiden besteht, geht aus Ihrem Brief hervor: *„Die Kultur* in ihrer Geltung *als [2] höchstes Ziel sinkt dahin*, und *der Mensch gelangt* zu einem neuen, dem wahren Ziel, nur auf dem Wege der *Erkenntnis seiner Erlösungsbedürftigkeit.* ["][8] Das glaube ich beides nicht.

Wir sind uns darin einig: die Kultur selbst ist nicht zertrümmert. Wir dürfen nicht sagen, daß „alles, woran man gebaut hat, in den Flammen des Weltbrandes aufgeht" [LeSeur 1917, 196]. Wir verzweifeln nicht an der Kultur des Volkes und des Einzelnen als Glied des Volkes; deren Hochstand gerade in der Kriegszeit schildern Sie selbst. Aber unser Götze soll zertrümmert sein; nicht die Kultur, aber ihre Geltung als höchster Zweck, da sie „das Ungeheure dieses Krieges nicht hatte hintanhalten können". Ihre Aufgaben seien zwar „des Schweißes der Edelsten wert" [LeSeur 1917, 194], doch hätten wir zu Großes von ihr erwartet.

[3] Ist es denn ein Argument gegen die Wahrheit ihrer objektiven Geltung, wenn sie in dem heutigen Stadium ihrer Verwirklichung den Krieg nicht hat verhindern können? Allerdings hatten das einige (darunter war auch ich) von ihr erwartet, da sie die Zusammenhänge der Wirklichkeit nicht genügend durchschauten. Diese

---

R. Carnap (Deceased)

---

[5] In Carnaps Altersschrift später eingefügt.

[6] LeSeur, Eduard. o.J. Ein Brief an den Jünger der modernen Kultur. Von Eduard LeSeur, Pfarrer in Berlin-Lichterfelde (1917). In *Vom deutschen Michel*. 189–202. Hamburg: Furche. In einzelnen Blättern ist dieser Text im Carnap-Archiv vorhanden (ASP 1974.01, Box 89c, Folder 74). Er enthält vereinzelte Bleistiftanstreichungen.

[7] In Carnaps Altersschrift später eingefügt.

[8] Offenbar kein wörtliches Zitat. Dies gilt auch für einige andere Passagen in Anführungszeichen.

Menschen traf das überraschende Ereignis um so härter; aber dürfen sie deshalb ihr Ziel verleugnen?

Ich denke mir aus, was Sie antworten würden, wenn etwa einer zu Ihnen käme und mit gleicher Schlußfolgerung spräche: „Die Jünger der christl. Religion sehen ihren Götzen zertrümmert. Nicht die Summe aller Errungenschaften der Kirche hat das Ungeheure dieses Krieges hintanhalten können. Gewiß hat sie (durch ihren un[4]leugbaren historischen Einfluß auf unsere Kultur) das Dasein der Gesamtheit bereichert und das Leben einiger Leute geistig durchdrungen. Ihr aber hattet noch unendlich Größeres von ihr erwartet: nach Eurer Meinung sollte sie den Bedarf der menschlichen Seele völlig befriedigen, die mit ihr Begnadeten brüderlich zusammenschweißen und Kriege unter ihnen unmöglich machen!" Ich denke, Sie würden entgegnen: „Wir müssen wohl unterscheiden zwischen der Kirche (oder besser der heutigen Stufe der Durchdringung der Menschheit mit dem Christentum) einerseits, und der zeitlosen Wahrheit des Christentums andererseits. Jene Stufe hat sich leider als noch zu niedrig erwiesen, um den Krieg zu verhindern", („wie zu erwarten war["], oder „überraschenderweise", je nach Ihrer früheren Überzeugung) doch [5] berührt das in keiner Weise die Geltung der christlichen Idee, der Forderung der „Beugung unter Gott", und die Wahrheit seiner „Offenbarung in Jesus".

Darf ich nicht genau so Ihnen entgegnen: Die Forderungen der Kultur behalten ihre unbedingte Gültigkeit; ja sie erscheinen uns noch dringender, da wir jetzt erleben, daß sie sich als noch zu schwach erwiesen hat, um dies Unheil für alle Völker abzuwehren? Und ich bin so „mit Blindheit geschlagen" [LeSeur 1917, 194], daß ich glaube, sie wird nicht immer zu schwach hierzu sein. Sollten einmal die Kriege wirklich aufhören, – und das erscheint mir denkbar [–] so wird man sich wohl nicht mehr darum streiten, ob der Kultur oder der christl. Religion das Verdienst hieran gebührt, [6] denn da ohne Zweifel unsre Kultur zumal an ethischen Werten dem Christentum viel zu verdanken hat, so wären beide Einflüsse kaum mehr zu trennen. Wir aber wollen scharf scheiden zwischen der Kultur, dem „Geschöpf" das „über sich hinausweist", und dem, worauf es hinweist; einem tieferliegenden, bis zu dem Sie durchgedrungen sind, das „Schöpferkraft" [LeSeur 1917, 194] besitzt; also wohl das göttliche Wesen, an das Sie glauben. Von der Kultur können wir doch nur dann sagen, daß sie Geschöpf ohne Schöpferkraft sei, wenn wir sie in der von Ihnen selbst abgelehnten Bedeutung als Gesamtheit der Kulturdokumente fassen. Wir wollen unter Kultur nicht die materialen oder idealen Kulturgüter verstehen, seien es nun Bauwerke, Wissenschaftssysteme, Institu[7]tionen des staatlichen Lebens oder was immer, sondern den Geist, der in diesen Gütern Fleisch geworden ist. Hierin sind wir uns, so glaube ich, einig. Denn Sie sagen: „Ein Kunstwerk ist an und für sich nicht ein Stück Kultur. Kultur ist doch etwas schlechthin Geistiges. Sie hatte sich in jenen Kunstwerken Zeugen bestellt" [LeSeur 1917, 190]. Die Kulturgüter sind allerdings nicht schöpferisch, wohl aber der Geist, der sie hervorgebracht hat. Zu diesem Geiste, der die Gesittung der Menschen in jahrtausendelanger Entwicklung soweit gefördert hat, daß der einzelne nicht mehr das Wohl seiner Person oder seiner Sippe als letztes entscheiden läßt, sondern dem Staat, der sein ganzes Volk umfaßt, auch das Verfügungsrecht über Leib und Leben mit vollem Willen hingibt; zu diesem Geiste habe ich [8] das Zutrauen, daß er in weiterer

Entwicklung die Menschheit auch dahin bringen wird, daß die einzelnen Staaten sich nicht mehr als letzte, absolut selbständige Größen ansehen, sondern sich als Glieder eines Organismus erkennen, der aus ihnen hervorwächst und ein gegenseitiges Zerfleischen unmöglich macht. –

Wenn wir den Gedanken der Entwicklung des Geistes weiter verfolgen und schließlich nach dem Endziel fragen, so bin ich mit meiner Weisheit zuende. Ich weiß nicht, woher das Unvergängliche stammt, das uns vergängliche Geschöpfe eine kurze Zeit belebt, als seine Organe benutzt und dann wieder ins Nichts hinabsinken läßt, wie [9] ein Baum, der ein totes Atom aus der Erde nimmt und zum Aufbau seiner Blätter gebraucht. Er belebt das Atom für eine Zeit und stellt ihm seine Aufgabe in der Gemeinschaft der übrigen. Aber im Herbst läßt er es fahren, und es ist nicht mehr. Er aber findet immer neue und wächst. Was hilft es dem Atom, zu fragen: Was soll aus dem Ganzen noch werden, woher stammt dies große, gemeinsame Leben? Woher hat es die Kraft, und woher nimmt es das Recht, jeden von uns in seinen Dienst zu stellen und dann wegzustoßen? Niemand gibt ihm Antwort und es erfüllt seine Aufgabe doch. Aber wir sind wie eine Kohle, die vom Feuer ergriffen wird. Sie muß brennen und glühen, aber [10] dann läßt das Feuer sie tot dahinfallen und erkalten. Doch das Feuer ergreift immer neue und erlischt nicht. Wohl der Kohle, die mitten im Feuer liegt. Es ergreift sie ganz. Sie glüht am heißesten. Aber sie weiß, bald muß sie dahin, umso schneller, je besser sie dem Feuer dient. Wohl uns, wenn wir so glühen.

Aber da können wir die Frage in uns nicht hemmen, wenn wir auch keine Antwort darauf wissen: Wohin und woher das große Unvergängliche, das uns in seinen Dienst zwingt? Woher kommen ihm Macht und Recht, über unser Leben zu gebieten? Ein Glück, daß für unser Tun und Lassen genügt: wir wissen, daß wir im Dienste des Geistes stehen, (zu Ihnen kann ich mich jetzt auch, [11] ohne mißverstanden zu werden, ausdrücken: im Dienste der Kulturentwicklung,) wir erkennen seine Forderungen für den heutigen Tag, und arbeiten nach Kräften jeder an dem ihm zugewiesenen Platze. Da die Aufgabe klar vor uns liegt, so stört uns nicht bei ihrer Erfüllung jenes drängende Suchen und Forschen nach einer Antwort auf die darüber hinausgehende Frage. Wollen wir über Ihre Lösung dieses Rätsels sprechen, so bin ich in der mißlichen Lage, ohne selbst eine Lösung zu wissen, doch die Ihre entschieden ablehnen zu müssen.

Wenn Sie unser Suchen und Forschen durch das Psalmwort ausdrücken: „Meine Seele dürstet nach Gott, nach dem lebendigen Gott" [LeSeur 1917, 196], so kann ich das [12] nicht ablehnen. Denn vielleicht verstehen Sie unter diesen Worten das, was ich profaner ausdrücken würde. Ein Durst ist es, das fühle ich; was Gott ist, weiß ich nicht.

Aber der Weg, den Sie angeben, um zur Quelle zu gelangen, die den Durst stillen soll, das ist kein Weg, sondern es ist die Art, wie Sie und die Menschen Ihres Glaubens das innere Suchen nach einer Antwort auf jene Frage zur Ruhe gebracht haben. Theoretisch läßt sich ja hierüber nichts sagen. Aber es genügt, wenn die Allgemeingültigkeit des Weges dadurch hinfällig wird, daß er für mich nicht gangbar ist; selbst wenn es nicht all die anderen Menschen, die so sind wie ich, noch gäbe. Ja, werden Sie denken, das ist eben das „Eisengitter" [LeSeur 1917, 197]. [13]

Doch wir stehen uns nicht in so entgegengesetzten Richtungen gegenüber, wie Sie vielleicht erwarten. Ich will einmal möglichst nahe zu Ihrem Standpunkt herantreten. Dann gerade wird sich am deutlichsten die unüberwindbare Kluft zeigen, die dann noch zwischen uns bestehen bleibt.

Der Ausdruck „Sündenerkenntnis" [LeSeur 1917, 197] stammt aus einer Begriffswelt, die mir fremd geworden ist. Sie war es nicht immer; als Kind habe ich mich mit Schuldbewußtsein und Suchen nach Ver[14]gebung bei Menschen und Gott viel geplagt. Gut sind diese Erlebnisse aber nur zum Wachhalten des Gewissens, im Übrigen unfruchtbar. In dieselbe unfruchtbare Begriffswelt gehören mir: Sündenknechtschaft, Gnade, Vergebung, Erlösung. Die Realitäten, die hier zugrunde liegen, leugne ich keineswegs. Ich sehe meine Fehler und weiß, daß ich noch mehr habe, als ich sehe. Ich erkenne, daß meine Fähigkeiten beschränkt, die Aufgabe aber unbeschränkt ist. Ich bin trotz meiner persönlichen Freiheit mir meiner psychologischen Gebundenheit an andere Menschen bewußt. An meine Vorfahren, deren Erbteil ich in mir trage, an Eltern und Lehrer, die mich bewußt erzogen haben, and die Zeitgenossen und vor uns lebende Menschen, die an der Kultur mitgearbeitet haben, unter deren Einfluß ich stehe; ich habe gelernt, mitverantwortlich zu sein für andre Menschen: für Familien-, Stammes- und Volksgenossen. Mir ist auch nicht „unbegreiflich, daß man sein [15] eigenes Leben vervielfacht fühlt", obwohl man [„]nichts ist als Arm an dem millionenarmigen Ungeheuer deutsches Heer, deutsches Volk" [LeSeur 1917, 198]. Denn daß unser Leben erst dann auf rechtem Wurzelboden gedeihen kann, wenn wir uns mit unsern Kräften in einen umfassenden Organismus eingliedern, das haben wir von Goethe gelernt. (Nicht etwa von Jesus; als historisch bedingt konnte er diese Forderung der Eingliederung des Einzelwesens in die übergeordnete Gemeinschaft noch nicht in dieser Klarheit erkennen und darstellen, wie der die Entwicklung der Kirche und des Staates überblickende Dichter des Wilhelm Meister.)

In diesen Punkten sehen wir im Wesentlichen die Dinge gleich an. Nun aber mein Widerspruch. Ich kann [16] mit einem Gott nichts anfangen, den „nur der Sünder ergreifen kann" [LeSeur 1917, 197], Ich glaube nicht, daß wir „unter die Sünde verkauft" [LeSeur 1917, 199] sind. Ich habe das gute Zutrauen, daß die aufbauenden Kräfte in uns stärker sind als unsre Fehler, daß unsre Arbeit die Entwicklung des Geistes in der Menschheit mehr fördert als hemmt. Es wäre ja fürchterlich, wenn es umgekehrt wäre! Wer könnte glauben, nicht zu den elf treuen Jüngern des Geistes zu rechnen, ohne die Konsequenz des zwölften zu ziehen? Ich wenigstens glaube zu den elf zu gehören und vertraue auf meine Zukunft, trotz aller Fehler und Verleugnungen in meiner Vergangenheit. Ich will nicht auf diese zurückschauen, wenn ich die Hand an den Pflug lege. [17] Ob mal ein tüchtiger Mensch aus mir wird, weiß ich nicht. Bleib ich im Felde, dann hab ich mein Teil getan. Wenn ich im späteren Leben scheitere, so kann mich auch kein Wesen über uns erlösen; geschweige ein Wesen, das wahrhaftiger Mensch geworden und damals für uns gestorben ist.

Zu ihm, so glauben Sie, muß uns das erschreckende Bewußtsein des Determinismus hinführen. „Die Erkenntnis dieser unbedingten Unfreiheit führt zur Verzweiflung" [LeSeur 1917, 200]. „In diese gebundene Menschheit hinein stellt

Gott den Christus Jesus" [LeSeur 1917, 200]. [18] Aber ich stehe nur als natürliches Wesen in dem Kausalnexus. Als ethisches Wesen bin ich selbst dagegen frei entscheidendes Subjekt meiner Handlungen. „Jesus bahnt der Freiheit derer, die ihm folgen, eine Gasse." Also auch Sie sind jetzt frei und selbst entscheidendes Subjekt, wenn auch nach Ihrem Glauben durch die Hilfe eines andern Wesens. Und zwar bedeutet Jesus für den Menschen das „Bild des, das er werden soll" [LeSeur 1917, 200].[9] Das kann er für mich nicht sein. Dazu sind seine ganzen Lebensumstände allzu verschieden von den unsrigen. Der Kreis, in dem er lebt, die Art, wie er sein Leben einrichtet, wie er mit den Menschen verkehrt, seine Ansichten über Familie, Staat, Berufsleben, geistiges Leben des Volkes, beinahe jede einzelne seiner Handlungen, zumal die in den Berichten besonders hervorgehobenen, sind unserm Leben und unsern Zielen so völlig fremd, daß, wenn ich mir überhaupt [19] als „Bild, das vor mir steht", einen bestimmten Menschen suchen wollte, ich ihn hierfür auf keinen Fall wählen könnte. Nur sein Schicksal im Ganzen bleibt ergreifend, als das eines Menschen, der alles, was er ist und hat, in den Dienst einer höheren Idee stellt, und schließlich selbst von ihr als Opfer angenommen wird; ergreifend wie die Tragödie mancher andern Menschen, mit deren Handlungsweise, Anschauungen und Zielen wir deshalb noch nicht übereinzustimmen brauchen.

Fordert von dem Menschen unsrer Zeit nicht Sündenerkenntnis und Einsicht seiner Erlösungsbedürftigkeit, sondern packt ihn gerade von der entgegengesetzten, positiven Seite: Stärkt ihm das Selbstvertrauen, zeigt ihm die Aufgaben im Dienste eines über dem Einzelmenschen stehenden, aber von ihm erkennbaren Geistes, Aufgaben, die seinen Fähigkeiten entsprechen; laßt seine Kräfte an der Erfüllung dieser Aufgaben heranwachsen, zeigt ihm [20] seine Fehler nur zugleich mit der Aufmunterung, ihrer aus eigener Kraft Herr zu werden. Lehrt ihn auf der einen Seite die Demut bei der Wertung seiner Person im Vergleich zu der übergeordneten Idee, deren Diener er ist[,] eine Demut, die ihm im Hinblick auf die Unvergänglichkeit des ihn umfassenden Geistes auf die Unsterblichkeit seiner selbst, des Atoms im Organismus, verzichten läßt. Auf der andern Seite lehrt ihn den Stolz, der keine Gnade annimmt. Ist es doch auch nicht Gnade von mir, wenn [21] ich meinen verletzten Finger mit Anstrengung des Blutes und der andern Organe heile, sondern sein gutes Recht und meine selbstverständliche Pflicht. Kommt der Mensch auf einem Abwege plötzlich mit Schrecken zur Selbstbesinnung und quält sich mit der Last seiner Schuld, so ruf ihm nicht zu: siehst du nun deine gräßliche Sünde? jetzt bist du reif für unser Evangelium. Sondern sagt ihm, daß er nicht nur das Recht hat, sich selbst von seiner Vergangenheit Absolution zu erteilen, sondern sogar die Pflicht, alle quälenden Gedanken an sein verkehrtes Leben von sich zu weisen, um mit allen Kräften an seine Gegenwartsaufgabe zu gehen. Sprecht ihm nicht von einem Erlöser; sagt ihm nicht, daß einst ein [22] Mensch für ihn gestorben sei. Wollt ihr ihm ein Vorbild geben, so zeigt ihm Männer seines Volkes, aus unsern Jahrhunderten. Denen fühlt er sich verwandt, in deren Erlebnisse kann er sich

---

[9] Die ganze Passage, auf die hier verwiesen wird, lautet: „Vor jedem steht ein Bild des, das er werden soll:/Solang er das nicht ist, ist nicht sein Friede voll." (LeSeur zitiert hier den *Cherubischen Wandersmann* (1657) des Angelus Silesius.).

hineinversetzen. In deren Arbeit, die er versteht, weil sie Beziehungen zu seiner eignen Arbeit hat, spürt er das Übergeordnete, dem sich auch die größten Männer als Diener unterstellten. So kann er auch zur Klarheit über seine eigene Aufgabe kommen und zu dem Willen, ihr zu dienen.[10]

[23] So lange habe ich, seit ich Soldat bin, noch nie im Zusammenhange geschrieben oder auch nur gedacht. Aber es hat mir gut getan. Durch Ihren Brief war es angeregt, dafür meinen Dank.

Und nochmals bitte ich um Nachsicht, daß ich Sie so lange in Anspruch genommen und als junger Mensch, noch dazu als Unbekannter, mit meinen Widersprüchen so gegen Sie losgestürmt bin. Aber es ist doch etwas Schönes um einen ehrlichen Streit!

Mit . . . . . .[11]

Literatur

Carnap, R. (1963). Intellectual autobiography. In P. A. Schilpp (Hrsg.), *The philosophy of Rudolf Carnap* (S. 1–84). Open Court.

Carus, A. W. (2007). *Carnap and twentieth-century thought: Explication as enlightenment.* Cambridge University Press.

LeSeur, E. (1916). *„Ich glaube ... " 13 Predigten über das Glaubensbekenntnis.* Warnek.

Werner, M. G. (2003). *Moderne in der Provinz: Kulturelle Experimente im Fin de Siècle Jena.* Wallstein.

Werner, M. G. (2015). Freideutsche Jugend und Politik; Rudolf Carnaps *Politische Rundbriefe* 1918. In F. W. Graf et al. (Hrsg.), *Geschichte intellektuell: theoriegeschichtliche Perspektiven* (S. 465–486). Mohr Siebeck. sowie in leicht überarbeiteter englischer Übersetzung im vorliegenden Band, S. @@@@.

---

[10] Hier ist der Rest der Seite freigelassen. Oben auf der letzten Seite ist ein Haken eingetragen, der möglicherweise anzeigt, dass das Übrige nicht weitergegeben werden soll, oder dass es jedenfalls von etwas anderem Charakter als das Übrige ist.

[11] Die Absätze sind teilweise durch neue Zeile, bei Leerraum in der Vorzeile; teilweise durch neue Zeile mit Einrückung (bei gefüllter Vorzeile); teilweise durch Leerzeile (danach ohne Einrückung) markiert. Dies wurde zu Leerzeilen ohne Einrückung vereinheitlicht. An wenigen Stellen ist der Absatzumbruch zweifelhaft. Dort steht hier eher keine Leerzeile. – Die „Titelei" ist in lateinischer, der Rest in deutscher oder Sütterlinschrift geschrieben. – Die Originalseiten des Briefes sind in eckigen Klammern angezeigt.

15

Einleitung zu Hans Reichenbach, „Die freistudentische Idee. Ihr Inhalt als Einheit [Auszug]"

Christian Damböck und Meike G. Werner

Der hier in einem Auszug edierte Text von Hans Reichenbach hat schon vor über vier Jahrzehnten einige Aufmerksamkeit erfahren, als er 1974 von Ulrich Linse ausführlich diskutiert[1] und vier Jahre später von Maria Reichenbach in Übersetzung in Reichenbachs *Selected Writings 1909–1953* aufgenommen wurde. Ein Jahr davor hatte sich Andreas Kamlah im Anhang seiner deutschsprachigen Edition von Reichenbachs *The Rise of Scientific Philosophy* (1951) auf diesen Text bezogen.[2] Sein ursprünglicher Erscheinungsort war ein drei Aufsätze umfassender Band, den Reichenbach gemeinsam mit den Autoren der anderen beiden Beiträge, Hermann

---

[1] Vgl. Linse (1974, 13–23). Linses Diskussion ist nichts anderes als eine bis heute gültige umfassende Einführung in den hier edierten Text, auch wenn sich Linse weniger auf die hier thematisierten ethischen Aspekte bezieht, sondern auf die (hier nicht abgedruckten) hochschulpädagogischen Ausführungen Reichenbachs.

[2] Vgl. Reichenbach (1978, 108–123). Vgl. auch die Einleitung von Maria Reichenbach, die sich ihrerseits auf den Text von Linse sowie auf persönliche Erinnerungen stützt (Reichenbach, 1978, 91–101). Vgl. des Weiteren Reichenbach (1977, 480–483). Zu beachten an dem Kommentar von Andreas Kamlah ist, dass er nur die Kontinuitäten zwischen Reichenbachs frühem Text und dessen späterer Haltung hervorhebt, nicht aber die hier herausgestrichenen durchaus schwerwiegenden Divergenzen.

Dieser Text wird im vorliegenden Band vor allem in den Beiträgen von Flavia Padovani (Abschn. 2.1 und 5) und Christian Damböck (Abschn. 3) diskutiert. Vgl. auch Wipf (1994, 2004).

C. Damböck (✉)
Universität Wien, Wien, Österreich
E-Mail: christian.damboeck@univie.ac.at

M. G. Werner
Vanderbilt University, Nashville, USA
E-Mail: meike.werner@vanderbilt.edu

© The Author(s) 2022
C. Damböck et al. (eds.), *Logischer Empirismus, Lebensreform und die deutsche Jugendbewegung*, Veröffentlichungen des Instituts Wiener Kreis 32, https://doi.org/10.1007/978-3-030-84887-3_15

Kranold (1888–1942) und Carl Landauer (1891–1983), ediert und als Vorbereitung des 13. Freistudententages im Mai 1913 publiziert hat.[3] Der spätere Wirtschaftswissenschaftler Carl Landauer war seit 1912 Mitglied der SPD. Kranold, der Medizin und Nationalökonomie studierte, trat ebenfalls 1912 in die SPD ein und arbeitete 1919 unter anderem mit Otto Neurath die Sozialisierungsprogramme für Sachsen und Bayern aus.

Ziel von Reichenbachs Beitrag war es, die 1907 von Felix Behrend formulierten Grundsätze der Freistudentenschaft zu reformulieren, dies in durchaus kritischer Distanz zu dem Ansatz von 1907. Denn anders als Behrend repräsentierte Reichenbach eine jüngere Generation, die unter Verzicht auf den Gesamtvertretungsanspruch aller Nichtinkorporierter die Öffnung der Freistudentenschaft für die wachsende Zahl jugendbewegt studentischer Reformverbände forderte: Statt Freischar *oder* Freistudentenschaft forderte Reichenbach Freischar *und* Freistudentenschaft.[4] Dass er in dem Beitrag die Resultate des *Ersten Freideutschen Jugendtages* auf dem Hohen Meißner im Oktober 1913 gewissermaßen vorwegnimmt, darauf hat Hans-Ulrich Wipf in seiner Studie über die Freistudenten-Bewegung ausdrücklich hingewiesen.[5] Diese Perspektive in Reichenbachs Text wird besonders deutlich am Beginn des im ganzen sechzehn Seiten umfassenden Dokuments. Während die späteren Passagen die konkreten Aufgaben freistudentischer Arbeit formulieren, sind die hier abgedruckten ersten drei Seiten programmatisch zu verstehen. Das zentrale Statement des Reichenbach-Textes lautet: *„Das ethische Ideal ist der Mensch, der in freier Selbstbestimmung sich seine Werte schafft und als Glied der sozialen Gemeinschaft diese Autonomie für alle und von allen Gliedern fordert"* (Reichenbach, 1913a, 26). Man vergleiche dies mit der Schlüsselpassage der nur wenige Monate später verfassten Meißner-Formel: „Die Freideutsche Jugend will nach eigener Bestimmung, vor eigener Verantwortung, in innerer Wahrhaftigkeit ihr Leben gestalten. Für diese innere Freiheit tritt sie unter allen Umständen geschlossen ein" (zitiert nach Mittelstraß, 1919, 12 f.).

Hintergrund des Bekenntnisses der Freideutschen Jugend war, wie man auf Englisch sagen würde, die Entscheidung *to agree to disagree*.[6] Man teilte zwar gewisse Grundideen wie etwa die in der Formel angesprochene Eigenverantwortlichkeit des Einzelnen sowie die ebenfalls geforderte Abstinenz in Sachen Alkohol und Nikotin. Darüber hinaus aber divergierten die weltanschaulichen, politischen und religiösen Positionen. So gehörten zu den dreizehn zum Meißner-Treffen einladenden Gruppen sehr unterschiedliche Vereinigungen wie die Deutsche Akademische Freischar, der Deutsche Bund abstinenter Studenten, der Bund deutscher Wanderer, der Wandervogel e. V., der Österreichische Wandervogel, der Bund für freie Schulgemeinden, die Freie Schulgemeinde Wickersdorf und der Serakreis

---

[3] Vgl. Reichenbach (1913a). Ebenso Wipf (2004, 181–183 und 207 f.).

[4] Vgl. Reichenbach (1913b, 88 f.).

[5] Vgl. Behrend (1907) und die Diskussion in Wipf (2004, 101–107) sowie besonders 181 f.

[6] Zum kontroversen Charakter des Meißner-Treffens und dem Kompromiss der Formel vgl. Wipf (2004, 181–183), Mogge und Reulecke (1988, 45–55), sowie den textlichen Kontext der zuvor zitierten Meißner-Formel in Mittelstraß (1919, 9–14).

(dem Rudolf Carnap angehörte). Die 1900 gegründete Deutsche Freie Studentenschaft zählte hingegen nicht dazu. In dieser war Reichenbach schon seit Studienbeginn aktiv, zunächst in Stuttgart, dann Berlin und München. An dem Meißner-Treffen nahm er als deren offizieller Vertreter teil. Seine Entscheidung gegen den Eintritt in die jugendbewegt lebensreformerische Akademische Freischar, deren Freiburger Gruppe Carnap mitbegründet hatte, und stattdessen für ein Engagement in der Freistudentenschaft begründete Reichenbach unter anderem mit der größeren, auch kritischen und weltanschaulichen Heterogenität der freistudentischen Bewegung.[7]

Auch in den Richtungsstreits innerhalb der Freistudentenschaft, die ab 1910 mit dem wachsenden Einfluss konkurrierender Reformverbände der akademischen Jugendbewegung Fahrt aufnahmen, erwies sich der von Felix Behrend in den Raum gestellte Konsens hinsichtlich einer gemeinsamen Verpflichtung auf von allen Freistudenten geteilte (kulturliberale) Werte am Ende (das heißt: knapp vor Ausbruch des Ersten Weltkriegs) als unmöglich. Der Konsens beschränkte sich nun, von der geforderten Alkohol- und Nikotinabstinenz einmal abgesehen, auf eine meta-ethische Position, wie sie die oben zitierten Aussagen wiedergeben. Man konnte sich zwar auf einige Grundideen einigen – wie die Ablehnung der traditionalen Korporationen, die Freiheit von Forschung und Lehre, den Universitätszugang für materiell weniger Begünstigte – aber darüber hinaus herrschte ein Pluralismus von politischen, religiösen und weltanschaulichen Überzeugungen und Ideen. Was im Gefolge des Meißner-Treffens und auch von Reichenbach vorgeschlagen wurde, war die Vision einer Gruppe, die friedliche Koexistenz mit absoluter Freiheit in der Wahl der eigenen ethischen Präferenzen verbindet.

Diese meta-ethische Haltung hatte Karl Korsch schon vier Jahre zuvor unter dem Stichwort ‚Toleranz‘ formuliert, aber mit einer sehr stark an Reichenbach (und an viele spätere Formulierungen des ethischen Nonkognitivismus bei Carnap *und* Reichenbach) erinnernden Botschaft. „Noch immer glaubt man, eine ‚freie‘ Studentenschaft müsse notwendig *monistisch*, linksliberal, bodenreformerisch, abstinent, vegetarisch und was weiß ich noch alles sein," moniert Korsch, wobei es doch nur einen Standpunkt gäbe, den man der freien Studentenschaft verbindlich zuschreiben könne, nämlich „den Standpunkt der absoluten *Toleranz*, die alle Richtungen umfaßt, weil sie keine teilt" (Korsch, 1980, 97). Wie bei Reichenbach bedeutet dies aber keineswegs Indifferenz oder das Vermeiden klarer Stellungnahmen durch den Einzelnen:

> [Der] intolerante Geist aber ist das einzige, was die freie Studentenschaft bekämpft. Nicht als ob sie wollte – ein neues Mißverständnis gilt es abzuwehren – nicht als ob sie wollte, daß *der einzelne* nicht Stellung nähme, nur quietistisch oder skeptisch je nach Temperament *abseits stünde*. Nein, er *soll* gerade energisch Stellung nehmen lernen in allen kleinen und großen Fragen der Wissenschaft, der Kunst, der menschlichen Gemeinschaften vor allem! Aber er soll dabei – solange er noch *lernt*, zum mindesten –, auch *andern das gleiche* in selbstgewählten Richtungen gestatten, soll jeder ehrlichen Überzeugung Raum im

---

[7]Vgl. dazu Reichenbach (1913b).

Meinungskampfe lassen, eben um sie eventuell auch wirksam zu *bekämpfen*. (Korsch, 1980, 98)[8]

Verpflichtet wird der Einzelne, wie es Reichenbach in dem hier edierten Text besonders prägnant ausdrückt, nur darauf, den eigenen Wertvorstellungen zu folgen. *Nur darin* liegt die Ethik der Freien Studenten bzw. der Meißner-Generation:

> Einen Menschen zu einer Handlung zwingen, die er selbst nicht für recht hält, hieße ihn zur Unsittlichkeit zwingen; und daher lehnen wir jede autoritative Moral ab, die an Stelle der freien Selbstbestimmung des einzelnen fremde, von irgend einer Autorität aufgestellte Prinzipien des Handelns setzen will. Das ist der Kernpunkt unserer Ethik, das ist der Grundgedanke unseres sittlichen Empfindens, und nur derjenige kann zu unseren Reihen gehören, der aus innerster Ueberzeugung diese Weltanschauung sein eigen nennt. (Reichenbach, 1913a, 28)

Diese Forderung hat zwar, wie auch Maria Reichenbach betont, einen Kantischen Hintergrund.[9] Ähnlich seinem Mentor Gustav Wyneken schlägt Reichenbach hier eine Art von modifiziertem oder reduziertem kategorischen Imperativ vor.[10] Allerdings sind die Konsequenzen dieser Reduktion – die eigenen Maximen nur vom eigenen Gefühl abhängig zu machen und diesen Individualismus auch von allen anderen zu fordern – durchaus radikal. Und zwar radikal von Kants ursprünglichen Intentionen abweichend, die alles, nur keinen Pluralismus von Werten, ermöglichen wollten. Nicht nur, dass eine unabsehbare Pluralität von potentiell unvereinbaren Wertsystemen entstehen muss. Es wurde mit den Postulaten von 1913 auch keine Strategie formuliert, wie man mit diesen potentiellen Wertkonflikten umgehen könnte, außer der eher zahnlosen Handlungsanleitung, der zufolge die Werthaltungen des anderen einfach akzeptiert werden sollten, sofern diese Resultat seiner eigenen innersten Emotion sind.

Wenig überraschend hat Reichenbach diese radikale Position eines im Prinzip unbedingter Selbstverantwortung justierten Individualismus später nicht mehr vertreten. In den für Reichenbachs Wertphilosophie das letzte Wort darstellenden Schlusskapiteln zu *The Rise of Scientific Philosophy* formuliert er ein „demokratisches Prinzip", das sich im direkten Gegensatz zu einem „Anarchismus" versteht, der weitgehend der eigenen Haltung Reichenbachs von 1913 zu entsprechen scheint.[11] Dennoch ist Reichenbachs Text historisch bedeutsam. Er ist ein frühes Dokument eines ethischen Nonkognitivismus, der, wie man vor dem Hintergrund der Dokumente von 1913 mutmaßen könnte, einen Ausweg aus als unüberbrückbar empfundenen ethischen Gegensätzen bot.

Wir drucken hier nur die meta-ethischen Betrachtungen ab, die sich in den Anfangspassagen (S. 25–28) von Reichenbachs Text finden. Die Originalpaginierungen

---

[8] Zum Kontext vgl. Werner (2003, 238–275).
[9] Vgl. Maria Reichenbach in Reichenbach (1978, 95).
[10] Vgl. Wyneken (1919, 11). Zum ambivalenten Verhältnis Reichenbachs zu Wyneken vgl. Abschn. 4 des Beitrages von Flavia Padovani in diesem Band.
[11] Vgl. Reichenbach (1951, 292–295).

werden wiedergegeben. Der Text wird zeichenidentisch von der Druckfassung von 1913 übernommen.

15.1 Die freistudentische Idee. Ihr Inhalt als Einheit [Auszug]

Hans Reichenbach

In Kranold, Hermann, Karl Landauer, Hans Reichenbach. 1913. *Freistudententum. Versuch einer Synthese der freistudentischen Ideen.* München: 25–40.

|25 Wenn eine Kulturbewegung erst 15 Jahre nach ihrer Entstehung dazu kommt, ihre philosophischen Grundlagen klar zu entwickeln, so beweist das keineswegs etwas gegen den Wert dieser Bewegung. Es ist vielmehr eine oft beobachtete Erscheinung, daß das Handeln unter bestimmten Wertgesichtspunkten ihrer klaren Erkenntnis vorausgeht, daß oftmals ein Ideal erst hell und scharf ins Bewußtsein tritt, wenn der unter dem Einfluß des Affekts handelnde Mensch schon längst begonnen hat, das mehr geahnte als erkannte Ziel durch die Tat in Wirklichkeit umzusetzen. Nicht die klare logische Erkenntnis bestimmt den ethischen Wert einer Handlung. Dieser ist vielmehr durch das Motiv selbst gegeben, unabhängig davon, welche intellektuellen Vorgänge die Handlung begleiten. Aber das heißt noch nicht, daß eine solche klare Formulierung der eigenen Willensrichtung unnötig sei. Im Gegenteil, der fortschreitend sich entwickelnde Mensch wird danach streben, nun auch klar und deutlich zu bestimmen, was er eigentlich als Ziel all seines mühevollen Wirkens, seiner oft nur mit Undank belohnten Arbeit erstrebt. Er wird das tun, weil er sein Handeln einheitlich gestalten will, weil er all seine Tätigkeit unter den einen Gesichtspunkt seines Ideals bringen will, weil ihm die klare Erkenntnis des hohen Zieles erst die rechte Kraft gibt, dafür zu kämpfen.

Das ist es, was der Freien Studentenschaft bisher gefehlt hat. Sie hat vielerlei getan und vielerlei unternommen, sie hat Abteilungen gegründet und Vorträge veranstaltet und soziale Aemter geschaffen und Studentenausschüsse erstrebt – aber wofür sie das alles tat, warum sie 700 deutsche Studenten in ihren Ehrenämtern ihre oft mühsam erübrigte Zeit aufwenden und ihre Kraft opfern ließ, das hat sie nie recht deutlich ausgesprochen. Einzelne Führer traten auf und sprachen von Idealen, wertvolle Gedanken warfen sie hinein in das Chaos freistudentischer Ideologie – aber was sie nicht brachten, war die einheitliche Zusammenfassung aller dieser Ideen, wovon sie nicht sprachen, war die eine Idee, die allen diesen Idealen zugrunde liegt. Viel hat auch Behrend in seinem Ideenkreis geliefert, aber diesem geistvollen Büchlein fehlt die klare Formulierung des Ideals als Ideal; es leidet unter der unglücklichen Vorstellung, daß dieses Ideal gar nicht ein fest umrissenes subjektives Wollensziel sei, sondern ein „objektives" Interesse einer großen Zahl von

---

H. Reichenbach (Deceased)

Menschen, der nichtinkorporierten Studenten, die gar nicht anders können, als dieses nun einmal aufgefundene „objektive" Gebilde jauchzend zu ihrem Lebenszweck zu machen. Eine Anschauung, die eine Zeit lang die offi | $_{26}$zielle Rechtfertigung der freistudentischen Organisationsform darstellte – um dann desto heftiger von allen Seiten angegriffen zu werden, desto rascher von fast allen Parteien aufgegeben zu werden.

Der Fehler, der im System lag, ließ sich nicht länger verbergen. Es gibt nun einmal keine objektiven Interessen; das Interesse ist stets die Stellungnahme eines *Subjekts* zu irgend einem Objekt, und wie dieses Subjekt entscheiden will, darüber läßt sich in allgemein verbindlicher Form gar nichts bestimmen. Nur der einzelne selbst kann sagen, was er sein Interesse nennen will; das hängt für ihn ab von der Art seiner Wertungen, von seiner Stellungnahme zu den Werten überhaupt, und niemand kann einem anderen mit Mitteln der Logik seine Werte etwa widerlegen wollen. Bewertung hat mit Logik gar nichts zu tun. Sollte es sich finden, daß einige Interessen einer größeren Zahl von Menschen gemein sind, so sind sie eben die subjektiven Interessen dieser Menschengruppe, das heißt derjenigen Menschen, die sich zu ihnen bekennen – aber nie und nimmer werden sie dadurch objektive Interessen, Interessen etwa, die jeder andere Mensch des gleichen Standes auch anerkennen muß. Auch wenn man „öffentliche Interessen" dafür sagt, ändert man an dem logischen Fehler dieser Theorie nichts. Aus der Tatsache, daß jemand Nichtinkorporierter ist, folgt noch nichts für den Inhalt seiner Interessen. Es muß vielmehr klar und deutlich daran festgehalten werden: Was für Interessen die freie Studentenschaft auch vertritt, es sind stets Interessen einer besonderen Menschengruppe, und nur die freie Willenserklärung des einzelnen kann über die Zugehörigkeit zu ihr entscheiden.

Diese von der Freien Studentenschaft vertretenen Interessen inhaltlich zu entwickeln, sie in die Form des Ideals zu gießen, ist Aufgabe der vorliegenden Arbeit. Es liegt in der Natur, daß sie nichts neues sagt, denn wir wollen ja nicht neue Ziele der Freien Studentenschaft aufzwingen, sondern nur die alten, die sie immer verfochten hat, in klare, einheitliche Form fassen. Aber *das* wollen wir auch: Es soll der Geist aufgezeigt werden, der in freistudentischer Arbeit gelebt hat, es soll der einheitliche Ideenbau entwickelt werden, der, wenn auch nicht klar bewußt, so doch tatsächlich der Träger freistudentischen Schaffens gewesen ist.

Das freistudentische Wollensziel läßt sich kurz auf folgende Formel bringen:

Das ethische Ideal ist der Mensch, der in freier Selbstbestimmung sich seine Werte schafft und als Glied der sozialen Gemeinschaft diese Autonomie für alle und von allen Gliedern fordert. |$_{27}$

Das ist ein rein formales Ideal. Formal, weil über die Richtung, in der jeder seine Selbstentscheidung trifft, nichts ausgesagt ist. Es durfte nicht inhaltlich sein, weil es eben ein *Ideal* sein sollte. Nur die Form des Ideales kann allgemein verbindlich aufgestellt werden: sie mit Inhalt auszufüllen, ist persönliche Aufgabe jedes einzelnen. Gerade in der Vielgestaltigkeit der Menschentypen liegt der Reiz, gerade die Vielheit der Sonderinteressen und der persönlichen Bewertungen macht das Leben erst lebendig. Der einzelne darf sich sein Leben gestalten, wie es ihm wertvoll erscheint, darf sich persönlich inhaltliche Ziele setzen, etwa den Beruf des Künstlers, des

Mathematikers – aber von den anderen genau dieselbe Zielsetzung zu verlangen, hieße die persönliche Eigenart einseitig überschätzen, hieße Armseligkeit, Pedanterie. Nur eines läßt sich als allgemeine Forderung aufstellen: Das ist die formale Gestaltung des Ideals. Als solche verlangen wir die *autonome* Gestaltung des Idealbildes, das heißt, wir fordern, daß jeder das Ziel seines Strebens aus eigener freier Willensentschließung sich bestimmt und nur dadurch sein Handeln einrichtet. Was jeder für richtig hält, *darf* er auch tun; aber das *soll* er auch tun, und typisch unsittlich ist für uns nur der Widerspruch zwischen Zielsetzung und Handeln. Einen Menschen zu einer Handlung zwingen, die er selbst nicht für recht hält, hieße ihn zur Unsittlichkeit zwingen; und daher lehnen wir jede autoritative Moral ab, die an Stelle der freien Selbstbestimmung des einzelnen fremde, von irgend einer Autorität aufgestellte Prinzipien des Handelns setzen will. Das ist der Kernpunkt unserer Ethik, das ist der Grundgedanke unseres sittlichen Empfindens, und nur derjenige kann zu unseren Reihen gehören, der aus innerster Ueberzeugung diese Weltanschauung sein eigen nennt.

Wenn wir in der Formulierung unseres Ideals noch einen zweiten Gesichtspunkt aussprachen, den sozialen, so darf das nicht etwa als ein Widerspruch zu dem eben ausgeführten Prinzip der Autonomie angesehen werden. Es ist nicht richtig, von einem Widerspruch zwischen Individualismus und Sozialismus zu sprechen; es ist auch nicht richtig, das hier gezeichnete Ideal als eine Synthese der beiden zu betrachten, als eine Art von Kompromiß, den zwei feindliche Grundrichtungen geschlossen haben. Vielmehr ist es nur ein- und derselbe Gedanke, von zwei verschiedenen Seiten gesehen, wenn wir die Autonomie des einzelnen verlangen und gleichzeitig fordern, daß dieser allen andern das gleiche Recht auf Selbstbestimmung zuerkenne. Es ist das eine Ergänzung, die das Ideal erst zu einer Ganzheit macht, eine Erweiterung, die das für den einzelnen Gewollte zum allgemeinen Gesetz ausgestaltet. Die Anerkennung des Satzes von der Autonomie als eines allgemeinen, das heißt für jeden gültigen Gesetzes, bedeutet aber nicht eine Einengung dieses Satzes, sondern gibt ihm vielmehr erst seinen rechten Inhalt. Was wir fordern, ist also sittliches Handeln als Recht und als Pflicht für jeden – wobei | 28 über den Inhalt seines Handelns jeder einzelne selbst entscheidet und das Kriterium der Sittlichkeit allein durch die Uebereinstimmung von Zielsetzung und Handeln gegeben ist.

Die Arbeit der freien Studentenschaft besteht nun darin: die Studenten zu diesem ethischen Ideal zu erziehen. […]

Literatur

Behrend, F. (1907). *Der freistudentische Ideenkreis. Programmatische Erklärungen. Herausgegeben im Auftrage der Deutschen Freien Studentenschaft.* Bavaria.

Korsch, K. (1980). Monismus, Reinkevortrag, Toleranz und Freie Studentenschaft. In M. Buckmiller (Hrsg.), *Recht, Geist und Kultur. Schriften 1908–1918* [Karl Korsch Gesamtausgabe, Bd. 1] (S. 97–98). Europäische Verlagsanstalt.

Kranold, et al. (1913). *Freistudententum. Versuch einer Synthese der freistudentischen Ideen.* M. Steinebach.

Linse, U. (1974). Hochschulrevolution. Zur Ideologie und Praxis sozialistischer Studentengruppen während der deutschen Revolutionszeit 1918/19. *Archiv für Sozialgeschichte, 14*, 1–114.

Mittelstraß, G. (Hrsg.). (1919). *Freideutscher Jugendtag 1913*. Freideutscher Jugendverlag Adolf Saal.

Mogge, W., & Reulecke, J. (Hrsg.). (1988). *Hoher Meißner 1913. Der Erste Freideutsche Jugendtag in Dokumenten, Deutungen und Bildern*. Wissenschaft und Politik.

Reichenbach, H. (1913a). Die freistudentische Idee. Ihr Inhalt als Einheit. In H. Kranold, K. Landauer & H. Reichenbach (Hrsg.), *Freistudententum. Versuch einer Synthese der freistudentischen Ideen* (S. 25–40). Steinebach.

Reichenbach, H. (1913b). Freischar oder Freistudentenschaft? *Der Student, 6*(7), 88 f.

Reichenbach, H. (1951). *The rise of scientific philosophy*. University of California Press.

Reichenbach, H. (1977). *Der Aufstieg der wissenschaftlichen Philosophie. Mit einer Einleitung zur Gesamtausgabe von Wesley C. Salmon und mit Erläuterungen von Andreas Kamlah*. Vieweg.

Reichenbach, H. (1978). In M. Reichenbach & R. S. Cohen (Hrsg.), *Selected writings 1909–1953* (Bd. 1). Reidel.

Werner, M. G. (2003). *Moderne in der Provinz. Kulturelle Experimente im Fin de Siècle Jena*. Wallstein.

Wipf, H.-U. (1994). „Es war das Gefühl, daß die Universitätsbildung in irgend einem Punkte versagte …" – Hans Reichenbach als Freistudent 1910 bis 1916. In L. Danneberg et al. (Hrsg.), *Hans Reichenbach und die Berliner Gruppe* (S. 161–175). Vieweg.

Wipf, H.-U. (2004). *Studentische Politik und Kulturreform. Geschichte der Freistudenten-Bewegung 1896–1918*. Wochenschau-Verlag.

Wyneken, G. (1919). *Schule und Jugendkultur*. Diederichs.

Chapter 16
The 1915 Reichenbach–Wyneken Correspondence: Between the Ethical Ideal and the Reality of War

Flavia Padovani

The following correspondence[1] originated following Gustav Wyneken's controversial public lecture *Der Krieg und die Jugend*, which he delivered to the Munich Free Students (*Freie Studentenschaft*) on 25 November 1914.[2] In the lecture, Wyneken defended a contentious position in support of war that many interpreted as contradicting views expressed in previous writings. Wyneken's position was based on the idea that a war, however cruel, still represented an opportunity for a positive societal transformation through the "emancipation" of youth that would necessarily result from it; this was an idea that several *Freistudenten*, who admired his earlier view that the essence of youth was meaningful in and of itself, would never subscribe to.

The extensive debate that arose from Wyneken's provocative stance was initiated by Hans Reichenbach on 18 February 1915 and involved several members of Wyneken's circle. Copies of the first letter of this correspondence were in fact sent to other *Freistudenten*, including Walter Benjamin, Hermann Kranold, Carl Landauer, Walter Meyer, and Bernhard Reichenbach, and through them to Alexander Schwab, Immanuel Birnbaum, Herbert Weil, Walter Heine, Ernst Joël, and Heinrich Molkenthin. This open letter led to a larger discussion among its recipients, which occurred during the first few months of 1915. A number of participants exchanged

---

[1] This exchange and all the archival material cited in this Appendix are part of the Reichenbach Collection (indicated in what follows by the prefix HR), available at the Pittsburgh–Konstanz Archives for Scientific Philosophy (ASP) and cited with their permission. All rights are reserved. The correspondence presented here is in typewritten form (presumably typed by Reichenbach). Other letters related to this extended exchange were handwritten and are occasionally difficult to read. I am particularly grateful to Andreas Kamlah for transcribing these letters.

[2] See Wyneken, 1915a.

F. Padovani (✉)
Drexel University, Philadelphia, PA, USA
e-mail: flavia.padovani@drexel.edu

letters directly with Wyneken separately, but most of the letters circulated among several recipients of the first letter.[3]

Hermann Kranold, who at the time was a member of the editorial staff of the *Münchner Akademische Rundschau*, agreed to publish part of this correspondence, namely, four letters between Reichenbach and Wyneken as well as five letters between Joël and Wyneken.[4] The letters presented below are those that Reichenbach and Wyneken exchanged in February and March 1915 and that were in fact intended for publication in the *Rundschau*:

I. Hans Reichenbach to Gustav Wyneken, 18 February 1915 (HR-044-06-15)
II. Gustav Wyneken to Hans Reichenbach, 27 February 1915 (HR-044-06-16)
III. Hans Reichenbach to Gustav Wyneken, 14 March 1915 (HR-044-06-18)
IV. Gustav Wyneken to Hans Reichenbach, 18 March 1915 (HR-044-06-20)

The plan to publish these letters did not materialise. However, most of the documents, including copies of several exchanges among the *Freistudenten* involved in the debate, were meticulously preserved by Hans Reichenbach, which clearly indicates how meaningful these discussions must have been for him and the effect that the contrast between the reality of war as embraced by Wyneken and his own "ethical ideal"[5] must have had.[6]

---

[3] Wyneken and Joël apparently exchanged several letters, of which only one is preserved in the ASP: the letter from Wyneken to Joël from 7 March 1915 (HR 044-03-05). The Reichenbach Collection also contains a letter from Schwab to Wyneken, dated 7 March 1915 (HR 018-04-27). Other *Freistudenten* also participated in this open discussion, e.g., Vilma Carthaus, who received the exchange from Molkenthin, as she acknowledged to Reichenbach on 25 March 1915 (HR 044-01-56), and Molkenthin, who also wrote directly to Reichenbach on 26 March 1915 (HR 044-03-18). Reichenbach replied to both these individuals (without sharing his reply with the extended group) in a letter sent on 2 April 1915 (HR 044-03-02). Finally, Rudolf Manasse also contributed to the discussion with a short, critical note to Wyneken on 16 March 1915 (HR 018-04-26) and also sent to Benjamin, Joël, Kranold, Walter Meyer, Hans Reichenbach, and Schwab.

[4] See the letter from Hermann Kranold to Hans Reichenbach from 18 March 1915 (HR 018-04-025). Unfortunately, only one letter from the Wyneken–Joël exchange is preserved at the ASP, and it is the one referred to in the Reichenbach–Wyneken correspondence. See below, letters III and IV.

[5] In 1913, in line with his principle that autonomy and self-determination be accorded to all, Reichenbach emphasised that the fundamental task of the Free Students was to guide students to the following "ethical ideal": *"The supreme moral ideal is exemplified in the person who determines his own values freely and independently of others and who, as a member of a society, demands this autonomy for all members and of all members"* (Reichenbach, 1913, 109). See also my contribution to this volume, "Hans Reichenbach and the Freistudentenschaft: School Reform, Pedagogy, and Freedom", Sect. 5.2.1, where I consider this ideal in more detail.

[6] Wherever possible, in the footnotes to the following letters, I provide comments that clarify the discussion background and references. Primary source citations in this exchange are indicated in square brackets directly in the text.

I. Hans Reichenbach to Gustav Wyneken, 18 February 1915 (HR-044-06-15)

Göttingen, d. 18. II. 15.
Nikolausbergerweg 19.

Dieses Schreiben ist öffentlich in Bezug auf den Kreis der Freistudenten um Wyneken. Nach dem Erscheinen von Wynekens Broschüre[7] ist es unerlässlich geworden, sich in diesem Kreise über das Problem des Krieges auszusprechen. Ich beginne diese Aussprache mit einem an Wyneken gerichteten Brief. Es sind Exemplare gesandt worden an: Wyneken, Benjamin (mit für Schwab), Kranold (mit für Birnbaum), Landauer (mit für Weil), Walter Meyer (mit für Walter Heine), Bernhard Reichenbach (mit für Joël und Molkenthin).[8]

Hans Reichenbach.
Lieber Herr Doktor,

ich habe Ihnen lange nicht geschrieben, weil ich glaubte, dass in dieser Zeit das Schweigen ein besserer Ausdruck der Meinung sei als alles Unterreden; aber als ich gestern Ihre Broschüre "Der Krieg und die Jugend" las, sah ich, dass Sie den Krieg anders auffassen als ich, und darum schreibe ich Ihnen jetzt.

Glauben Sie wirklich, dass diese Zeit einen Übergang bedeutet zu dem Gesellschaftszustand, den wir erstreben? Sie nennen als Fortschritte die Einigkeit des Volkes und die Eingliederung der Jugend in das öffentliche Leben.[9] Ich muss sagen, dass ich in diesen beiden Erscheinungen gerade das Gegenteil von einem Schritt zur "inneren Erneuerung" [Wyneken, 1915a, 57] sehe.

Dass die politische Einigkeit der Parteien nur ein recht äußerlicher Kitt ist, der gesunde und aufwärtsführende Gegensätze nur verschleiert, anstatt ausgleicht, dass insbesondere die Parteien des Großgrundbesitzes und des Kapitalismus den nächsten Vorteil von dieser Einigkeit haben, indem die gegenwärtige politische Konstellation nur eine Bestärkung der herrschenden Staatsverfassung bedeutet – dies werden Sie mir vielleicht zugeben. Sie meinen auch wohl etwas anderes, wenn Sie von dem großen gemeinsamen Willen sprechen, den wir in diesen Monaten erlebt haben. Ich denke, Sie meinen das in jedem einzelnen lebende unbedingte *Interesse* am Kriege,[10] das seine Augen wie gebannt an dem großen Geschehen festhält und sich selbst vor seine eigenen persönlichen Wünsche vordrängt; und Sie meinen das in allen diesen Menschen wie selbstverständlich herrschende Gefühl: Wir müssen siegen. Aber meinen Sie, dass dies ein *Wille* ist, solch ein Wille, wie wir

---

[7] Reichenbach here refers to Wyneken's *Der Krieg und die Jugend* (Wyneken, 1915a).

[8] As previously mentioned, this exchange was supposed to be published in the *Münchner Akademische Rundschau*. This short paragraph was added to the original version of his first letter by Reichenbach to contextualise the debate for *Rundschau* readers.

[9] See Wyneken, 1915a, 34ff.

[10] See Wyneken, 1915a, 29ff.

ihn stets als den unbedingten Willen zum Guten gefordert haben? Glauben Sie
nicht, dass das gespannte Interesse der Einzelnen am Kriege eher dem ängstlich
staunenden Blick auf ein übermächtiges und unbegriffenes Naturereignis[11] vergleichbar ist? Und dass der Wille zum Sieg mehr der *blinde* Wille zum Leben ist, der
das bedrohte Dasein gerettet glaubt, wenn mühselig die nächstbeste Klippe als
Haltepunkt gewonnen ist? Wo sind denn die großen Kräfte, die unser Volk in diesen
Tagen gezeigt hat? Viel stumpfe Unterordnung unter militärisches Kommando, viel
Stoizismus im Leiden. Sie bekämpfen in Ihrer Schrift ein paar hässliche Auswüchse
dieser Zeit[12] – aber glauben Sie, dass die sog. guten Eigenschaften des Volkes in
diesen Tagen aus einem anderen Geiste geboren sind, als dem, der Franzosen und
Engländer hasst wie den Nachbarn, mit dem er sich um ein Stück Geld streitet? Am
deutlichsten scheint sich mir dieser Geist in der Liebestätigkeit zu verraten. Das
ganze Volk fühlt sich wie eine große Familie und schenkt seinen Söhnen
Wollstrümpfe und Zigarren; ich glaube so große Triumphe hat der Geist der bürgerlichen Familie mit allen seinen Begleitern, als da sind: Spießbürgerlichkeit,
Überbetonung des materiellen Wohlergehens, Fürsorge für körperlichen Kleinkram,
gleichmäßig auf schlechte und gute Eigenschaften ausgedehnte, d.h. kritiklose
Liebe, Blickrichtung auf äußerliche Erfolge, Ehre (beim einzelnen heißt es Eisernes
Kreuz und beim ganzen heißt es Sieg) –, ich glaube so allmächtig hat der Geist der
Familie das Volk noch nie ergriffen wie in diesen Tagen. Wo ist der freie Glaube an
den Menschen, der mehr ist als bloßes Instrument, der in jedem Augenblick
Erfüllung ist, wo ist das freie Wirken in der Gemeinschaft unter selbstgewählten
Führern? Wer sind denn die Führer aller dieser vaterländischen Menschenmassen?
Die Alten sind es, die Geschichte und bürgerliche Entwicklung an diese Stelle
gesetzt haben; ihnen folgt man, wie das Kind dem Vater, aber nicht wie der Jüngling
dem freigewählten Führer. Ist dies ein Wille? Haben alle jene Menschen, die da
erfüllt sind von dem Gedanken der Notwendigkeit des Sieges, haben diese auch nur
ein Fünkchen von dem erlebt, was wirkliche *Hingabe* ist, Hingabe an die Idee,
Kampf mit dem Gedanken in sich selbst, rücksichtslose Härte gegen das eigene
Denken, Zähigkeit gegenüber dem natürlichen Widerstand der Sache? Erkenntnis
der Wahrheit ist der Lohn einer solchen Hingabe. Und der reine Wille fließt aus der
Erkenntnis. Aber kann der Blinde einen Willen haben?

Das ist das niederschmetternde Erlebnis unserer Zeit, dass die Menschen *wertblind* geworden sind, dass sie glauben, in jenem abscheulichen Schauspiel des
Krieges die letzte Erfüllung zu sehen. Ich meine jetzt nicht einmal jene Glorifizierung,
die der Krieg in der Literaturflut unserer Zeit findet. Wie die sogenannten Führer des
Volkes, insbesondere auch in akademischen Kreisen, versagt haben, ist noch ein
besonderes Kapitel. Ich meine das Empfinden der einfachen Menschen. Sie glauben,
durch die Not des Krieges erst zu starken Menschen geworden zu sein; dass sie an
den wirtschaftlichen oder militärischen Aufgaben, die ihnen der Krieg stellt, erst
ihre besten Eigenschaften entwickeln, die der Frieden in ihnen unausgebildet ließ.

---

[11] See Wyneken, 1915a, 15.
[12] See Wyneken, 1915a, 21ff.

Das geht mit einer Verachtung der Friedensarbeit parallel, die sich sogar bis ins Gebiet der Wissenschaft hinein erstreckt. Ein Göttinger Professor eröffnete dieses Semester sein Kolleg mit den Worten: Es ist ja *auch* Kulturarbeit, was wir hier treiben. Und so wie dieser glauben viele, dass man sich noch entschuldigen muss, wenn man, anstatt wie die im Felde Stehenden "Taten" zu tun, sich mit "papierenen Theorien" oder "weichlichem Kunstempfinden" beschäftigt. Sie wissen ja alle gar nicht, was ein werterfülltes Leben ist, und glauben sich deshalb durch das bisschen Anstrengung im wirschaftlichen Existenzkampf gehoben. Aber das edelste, was sie zur Zeit werden können, ist doch nur ein angesehener Staatsbürger. Wir sind wieder bei dem patriarchalischen Staatsbegriff gelandet, und darin sehen die Menschen die Größe unserer Zeit. Das ist unsere Einigkeit: einig sind sich alle in der Blindheit und in der Begeisterung für die Blindheit; aber die wahren Werte sind nicht die Führer des Lebens.

Sie nennen in Ihrer Schrift als zweiten Fortschritt die Eingliederung der Jugend in das öffentliche Leben.[13] Ich frage: ist es denn wirklich wahr, dass man die Jugend als selbständigen Faktor in das öffentliche Leben eingegliedert hat? Was hat man denn getan? Weil man gesunde Knochen nötig hatte, hat man die jungen Menschen auf die Schlachtfelder hinausgeschickt und ihnen die Aufgabe gestellt, andere junge Menschen nach Möglichkeit zu töten. Das ist die "wirkliche Pflicht" und der "wirkliche Befehl",[14] von denen sie sprechen. Glauben Sie denn wirklich, dass nach *solchen* Pflichten sich die Jugend gesehnt hat? Man hat die jungen Menschen eingespannt in das unfreieste System der Gemeinschaft, in das Heer, das noch tausendmal schlimmer ist als die Staatsschule, dessen Geist noch ganz in der Zeit des preußischen Absolutismus wurzelt und in dem der freie Wille des einzelnen sogar prinzipiell mit eigens ausgedachten Methoden abgetötet wird. Selbst wenn es ein wertvolles Erlebnis der Schlacht gäbe – in dieser Gemeinschaft wird es unmöglich gemacht, weil ihr Grundton die Stumpfheit ist und nicht das freie freudige Wollen, und weil in ihr nicht die geistige Überlegenheit herrscht, sondern die äußere Gewalt, und weil sie ihre Lebensformen nicht aus dem eigenen Bedürfnis heraus schafft, sondern aus einer Tradition gedankenlos übernimmt. Und da schreiben Sie: "Nicht einer darf unter euch sein, den nur die Staatsgewalt zum Kriegsdienst zwingt, nicht einer, der nur mit geteiltem Herzen beim Kriegsdienst wäre!" [Wyneken, 1915a, 12]. Wie wollen Sie denn die Jugend zur Freiwilligkeit zwingen, wenn die Sache ihrer innersten Natur zuwider ist? Ich selbst bin einer von denen, die nur die Staatsgewalt zum Kriegsdienst zwingt. Man hat mich als Rekrut ausgemustert, und ich werde in allernächster Zeit eingezogen. Aber ich spüre nicht die geringste innere Verpflichtung zu diesem Kriege. Und Sie nennen es "billiges Vernünfteln", wenn die gesunde Vernunft ganz sonnenklar den ungeheuren Unsinn einsieht, den dieser Krieg darstellt? Es soll die "Stimme unseres jungen Blutes" [Wyneken, 1915a, 12] sein, wenn sich einer getrieben fühlt, sein Leben in einer Lotterie mit 4 prozentiger Todeswahrscheinlichkeit einzusetzen? Was hat Fatalismus

---

[13] See Wyneken, 1915a, 37ff.
[14] See Wyneken, 1915a, 19ff.

mit Mut zu tun? Ein Freund[15] schrieb mir aus dem Felde: "Dieser Krieg ist so grausam, dass keiner, der ihn mitgemacht hat, je wieder einen Krieg wünschen wird." Und Sie nennen diesen Krieg eine "Weihe" [Wyneken, 1915a, 12] für uns?

Ich verstehe Sie in diesen Dingen nicht mehr. Die alte Kultur bietet uns das Schauspiel eines wahnsinnigen Europas, und der Jugend soll es eine Eingliederung in das Volksleben bedeuten, wenn man sie zum Opfer dieses Wahnsinns erwählt? Die Welt der alten Kultur hat bewiesen, dass sie den ethischen Standpunkt des Neandertalmenschen noch nicht wesentlich überschritten hat, indem ihr die Idee eines Rechtszustandes zwischen vernünftigen Wesen noch unbekannt ist – und nun soll die Jugend sich für den "Sinn und Ernst" [Wyneken, 1915a, 37] bedanken, den ihr Leben dadurch empfängt, dass man ihrer physiologischen Widerstandskraft gegen nasse Füße die Entscheidung einer *Rechts*frage überlässt? Glauben Sie wirklich, dass die Jugend keine bessere Antwort hat als die: weil ihr uns diese große Aufgabe zumutet, müsst ihr uns auch eine bessere Schule geben? Ich wüsste etwas ganz anderes zu sagen. Ich würde sagen: Ihr Alten, die ihr uns diese erbärmliche Katastrophe eingebrockt habt, ihr wagt es überhaupt noch, uns von Ethik zu sprechen und unserem Leben Ziele zu geben? Ihr, die ihr noch nicht einmal jedem in eurer Kulturgemeinschaft Lebenden das Recht auf persönliche Sicherheit vor den Raubtieranwandlungen seiner Mitmenschen sichergestellt habt, ihr habt das Recht verwirkt, unsere Führer zu sein. Wir verachten euch und eure große Zeit. Ihr habt zu uns zu kommen und *uns* zu fragen; *wir* sind die Träger des neuen Auges und schauen das Bild der neuen Welt, "das vor dem wirklichen Sein desselben dem Geiste vorherschweben muss" [Fichte, 1808, 58].[16] Glauben Sie nicht, dass dies der Sinn von Fichtes Reden ist? Wieder einmal hat die "Selbstsucht durch die vollständige Entwicklung sich selbst vernichtet" [Fichte, 1808, 16].[17] Glauben Sie nicht, dass Fichte jetzt für die Jugend den Alten antworten würde: "Wenn eure Weisheit retten könnte, würde sie uns ja früher gerettet haben, denn ihr seid es ja, die uns bisher beraten haben... Lernt nur endlich einmal euch selbst erkennen und schweiget" [Fichte, 1808, 472f.].[18]

Das ist es, was ich in Ihrer Schrift vermisse, die große *Verachtung*, die die einzige rechte Antwort auf das Geschehen dieser Zeit ist. Nur von diesem Standpunkt lässt sich die Forderung der neuen Erziehung erheben, und nicht in – verzeihen Sie – etwas oberflächlicher Weise daran anknüpfen, dass künftig Ritter des Eisernen Kreuzes auf der Schulbank sitzen werden.[19] Nur insofern bedeutet der Krieg einen

---

[15] It was not possible to identify this friend or to locate this letter in Reichenbach's archival collection.

[16] The reference here is part of the section "Zweite Rede. Vom Wesen der neuen Erziehung im Allgemeinen". These famous *Addresses to the German Nation* were prompted by the 1806 occupation and the subsequent subjugation of several German territories in the course of the wars Napoleon commenced in 1803. In these *Addresses*, Fichte's strong advocacy for German nationalism guided the uprising against Napoleon.

[17] See "Erste Rede. Vorerinnerung und Übersicht des Ganzes".

[18] See "Vierzehnte Rede. Beschluss des Ganzen".

[19] See Wyneken, 1915a, 42.

Schritt zu dem neuen Gesellschaftszustand, als er die alte Gesellschaft ad absurdum geführt hat. Aber in sich selbst, als Geschehen und als Erlebnis, ist er nichts als die Dumpfheit und der Wahnsinn. Und das ist es, was die Jugend von ihren Führern fordert: dass sie diese Wahrheit nicht einer ungeschickten Politik opfern.

Ich schreibe Ihnen diese meine Meinung, weil ich niemand weiß, dem sie mitzuteilen mir ernster am Herzen läge; und weil ich niemand gegenüber die Pflicht zur Wahrheit so unbedingt empfinde wie gegen Sie. Ich bin

Ihr
gez. Hans Reichenbach

II. Gustav Wyneken to Hans Reichenbach, 27 February 1915 (HR-044-06-16)

München, Clemensstr. 5, d. 27. II. 1915.

Lieber Herr Reichenbach,

vieles von dem, was Sie mir in Ihrem Brief entgegenhalten, scheint mir nichts zu sein als die negative Kehrseite meiner positiven Rede. Es ist Ihnen ohne weiteres gewiss, dass ich das, was Ihre Kritik und Verachtung hervorruft, auch sehe. Aber in meinem Vortrag habe ich es bewusst zurückgestellt, höchstens durchscheinen lassen, da ich (und glauben Sie mir, das ist die schwerere Arbeit jetzt) aus dem Schicksal, das unsere Jugend betroffen hat, eben nur das vielleicht wenige Positive herausholen wollte, das aber doch das Einzige ist, auf das es *jetzt* für sie ankommt. Dass ein unbefangener Leser, der unserer Bewegung ganz fern steht, von der Kritik doch einiges heraushört, beweist mir eine Karte Spittelers,[20] der mir schreibt: "Dank. Sofort mit Freude und Interesse gelesen. In der Tat, es liegt ein Widerspruch und eine bittere Ironie darin, dass die Jugend zwar berechtigt sein soll, ihr Leben dahinzugeben, nicht aber, ihr Wort zu sprechen."

Das ist also das, was ihm in dem Vortrag den nachhaltigsten Eindruck gemacht hat.

A.

Ich gehe nun gleich auf Ihren positiven Vorschlag ein. Sie vermissen in meinem Vortrag den Ausdruck der Verachtung gegen die alte Generation, weil sie uns diesen Krieg eingebrockt habe. Ich gestehe, hier hört für mich jedes Nachempfinden auf.

1. Mir würde nichts ferner liegen als in der Stunde der allgemeinen Not eine Verachtungsdemonstration; sie würde lächerlich und fanatisch wirken, sie wäre eine leere Gehässigkeit und zugleich eine Bankrotterklärung, als wüssten wir mit einer so laufenden Zeit nichts mehr anzufangen. Diese

---

[20] Carl Spitteler was a Swiss poet particularly appreciated among youth movement members, especially by Wyneken, who defended Spitteler's stance towards war in relation to Switzerland's neutrality. See Wyneken, 1915b and Dudek, 2013, 87–90.

Verachtungskundgebung wäre nur ein verhülltes Jammern und ein hilfloser Racheakt. Wenn Abrechnung sein muss, dann hinterher; jetzt gilt es einfach, mit Hand anzulegen zur Rettung, ohne Schimpfen.

2. Die alte Generation hat den Krieg eingebrockt. Ihr steht die Jugend gegenüber, die den Krieg nicht will. Das ist eine leere Fiktion. Sehr viele aus der alten Generation haben sich gegen den Krieg gestemmt, und noch mehr aus der Jugend bejahen ihn. Die soziologisch richtige Ansicht ist: Die Herrschenden, Ausbeutenden pflegen den Krieg zu machen, die Ausgebeuteten wollen ihn nicht. Jugend ist in beiden Heerlagern. Jener von Ihnen geforderte Fluch ist nicht der der Jugend, sondern der des Proletariats. Dieser Fluch, von der Jugend dem Alter zugerufen, würde also lächerlich wirken, denn er hätte keinen Empfänger und wäre obendrein eine Ungerechtigkeit.

3. Die Jugend als solche hat kein politisches Programm. Woher wissen Sie, dass in einem "Gesellschaftszustand, den die Jugend erstrebt", kein Krieg mehr vorkommt? Ich weiß davon nichts. Ich weiß nur, dass die Jugend einen Gesellschaftszustand will, in dem eine höhergeartete Generation heranwachsen kann. Und dass dann diese höhergeartete Generation natürlich auch in der Politik ein höheres ethisches Wollen einführen soll. Ich sehe aber keinen Maßstab, nach dem die Jugend als solche das Recht hätte, jeden Krieg oder auch nur eo ipso diesen Krieg zu verabscheuen.

4. Denn es wäre doch nicht jugendlich, sondern kindisch, einfach die Tatsächlichkeiten der Welt zu ignorieren und zu vergessen, dass jeder Fortschritt langsam geht und das Ergebnis generationenlanger Kämpfe und Aufopferung ist. "Der Krieg ist Wahnsinn." "Raubtieranwandlungen." "Entscheidung einer *Rechts*frage." Das ist vielleicht in einigen Jahrhunderten Wahrheit, gegenwärtig Fiktion. Noch handelt es sich auf der Welt um Machtfragen. Und der Fall ist doch sehr wohl möglich, dass die alte Generation (oder sagen wir: die Herrschenden) *unseres* Volkes am Krieg ganz unschuldig sind – weil eben z.B. Russland auf dem Machtkampf besteht. Ich halte es auch für wahrscheinlich, dass dieser Krieg noch nicht der letzte ist und dass man nach ihm äußerste militärische Anspannung und eventuell einen neuen Krieg durchaus bejahen muss, nämlich um Englands Seeherrschaft zu brechen. Diese Seeherrschaft ist latenter Krieg gegen alle, ist eine ewige Bedrohung unserer Existenz und eine nie als Rechtsfrage zu frisierende Machtfrage; wenigstens ist diese Auffassung doch wohl denkbar. Ich erkläre aber offen, dass ich mir eine edle Jugendkultur ganz gut in einem kriegerisch orientierten Gemeinwesen denken kann und dass militärische Vorschulung in eine neue Erziehung durchaus eingegliedert werden kann. (Ich selbst habe damit 1901-3 im Landeserziehungsheim Ilsenburg[21] begonnen). Der Krieg als solcher ist gar nicht die tiefste Blamage unserer Generation. Die Schande unserer sozialen und wirtschaftlichen Verhältnisse oder der kirchlichen und politischen Geistesknebelung im Frieden ist viel größer.

---

[21] On Wyneken's engagement at Ilsenburg, see Dudek, 2017.

B.

1. Sie kritisieren nun meine Ansicht von unserer Zeit. Aber Sie vergessen, dass ich nicht zu sagen hatte, was in unserem Bürgertum noch immer so ethisch minderwertig geblieben ist, wie es war, sondern welche neuen, mehr jugendlichen Erkenntnisse ihm die Not, wenn auch nur in Ansätzen, gebracht hat. Es scheint mir einfach tendenziös, diese Ansätze zu verkennen. Dass weite Kreise, auch regierende, dem Volk nunmehr einen Anspruch auf höheren Anteil am Ertrag der Volkswirtschaft und an der Selbstbestimmung der Nation zubilligen, ist eine einfache Tatsache, und man braucht nicht vor lauter Wert-Scharfblick tatsachenblind zu werden. Und ebenso ist es eine Tatsache, dass der Krieg bei vielen die ersten Ahnungen von der Relativität des Rechtes auf Privateigentum, Wohlstand und individuelles Sichausleben geweckt hat und sie zum ersten Mal ein wenig der Rausch der Hingebung an irgend etwas (natürlich ihnen gemäßes) hat schmecken lassen. Mag dies auch nur formal wertvoll sein – es ist immer schon mehr, als den meisten bisher beschieden war.

Ich habe ja nicht behauptet, dass der Krieg einen Gesellschaftszustand geschaffen habe, in dem sich die Jugend restlos wohl fühlen könne. Ich habe es doch deutlich genug gemacht, dass der Krieg als bloße Tatsache überhaupt noch nichts ist, was bejaht werden kann; sondern, dass es darauf ankommt, wie wir ihn erleben und fruchtbar machen. Es ist ja sehr wohl möglich, dass der Idealismus der Jugend nach dem Krieg auf einem verlorenen Posten stehen wird. Das geht ihn nichts an; suchen wir nur das Beste aus dem Erleben dieser Tage zu erhalten und zu stärken, das ist *unsere* Aufgabe.

Mir scheint, dass Sie diesmal nicht im Stande gewesen sind, das reine "neue Auge" zu sein, mit dem die Jugend die Dinge sehen will. Mir scheint, dass Sie sich die Dinge künstlich verekeln, die Schwächen übertreiben, die Ansätze zum Guten übersehen, und indem Sie ein Strafgericht halten, Güte, Liebe und Natürlichkeit völlig vergessen. Als Beispiel führe ich an, was Sie über die Sendungen von Strümpfen und Zigarren im sonderbaren Gegensatz zu dem freien Glauben an den Menschen sagen. Ja, was hätte denn das Volk nun eigentlich tun sollen? Ich für meine Person habe gezittert bei dem Gedanken, dass vielleicht nicht jeder Soldat sein Weihnachtspaket bekäme. Und ich meine auch, wenn sich das ganze Volk als eine Familie fühlt, so ist das kein Triumph des Familiengeistes, sondern im Gegenteil eine erste Überwindung des familiären Egoismus.

Dass unendlich viel Dummheiten gesagt werden, dass die engen Gehirne das Erlebnis dieser Zeit nicht zu verarbeiten vermögen und es unverdaut von sich geben, dass die schwachen Nervensysteme vom Anprall der Ereignisse über den Haufen gerannt werden – nun ja, das wissen wir. Mehr als es anzudeuten, hatte in diesem Vortrag keinen Sinn. Dadurch wollen wir uns eben *unsere* Art des Erlebens nicht vorschreiben lassen. Ich möchte die Jugend gerade über die billige Opposition und Quengelei, d.h. die Abhängigkeit von den Zeitdummheiten hinüber und zu autonomem Erleben führen; wenigstens solange rechtschaffener Kampf gegen diese Dummheiten noch nicht möglich und anderes vorerst wichtiger ist.

Aber wenn Sie jetzt fragen: Wo ist der freie Glaube an den Menschen, wo sind die Führer usw., so tun Sie, als solle der Krieg einen Idealzustand heraufgeführt haben. Davon ist doch nicht die Rede. Der Krieg ist eine schwere Not, die als solche die Menschen zu ein wenig mehr Ernst, Kameradschaftlichkeit und Hingebung an Größeres führt. Diese Hingabe enthält fast für alle etwas Ideales, einen Einschlag von Hingabe an eine Idee, nämlich die des deutschen Volkes (d.i. eines ewigen Lebens: "Deutschland muss leben, und wenn wir sterben müssen." Ist das ein Zitat?). Gewiss nur eine sozusagen relative Idee, vergessen wir aber nicht, dass in der Praxis alle Ideen nur relative sind.

2. Sie bestreiten, dass durch den Krieg die Jugend ins öffentliche Leben eingegliedert worden sei. Was Sie mir scheinbar ironisch vorhalten als den Inhalt der "wirklichen Pflicht" und des "wirklichen Befehls", meine ich eben. Der Jugend ist die Möglichkeit einer eigenen, für das Volk unendlich wichtigen Leistung gegeben, während ihr vorher nur Scheinleistungen und fiktive öffentliche Pflichten (vor allem in der Schule) zukamen.

Und nun stellen Sie sich scheinbar im Ernst auf den Standpunkt: Ich habe den Krieg nicht gewollt, also mache ich ungezwungen nicht mit. Den Krieg hat vielleicht niemand wirklich gewollt; er ist für den größten Teil des Volkes, vielleicht für alle, und gewiss für die Jugend lediglich Schicksal, an dem sie nichts ändern kann. Dass es so ist, mag (politisch und ethisch) ihren Widerspruch erregen und in ihr den Willen entflammen, dafür zu sorgen, dass es einmal anders wird: An dem gegebenen Krieg (den sie verfluchen mag) ändert das nichts. Ihr Los in diesem ist dann gewiss nicht rational, sondern tragisch; wie das eines großen Teils des Volkes. Ihre Bewährung aber besteht dann nicht in Liebknechtelei,[22] sondern in der Kraft, auch dem ungeliebten Krieg treu zu dienen.

Hier aber glaube ich einen Punkt zu treffen, wo Ihr und mein Empfinden ganz auseinandergehen. Zunächst einmal: Wie sehen Sie denn eigentlich die Situation? Ich sehe sie so, wie sie Wolfgang Heine in seiner Broschüre "Gegen die Quertreiber" [Heine, 1915][23] darstellt, auf die ich mich hiermit einfach beziehe. Gekämpft werden also muss jetzt. Oder was sollte sonst geschehen? Sollen nun alle kämpfen, nur Sie nicht? Ich halte Ihre Gesinnung in dieser Frage einfach für einen Defekt, der zwar weit häufiger ist, als er eingestanden wird, der aber durch Aussprechen noch keine Berechtigung erhält. (Konsequent würde sie übrigens wohl zu der Verpflichtung der Verweigerung des Kriegsdienstes führen.) Die Jugend ist ein Teil des Volkes, und wie sie als solcher an seinem Wachstum und Leben teilgenommen hat, so muss

---

[22] Left-wing socialist and Reichstag member Karl Paul August Liebknecht was a prominent opponent of WWI. As is well known, in 1914, he co-founded, with Rosa Luxemburg and Clara Zetkin, the Spartacus League (*Spartakusbund*), a Marxist revolutionary movement that was active during the German revolution of 1918 (later renamed *Kommunistische Partei Deutschlands*).

[23] Wolfgang Heine was a jurist and right-wing member of the socialist party in the Reichstag. He later became Minister-President of the Free State of Anhalt. Heine was also part of the Wickersdorf's board of directors and an open supporter of Wyneken. In this brochure, he invoked national unity against the enemies of Germany – a position clearly aligned with Wyneken's.

sie jetzt auch an seiner Not und an seinem Daseinskampf teilnehmen. Und ich möchte, dass die Jugend auch über das von ihr gesetzlich Geforderte hinaus mit zugreife (wie bei einer Feuersbrunst) und sich so gut halte, wie sie nur irgend kann.

Aber die Sache ist "der innersten Natur der Jugend zuwider". Gewiss. Auch Erdbeben, Pest, Feuersbrunst sind der innersten Natur jedes Menschen zuwider. Aber in Erdbeben, Pest, Feuersbrunst bis zum Äußersten hilfreich und sich aufopfernd auszuhalten, ist hoffentlich der innersten Natur der Jugend gemäß. – Sie hat im Krieg keinen selbst gewählten Führer. Wieso nicht? Sind Kompaniechefs und Generalobersten Führer? Wieso hat sie *ihre* Führer im Krieg weniger? – Man hat die Jugend eingespannt in das unfreieste System. Das ist doch nur eine technische Frage und Notwendigkeit. Die Unfreiheit der Schule ist sinnlos, die des Heeres nicht; und jedenfalls im Augenblick nicht zu ändern. Dass die Jugend diese äußere Unfreiheit (so gut wie Frost und Hunger) ungebrochen überdauert, ist ein Teil ihrer Bewährung. Sie tun auf einmal so, als könne sich die Jugend nur in ihr gemäßen Lebensformen bewähren (also nie). Gewiss ist der Krieg grausig. Kann man sich *deshalb* in ihm nicht bewähren, kann man sich *deshalb* in ihm nicht eine Weihe für sein Leben holen?

Und nun zum Schluss noch ein Wort, und das ernsteste. Es ist das Los des Gebildeten, durch sein Wissen, seine Sprache, seine Freizügigkeit usw. seinem Volk entfremdet zu werden. Er betrachtet es schließlich wie irgend eine beliebige Völkerschaft bei Hagenbeck.[24] So möchten auch Sie jetzt das Volk seinem Schicksal überlassen, indem sie sich rein übervölkischen, ja überzeitlichen Ideen verpflichtet fühlen.

Das ist Schwarmgeisterei. Unser Volk ist uns Natur und Leib. Unsere Aufgabe ist nicht Betrachtung, sondern Verwirklichung der Idee, der Logos soll Fleisch werden. Ästheten-, Literaten-, Akademikertum ist nicht Kultur, sondern Impotenz und Parasitismus.

Es ist uns nicht gegeben, nur in "unserer" Welt zu leben; so gut wie wir *auch* Vegetatives, *auch* Animalisches in uns haben, so gut auch Nationales, Volksmäßiges, Staatsbürgerliches.

Die Welt ist irrational, sie ist "Anankes böse Mörderwelt"[25] und wird es ewig bleiben, sie ist es wesentlich. Alles Rationalisieren ist nur Kampf, das Rationale nur richtunggebende Idee. Ihrer Haltung scheint die Gesinnung zugrunde zu liegen: Solange die Welt noch nicht vernünftig ist, mache ich nicht mit. Als ob Sie es nicht doch, mit jedem Atemzug, täten. Verstrickt in dies Dasein, müssen wir seine Schuld

---

[24] A businessman trading in exotic animals, Carl Hagenbeck founded the well-known Hagenbeck Zoo in Hamburg. Towards the end of the nineteenth century, the zoo was expanded to include ethnological expositions displaying cultures from other countries. These expositions typically presented original reconstructions of homes from foreign countries accompanied by indigenous inhabitants of those countries.

[25] In ancient Greek culture, the figure of Ananke personifies inevitability and necessity. Here, Wyneken refers to Carl Spitteler, in particular to his allegoric-epic poem *Der olympische Frühling* (1900–1905), in which Ananke plays a central role.

mit abbüßen, gehorsam unserem Karma. Und vielleicht ist das Höchste, was der Mensch erlangen kann, dass er am Ende sein Schicksal *liebt*.

Beweisen lässt sich das nicht; aber mir erscheint es als ein wesentlicher Bestandteil einer adligen und heroischen Gesinnung, dass man seinem Schicksal weder flucht noch entläuft, sondern es erfüllt; mit dem Bewusstsein: Jeder lebt in der Zeit und in dem Volk, die er verdient. Wer im Frieden die Institution des Privateigentums, des Erbrechts, des Kapitals genießt, darf nicht, wenn Krieg wird, also wenn die unangenehmen Konsequenzen kommen, plötzlich absolut werden. Wenn Sie, lieber Herr Reichenbach, schon in Ihren Idealen *lebten* (statt dass sie Ihnen nur erst Wunschträume sind), so brauchten Sie jetzt nicht in den Krieg, und überhaupt hätten wir, Ihre Zeitgenossen, nicht das Vergnügen, es zu sein. Goethe Zitat aus dem Werk? und Schopenhauer Zitat aus dem Werk? sagen, dass wir erst aus unseren Taten erfahren, wer wir sind; noch richtiger und allgemeiner dürfen wir sagen: aus unserem Schicksal.

Ich möchte Ihnen in meiner Weise alles sagen, was Krischna in der Bhagavadgita dem Arguna[26] sagt, der auch aus Idealismus nicht in den Krieg wollte; oder denken Sie sich es selbst. Ich gebe Ihnen anheim, diesen Brief den Lesern des Ihrigen mitzuteilen und bin mit bestem Gruß

Ihr

gez. G. Wyneken

III. Hans Reichenbach to Gustav Wyneken, 14 March 1915 (HR-044-06-18)

Geht an die Empfänger des ersten Schreibens.

Göttingen, d. 14. III. 15.
Gosslerstr. 9, bei Lingener[27]

Lieber Herr Doktor,

Ihr Brief ist keine Antwort auf mein Schreiben, denn Sie sind überhaupt nicht auf die Problemstellung eingegangen, die ich eingenommen habe.

---

[26] The influential Indian religious texts of the *Bhagavadgita* (i.e., "Songs of God") consist of 700 verses arranged in 18 chapters and incorporated in the Hindus Sanskrit epic poem Mahabharata. The texts were popular within the youth movements. They include a dialogue between Krishna (an incarnation of the god Vishnu) and Prince Arjuna. Krishna, who epitomises the supreme soul, convinces the hero Arjuna, who symbolises the individual soul, that he should fulfil his duty as a warrior and fight for what is right, for the welfare of all. In this manner, Krishna guides Arjuna along the path of selfless action and devotion.

[27] According to Reichenbach's military pass (HR 041-07-02), he volunteered for the war in August 1914. In March 1915, he was sent to serve in a field artillery troop near Hamburg. During this period, he used the address of Elisabeth Lingener, who later became his first wife.

Ich habe mit keinem Worte abgelehnt, für das Volk und für die Menschheit zu wirken. Ich habe in keinem meiner Gedanken auch nur im geringsten angedeutet, dass ich auf den Kampf um Fortschritt in dieser, unserer Zeit verzichte. Auch kennen Sie mich genug, um zu wissen, dass Begriffe wie "Ästheten-, Literaten-, Akademikertum" auf meine Philosophie nicht anwendbar sind.

Ich habe nur ganz einfach den Gedanken vertreten, dass durch die Bejahung des Krieges als einer wertrichtenden Instanz dieser Fortschritt *nicht* geht.

1.

Dies scheint mir der entscheidende Fehler sowohl Ihrer Broschüre als Ihrer Antwort an mich zu sein. Sie nennen es eine Fiktion, wenn ich in den gegenwärtigen Umständen von Rechtsfragen rede; noch handelte es sich, sagen Sie, um Machtfragen. Wenn diese Meinung ein Vertreter des Liberalismus gesagt hätte, hätte ich mich nicht gewundert; aber wie Sie, der Sie stets die objektive Werttheorie[28] als ersten Grundsatz jeder Weltanschauung vertreten haben, dies sagen können, ist mir unverständlich. Soll denn deshalb, weil die heutige Menschheit noch nicht fähig ist, den Rechtszustand zu verwirklichen, die Idee des Rechtes aufgegeben werden? Sie führen diesen Gedanken sogar weiter aus und nennen die Frage der englischen Seeherrschaft eine nie als Rechtsfrage zu frisierende Machtfrage. In all diesem liegt Ihnen die Auffassung zum Grunde, dass die Weltgeschichte das Weltgericht sei; ja mehr als das, dass sogar dieser einzelne Krieg schon in seinem Resultat als Sieg oder Niederlage ein Urteil Gottes wäre.

Ich kann natürlich hier nicht in eine Diskussion über die objektive Werttheorie eintreten; ich kann nur sagen, dass ich an der Auffassung festhalte, dass es eine objektive Erkenntnis des Guten (nicht eine logische, sondern eine ethische) gibt.[29] Wenn ich aber überhaupt diese Diskussion noch weiter führen will, so kann ich dies nicht anders, als dass ich eben diese Auffassung auch bei Ihnen voraussetze; und da ich nicht glauben kann, dass Sie diesen Gedanken – den ich zum erstenmal in seiner reinen Form bei *Ihnen* kennenlernte – aufgegeben haben, setze ich die Diskussion auf dieser Grundlage fort.

Ich behaupte also, dass sich im militärischen Kampf nicht die wahren Werte des Menschen gegenüberstehen und dass nicht notwendig die wertvolle Menschengruppe die militärisch siegreiche ist. Dass diese Behauptung richtig ist, zeigen viele historische Beispiele, es folgt aber ebenso klar auch daraus, dass im Kriege die

---

[28] In the collection of essays *Schule und Jugendkultur* (1913), Wyneken elaborated a metaphysical foundation for the type of praxis he developed at Wickersdorf. According to Wyneken, there is an objective *Geist* (in Hegelian terms), i.e., a type of pure conscience that represents the essence of mankind and embodies truth, beauty, and good as its highest values. For Wyneken, the task of education requires alignment with this system of objective values, thus enabling mankind to determine its own objectives. See again my contribution to this volume, "Hans Reichenbach and the Freistudentenschaft: School Reform, Pedagogy, and Freedom", Sect. 5.4.

[29] The position defended here by Reichenbach is in contrast with his non-cognitivist approach to ethics, which he apparently embraced in other writings of this period and more explicitly at the end of his *The Rise of Scientific Philosophy* (1951). See Kamlah, 2013.

wertvollsten Eigenschaften des Menschen gar nicht zum Ausdruck kommen, gar nicht wirkende Ursachen des Erfolges werden.

Eben darum behaupte ich, dass es unsere Aufgabe jetzt *nicht* ist, einer der Parteien zum Siege zu verhelfen, sondern vielmehr, die Idee des Krieges als einer wertrichtenden Instanz zu bekämpfen.

Dies ist meiner Ansicht nach ein wesentlicher Teil in der Erziehungsaufgabe der Jugend. Denn die Jugend sieht am ehesten ein, dass technische Gewandtheit und körperliches Geschick zwar nützliche und angenehme Eigenschaften sind, aber keine sittlichen Werte, und dass es Unrecht ist, den Menschen an seiner Leistung zu messen, wenn nicht vorher von dieser der empirische Faktor – Glück oder Unglück – abgezogen ist. Darum behaupte ich, dass die Jugend – natürlich ihrer Idee nach, unabhängig davon, wie viele aus ihr heute den Krieg bejahen – einen Gesellschaftszustand erstrebt, in dem es keinen Krieg gibt, in dem also die Entscheidung über die Organisationsform nicht dem Zufall überlassen ist; und wenn auch die nähere Ausführung dieses Gedankens nicht mehr Aufgabe der Jugend ist, so bleibt es doch ihre Pflicht, für die Idee des Rechtes einzutreten, weil ihr der Glaube an das objektive Gute notwendig ist.

2.

Ich behaupte ferner, dass es unsere Pflicht ist, die Kulturentwicklung aufwärts zu ihrem Ideal zu führen; und dass dies nur möglich ist durch die vorhergehende *Erkenntnis* des Ideals. In diesem Sinne habe ich – wie auch Fichte den Ausdruck anwendet – von dem neuen Auge der Jugend gesprochen. Ich habe mir nicht ange-maßt, dies neue Auge zu sein, denn dieses ist gerade so wie die Jugend eine Idee, niemals Wirklichkeit – aber ich habe behauptet, dass ich in diesem besonderen Falle die Kulturentwicklung so betrachte, wie sie durch das Auge der Jugend aussieht. Dazu habe ich meine Ansicht entwickelt und sogar zur Diskussion hingestellt, und es war Ihre Aufgabe, wenn Sie anderer Meinung sind, mich zu widerlegen; statt des-sen haben Sie mir das Recht zu meiner Ansicht bestritten, weil ich nicht in meinen Ideen als Wirklichkeit lebte. Dass mir dies nicht möglich ist – wie es noch nie einem Menschen möglich war – rechne ich mir nicht zur Schande an, und ich halte es trotz-dem für mein gutes Recht und meine erste Pflicht, die Welt an meinen Ideen zu mes-sen und aus meinen Ideen das Urteil über das gegenwärtige Geschehen zu gewinnen.

Hier muss ich etwas Prinzipielles zu der Frage bemerken, wie man Tatsachen an Ideen messen kann. Sie stellen es so hin, als ob ich die Welt ablehnte, wenn sie nicht den Idealzustand repräsentierte. Natürlich wäre dies Unsinn. Natürlich ist die relativ beste Zeit immer noch himmelweit vom absoluten Ideal entfernt. Aber darum braucht man doch nicht auf ein relativ Bestes zu verzichten, im Gegenteil ist dies der einzige Weg zum Absoluten. Wenn ich der heutigen Zeit vorwerfe, dass sie nicht ihre wahren Führer an die Spitze gestellt hat, so heißt dies doch nicht, dass es keine solchen Führer gäbe. Natürlich sind die alten Führer der Jugend auch jetzt noch vorhanden. Aber das ist doch gerade die Aufgabe der ganzen kulturellen Arbeit, sie an mit *Macht* ausgestattete Stellen der Gemeinschaft zu bringen. Diese Führer sollten eben jetzt zu Generalobersten werden. Wenn man sich damit begnügt, dass die wahren Führer irgendwo in der Masse verstreut sind, und es ihrem zufälligen

Einfluss überlässt, wie viel sie erreichen – ja, dann kann man überhaupt von vornherein auf jede soziale Arbeit verzichten und mit der Gegenwart zufrieden sein. Dann gibt es überhaupt keinen Vergleich der Wirklichkeit mit der Idee, wenn man gerade nur das Absolute sieht, das in ihr der Natur nach stets enthalten ist. Es kommt vielmehr darauf an, das empirisch Wirkliche seiner *Intensität* nach zu vergleichen mit dem Einfluss, der ihm seinem *Werte* nach zukommt; und dies heißt, die wirklichen Machtverhältnisse an der Idee des Rechten zu messen.

3.

In diesem Sinne messe ich die gegenwärtige Zeit an meiner Idee und ließe mich von meinem Urteil nur abbringen, wenn man mir Gründe dagegen anführen könnte. Auch war in meinem ersten Schreiben meine Ansicht deutlich genug ausgesprochen, so dass meine Problemstellung gar nicht missverstanden werden konnte. Dass Verachtung einer Zeit nicht Ablehnung der Arbeit am kulturellen Fortschritt bedeutet, sondern nur Ablehnung der gerade von dieser Zeit eingeschlagenen Wege, das scheint mir sonnenklar zu sein; auch dass diese Verachtung nicht die Aufforderung zu einer "Verachtungsdemonstration" bedeuten sollte. Sie haben in Ihrem Antwortschreiben an Joël[30] es abgelehnt, die Tragik des Schicksals der heutigen Jugend öffentlich zum Ausdruck zu bringen, die "bittere Ironie" (Spittelers Worte scheinen mir besser auf meine und Joëls Auffassung zu passen als auf die Ihre). Sie nennen eine solche Darstellung der Zeit "feuilletonistisch". Ja, ist es denn unmöglich, dass wir uns von der Herrschaft des Feuilletons befreien? Können wir denn nicht endlich einmal wieder lernen, Dinge des tiefsten Empfindens ernst zu sagen? Gerade Ihre Aufgabe war es, diese Sprache in diesem Augenblick zu finden. Gerade von ihrem Führer erwartete die Jugend, dass er in dieser Stunde ihrer wirklichen Not die Worte fand, nach denen sie vergeblich sucht. Das ist die große Aufgabe der Führerschaft, Form zu finden für die Empfindungen, die noch ungeordnet und triebhaft die Jugend bewegen. Denn der Weg zur Form ist der Weg zur Kultur. Aber wenn es unmöglich ist, jetzt schon die Form zu finden, darf man dann diese Zeit kritisieren, ohne das Wichtigste gesagt zu haben – die bittere Ironie? Sie nennen es eine Anforderung des heldenhaften Daseins, sein Schicksal zu lieben. Ich muss antworten, dass mir mein Schicksal zu gleichgültig ist, um es zu hassen oder zu lieben. Hassen oder lieben aber kann ich Menschen, weil sie denkende Wesen sind, und verachten kann ich ein Stück Menschengeschichte, weil es abgewichen ist von dem Pfad, der allein aufwärts führt. Diese Verachtung erscheint mir nicht nur adlig, sondern vor allem aus einem Menschentum fließend, das sich seiner Pflicht und seines Rechtes zur Idee bewusst ist. Als Diener eines solchen Menschentums hatte ich an Sie die Forderung gestellt, dieser Verachtung Ausdruck zu geben; ich habe nicht die Empfindung, von Ihnen eine Antwort erhalten zu haben.

Ich bin Ihr
Hans Reichenbach.

---

[30] Here, Reichenbach refers to the one letter from Wyneken to Joël, dated 7 March 1915 (HR 044-03-05), that he kept in his archive. See above, footnote 4.

IV. Gustav Wyneken to Hans Reichenbach, 18 March 1915 (HR-044-06-20)

[Handwritten note added by Reichenbach:] Geht an die Empfänger des ersten Schreibens.

München, Clemensstr. 5. d. 18. III. 15.

Lieber Herr Dr. Reichenbach,

ich habe nach wie vor das Bewusstsein, Ihnen sehr gründlich und sogar über den Umkreis der von Ihnen gestellten Probleme hinaus geantwortet zu haben, und ich will dies auch heute wieder tun, so überflüssig mir Ihre Replik auch vorkommt.

Denn was Sie mir da zum Vorwurf machen und glaubten bekämpfen zu müssen, "die Bejahung des Krieges als einer wertrichtenden Instanz", findet sich in meinem Vortrag nicht, und es geniert mich ein wenig, dass Sie mir den dümmsten Zeitungsquatsch – "Weltgeschichte - Weltgericht"" – "die wertvolle Menschengruppe die militärisch siegreiche" – zutrauen. Ich muss auch sagen: Ehe Sie so etwas von mir glaubten, hätten Sie es doch genauer nachprüfen und sich dreimal überlegen sollen, das glaube ich tatsächlich verdient zu haben.

Ich habe es doch deutlich genug gesagt, dass ich die gegenwärtige Weltgeschichte für ein Chaos und diesen Krieg für ein Erdbeben oder so etwas halte. Mein Vortrag aber geht aus von der schrecklichen Wirklichkeit des Krieges, an der wir so wenig noch etwas ändern können wie an einem Erdbeben. (Dass er kein Erdbeben, sondern eine Folge unserer menschlich gesellschaftlichen Zustände ist und also eine politische und kulturelle Schuld darstellt, ist eindringlich genug gesagt worden, S. 16).[31] Der Vortrag will (er ist ethisch, nicht politisch orientiert) der Jugend zeigen, was wir aus dieser Wirklichkeit für uns machen sollen.

Ihre Ablehnung, "einer der Parteien zum Siege zu verhelfen", kommt mir ebenso komisch vor wie Bismarck die Proklamation des Magdeburger Oberpräsidenten in der Revolution 1848, er wolle eine Stellung *über* den Parteien einnehmen. Sie ist nicht viel anders, als wenn ein Mensch sich weigern wollte, lebendige Wesen zu töten und zu essen. Der Krieg ist an sich nichts anderes als eine Form des allgemeinen biologischen Daseinskampfes; wir sind mitten drin, und uns durchzukämpfen, ist einfach Selbstverständlichkeit. Und für das eigene Volk dabei das Leben einzusetzen, ist nur eine Bestätigung jenes Kollektivismus, auf dem alles Menschentum beruht. Ich habe ihn nie mit eigentlichem Idealismus, der nach vorwärts drängt, verwechselt. Was Sie mir da vorhalten vom absoluten Maßstab und der richtunggebenden Idee, ist mir weder unbekannt noch verloren gegangen. Aber wie oberflächlich fassen Sie selbst es auf! *So* billig denke ich es mir nun doch nicht. Sie sagen, es gelte, dem Krieg gegenüber die Idee des Rechts zu vertreten. Als wenn das sich einander ausschließende Gegensätze wären! Kann es nicht z.B. auch einen Rechtskrieg geben? Z.B. wenn Garanten eines internationalen Schiedsgerichts

---

[31] See Wyneken, 1915a, 15ff.

einen sich auflehnenden Staat zwingen müssten? Also Krieg und Recht sind an sich keine unbedingten Gegensätze. Vor allem aber: Was nennen Sie die Idee des Rechts? Sie fassen es offenbar ganz formal, ganz juristisch. Wenn das der neue Idealismus der Jugend sein soll –! Also dass sie dafür eintritt, dass ein internationales Schiedsgericht den Status quo des Rechtsbesitzes aller Völker aufrecht erhält! Das kommt mir gerade so vor, als wenn gegenüber der sozialen Emanzipation der Diebstahlsparagraph geltend gemacht wird, oder die Heiligkeit des gegenwärtigen Privateigentums. Wer sagt Ihnen denn, dass das gegenwärtig geltende Recht richtig ist? Z.B. dass auf dem gleichen Areal in Frankreich 39, in Deutschland 70 Millionen leben müssen? Dass das kleine Belgien den großen Kongostaat hat? Dass Deutschland nur den Abfall vom Kolonialbesitz erschnappt hat? Dass England in der Lage ist, jedes Volk der Welt wirtschaftlich zu ruinieren oder auszuhungern? Usw. Usw. Mir scheint es eine direkte Forderung des Idealismus zu sein, die Welt im Ganzen zu rationalisieren und zu organisieren. Könnte ein solcher für material richtiges Recht kämpfender Rechtsidealismus (jedem das Seine – erst mal *geben*, sagt Fichte)[32] nicht direkt zu Eroberungskriegen führen?

Es liegt mir ganz fern, den gegenwärtigen Krieg Deutschlands als einen solchen idealistischen anzusehen; er hat davon nur ein Tröpfchen beigemischt bekommen; wie ja z.B. auch die Kriege Napoleons,[33] der u.a. auch Ordnung in der Welt schaffen wollte. Ich möchte Ihnen nur sagen, dass der pazifistische Liberalismus noch lange kein Idealismus, ja, noch nicht einmal ein völkerrechtlicher Sozialismus ist. Wer in diesem Krieg, wie die Pangermanisten, den Kampf der wertvollsten Rasse um die Weltherrschaft sieht und bejaht – kann damit ethisch weit idealistischer eingestellt sein als der Rechtspazifist, da er für ein *richtiges* Recht eintreten will, nicht bloß überhaupt für ein Recht; das auch ein verkehrtes sein könnte (so intellektuell unsinnig seine Überzeugung auch sein mag). Aber dies alles sind Überlegungen, die durchaus jenseits des Problemkreises meines Vortrags liegen. Für ihn ist der Krieg eben einfach Daseins- und Machtkampf; wir sind nun einmal Bürger eines Zeitalters, in dem es das noch gibt, und haben es auszubaden. *Wir*, unser Kreis, unser ganzes Volk sind daran möglicherweise ganz unschuldig. Machtkriege gibt es, solange *ein* Volk einen solchen führen will. Also z.B. solange England seine Seegewalt, die eine latente und potentielle Vergewaltigung ist, nicht aufgibt. Wir sollen nun selbstverständlich dafür eintreten, dass unter den Völkern auch einmal Recht gelte; aber dass der heutige Zustand der Weltverteilung einfach als Rechtszustand sanktioniert werde, ist eine sehr zweischneidige Forderung: die Legalisierung der Ausbeutung. In*tra*national wird neues Recht durch Klassenkämpfe geschaffen, durch Revolutionen (verschiedener Art) oder Revolutionsdrohungen, kurz, durch soziale

---

[32] Fichte refers to this expression in one of the lectures he delivered at the newly founded University of Berlin in the 1810s, i.e., in *Das System der Rechtslehre* (1812, Part I, section "Gesetz und Natur"): "neminem laede, suum cuique tribue, quod tibi fieri non vis, alteri ne feceris." However, "jedem das Seine" appears to have been a long-established German idiom.

[33] The reference is to the Napoleonic wars, which prompted Fichte's reaction in his *Reden an die deutsche Nation* (1808). See above, footnote 16.

Machtentwicklung; wie denken Sie sich die Schaffung eines einigermaßen richtigen internationalen Rechtes?

Wenn ich Herrn Joël idealistischen Mechanismus vorwarf,[34] so Ihnen außerdem idealistischen Materialismus. Sie tun so, als ob die bloße äußere Tatsache des Krieges an sich schon etwas Antiidealistisches wäre. Überhaupt überschätzen Sie ja sozus[agen] den Krieg. Er bedeutet, als Krieg, keinen prinzipiell anderen Weltzustand als vorher schon war. Jetzt auf einmal durch ihn zum Protestieren und Fluchen sich aufrütteln zu lassen, scheint mir wirklich etwas blamabel, *gerade* für die Jugend, d.h. den idealistischen Menschen. Konkret gesprochen: Fühlen Sie nicht, dass es der Scham widerstreitet, jetzt, wo die *bürgerliche* Jugend von der Elendigkeit unserer europäischen staatlichen Verhältnisse einmal gründlich mitbetroffen wird, ein Zetergeschrei zu erheben, ein wesentlich größeres Pathos einzuhängen, als man vorher, wo wesentlich die Proletarier litten, verwendete? Überhaupt finde ich, dass es Ihren Gedanken ein wenig an Instinkt und gutem Geschmack fehlt. Sie sehen ja, dass Spitteler aus meinen Ausführungen herauslas, was ich in den gebotenen Grenzen und Formen über Tragik des Schicksals der Jugend gesagt habe.[35] Was Sie von mir verlangen, würde ihm wahrscheinlich weniger Eindruck gemacht haben. *Laut* im Namen der Jugend deren Tragik verkünden wäre sentimental und geschmacklos.

Also nochmals: Ich sehe die Probe, der jetzt die Jugend ausgesetzt ist, darin, dass sie sich *trotz* ihres Idealismus, d.h. obgleich sie eine ganz anders geartete Welt wollen muss, doch im Krieg einfach menschlich und staatsbürgerlich zu bewähren im Stande ist – wie Sokrates als athenischer Landwehrmann[36] oder wie Arguna in der Bhagavadgita.[37] Ihnen und den Ihrigen liegt Ihr Idealismus noch unverdaut im Magen und macht Ihnen böse Träume. Die Jugend führt diesen Krieg nicht, sie erleidet ihn, so wie das ganze Volk und mit dem Volk. Sie kämpft in ihm nicht unmittelbar für sich und ihre Welt. Ihre Eingliederung ins deutsche Heer ist selbstverständlich nicht die ins Heer des Geistes; aber sie gibt ihr doch einen anderen "spielerische nichtige Geselligkeit". Und sie diesen Ernst nicht bloß erleiden zu lassen, sie aus dem Passiven zu seelischer Aktivität wieder herauszuführen und ihr zu zeigen, wie sie mittelbar diesen Krieg doch auch in den Dienst ihres eigenen Wollens einordnen kann, war der Zweck meines Vortrags.

Hier und da ist er auch erreicht worden; die Jugend steht ja tatsächlich nicht so ganz hinter Ihnen. Um von Führern zu sprechen: Für Reiner,[38] der freiwillig im

---

[34] See Wyneken's letter to Joël from 7 March 1915 (HR 044-03-05).

[35] See above, footnote 20.

[36] With his strong sense of citizenship, and like all Athenian men of his rank, Socrates fought as a hoplite in defence of his town and participated, among others, in the Battle of Potidaea (432 BC) as well as in the Battles of Delium (424 BC) and Amphipolis (422 BC) during the Peloponnesian Wars.

[37] See above, footnote 26.

[38] Paul Reiner was an education reformer. He briefly attended the *Freie Schulgemeinde Wickersdorf* in 1910, where he also worked as a teacher between 1919 and 1925. Engaged in the youth movements from early in his life, he initially strongly supported Wyneken's ideas but later became one of Wyneken's fiercest opponents. See Dudek, 2017, 155.

Felde steht (sicher doch ein "Unbefriedigter") war er ein "Seelenbad", Bernfeld[39] schrieb: "das Beste, was ich über den Krieg gelesen, das Einzige – und dies ganz – was zu sagen war". Ich will Ihnen aber auch noch das sagen, dass meine Auffassung von meinem Führeramt der Jugend durchaus anders ist als Ihre: "Form zu finden für die Empfindungen, die noch ungeordnet und triebhaft die Jugend bewegen", darin habe ich nie meine Aufgabe gesehen. Ich habe sie nie analytisch (sozus[agen] psychoanalytisch) aufgefasst, sondern stets synthetisch: schöpferisch; *Neues* zu geben. Ich will die Jugend an *meinem* Leben teilnehmen lassen und überlasse es ihr und dem Schicksal, wieweit sie dies als ihrer Natur gemäß erkennt oder fühlt.

Ich stelle es Ihnen anheim, diesen Brief die Empfänger des Ihrigen[40] lesen zu lassen. Ich will – und möchte damit unserer Kameradschaft und Ihrer Person gern eine Ehre erweisen – zum Schluss ganz offen aussprechen, dass ich nunmehr erwarte, dass Sie mir rückhaltlos recht geben und mit fliegenden Fahnen in mein Lager zurückkehren. (Möchten wir auch so etwas mal erleben!) Ich glaube die Dinge jetzt so gesagt zu haben, dass ich das hoffen darf; und jedenfalls habe ich sie für mich abschließend gesagt.

Ihr

G. Wyneken.

Acknowledgements I wish to thank the Konstanz and Pittsburgh Archives for Scientific Philosophy for their permission to quote from the Hans Reichenbach Collection. I am particularly grateful to Andreas Kamlah for providing several details related to many references in this exchange and additional bibliographic information that was helpful in clarifying the extent of this discussion. I would also like to thank Alexandra Campana for her feedback on a previous draft of this paper.

References

Dudek, P. (2013). *„Wir Wollen Kieger Sein im Heere des Lichts." Reformpädagogische Landerziehungsheime im hessischen Hochwaldhausen 1912–1927.* Bad Heilbrunn: Julius Klinkhardt.

Dudek, P. (2017). *„Sie sind und bleiben eben der alte abstrakte Ideologe!" Der Reformpädagoge Gustav Wyneken (1875-1964) – Eine Biographie.* Bad Heilbrunn: Julius Klinkhardt.

Fichte, J. G. (1808). *Reden an die deutsche Nation.* Berlin: Realschulbuchhandlung.

Fichte, J. G. (1812). *Das System der Rechtslehre.* English translation: Fichte, J. G. (1889). *The Science of Rights*, ed. Adolph Ernest Kroeger. London: Trübner.

Heine, W. (1915). *Gegen die Quertreiber!* Dessau: Volksblatt für Anhalt, H. Deist.

---

[39] Together with Georges Barbizon (aka Georg Gretor, one of the first Wickersdorf students), Siegfried Bernfeld was co-editor of the student magazine *Der Anfang. Zeitschrift der Jugend,* which was the organ of the Wyneken circle.

[40] As Reichenbach indicated in the handwritten note at the beginning of this letter, this letter was in fact sent to the recipients of the first letter of this exchange, that is, Walter Benjamin, Hermann Kranold, Carl Landauer, Walter Meyer, Bernhard Reichenbach, as well as Alexander Schwab, Immanuel Birnbaum, Herbert Weil, Walter Heine, Ernst Joël, and Heinrich Molkenthin.

Kamlah, A. (2013). Everybody Has the Right to Do What He Wants: Hans Reichenbach's Volitionism and Its Historical Roots. In N. Milkov & V. Peckhaus (Eds.), *The Berlin Group and the Philosophy of Logical Empiricism* [Boston Studies in the Philosophy and History of Science, Vol. 273], 151–175. Springer.

Reichenbach, H. (1913). Die freistudentische Idee. Ihr Inhalt als Einheit. In Kranold, H. et al., *Freistudententum, Versuch einer Synthese der Freistudentischen Ideen*, 23–40. München: Max Steinebach. English translation: The Free Student Idea: Its Unified Contents. In Reichenbach, H. (1978). *Selected Writings: 1909–1953*. eds. Robert S. Cohen and Maria Reichenbach. Dordrecht/Boston: Reidel. Vol. 1, 108–123.

Reichenbach, H. (1951). *The Rise of Scientific Philosophy*. Berkeley-Los Angeles: University of California Press.

Wyneken, G. (1913). *Schule und Jugendkultur*. Jena: Diederichs.

Wyneken, G. (1915a). *Der Krieg und die Jugend: Öffentlicher Vortrag gehalten am 25. November 1914 in der Münchner Freien Studentenschaft*. [Schriften der Münchner Freien Studentenschaft, Heft 4]. München: Georg C. Steinicke.

Wyneken, G. (1915b). *Der Fall Spitteler*. Die Freie Schulgemeinde, 5 April 1915.

17

Einleitung zu Rudolf Carnap, „Deutschlands Niederlage: Sinnloses Schicksal oder Schuld?" (1918)

Christian Damböck

Der hier edierte Text „Deutschlands Niederlage: Sinnloses Schicksal oder Schuld?"[1] ist ein unveröffentlicht gebliebenes Manuskript aus dem Nachlass von Rudolf Carnap.[2] Der Text war von Carnap unter dem Pseudonym Kernberger (nach Carnaps Wohnort in Jena) verfasst worden. Er war zur Veröffentlichung in den *Politischen Rundbriefen* vorgesehen, einer vom späteren DDR-Historiker Karl Bittel edierten Zeitschrift. Diese Zeitschrift war schon vor dem Kriegsende „vertraulich, als Handschrift" (Bittel, 1918) erschienen. Zwischen Oktober 1918 und Ende 1919 fungierte sie dann als öffentliches politisches Organ der sozialdemokratisch orientierten Freideutschen.[3] In Bittels Editorial zur ersten, mit 5. Oktober 1918 datierten, öffentlichen Nummer heißt es:

---

[1] Im Folgenden mit „Deutschlands Niederlage" abgekürzt.

[2] Der Text trägt die Signatur (RC 089-72-04). Wir zitieren den Text hier stets nach der Originalpaginierung. Eine erste Edition dieses Textes hat Thomas Mormann vorgenommen und online veröffentlicht, als Anhang zu (Mormann, o .J.). Wir bedanken uns bei Herrn Mormann für die Verfügbarmachung dieser Transkription, auf der die vorliegende Edition aufbaut. Vgl. zu „Deutschlands Niederlage" auch die Einleitung zu Mormanns Online-Edition sowie die detaillierte Diskussion in Carus (2007a, S. 59–63; 2007b, S. 22 f.), Carus (2021) und Uebel (2012).

[3] Diese Rundbriefe sind in 55 Ausgaben zwischen Herbst 1918 und Ende 1919 erschienen, in fortlaufender Paginierung mit am Ende 202 Seiten. Teile dieser 55 Ausgaben befinden sich im Nachlass Carnaps (RC 110-01). Vgl. zu Bittel auch Preuß (1991, S. 173–179).

C. Damböck (✉)
Universität Wien, Wien, Österreich
E-Mail: christian.damboeck@univie.ac.at

© The Author(s) 2022
C. Damböck et al. (eds.), *Logischer Empirismus, Lebensreform und die deutsche Jugendbewegung*, Veröffentlichungen des Instituts Wiener Kreis 32, https://doi.org/10.1007/978-3-030-84887-3_17

Wir erleben eine Zeit der Bedeutung und Schwere, wie sie selten oder nie einem Volke Schicksal war. *Daß diese Zeit maßlosen Geschehens bewußt und verantwortungsvoll gelebt werde*, dazu wollen diese Rundbriefe mithelfen.

Vor allem wenden sie sich an staatsbürgerlich und politisch Erwachende.

Sie wollen Kenntnisse und Wissen vermitteln, aufklären und beraten, zu politischer Gesinnung erziehen, einen politischen Gedankenaustausch ermöglichen, Tatsachen und Ereignisse mitteilen und deuten – frei von allem Interesse irgendwelcher Interessenten. Alle Gedanken hier dürfen nur einen Maßstab anerkennen: *das öffentliche Interesse*; dienend nur einem: *der Idee*. (RC 110-01)

Die hier proklamierte Unabhängigkeit bedeutet nicht zwangsläufig politische Neutralität, stammten die Autoren des Blattes doch in der Mehrzahl aus einem der USPD (Unabhängige Sozialdemokratische Partei Deutschlands) nahe stehenden Kreis von (Berliner) Freideutschen.[4] Dieser Kreis publizierte Anfang 1919 einen von Helmut Tormin verfassten und von Carnap mit unterzeichneten „Aufruf an die freideutsche Jugend", in dem die Grundsätze einer „[d]emokratisch-sozialistischen Gruppe der Freideutschen Groß-Berlins" (Tormin, 1968, S. 615) charakterisiert wurden.[5]

Nach anfänglich affirmativer Haltung zum Krieg hatte sich Carnap gegen Kriegsende zum Pazifisten gewandelt.[6] Er war am 1. August 1918 der USPD beigetreten (RC 028-09-04) und hatte schon davor die für seine intellektuelle Entwicklung wichtigen (mit der Publikation Bittels nicht zu verwechselnden) *Politischen Rundbriefe* (1918) verfasst. Mit diesen wollte Carnap in seinem unmittelbaren sozialen Umfeld über Kriegsereignisse informieren, und zwar auf einer möglichst neutralen, die ausländische Presse miteinbeziehenden Ebene, um eine von nationalistischen Vorurteilen freie Verständigung über die Haltung zum Krieg zu erreichen. Dieses Projekt scheiterte. Im September 1918 hatte die Militärführung Carnap „‚die weitere Versendung von Rundbriefen jeder Art' verboten" (RC 089-72-03). Zudem war es ihm auch nicht gelungen, alle Mitdiskutierenden von

---

[4]Zur Entwicklung der sozialdemokratischen freideutschen Bewegung vgl. Preuß (1991). Zur Zuspitzung zwischen „linkem Flügel" und „rechtem Flügel" in der Jugendbewegung um 1918 und 1919 und der nachfolgenden Ernüchterung vgl. die immer noch äußerst lesenswerte Darstellung in Laqueur (1962, S. 113–137).

[5]Helmut Tormin, Jurist mit Bezügen zur Marburger Schule und gleichaltrig mit Carnap, scheint eine Schlüsselrolle in den Aktivitäten des Berliner Kreises von sozialdemokratischen Freideutschen gespielt zu haben. Auch Carnap hat diesem Kreis angehört. In Carnaps Tagebüchern sind zwischen Februar 1918 und Januar 1919 nicht weniger als einundzwanzig Treffen mit Tormin verzeichnet, viele davon offenbar Treffen des Kreises bei Tormin. Vgl. Carnap (2022). Neben dem von Tormin verfassten Manifest vgl. auch Kindt (1963, 579) (Kurzbiographie) sowie Tormin (1918). Letztere Schrift wurde auch im Tormin-Kreis studiert, vgl. Carnap (2022), Eintrag vom 25.7.1918. Tormins „Aufruf an die freideutsche Jugend" war eine Beilage zum Januarheft 1919 der *Freideutschen Jugend*. Neben Carnap und Tormin unterzeichneten den Aufruf folgende mit Carnap in dieser Zeit im Kontakt stehende Freistudenten: Knud Ahlborn, Arnold Bergstraesser, Karl Bittel, Meinhard Hasselblatt, Eduard Heimann, Martha Paul-Hasselblatt, Harald Schultz-Hencke und Kurt Walder. Vgl. Carnap (2022), Eintrag vom 03.01.1919, wo von „Tormins Flugblatt" die Rede ist. Der „Aufruf" erschien in Bittels *Politischen Rundbriefen* 20: 69f. (RC 110-01-16). Vgl. auch Laqueur (1962, S. 127).

[6]Vgl. dazu die Beiträge von Gereon Wolters und Meike G. Werner in diesem Band.

seiner pazifistischen Haltung zu überzeugen. Nach Kriegsende – der Waffenstillstand wurde am 11. November 1918 unterzeichnet – setzte sich die Politisierung von Carnaps freideutschem Kreis weiter fort. Allerdings versuchte man nun nicht mehr so sehr auf den Konsens aller ursprünglich am freideutschen Gedanken beteiligten Kräfte hinzuarbeiten, sondern der eigenen Denkweise Profil zu verleihen. Adressiert werden in „Deutschlands Niederlage" in erster Linie „wir, die politisch Gleichgesinnten" (Carnap, 1918, S. 1).

Unmittelbar vor der Entstehung von „Deutschlands Niederlage" hat Carnap in Bittels *Politischen Rundbriefen* einen kurzen Text mit dem Titel „Völkerbund – Staatenbund" in zwei Teilen (im ersten und vierten Rundbrief vom 5. und 23. Oktober 1918) veröffentlicht (Carnap, 2019 [1918]). Der Text erschien unter der Rubrik „Von Büchern und Schriften", als rezensionsartige Stellungnahme zu zwei aktuellen Publikationen, die unterschiedliche Sichtweisen eines Völkerbundes zum Ausdruck brachten. Einerseits ein nur von den Regierungen der einzelnen Staaten getragener „Staatenbund", andererseits, wie Carnap suggeriert, ein *echter* Völkerbund, der von den Volksvertretungen der verschiedenen Länder beschickt wird. Auch wenn Carnap in der Stellungnahme eine Präferenz für das auf Volksvertretungen basierende Modell erkennen lässt, plädiert er letztlich für keine der beiden Varianten und weist stattdessen auf die Notwendigkeit einer Grundsatzdebatte hin:

> Wenn die Verhandlungen zur Organisation der Welt einsetzen werden – sicherlich unter lebhafter Anteilnahme der öffentlichen Meinung besonders von Amerika und England –, dann wollen wir doch nicht mit der Gleichgültigkeit, die man bisher in Deutschland diesen Fragen entgegengebracht hat, ahnungs- und ziellos dastehen, wie ein unmündiges Volk, dem eine Verfassung aus Gnaden geschenkt wird. Sondern wir, d.h. die politisch interessierten Freideutschen, müssen diese Probleme eingehend durchdenken und besprechen, um das bevorstehende weltgeschichtliche Ereignis [gemeint ist die Gründung des Völkerbunds, C.D.] [,] mit Bewußtsein und grundsätzlicher Klarheit erleben zu können.
> Zu solcher Klärung gehört allerdings mehr als dilettantische Diskussion aus Augenblicksgefühlen heraus. Ich schlage deshalb vor, zuvor im Allgemeinen der grundsätzlichen Diskussion über den Völkerbund in diesen Rundbriefen Raum zu geben, aber die schwierigen Verfassungsfragen, darunter auch das angeschnittene Problem: Völkerbund oder Staatenbund, erst einmal einzeln oder im engeren Kreise an Hand der Literatur und mit Unterstützung der Juristen und Nationalökonomen unter uns zu studieren. Auf der Grundlage der Kenntnis sowohl der historisch gegebenen Tatsachen der Außenwelt, als auch der juristischen Möglichkeiten wird dann eine kritische Erörterung fruchtbar werden können. (Carnap, 2019 [1918], S. 6–8)

Der hier edierte Text „Deutschlands Niederlage" ist als Carnaps Versuch zu identifizieren, zur „grundsätzlichen Diskussion über den Völkerbund in diesen Rundbriefen" einen Beitrag zu leisten. In Carnaps Tagebuch, in dem in dieser Zeit auch die häufig von ihm besuchten Diskussionen der Sozialistischen Freideutschen Gruppe dokumentiert sind, findet sich am 18. Oktober 1918 der Eintrag „6–8 zu Heimann (über Bittels Vorschlag Politische Rundbriefe)" (Carnap, 2022). Es ist zu vermuten, dass Bittel Carnap dazu aufgefordert hat, einen Beitrag zu der in seiner Kurzrezension geforderten „grundsätzlichen Diskussion" über den Völkerbund zu liefern. Über Carnaps mit 28.10. datierten Beitrag ist in den folgenden Einträgen im

Tagebuch allerdings nichts zu finden. Dagegen schreibt er am 3.11.: „Morgens geschrieben (Bittel usw.). [...] Abends Lohmann hier; Bittel geschrieben" und dann am 5.11.: „Nachmittags frei. Zu Heimann; dann stenotypiert für Bittel" (Carnap, 2022). Weitere Hinweise auf Bittels *Rundbriefe* finden sich in Carnaps Tagebuch nicht. Es könnte sein, dass sich die Einträge vom 3. und 5.11. auf die Erstellung des im Nachlass befindlichen Typoskripts beziehen. Dann würde das Datum 29.10. wohl auf die Fertigstellung einer (nicht erhaltenen) Kurzschriftfassung dieses Textes verweisen.

Warum Carnaps Text nicht in eine der folgenden Nummern von Bittels *Politischen Rundbriefen* aufgenommen wurde, ist unklar. Der Text ist ebenso konziliant wie rhetorisch bombastisch und von Spuren völkischer Rhetorik durchsetzt.[7] Man könnte spekulieren, dass dieser (auch für den späteren Carnap, ab 1920, kaum charakteristische) Ton durch die sich nach Kriegsende in der Berliner Novemberrevolution überstürzenden politischen Ereignisse von seinem Autor rasch als nicht mehr zeitgemäß empfunden und der Text daher zurückgezogen worden war. Was noch im Frühjahr 1918, in den Rundbriefen, den Zeitgeschmack traf, war bereits im Herbst nicht mehr passend.[8] Die revolutionären Umwälzungen der Novemberrevolution bildeten sich jedenfalls unmittelbar in Bittels *Politischen Rundbriefen* ab, was sich auch an dem neuen, aktivistisch-agitatorischen Tonfall zeigt, in dem ein zweites, unmittelbar zum beziehungsweise nach dem Kriegsende erschienenes Editorial verfasst ist, das dem sechsten Rundbrief voransteht:[9]

> An die freideutsche Jugend!
> Die Ereignisse dieser Zeit, die Umwälzungen auf politischem Gebiet, der Durchbruch des Willens der bisher sozial unterdrückten Volksschichten, fordern jeden Deutschen zu einer Stellungnahme heraus. Rücksichtslose Zerstörung des Alten auf der einen Seite, zähes Verteidigen des Ueberkommenen auf der andern, spalten das deutsche Volk stärker denn je in politische Gruppen und Parteien.

---

[7] Carnaps häufige Verwendung des Terminus ‚Volk' impliziert nicht zwangsläufig eine „völkische" Haltung. Tatsächlich verwendet Carnap den Terminus weitgehend in einer der soziologischen und politisch unverdächtigen Völkerpsychologie von Lazarus und Steinthal entsprechenden Weise, wo „Volk" etwa gleichbedeutend ist mit „Nation". Auch ist Carnaps Weg im Rahmen der Jugendbewegung eben nicht „völkisch", sondern „sozialistisch" gewesen. Dabei muss jedoch auch gesehen werden, dass zumindest bis zum Bruch im Jahr 1919 von den meisten Freideutschen, einschließlich Carnap, die grundsätzliche Möglichkeit gesehen wurde, das völkische und sozialistische Element in der Jugendbewegung zu vereinen. Vgl. Kurella (1918) sowie Laqueur (1962, S. 113–126). Das impliziert im Allgemeinen durchaus ein Kokettieren mit im Rückblick betrachtet eindeutig völkischen Gedankenkonstruktionen wie etwa der „Rassenhygiene". So hat Carnap einschlägige Schriften gelesen und rezipiert den Terminus ‚Rassenhygiene' noch im *Aufbau* ohne erkennbare kritische Perspektive. Vgl. Carnap (1928, § 152), sowie dazu Mormann (2006). – Allerdings ist von diesen (noch näher zu untersuchenden) am Rand des intellektuellen Spektrums von Carnap und anderen sozialistischen Freideutschen zu findenden völkischen Konstruktionen in dem hier edierten Aufsatz kaum etwas zu bemerken. Carnaps Sozialismus war schon 1918 weder „völkisch" noch, wie von Thomas Mormann in der Einleitung zu seiner Online-Edition von „Deutschlands Niederlage" behauptet, „metaphysisch" (vgl. Mormann, o .J., S. 1 f.).

[8] In diesem Sinn argumentiert auch Carus (2007a, S. 59 f.).

[9] Das Editorial ist mit 9. November 1918 datiert, Carnap hat jedoch handschriftlich das Datum 25.11. in Klammern hinzugesetzt, vielleicht das tatsächliche Erscheinungsdatum des Rundbriefs.

Wohin gehört in diesem Kampf die Jugend? Die freie deutsche Jugend, die einst im Meißnerschwur sich verband zu eigener Verantwortung und innerer Wahrhaftigkeit? Sie halte im Kampf der Interessen die Partei der Idee, sie stelle sich in den Dienst der Ordnung, der Vermittlung, des Wiederaufbaues. Jetzt ist die Zeit, wo eine neue Welt ersteht, wo ohne die alten Hemmungen fruchtbare Arbeit getan werden kann.

Jetzt können wir bewähren, was wir in der Zeit, da wir es für unser Recht und unsere Pflicht hielten, uns von aller Tat zurückzuhalten, gedanklich erarbeitet haben.

Wir wollen helfen, daß die neue Zeit besser, freier und wahrer wird. (RC 110-01-06, 21)

Diesem am Beginn der Novemberrevolution formulierten Editorial folgte dann der oben bereits erwähnte und im Januar 1919 publizierte, von Carnap mitunterzeichnete und also mitautorisierte „Aufruf an die freideutsche Jugend". In diesem Text, der das Resultat der Aktivitäten der Berliner sozialdemokratischen Freideutschen um Tormin zur Zeit der Novemberrevolution von 1918 darstellte, wird die Rhetorik nochmals radikaler und präziser:

Es gilt eine Entscheidung. Wollen wir die neue politische und wirtschaftliche Lebensform des deutschen Volkes mitgestalten, so müssen wir Partei ergreifen im Streit der großen Ideen des Zeitalters. Die Zeit des verschwommenen Sowohl-als-auch ist vorüber.
Welche Frage fordert unsere Entscheidung?
Es ist nicht die Frage: Aristokratie oder Demokratie? Wir haben eingesehen, daß die Herrschaft der Besten nicht zuverläßiger gewährleistet werden kann als durch die denkbar weiteste und vorurteilsloseste Auslese aus den breitesten Schichten des Volkes. So sind heute alle Parteien demokratisch.
Es ist auch *nicht* die Frage: national oder international? Denn wir wissen, daß die Einordnung eines Volkes als dienendes Glied in eine Rechts- und Freundschaftsgemeinschaft der Völker eine kraftvolle Ausprägung einer eigenartigen nationalen Kultur nicht ausschließt, sondern *fordert.* So stehen alle Parteien heute auf dem Boden des Völkerbundes.
Die beiden Lösungen, zwischen denen der Streit heute geht, heißen: *Sozialismus oder Bürgertum?* Wie stellt sich zu ihnen die Freideutsche Jugend?. (Tormin, 1968, S. 614)

Die Antwort wird im Aufruf in unzweideutiger Weise gegeben. „Geschichte und Soziologie geben die Antwort" (Tormin, 1968, S. 614), heißt es dort weiter, und es wird ein kontrastreiches Bild der negativen Auswirkungen des „Kapitalismus" gezeichnet:

Wie soll das anders werden? Dem Geist des Eigennutzes, der Lieblosigkeit, der Ausbeutung, die hinter diesem System steht, können wir nur beikommen, indem wir, jeder in seinem Kreise, einen *andern* Geist verbreiten, den Geist der *Brüderlichkeit,* der *Liebe,* der *Gerechtigkeit.* Das ist eine *Erziehungsaufgabe von Jahrhunderten.*
Aber eines können wir schon heute erreichen:
Wir können die Macht jenes Geistes, seine Zwingburg, die er sich aufgerichtet hat, brechen. Diese Zwingburg ist die kapitalistische Wirtschaftsordnung, und zu brechen ist sie durch den – Sozialismus. (Tormin, 1968, S. 615)

Den sich daraus ergebenden theoretischen Forderungen – nach Demokratie, Sozialismus, Völkergemeinschaft – stellt der Aufruf die mit diesen konvergierenden „praktischen Forderungen" gegenüber:

Solche sind beispielsweise Lehr- und Lernfreiheit, freie Gedankenäußerung im weitesten Umfange, Einheitsschulen, gleiches Wahlrecht, Nationalversammlung, sozialistischer Aufbau der Wirtschaft, insbesondere: Sicherung des vollen Arbeitsertrages für Hand- und Kopfarbeiter, Arbeiter-, insbesondere Jugendschutz. Förderung des Genossenschaftswesens, Wohnungsreform, Aufteilung des Großgrundbesitzes, innere Kolonisation, Bekämpfung der Erzeugung und Verbreitung von Schundwaren und Genußgiften, ferner Besteuerung nach der Leistungsfähigkeit, Einheit des Deutschen Reiches, Selbstbestimmungsrecht der Völker, Bekämpfung der Militarisierung besonders der Jugend, Völkerbund. (Tormin, 1968, S. 616)

Auch wenn vor dem Hintergrund dieser wesentlich weiter reichenden Forderungen das Dokument „Deutschlands Niederlage" als Momentaufnahme eines sich in der Novemberrevolution rasch selbst überholenden historischen Prozesses gesehen werden muss, so ist Carnaps Text doch in mehrfacher Hinsicht interessant und wichtig.[10] Erstens als Dokument seiner intellektuellen Entwicklung, schließlich handelt es sich um einen der ganz wenigen von Carnap vor 1919 verfassten Texte, in denen er sich philosophisch beziehungsweise überhaupt intellektuell artikuliert. Zweitens wird in diesem Text – wie auch in den anderen Texten aus Carnaps Frühzeit – vor allem eine praktisch-ethische Komponente sichtbar, die in ihrer fundamentalen Bedeutung für Carnaps gesamte Philosophie bislang weitgehend unterschätzt worden ist.[11] Drittens artikuliert Carnap hier Ideen zu Völkerbund und Demokratie, die er wohl auch später, etwa im Zusammenhang seines „wissenschaftlichen Humanismus" vertreten hätte, aber kaum je explizit artikuliert hat.[12] Der Text von 1918 ist also auch deswegen interessant, weil er, nur am Rande philosophisch argumentierend, die politiktheoretische Seite Carnaps sichtbar macht, die sich sonst in seinen Schriften meist nur in Andeutungen findet.

„Deutschlands Niederlage" dokumentiert also eine bestimmte Stufe der Entwicklung von Carnaps Politisierung und fügt sich so, als wichtiges Bindeglied in seiner intellektuellen Biographie, in die sonst vor allem durch seine Tagebücher, den Briefwechsel mit Freunden wie Wilhelm Flitner und Franz Roh, sowie die erwähnten *Politischen Rundbriefe* vom Frühjahr 1918 illustrierten Entwicklungen.[13] Am Ende dieses Prozesses der Politisierung stand, nach dem Bruch zwischen „völkischen" und „sozialistischen" Freideutschen bei der Jenaer Führertagung im April 1919,[14] für Carnap, wie für so viele andere, eine gewisse Ernüchterung. Er blieb

---

[10]Wie im zitierten Aufruf ersichtlich und auch aus dem Tagebuch hervorgehend, hatte sich die „Sozialistische Freideutsche Gruppe", unter Beteiligung Carnaps, bereits am Tag des Waffenstillstandes formiert. Die im Aufruf artikulierten Gedanken sind also offenbar nur wenige Tage oder Wochen nach *Deutschlands Niederlage* entstanden. Vgl. Carnap (2022), Einträge zum 11. und 14. November 1918.

[11]Wichtige Ausnahmen sind Carus (2017, 2021); Siegetsleitner (2014, S. 89–162); Reisch (2005, S. 47–53, 382–384); Richardson (2007); Uebel (2004, 2020); Damböck (2018, 2021) und Zeisel (1993). Vgl. außerdem die Beiträge von André W. Carus und Christian Damböck in diesem Band sowie Mormann (2006) und die kritische Stellungnahme dazu in Uebel (2010).

[12]Vgl. Carnap (1993, S. 130).

[13]Vgl. die einschlägigen Dokumente in den Nachlässen von Carnap, Flitner und Roh. Der demnächst erscheinenden Edition von Carnaps *Tagebüchern* soll, ebenfalls im Meiner Verlag Hamburg, eine von Meike G. Werner und Christian Damböck edierte Ausgabe der frühen Briefwechsel (bis 1920) und der *Politischen Rundbriefe* vom Frühjahr 1918 folgen. Zum frühen Briefwechsel Carnaps vgl. Werner (2014).

[14]Vgl. Laqueur (1962, S. 126–137) sowie Preuß (1991, S. 201–211).

zwar zeitlebens Sozialdemokrat, politisch engagierte er sich aber erst wieder ab den späten 1920er-Jahren, da allerdings eher nur indirekt, als wissenschaftlich orientierter Antimetaphysiker.[15]

Nun zum Inhalt des Aufsatzes. „Deutschlands Niederlage" verteidigt Woodrow Wilsons 14-Punkte-Programm und rechtfertigt jeden einzelnen Punkt im Detail.[16] Carnaps Argumentation stützt sich auf die Idee des „Völkerrechts", auf die „Forderungen des Selbstbestimmungsrechtes der Völker, des Schiedsgerichts, der Abrüstung" sowie den Völkerbund und die Hoffnung, dass diese Dinge „immer weiter in das Bewusstsein der Menschheit" eindringen und „bald in einer ersten primitiven Gestalt Wirklichkeit werden" (Carnap, 1918, S. 12). Dem von ihm uneingeschränkt bejahten „Wilson-Frieden" stellt Carnap das gegenüber, was er „Entente-Frieden" nennt, also den tatsächlich nach Kriegsende zu erwartenden Frieden, der „manche Punkte des Wilson-Programmes erfüllen, in anderen Punkten dagegen unrechtmäßige Ansprüche der Feinde durchsetzen [wird]" (Carnap, 1918, S. 8 f.). Darunter versteht Carnap zunächst Gebietsaneignungen, die gegen den mehrheitlichen Willen der dort ansässigen Bevölkerung erfolgen. Diese sind für Carnap allerdings nicht das Kernproblem, weil seiner Ansicht nach der Völkerbund für Minderheitenrechte sorgen wird. Als „schwere Bedingung" des „Entente-Friedens" sieht er jedoch die zu erwartende „wirtschaftliche Bedrückung auf Jahre hinaus" (Carnap, 1918, S. 10). Carnap fasst zusammen:

> Wir erkennen jetzt, so deutlich, wie es gegenwärtig möglich ist, was geschehen ist und geschieht: *Deutschland* ist nach langem Kampf der Uebermacht *unterlegen: Zwar wird der Völkerbund kommen*, der schließlich allen Völkern ihr gerechtes Los zuerteilen wird. Einstweilen aber wird Deutschland, da es aus diesem vielleicht letzten Kriege der Kulturstaaten als der Besiegte hervorgeht, *unter sehr schwerem wirtschaftlichen Druck liegen*. (Carnap, 1918, S. 11)

Die *politische* Schuldfrage lässt Carnap in diesem Zusammenhang weitgehend (abgesehen von der von ihm eingeräumten Schuldhaftigkeit der Annexion Belgiens) offen. Diese müsse „durch eine heute noch nicht mögliche Einsicht in die Dokumente der Vorgeschichte des Krieges" (Carnap, 1918, S. 5) von HistorikerInnen entschieden werden. Allerdings könne man diese Frage auch beiseitelassen. Denn wichtiger als die politische erscheint für Carnap die geistig-kulturelle Schuldfrage, die sich nicht auf die Verantwortung politischer EntscheidungsträgerInnen bezieht, sondern auf das Verhalten der Gesamtbevölkerung. „Das Wesentliche ist: *Die Geistesverfassung Europas, die den Weltkrieg unvermeidbar und dann seine Beendigung bisher unmöglich machte, hat ihren Hauptnährboden in Deutschland*" (Carnap, 1918, S. 15). Es gibt für Carnap eine Schuld, die Deutschland trifft, und diese besteht darin, dass seine Bevölkerung „später als die Westeuropäer und Amerikaner dem neuen Geiste zugänglich wird" (Carnap, 1918, S. 14). Er führt aus:

---

[15] Vgl. Damböck (2018, 2021).

[16] Der amerikanische Präsident Woodrow Wilson hatte am 8. Januar 1918 in einer programmatischen Rede 14 Punkte für eine künftige Friedensordnung skizziert, die als grundlegend für die Entstehung des Völkerbundes gelten.

Ein Blick in das sozialdemokratische Programm zeigt uns, dass der Arbeiterklasse theoretisch längst bekannt war, in welcher Weise das Verhältnis der Staaten zueinander umzugestalten sei. Doch das Volk der Dichter und Denker war zu unpolitisch, um solchen Fragen die volle Aufmerksamkeit zuzuwenden oder gar ihre Lösung selbst durchzusetzen. Auch dies ist verständlich, ja beruht auf einem Charakter, den wir hochschätzen und der das Volk zu gewaltigen Leistungen auf andern Kulturgebieten befähigt hat. Verständlich, aber nicht entschuldbar. Die Weltgeschichte ist das Weltgericht, und ihr Urteil ist unerbittlich. Unsere Generation und die folgende haben das Schwergewicht der Busse zu tragen. (Carnap, 1918, S. 14)

Auch wenn der vorletzte Satz („Die Weltgeschichte ist das Weltgericht" – eine auch von Hegel strapazierte Verszeile aus Schillers Gedicht „Resignation") und die Rede von „Buße" einen fatalistischen Unterton haben, möchte Carnap hier doch offenkundig sagen, dass die Deutschen die Zeichen der Zeit nicht gesehen haben, die auf Völkerverständigung, Abrüstung und Demokratie zeigten und dass sie nun die Konsequenzen dieses Versagens zu tragen haben.[17]

Von allgemeinen Betrachtungen über Friedensbedingungen und die Schuldfrage gelangt Carnap zur Analyse der Frage des Anteils der „geistigen Menschen" an der Schuld Deutschlands. Hier kritisiert er, dass „von den beiden Polkräften des geistigen Lebens: *Aktivität und Kontemplation*" eben „die zweite, die quietistische, mystische vielleicht auf den deutschen Menschen allzu starken Einfluss ausgeübt [hat]" (Carnap, 1918, S. 15 f.). Carnap kritisiert eine „von einflussreichen Vertretern der Geisteswissenschaften" vertretene Auffassung des Staates, die nur „das Bestehende anerkannte, ohne es an dem Massstab eines objektiven Wertes zu prüfen" und „die lehrte, dass das Wesen des Staates reine Macht und seine Aufgabe Machterweiterung sei" (Carnap, 1918, S. 17).[18] Carnap fordert dagegen, dass man in der Politik und in den Geisteswissenschaften nicht bloß die vorhandene Ordnung verteidigen und Politik als Machtpolitik verstehen soll, sondern dass es eben darum geht, neue Werte auszuarbeiten und politisch umzusetzen. In welchem Sinn diese Werte dann „objektiv" sind, bleibt an dieser Stelle unklar. Man vergleiche aber die in Fußnote 1 von „Deutschlands Niederlage" enthaltene Bemerkung Carnaps, wo die „objektive Geltung auch der politischen Werturteile" an die „wichtige und dringende Aufgabe" geknüpft wird, „durch Aussprache und besonders auch durch diese Rundbriefe auf *Übereinstimmung in den politischen Grundsätzen* hinzuarbeiten" (Carnap, 1918, n1).[19] Dazu passend die Schlusspassage von Carnaps Text:

---

[17] Es mag dies eine der Stellen sein, die Carnap in der revolutionären Aufbruchsstimmung des Novembers 1918 kaum mehr so formuliert hätte. Der Tonfall änderte sich radikal, wie die obige Gegenüberstellung der beiden Editoriale Bittels zeigt. Was diese Stelle von Carnaps Text jedoch kaum transportiert ist, wie von Thomas Mormann behauptet, eine „Hegelianische Geschichtsmetaphysik" (Mormann, o .J., S. 2).

[18] Man kann nur spekulieren, wer die „einflussreichen Vertreter der Geisteswissenschaften" sein könnten, auf die Carnap hier anspielt. Heinrich Rickert oder Georg Simmel mit ihren von der Jugendbewegung als fatalistisch empfundenen Wertauffassungen wären naheliegende Kandidaten.

[19] Zur „Objektivität" von Werten in Schriften von Carnap und Reichenbach aus dem Jahr 1918 vgl. die Interpretation in Abschnitt 4 von Christian Damböcks Beitrag in diesem Band. Vgl. weiters Carus (2021). Eine völlig andere, auf Rickerts Wertabsolutismus gestützte (und in Carus' Beitrag kritisierte) Interpretation liefert Thomas Mormann (2006, o .J.).

In diesem Sinne ist *Politik* als Wissenschaft neben der Individualethik der andere Zweig der *praktischen Philosophie*, also eine Wertlehre; und Politik als Tun besteht in der *Verwirklichung dieser Werte.* Das ist Aufgabe eines Einzelnen oder einer Arbeitsgemeinschaft solcher, die gleiche Werte anerkennen und durchsetzen wollen. Die Bedeutung dieser Aufgabe und die Verantwortung, die mit ihr übernommen wird, sind uns klar geworden durch das Erkennen der Schuld, die wir geistigen Menschen am Schicksal unseres Volkes und der Menschheit, und gerade auch an der Katastrophe der letzten Jahre tragen. (Carnap, 1918, S. 18)

Der Text von „Deutschlands Niederlage" wird hier unverändert wiedergegeben, nur offensichtliche Tippfehler wurden stillschweigend korrigiert. Auf eine textkritische Bearbeitung und Kommentierung wird ebenso verzichtet wie auf den Nachweis bibliographischer Angaben. Die Paginierung des Originalmanuskripts wird angegeben. Auf Seite 5 in der Originalpaginierung befindet sich eine von Carnap als gestrichen markierte Passage, die wir mit abdrucken, jedoch entsprechend kennzeichnen. Seite 9 bis 11 des Originalmanuskripts wurden mit einer anderen Schreibmaschine verfasst, die über ein ß verfügte. Wir belassen die Schreibweisen durchgehend bei „Mass" beziehungsweise „Maß".

17.1   Deutschlands Niederlage: Sinnloses Schicksal oder Schuld?

Kernberger [Rudolf Carnap]

Das rein egocentrische Streben entfesselt in der ganzen Umwelt alles Anarchische, bis eines schönen Tages die Macht von einer noch grösseren Macht zu Boden geschlagen und in Ohnmacht verwandelt wird. Das ist das ewige Weltgericht über alle blosse Machtpolitik.
Friedrich Wilhelm Förster, Oesterreich und der Friede, Juli 1917

Bevor wir den schwierigen und gewagten Versuch machen, uns über den *Sinn dessen* klar zu werden, was im Krieg und durch ihn geschehen ist, müssen wir uns erst einmal vergewissern, ob wir, die politisch Gleichgesinnten, auch wirklich das Gleiche erleben. Denn wenn etwa der eine im jetzigen Geschehen den Zusammenbruch eines durch vierjährige Belastung erschöpften Volkes sieht, das im Begriff ist, aus Verzweiflung seine besten Güter von sich zu werfen, ein anderer aber Genugtuung über die endlich beginnende Einsicht und über den Willen, unrechtmässigen Besitz herzugeben, empfindet, so wäre zwischen diesen beiden jede Erörterung über den tieferen Sinn des Geschehens verfehlt. Darum will ich zuerst sagen, was für Ereignisse ich jetzt sehe. Darauf mögen andere entgegnen, und wir werden uns über diese (im höheren Sinne) rein tatsächliche Frage bald einigen. Das eigentliche Problem der ethischen Stellung |₂ des Einzelnen zu dem Geschehen will ich nur am Schluss kurz andeuten. Vielleicht gelingt es uns später, auch hierüber zu einer Verständigung zu kommen.

Kernberger [R. Carnap] (Deceased)

1. Das Geschehen

Was ist geschehen? Das friedliebende und fleissige deutsche Volk ist in einen Krieg verwickelt und nach jahrelangem Kampf, in dem es sich als tapfer und zäh bewährt hat, *von der Uebermacht besiegt* worden. Das wirtschaftlich blühende, kulturell und organisatorisch hoch befähigte Volk erlebt das traurige Schicksal einer Niederlage und sieht eine *bedrückte Zukunft* vor sich.

Hier muss gesagt werden, was uns „Niederlage und bedrückte Zukunft" bedeutet. Erst einmal, was es uns nicht bedeutet: Im strategischen Misserfolg an sich sehen wir kein trauriges Schicksal, denn Waffenruhm ist uns kein Wert. Dieser Misserfolg sowohl, wie der der Diplomaten, ist zwar in seinen Folgen bedauerlich, aber keine Schande. Die Illusion der Unbesiegbarkeit des deutschen Heeres haben wir ohne Schmerz fallen lassen. Bleiben nur die Folgen, d. h. die schon zugestandenen oder noch zu erwartenden *Friedensbedingungen*. Die *Waffenstillstandsbedingungen* sind, da vorübergehend, unwesentlich, so schwerwiegend ihre Folgen auch sein mögen. Insbesondere die dabei vermutlich verlangten Garantieen (vielleicht: Besetzung von Elsass-Lothringen, von Metz und Helgoland, Auslieferung der Geschütze und der U-Boote, Uebergabe der militärischen Befehlsgewalt an eine wahrhafte Volksregierung) sind erstens wiederum eine Verletzung der „Waffenehre", sogar der „nationalen Ehre des Deutschen Reiches". Das ist uns gleichgültig. In unseren Augen hat das Deutsche Reich *keine andere Ehre, als die, dem göttli₃chen Geiste an seinem Platz zu dienen, also dem deutschen Volke als einem Träger dieses Geistes.* Zweitens sind sie uns zu einem Teil sogar willkommen, nämlich insoweit sie vielleicht in einem kommenden kritischen Augenblick verhindern, dass jener verhängnisvolle Begriff der nationalen Ehre Strömungen aufkommen lässt, die den Friedensschluss erschweren oder gar verhindern. Drittens sind insbesondere die verfassungsmässigen Garantieen hoch erfreulich, da sie uns eine schon längst bitter notwendige Reform für die Dauer bescheeren.

2. Die Friedensbedingungen

Bleiben also die eigentlichen Friedensbedingungen. Im einzelnen kennen wir sie noch nicht, doch genügt das wenige, was wir von ihnen wissen, zu einer grundsätzlichen Betrachtung. Wir wollen mit dem Ausdruck „*Wilson-Frieden*" einen solchen bezeichnen, durch den alle strittigen Fragen nach den von Wilson früher festgesetzten Grundsätzen geregelt werden würden. Nach dieser Definition ist der Begriff unabhängig von Wilsons Gesinnung und Absichten, um so mehr von dem Frieden, der jetzt unter Wilsons Leitung und starken Einflüssen von England und Frankreich zu stande kommen wird. Diesen zu erwartenden Frieden bezeichnen wir als „*Entente-Frieden*"; seine Gestalt lässt sich nur in ungewissen Zügen erkennen, während wir uns vom Wilson-Frieden ein einigermassen deutliches Bild machen können.

Ich behaupte nun, dass der Wilson-Friede grundsätzlich dem entspricht, was auch wir fordern, nämlich dem *Rechtsfrieden*. Der Entente-Friede jedoch, der zwar wesentliche Punkte von jenem einschliessen, darüber hinaus aber ungerechte Forderungen der feindlichen Macht-, Geld- und Ländergier erfüllen wird, berechtigt uns, das Schicksal unseres Landes beklagenswert zu nennen, und zwar $|_4$ auch nur in den Punkten, in denen dieser Friede über den Wilson-Frieden hinausgeht. Und *nur hier* darf von unserer *Niederlage* gesprochen werden. $|_{4b}$

Der Wilson-Friede

Die „14 Punkte" vom 8/1.18 nennen zuerst 5 allgemeine Grundsätze, denen wir sicherlich zustimmen: Oeffentlichkeit der Verträge und Vereinbarungen, Freiheit der Schiffahrt, Gleichheit der wirtschaftlichen Rechte, Abrüstung, unparteiische Schlichtung der kolonialen Ansprüche. In den folgenden 8 Sätzen wird der Grundsatz vom Selbstbestimmungsrecht der Völker auf verschiedene Einzelfälle angewendet. Darüber wird nachher zu sprechen sein. Der 14. Punkt verlangt die internationale Vereinbarung zur gegenseitigen Sicherung. Bei dieser Vereinbarung sollen, so sagt der erste Punkt des Programms vom 12/2.18, Gerechtigkeit die Grundlage und dauernder Frieden das Ziel sein. Hier folgt dann das schon genannte Selbstbestimmungsrecht der Völker als Beispiel der Anwendung des Gerechtigkeitsprinzips. Im 2.–4. Punkt wird es in seiner grundsätzlichen Bedeutung dargestellt.

Dasselbe geschieht im zweiten der vier „Friedensziele" der Rede vom 4/7.18. Das erste besteht in der Beseitigung persönlicher Herrschaft, die den Frieden willkürlich stören kann. Das dritte Ziel ist: Rechtsgesinnung der Völker im Völkerbund, wie sie der Bürger im Staate hat. Das vierte: Sicherung des Friedens durch Organisation mit Zwangsrecht. Zusammenfassend wird dann gefordert: Herrschaft des Sittengesetzes, wie für Einzelne, so auch für Nationen und Staaten, eines Gesetzes, das freiwillig anerkannt und von der organisierten Menschheit verbürgt wird. – In der Rede vom 27/9.18 wird zuerst noch $|_5$ einmal unparteiische Gerechtigkeit als Richtlinie des Friedensvertrages hingestellt. Dementsprechend wenden sich die Sätze 2–5 gegen Sonderinteressenpolitik, Sonderbündnisse, Wirtschaftskrieg und Geheimverträge.

Dies sind die *Grundsätze* des Wilson-Friedens. ⟨So schwierig auch die mit jedem Satz zusammenhängenden völkerrechtlichen Probleme sein mögen, und noch schwieriger und mühevoller die Arbeit ihrer praktischen Durchführung, so werden unsere Ueberzeugungen über die *objektive Rechtlichkeit* dieser Grundsätze doch weitgehend übereinstimmen.[20] Auf keinen Fall dürfen wir uns in unserm Urteil über die Wahrheit der Sätze durch den Umstand beeinflussen lassen, dass sie von feindlicher Seite als Friedensprogramm aufgestellt sind. Besteht die Gefahr, dass wir auf unsere Objektivität Stolzen unvermerkt in diesen Fehler verfallen? Leider ja. Vielleicht ist das zu entschuldigen oder wenigstens zu erklären durch die Art, in der selbst massvolle Staatsmänner und Politiker zu uns über die Gesinnung und den

---

[20] Mir wenigstens scheint es so, als seien wir uns nicht nur einig in dem Glauben an die objektive Geltung auch der politischen Werturteile und Forderungen, sondern auch in weitem Umfang einig über den *Inhalt* der Forderungen. Soweit das noch nicht der Fall ist, haben wir die wichtige und dringende Aufgabe, durch Aussprache und besonders auch durch diese Rundbriefe auf *Uebereinstimmung in den politischen Grundsätzen* hinzuarbeiten.

Willen der Feinde, insbesondere Wilsons, gesprochen haben. Ich erinnere daran, dass Hartling (der Akademiker) über Wilsons Rede vom 4/7. eine Woche später im Reichstage erklärt hat: „Bis in die letzten Tage hinein haben wir die aufreizenden Reden der feindlichen Staatsmänner gehört. Herr Wilson will den Sieg bis zur Vernichtung…"[21]⟩ [22]Für die *Anwendung dieser Grundsätze* auf die Wirklichkeit gibt Wilson Beispiele in Punkt 6–13 der Rede vom 8. Januar. Er selbst hat |₆ später betont, dass die Geltung der Rechtsgrundsätze das Wesentliche sei. Die Einzelheiten der Anwendung zu vereinbaren, werde für eine vom Geist der Grundsätze ausgehende Erörterung nicht mehr schwierig sein.

Gegen die Punkte 6 und 9–13 werden von uns wohl keine Einwände erhoben. Sie machen für verschiedene Völker und Volksteile (Russland, Italien, die Nationen Oesterreich-Ungarns, Rumänien, Serbien, Montenegro, die Völker der Türkei, Polen) das Recht auf Unabhängigkeit und Selbstbestimmung noch einmal ausdrücklich geltend. Als selbstverständliche Voraussetzung hierfür wird die Räumung der besetzten Gebiete im Osten und Süden verlangt. Ferner wird für Polen und für Serbien Zugang zur See gefordert; (also nicht Besitz des Küstenlandes oder einer Hafenstadt, sofern das den Ansprüchen anderer Nationen widersprechen würde, sondern nur Hafenrecht und freie Durchfahrt). Die Dardanellen sollen internationale Fahrstrasse sein.

Nur den Punkten 7 und 8 gegenüber erheben sich Bedenken. Die Probleme Belgien und Elsass- Lothringen! Für *Belgien* wird Räumung, Wiederaufrichtung und unverletzte Souveränität verlangt. Die Absichten, Belgien nicht vollständig zu räumen, oder es in irgendeiner Form abhängig zu machen, sind ja zum Glück längst aus Deutschlands Kriegszielen verschwunden. Aber Wiederaufrichtung? Würde das nicht bedeuten, dass wir für alle zerstörten Ortschaften und Städte Entschädigung zahlen müssten, also auch für die Wirkung der feindlichen Artillerie und für die Folgen des Francstireurkrieges? Gewiss, das ist der Sinn der Forderung. Und doch, sie ist berechtigt. Das wird allerdings nur zugeben, wer überzeugt ist, dass uns allein die Schuld daran trifft, dass Belgien das Opfer des Krieges geworden ist. Ich |₇ kann hier nicht näher darauf eingehen, erinnere nur an Bethmanns offene Erklärung und an manche spätere Reichstagsverhandlung, und weise besonders auf Erzbergers ausführliche und klare Erörterung der Schuldfrage hin.[23]

Für das *besetzte Gebiet Frankreichs* wird ebenfalls Räumung und Wiederherstellung gefordert. Ob gemeint ist, dass wir allein die Wiederherstellungskosten zu tragen hätten, wird nicht ausdrücklich gesagt, vermutlich aber bei den Friedensverhandlungen so ausgelegt. Dem müsste für den Fall zugestimmt werden, dass sich durch eine heute noch nicht mögliche Einsicht in die Dokumente der Vorgeschichte des Krieges erweisen würde, dass Deutschland der Hauptschuldige wäre. Sollten

---

[21]Vgl. „Die Zukunft" 27/7.18. Dort auch der Wortlaut der Reden Wilsons und Balfours.

[22][Die in spitzen Klammern ⟨⟩ gesetzte Passage wurde von Carnap mit Rotstift als gestrichen markiert, Hrsg.].

[23]M. Erzberger, Der Völkerbund. Berlin 1918. S. 153–160.

die Feinde aber widerrechtlich uns die alleinige Last der Wiederherstellung aufbür-
den oder gar unter diesem Vorwande eine übermässige Kriegsentschädigung verlangen, so würden sie damit vom „Wilson-Frieden" abweichen. Darüber wird unten
beim Entente-Frieden zu sprechen sein.

Wenn die Wiedergutmachung des Unrechts von 1871 als Bedingung hingestellt
wird, so kann das im Zusammenhang der Wilson'schen Grundsätze die Rückgabe
Elsass-Lothringens nur für den Fall und in dem Masse bedeuten, als es von der
Bevölkerung gewünscht wird. Und wenn wir bei der Volksabstimmung auch das
bittere Schauspiel erleben müssten, dass nicht nur die französische Bevölkerung,
auf die wir gern verzichten, sondern auch ein echt deutscher, alter alemannischer
Volksteil sich mit freiem Willen von unserem Volksverbande lossagt, so müssten
wir ihm doch das Recht hierzu zugestehen. Dass wir dann erkennen müssten, dass
wir es ihm nicht möglich gemacht hal$_8$ben, in dem halben Jahrhundert als lebendi-
ges Glied an das Volksganze anzuwachsen, das würde uns zwingen, uns selbst die
Schuld zuzuschieben: unserer Verwaltungsmethode im Frieden und besonders den
drückenden Massnahmen der Militärverwaltung in den Kriegsjahren.

Die Bodenschätze dürfen von uns nicht als Argument für die Notwendigkeit, die
Länder zu behalten, angeführt werden. Ueber die Staatszugehörigkeit eines Landes
und damit der Bodenschätze haben nicht die Regierungen, sondern die das Land
bewohnende Bevölkerung zu entscheiden. Der Missstand, den die Verwirklichung
dieser Forderungen hervorrufen wird, – dass nämlich einzelne Völker in der Lage
sein werden, die aus dem Besitz von Bodenschätzen entspringende Monopolstellung
zum Schaden der übrigen Welt auszubeuten, – ist nicht dadurch zu beseitigen, dass
den Staaten das Recht zugestanden wird, durch Gebrauch oder Androhung von
Gewalt oder auch Geltendmachung eines historischen Gebietsrechts sich einen
ihrem Bedürfnis entsprechenden Anteil an den Bodenschätzen zu verschaffen, sondern die Möglichkeit zur Erlangung dieses Anteils muss allen Völkern durch eine
übergeordnete Organisation gesichert werden. Das ist die Aufgabe des Völkerbundes.
Er wird sie wahrscheinlich zuerst nur unvollkommen durch Gewährung von
Handelsfreiheit und Zwang zu gleicher Zollbehandlung aller Aussenstaaten zu
erfüllen suchen, später vielleicht vollständiger durch Rationierung der Rohstoffe.
Gelöst wird die Aufgabe erst durch Sozialisierung der Weltwirtschaft.

Der Entente-Friede

Der Entente-Friede wird manche Punkte des Wilson-Programms erfüllen, in anderen Punkten dagegen unrechtmässige Ansprüche der l$_9$ Feinde durchsetzen. Wir kennen diese Ansprüche noch nicht; ihr denkbares Höchstmaß wird wohl durch die
Forderungen der Northcliffe-Presse dargestellt. Die Bedingungen, die uns möglicherweise auferlegt werden, beziehen sich auf Gebietsfragen, Heer und Flotte,
Handels- und Zollfragen, Kriegsentschädigungen, wirtschaftliche Verpflichtungen.
Die Bedeutung solcher Bedingungen hängt vor allem davon ab, *ob der Völkerbund
verwirklicht werden wird*, oder vielmehr, in welchem Grade und in welcher Gestalt
er verwirklicht wird; denn sein Kommen ist nicht mehr zu bezweifeln. Ich persönlich glaube nun, daß außer der nahe bevorstehenden Existenz der überstaatlichen
Organisation auch gewisse Grundlagen und Wirkungen schon als gesichert

angenommen werden können. Beweisen kann ich dies nicht, sondern nur auf die starke Strömung in breiten Volkskreisen aller Länder, die rege Anteilnahme der Gebildeten and der theoretischen Bearbeitung des Problems, besonders in England, Amerika und in neutralen Ländern, und auf die entschiedenen Proklamationen verschiedener einflußreicher Staatsmänner hinweisen. Die Organisation wird nach meiner Ueberzeugung zum mindesten die Lösung folgender Fragen in die Wege leiten: Friedliche Beilegung von Konflikten durch obligatorisches Schiedsgericht mit Ehrenklausel und durch Untersuchungskommissionen, erhebliche Einschränkung der Rüstungen, Sicherung der Gebiete der Einzelstaaten gegen gewaltsame Verletzung, aber Ermöglichung des freiwilligen Uebertritts der Bevölkerung eines Gebietsteils zu einem anderen Staat, Sicherung innerpolitischer Rechte der nationalen Minderheiten, Vereinbarung über Zollpolitik (vielleicht allgemeines Meistbegünstigungsrecht), Vereinbarung über Rohstoffbezug, Gewährung von Handelsfreiheit in den Kolonien für alle Nationen (vielleicht nicht von Kolonialbesitz), freie Schiffahrt. Weitere Punkte erscheinen zwar wünschenswert, doch ist ungewiß, ob und wann sie verwirklicht werden können. Z. B.: obligatorisches Schiedsgericht für *alle* Konflikte; vollständige Abrüstung; Vollzugsgewalt in der Hand des Bundes durch Sperre, nötigenfalls durch Waffengewalt; Institution zur Sicherung des Selbstbestimmungsrechts aller Volksgruppen; Sicherung bestimmter kultureller, demokratischer und sozialpolitischer Mindestrechte in allen Staaten; Handelsrechte für Angehörige aller Nationen in allen Gebieten, in den Kolonien zollfrei; Verteilung der Rohstoffe. Wer die Ueberzeugung nicht teilt, daß die zuerst genannten Punkte in den ersten Jahren der überstaatlichen Organisation zur Durchführung kommen werden, für den gelten die folgenden Ausführungen nicht, oder nur zum Teil. Und müßten wir gar annehmen, daß die „Illusion des Völkerbundes" nicht in naher Zukunft Wirklichkeit werden würde, dann allerdings wäre Deutschlands Niederlage und Unterdrückung besiegelt, und der Ausblick in die Zukunft unseres Volkes gäbe uns Grund zur Verzweiflung.

Welche Bedingungen werden uns möglicherweise auferlegt? Man kann an Gebietsabtretungen denken, z. B. Loslösung des deutschen Elsaß ohne Volksabstimmung, vielleicht weiterer rheinischer Gebiete. So schrecklich eine solche Bedingung auch klingt, sie braucht nicht tragisch genommen zu werden. Denn wenn der Völkerbund kommt, – und von dieser Voraussetzung gehen wir ja aus, – so kann das Verbleiben von Gebieten mit vollständig deutscher |$_{10}$ Bevölkerung bei Frankreich oder einem neutralen Staate nicht von langer Dauer sein. Und das Schicksal der Zwischenzeit würde auch dadurch erträglicher, daß künftig sicherlich in allen Kulturstaaten die nationalen Minderheiten gewisse Selbständigkeitsrechte erhalten werden, darunter auch das des Gebrauchs ihrer Sprache im öffentlichen Dienst, in Schule und Kirche. Vor allem aber dürfen wir eine solche Bedingung überhaupt für sehr unwahrscheinlich halten, da sie in allzu scharfem Widerspruch mit den Grundlagen jedes Völkerbundes steht.

Wahrscheinlicher ist die Bedingung militärischer Garantien, vielleicht schon vor den Friedensverhandlungen: sofortige Demobilisierung, vielleicht Auslieferung der wichtigsten Kriegsmittel zur See und zu Lande, Abrüstungsmaßnahmen, Niederlegung von Festungen, Neutralisierung Helgolands u. s. w. Diese Bedingung berührt manchen sehr schmerzlich; aber gerade sie am wenigsten darf uns bekümmern. Wir wissen doch, daß wir für die nächsten Jahre nach dem Frieden nicht an einen Krieg denken könnten, selbst wenn wir noch alle diese Mittel in Händen hätten. Und inzwischen werden Schiedsgericht und Abrüstung soweit entwickelt sein, daß wir nicht wehrlos zwischen Kriegsmächten, sondern gleichberechtigtes und gleichgesichertes Glied des Völkerbundes sind.

Schlimmer steht es mit der Bedingung der Geldentschädigung. Wenn sie nicht in offenem Widerspruch zu den Grundsätzen eines Rechtsfriedens als Kriegsentschädigung auferlegt wird, sondern als Beitrag zur Wiederherstellung der Kriegsgebiete, so darf sie nur insoweit als unrechtmäßig bezeichnet werden, als sie über den Anteil Deutschlands an der Schuld zur Entstehung des Krieges hinausgeht. Das wird erst nach Friedensschluß, wenn hoffentlich alle hierhergehörigen Dokumente veröffentlicht werden, beurteilt werden können. Wird dann die Entschädigung wirklich über dies Maß hinausgehen, so kann das allerdings eine wahrhaft ungerechte Bedingung genannt werden. Und diese wird auch sehr hart und drückend sein. Die Form der Abzahlung ist nicht von wesentlicher Bedeutung: vielleicht jährliche Geldzahlungen und Warenlieferungen, oder Auslieferung von Handelsschiffen, sonstigen Verkehrsmitteln, Fabrikanlagen, Maschinen, oder Zwang zu ungünstigen Handelsverträgen, Vorenthaltung von Kolonien, Beschränkung der Rohstoffzufuhr. Mit einem Wort: *wirtschaftliche Bedrückung* auf Jahre hinaus.

Dies ist *die schwere Bedingung*. Die einzige. Die Bedingungen des Wilsonfriedens erkannten wir als gerecht und auf die Dauer auch förderlich für unser Wohl. Die vorigen Bedingungen des Ententefriedens waren zwar ungerecht, aber nicht verhängnisvoll. Mit schwerer Sorge zu erfüllen vermag uns nur diese.

Vielleicht versuchen wir, unsere Besorgnis zu beschwichtigen durch das Vertrauen auf Wilson, er werde den Rechtsfrieden durchsetzen. Bis heute (26.10.) hat er dieses Vertrauen noch nicht enttäuscht, auch nicht durch seine Forderung radikaler Sicherheiten vor Beginn der Friedensverhandlungen. Aber: auch er ist nur ein Mensch. Vielleicht wird er Deutschlands Schuld am Kriege größer hinstellen als sie ist und uns eine größere Entschädigung auferlegen, als der Gerechtigkeit entspricht. |₁₁

Ein Trost mag uns auch die Ueberzeugung sein, daß der auferlegte Druck nur von beschränkter Dauer sein wird, vielleicht sogar infolge der Entwicklung des Völkerbundes von kürzerer Dauer, als der Friedensvertrag vorsehen mag. Der beste Trost ist aber die Zuversicht in die unversiegbare Lebenskraft unseres Volkes, das durch Energie, durch technische und biologische Reformen der Arbeits- und Lebensgestaltung und schließlich durch rationelle Organisation des Wirtschaftslebens (Sozialismus) die Arbeitsfähigkeit und den Arbeitsertrag so steigern wird, daß die Lebensbedingungen des *ganzen* Volkes (die es bisher nicht waren!) erträglich werden.

Wir erkennen jetzt, so deutlich, wie es gegenwärtig möglich ist, was geschehen ist und geschieht: *Deutschland ist* nach langem Kampf der Uebermacht *unterlegen: Zwar wird der Völkerbund kommen*, der schließlich allen Völkern ihr gerechtes Los zuerteilen wird. *Einstweilen aber wird Deutschland*, da es aus diesem vielleicht letzten Kriege der Kulturstaaten als der Besiegte hervorgeht, *unter sehr schwerem wirtschaftlichen Druck liegen.* |₁₂

3. Der Sinn des Geschehens

Der *Krieg* ist das natürliche Kampfmittel einer gewissen Kulturstufe. Die Epoche, in der die Menschheit oder ein Volksstamm sich auf dieser Stufe befindet, beginnt mit dem Zeitpunkt, wo durch Uebervölkerung die natürlichen Bedürfnisse der Menschen das Mass der von der Natur gebotenen Güter übersteigt. Das geschah vermutlich vor einigen Jahrhunderttausenden. Ihr Ende erreicht die Epoche, wenn die Entwicklung der Kultur die Organisation der Menschheit herbeigeführt hat. Das geschieht in den Jahrtausenden, in denen wir leben. Die ersten Zeugnisse vom Auftauchen des *Menschheitsbewusstseins* sind 2 und 3 Jahrtausende alt. Sie stammen aus Vorder- und Ostasien. Im Mittelalter begann der Uebergang vom Menschentumsbewusstsein zum menschheitlichen Gemeinschaftsbewusstsein und damit zur Organisation (Weltkirche und Weltreich). In den letzten Jahrhunderten tauchten die Gedanken eines autonomen Zusammenschlusses der Staaten auf der Grundlage des überstaatlichen Rechts auf (St. Pierre; Kant). Das hiermit geforderte Völkerrecht fängt in den letzten Jahrzehnten, veranlasst durch die gewaltige Steigerung der internationalen Beziehungen, an, sich zu entwickeln. Während des Weltkrieges dringt der Gedanke der überstaatlichen Organisation mit seinen Forderungen des Selbstbestimmungsrechtes der Völker, des Schiedsgerichts, der Abrüstung, immer weiter in das Bewusstsein der Menschheit, wird bald in einer ersten primitiven Gestalt Wirklichkeit werden und sich dann weiter entwickeln, um all die Aufgaben zu übernehmen und allmählich ihrer Lösung näher zu bringen, die das Gemeinschaftsleben der Völker an sie stellt.

So bilden nicht nur unsere Jahrtausende eine wichtige Uebergangszeit, sondern eine bedeutende Wendung in diesem grossen Uebergang vollzieht sich gerade jetzt, durch den Krieg. |₁₃ Es ist, als ob die Kräfte der Anarchie sich noch einmal mit unerhörter Gewalt austoben und gegen Menschen und Menschenwerk wüten wollten, bevor sie weichen und auch das Gebiet des Völkerlebens der Herrschaft der Vernunftordnung überlassen müssen.

Hart und unerbittlich ist der Kampf der Prinzipien am *Wendepunkt der beiden Zeiten*. Hier Gewalt, Machtwille, der nur auf die eigene Kraft vertraut, dort Rechtlichkeit, Unterordnung der Willkür unter das Gesetz. Heute sind noch beide Kräfte in seltsamer Mischung und Verflechtung in allen Völkern wirksam. Wehe aber dem Volk, das sich sträubt, seinen Willen in den Dienst des neuen Prinzips zu stellen. Die neue Zeit wird nicht seine kriegerische Tapferkeit, seinen aufstrebenden Machtwillen achten, sondern es als Hort der Anarchie verfemen. Tragisch mag das Schicksal manches kraftvollen Mannes gewesen sein, der beim Uebergang vom Faustrecht zur gesetzlichen Ordnung im Staatsinnern nicht mehr als Held, sondern als Verbrecher betrachtet und behandelt wurde. Wird beim gegenwärtigen Umschwung in der Völkergeschichte irgend ein Volk eine ähnliche Rolle spielen? *Russland* hat sich, bevor es ein Opfer dieser Gefahr wurde, mit gewaltiger innerer Kraft zum Bewusstsein der weltgeschichtlichen Wende durchgerungen, mit unerhörter Kühnheit die geistigen und politischen Fesseln der alten Zeit von sich geworfen und sich entschlossen und rückhaltlos mit beiden Füssen auf den neuen Boden des Rechtes der Völker gestellt. Noch ist die Entscheidung nicht gefallen, ob es zu spät hierzu war. Sehr spät war es; der Umschwung musste allzu plötzlich geschehen, und das muss Russland jetzt büssen. Noch auf lange Zeit hinaus wird es an den Wunden der Uebergangskrise und an den Fehlern der allzu gewaltsamen Neugestaltung leiden.

Aehnliches geschieht mit *Deutschland*. Doch bei uns in andern |14 Formen, in anderm Tempo, mit andern Mitteln als in Russland. Das entspricht der Verschiedenheit der Volkscharaktere.

Historisch zu verstehen ist es, dass unser Volk später als die Westeuropäer und Amerikaner dem neuen Geiste zugänglich wird. Durch Betrachtung seiner geographischen Lage und seines Schicksals im Mittelalter und in der Neuzeit wird uns klar, wie schwer es ihm gemacht worden ist, sich gegen alle Nachbarn durchzusetzen und schliesslich zu einer Reichseinheit zu gestalten. Die kriegerische Erziehung durch diese geschichtlichen Notwendigkeiten hat den Charakter deutlich beeinflusst, besonders den der führenden Schicht, die, von Eroberern und Kolonisatoren abstammend, diesen Charakter durch Herrschaft über Landbesitz und militärische Betätigung gefördert und gefestigt hat. Den breiten Schichten des Volkes aber ist es als Schuld anzurechnen, dass sie nicht schon im Laufe des vorigen Jahrhunderts die Leitung des Staates jener Oberschicht aus der Hand genommen haben. Ein Blick in das sozialdemokratische Programm zeigt uns, dass der Arbeiterklasse theoretisch längst bekannt war, in welcher Weise das Verhältnis der Staaten zueinander umzugestalten sei. Doch das Volk der Dichter und Denker war zu unpolitisch, um solchen Fragen die volle Aufmerksamkeit zuzuwenden oder gar ihre Lösung selbst durchzusetzen. Auch dies ist verständlich, ja beruht auf einem Charakter, den wir hochschätzen und der das Volk zu gewaltigen Leistungen auf andern Kulturgebieten befähigt hat. Verständlich, aber nicht entschuldbar. Die Weltgeschichte ist das Weltgericht, und ihr Urteil ist unerbittlich. Unsere Generation und die folgende haben das Schwergewicht der Busse zu tragen. |15

Auf den Einwand, Deutschland habe doch nicht – oder wenigstens nicht allein – den Krieg verschuldet, braucht nicht eingegangen zu werden. Das Wesentliche ist: *Die* Geistesverfassung Europas, die den Weltkrieg unvermeidbar und dann seine Beendigung bisher unmöglich machte, hat ihren Hauptnährboden in Deutschland. Ist es unter uns erforderlich, das erst zu beweisen? Ich kann hier nur kurz hinweisen auf Deutschlands Haltung bei den Haager Conferenzen und den Hass der andern Völker als Folge davon; auf die Gleichgültigkeit und den Spott unserer öffentlichen Meinung gegenüber dem, was im Haag geschah, im Vergleich zu den andern Völkern; auf die Wochen vor Ausbruch des Krieges, auf den Anfang des Jahres 1917, als eine schon begonnene Anbahnung zum Frieden durch den U-Bootkrieg zunichte gemacht wurde; auf den Januar 1918 mit den Ereignissen des Wilson'schen Friedensprogramms und der Berliner Militärherrschaft. Spätestens jetzt bei den Verfassungsreformen dieser Tage müssen doch jedem die Augen darüber aufgehen, wie sehr bei uns der kriegerische Gesichtspunkt dem politischen übergeordnet war, da die militärischen Instanzen durch die Verfassung in der Lage waren, neben und über den politischen zu regieren.

Und welches ist *unser* Anteil an Deutschlands Schuld? Zwar fühlen wir uns mit dem ganzen deutschen Volke solidarisch, d. h. innerlich schicksals- und schuldverknüpft. In noch engerem Masse fühlen wir uns aber verbunden mit denen aus dem Volke, die uns nach Lebensart, Gesinnung und Anschauung nahe stehen, mit den *geistigen Menschen. Welchen Teil der Schuld tragen sie?* Ihre Gleichgültigkeit gegen das politische Leben hat verschiedene Gründe. Von den beiden Polkräften des |16 geistigen Lebens: *Aktivität und Kontemplation,* die irgendwie eine noch unerkannte Synthese finden müssen, hat die zweite, die quietistische, mystische vielleicht auf den deutschen Menschen allzu starken Einfluss ausgeübt. Noch wissen wir selbst das Gleichgewicht zwischen beiden Kräften nicht zu finden, und müssen doch das strenge Urteil fällen: Disharmonie ist Schuld.[24] Ein weiterer Grund, der vielleicht mit jener nach innen gerichteten Einstellung zusammenhängt, ist *mangelnde Konsequenz,* die uns versäumen liess, nach dem, was theoretisch als richtig erkannt war, die Aussenwelt zu gestalten. Je klarer die ethischen Forderungen gerade von der deutschen Wissenschaft herausgearbeitet worden sind, umso schwerer ist unsere Schuld, dass sie auf das Gebiet der Theorie beschränkt oder bestenfalls auf das Privatleben angewandt wurden. Verhängnisvoller noch in seiner Wirkung auf das deutsche Geistesleben und auf das Urteil des Auslands über uns ist die Tatsache, dass eine Art der Geschichtsbetrachtung aufgekommen ist und noch bis heute starken Einfluss ausübt, die von |17 der vorhandenen Gestalt des innerstaatlichen und zwischenstaatlichen Lebens ausgehend das Bestehende anerkannte, ohne es an dem Massstab eines objektiven Wertes zu prüfen. Aus dieser *geschichtlichen Betrachtung* ging eine *Ethik* hervor, die lehrte, dass das Wesen des Staates *reine Macht* und seine Aufgabe Machterweiterung sei. Kennzeichnend für die Auffassung ist ferner die Bewertung der nationalen Ehre und der absoluten Souveränität des Staates. Ihr Grundfehler liegt darin, dass sie die Tatsache übersieht, dass auch die Staaten Bestandteile eines umfassenden Zusammenhanges, Glieder einer Gemeinschaft sind. Dass diese Auffassung nicht nur von Staatsmännern, sondern auch von einflussreichen Vertretern der Geisteswissenschaften verkündet worden ist und zum Teil noch heute verkündet wird, bedeutet eine besonders schwere Belastung unserer, der Geistigen, Schuldrechnung und unserer Verantwortung für die Zukunft.

4. Was sollen wir also tun?

Je grösser die Schuld, um so dringender die Aufgabe. Wehren wir uns nicht gegen das aufkeimende Schuldbewusstsein! Aber verfallen wir dann auch nicht in

---

[24] Das Problem der genannten Antinomie, auf das hier nicht eingegangen werden kann, gehört zu den grundlegendsten, deren Lösung uns am Herzen liegen muss. Ich verweise auf: Max *Scheler,* Die Ursache des Deutschenhasses. Eine nationalpädagogische Erörterung (Kurt Wolff Verlag, Leipzig 1917), Seite 69–83. Franz *Werfel,* Die christliche Sendung. Offener Brief an Kurt Hiller; und Alfred *Kurella,* Brief an Franz Werfel (beides in „Tätiger Geist. Zweites Zieljahrbuch", Verlag Georg Müller, München 1918). Dr. Werner Mahrholz, Der Pietismus der Geistigen. Frankfurter Zeitung 252 vom 11.09.2018. (als Beispiel des Wiederauflebens der vita contemplativa wird hier die Freideutsche Jugend zusammen mit Tolstoj, dem Neubuddhismus, der Steiner'schen Anthroposophie genannt). Auch W. *Rathenau,* Von kommenden Dingen, Seite 16–19. W. *Rathenau,* An Deutschlands Jugend (beides S. Fischer, Berlin 1918), Seite 35–39.

Verbitterung oder Resignation! Hierzu ist weder genügender Grund noch Zeit vorhanden. Die Zeit drängt, denn die nächsten Jahre werden für die Gestaltung des Weltgefüges wie für die des Volksaufbaus in jeder Beziehung entscheidend sein. Das Erlebnis der letzten Jahre hat uns dazu geführt, einer dieser Beziehungen eine besondere Bedeutung beizulegen, nämlich der Politik im weitesten Sinne. Wenn wir glauben, gerade hier den Hebel ansetzen zu müssen, so befürchten wir nicht, dadurch könne unser Tätigkeitsbereich zu eng umgrenzt oder zu einseitig werden. Denn zur Politik gehört uns alles, was mit dem öffentlichen Gemeinschaftsleben der Menschen zusammenhängt, sowohl der Geist, |18 den die Gemeinschaft verkörpert, wie auch ihre Struktur: der Aufbau ihrer Gliedmassen, der Völker, grosser und kleiner Organe bis herab zu den Menschenatomen. So sind uns alle Berufe: – Erziehung und Pflege der Körper und der Seelen, Erforschung der Zusammenhänge der Natur, des Geistes und des Weltgeschehens, Gestaltung von Dingen oder menschlichen Beziehungen nach dem innerlich Erschauten, Erzeugung und Vermittlung der Dinge, deren Leib und Seele zum Leben bedürfen, – zwar ihrer Art nach gesonderte Funktionen, ihrer Wirkung nach aber Leistungen am gleichen Werk. Um das vielfältige Getriebe all dieser Leistungen der chaotischen Willkür zu entziehen und der zielbewussten Vernunft zu unterwerfen, bedarf es einer Gemeinschaftsgestalt, die jedem Gliede Freiheit und Leistung zumisst und die noch einem jeden Atom jedes Gliedes Raum zur Entfaltung seiner göttlichen Seele verschafft. Diese Form, mehr Organismus als Organisation, zu schaffen und zu entwickeln, ist uns die Aufgabe der Politik. In diesem Sinne ist *Politik* als Wissenschaft neben der Individualethik der andere Zweig der *praktischen Philosophie*, also eine Wertlehre; und Politik als Tun besteht in der *Verwirklichung dieser Werte*. Das ist Aufgabe eines Einzelnen oder einer Arbeitsgemeinschaft solcher, die gleiche Werte anerkennen und durchsetzen wollen. Die Bedeutung dieser Aufgabe und die Verantwortung, die mit ihr übernommen wird, sind uns klar geworden durch das Erkennen der Schuld, die wir geistigen Menschen am Schicksal unseres Volkes und der Menschheit, und gerade auch an der Katastrophe der letzten Jahre tragen.

Kernberger (= R.C.), 29.10.18

Literatur

Bittel, K. (1918). *Politische Rundbriefe.* (teilweise vorliegend als RC 110-01).

Carnap, R. (1918). Deutschlands Niederlage. Sinnloses Schicksal oder Schuld. (RC 089-72-04 = der hier edierte Text).

Carnap, R. (2022). *Tagebücher 1908–1935*, Herausgegeben von Christian Damböck, unter Mitarbeit von Brigitta Arden, Roman Jordan, Brigitte Parakenings und Lois M. Rendl. Meiner.

Carnap, R. (1928). *Der logische Aufbau der Welt*. Weltkreis.

Carnap, R. (1993). In W. Hochkeppel (Hrsg.), *Mein Weg in die Philosophie (1993)*. Reclam.

Carnap, R. (2019 [1918]). Völkerbund – Staatenbund. In A. W. Carus, M. Friedman, W. Kienzler, A. Richardson & S. Schlotter (Hrsg.), *Rudolf Carnap. Early Writings* (S. 3–10). Oxford University Press.

Carus, A. W (2021). Werte beim frühen Carnap: Von den Anfängen bis zum *Aufbau*. In C. Damböck & G. Wolters (Hrsg.), *Der junge Carnap im historischen Kontext 1918–1935/Young Carnap in an historical context 1918–1935*. Springer, 1–18.

Carus, A. W. (2007a). *Carnap and twentieth-century thought. Explication as enlightenment.* Cambridge University Press.

Carus, A. W. (2007b). Carnap's intellectual development. In M. Friedman & R. Creath (Hrsg.), *The Cambridge companion to Carnap* (S. 19–42). Cambridge University Press.

Carus, A. W. (2017). Carnapian rationality. *Synthese, 194*, 163–184.

Damböck, C. (2018). Die Entwicklung von Carnaps Antimetaphysik, vor und nach der Emigration. In M. Beck & N. Coomann (Hrsg.), *Historische Erfahrung und begriffliche Transformation. Deutschsprachige Philosophie im amerikanischen Exil 1933–1945* (S. 37–60). LIT.

Damböck, Christian. (2021). The politics of Carnap's non-cognitivism and the scientific world-conception of left-wing logical empiricism. *Perspectives on Science.* https://doi.org/10.1162/posc_a_00372

Kindt, W. (Hrsg.). (1963). *Grundschriften der Deutschen Jugendbewegung.* Diederichs.

Kurella, A. (1918). *Deutsche Volksgemeinschaft/Offener Brief an den Führerrat der Freideutschen Jugend.* A. Saal.

Laqueur, W. (1962). *Die deutsche Jugendbewegung. Eine historische Studie.* Wissenschaft und Politik.

Mormann, T. (o. J.). *Germany's defeat* as a programme: Carnap's political and philosophical beginnings. https://philpapers.org/rec/MORGYD. (aufgerufen am 21.12.2021)

Mormann, T. (2006). Werte bei Carnap. *Zeitschrift für philosophische Forschung, 60*, 169–189.

Preuß, R. (1991). *Verlorene Söhne des Bürgertums. Linke Strömungen in der deutschen Jugendbewegung 1913–1919.* Wissenschaft und Politik.

Reisch, G. A. (2005). *How the Cold War transformed philosophy of science. To the icy slopes of logic.* Cambridge University Press.

Richardson, A. (2007). Carnapian pragmatism. In M. Friedman & R. Creath (Hrsg.), *The Cambridge companion to Carnap* (S. 295–315). Cambridge University Press.

Siegetsleitner, A. (2014). *Ethik und Moral im Wiener Kreis.* de Gruyter.

Tormin, H. (1918). *Freideutsche Jugend und Politik.* Freideutscher Jugendverlag Saal.

Tormin, H. (1968). Aufruf an die freideutsche Jugend (1919). In W. Kindt (Hrsg.), *Die Wandervogelzeit. Quellenschriften zur deutschen Jugendbewegung 1896–1919* (S. 614–617). Diederichs.

Uebel, T. (2004). Education, enlightenment and positivism: The Vienna circle's scientific world-conception revisited. *Science and Education, 13*, 41–66.

Uebel, T. (2010). BLUBO-Metaphysik: Die Verwerfung der Werttheorie des Südwestdeutschen Neukantianismus durch Carnap und Neurath. In A. Siegetsleitner (Hrsg.), *Logischer Empirismus, Werte und Moral: Eine Neubewertung* (S. 103–130). Springer.

Uebel, T. (2012). Carnap, Philosophy, and „Politics in its Broadest Sense". In R. Creath (Hrsg.), *Rudolf Carnap and the Legacy of Logical Empiricism.* Springer, 133–148.

Uebel, T. (2020). Intersubjective accountability: Politics and philosophy in the left Vienna circle. *Perspectives on Science, 28*, 35–62.

Werner, M. G. (2014). Freundschaft|Briefe|Sera-Kreis. Rudolf Carnap und Wilhelm Flitner. Die Geschichte einer Freundschaft in Briefen. In B. Stambolis (Hrsg.), *Die Jugendbewegung und ihre Wirkungen. Prägungen, Vernetzungen, gesellschaftliche Einflussnahmen* (S. 105–132). V & R unipress.

Zeisel, H. (1993). Erinnerungen an Rudolf Carnap. In R. Haller & F. Stadler (Hrsg.), *Wien – Berlin – Prag. Der Aufstieg der wissenschaftlichen Philosophie* (S. 218–223). Holder-Pichler-Tempsky.

18
Abbildungen

Zusammengestellt und kommentiert von Meike G. Werner

M. G. Werner
Department of German, Russian & East European Studies, Vanderbilt University,
Nashville, TN, USA
E-Mail: meike.werner@vanderbilt.edu

C. Damböck et al. (eds.), *Logischer Empirismus, Lebensreform und die
deutsche Jugendbewegung*, Veröffentlichungen des Instituts Wiener Kreis 32,
https://doi.org/10.1007/978-3-030-84887-3_18

1. Nach einem festlichen Treffen des Jenaer Serakreises mit Leipziger Freunden im
   Sommer 1913 marschiert Jena ab, geführt von Rudolf Carnap, neben ihm
   Wilhelm Flitner (2), Hans von Malotki (3), Martha Hörmann (4), Erich Schmidt
   (5) und Martha Freund (6).
       Quelle: Nachlass Wilhelm und Elisabeth Flitner. Die Beschriftung des Fotos
   stammt von Martha Hörmann.

2. Hans Reichenbach 1915/1916. Nach der Ausbildung zum Flieger-Funker 1915
   wurde Reichenbach 1916 infolge einer Lungenentzündung von der Ostfront in
   die Fliegerabteilung Döberitz (bei Berlin) zurückgeschickt. Dort war er verant-
   wortlich für die technische Ausbildung der Funker.
   Quelle: Hans Reichenbach Papers, Archives of Scientific Philosophy,
   University of Pittsburgh

3. Karl Korsch und die „Klicke", vermutlich während der von Korsch initiierten
   Sommerakademie 1912 oder 1913 (v.l.): unbekannt, Philipp Berlin, unbekannt,
   Anna Feistmann-Roder, Rainer Neubart, Rudolf Becker, unbekannt, Karl
   Korsch, Hermann Machwitz, Alexander Schwab, Willy Bierer, Hedda Korsch.
   Quelle: Privatarchiv Meike G. Werner. Das Foto stammt aus der Sammlung
   Franziska Violet

4. Otto Neurath im Gespräch mit dem Verleger Eugen Diederichs während der
zweiten Kulturtagung auf Burg Lauenstein, 29. September bis 3. Oktober 1917.
Zusammen mit drei weiteren lebensreformerischen Kulturbünden hatte
Diederichs ca. 70 Professoren, Intellektuelle, Künstler, Politiker und Praktiker
sowie Vertreter der Jugendbewegung zur Aussprache über „Das Führerproblem
im Staate und in der Kultur" eingeladen. Unter den Gästen waren Max und
Marianne Weber, Gertrud Bäumer, Karl Bröger, Richard und Ida Dehmel, Paul
und Else Ernst, Max und Hulda Maurenbrecher, Theodor Heuss, Knud Ahlborn,
Wolfgang Schumann, Ernst Toller, Ferdinand Tönnies, Werner Sombart und
Edgar Jaffé. Neurath hielt einen Vortrag über „Die zukünftige Lebensordnung
und ihre Wirtschaftlichkeit."

Quelle: Nachlass Eugen Diederichs, Deutsches Literaturarchiv Marbach

19

Ingrid Belke (1935–2017). Ein persönlicher Nachruf

Friedrich Stadler

Ingrid Belke (geb. 11.02.1935 in Falkensee/Berlin – gest. 24.09.2017 in Stuttgart) war ein einzigartiger und außergewöhnlicher Mensch, als Persönlichkeit und als Wissenschaftlerin. Als ich sie im Zusammenhang mit der Veröffentlichung ihrer pionierhaften Doktorarbeit über Josef Popper-Lynkeus und die Reformbewegung des Wiener Bürgertums (1978) kennengelernt habe, war ich von ihrer Offenheit, Gelehrsamkeit und aufgeklärten Gesinnung sofort beeindruckt. Wir schlossen schnell persönliche Freundschaft und haben uns seitdem regelmäßig in zahlreichen Gesprächen und Briefen ausgetauscht. Diese anregenden Begegnungen bezogen sich auf die gemeinsamen Interessen wie die Wiener Moderne, Karl Popper und die österreichische Philosophie, die Zeitgeschichtsschreibung, nicht zuletzt auf das durchgehende Thema von Emigration und Exil. Selbstverständlich hat Inge an unserem großen Symposium „Vertriebene Vernunft" (1987) teilgenommen[1] und sich mehrmals an den Veranstaltungen des Instituts Wiener Kreis mit Wort und Schrift bis zum Ende ihres Lebens nachhaltig beteiligt.[2] Zuletzt tat sie dies eindrucksvoll an der Konferenz „Logischer Empirismus, Lebensreform und die Deutsche Jugendbewegung" im Jahre 2016 mit ihrem wohl letzten Vortrag, nämlich über Friedrich Jodl (1894–1914), den deutsch-österreichischen Philosophen des Monismus und der Ethischen Bewegung. Dieser Vortragstext ist nun in gekürzter Fassung im vorliegenden Band als eine Art geistiges Vermächtnis der Autorin abgedruckt. Der Text spiegelt ihre lebenslange Beschäftigung mit der Wiener Kulturbewegung der Jahrhundertwende um 1900 und schließt einen thematischen

---

[1] Vgl. Belke (2004).
[2] Vgl. Belke (2013).

F. Stadler (✉)
Institut Wiener Kreis, Universität Wien, Wien, Österreich
E-Mail: friedrich.stadler@univie.ac.at

© The Author(s) 2022
C. Damböck et al. (eds.), *Logischer Empirismus, Lebensreform und die deutsche Jugendbewegung*, Veröffentlichungen des Instituts Wiener Kreis 32, https://doi.org/10.1007/978-3-030-84887-3_19

Kreis ihrer radikal aufgeklärten Gesinnung seit ihrer Dissertation. Dieses Interesse
an Wien verband Inge immer auch mit ihren persönlichen Kontakten, zum Beispiel
mit dem Schriftsteller-Paar Elisabeth Freundlich und Günther Anders, oder mit dem
Volksbildner und kurzzeitigen Kulturpolitiker Viktor Matejka, mit dem wir beide
befreundet waren.[3] Karl Popper, mit dem Inge lange eng verbunden war und dessen
Autobiographie sie mitübersetzte, hatte sie eingeladen, seine Biographie zu schreiben, was sie aber nach längerem Zögern ablehnte. Der entsprechende Briefwechsel
im Popper-Nachlass stellt eine beeindruckende Quelle für diese persönliche und
geistige Zusammenarbeit dar.

Inge Belke behandelte die deutschsprachige, vor allem jüdische Geistesgeschichte
als kundige und sensible Historikerin mit einem ausgeprägten Sinn für die politische Dimension und Bedingtheit von Literatur, Publizistik und Wissenschaft: das
zeigt sich in ihren originellen Projekten als Mitarbeiterin des Leo Baeck Instituts
und als langjährige Mitarbeiterin des Deutschen Literaturarchivs in Marbach am
Neckar, vor allem in ihren Ausstellungen und Publikationen, beginnend mit dem
Projekt über jüdische Verlage im nationalsozialistischen Deutschland.[4] Parallel
dazu in weiteren Veröffentlichungen von bleibendem Wert, wie zum Beispiel der
dreibändigen kommentierten Edition des Briefwechsels zwischen Moritz Lazarus
und Heymann Steinthal (1971, 1983, 1985) oder ihrem substanziellen Beitrag als
Mitherausgeberin (mit Inka Mülder-Bach) der Werkausgabe des Publizisten und
Soziologen Siegfried Kracauer im Suhrkamp Verlag, über den sie auch in Wien
kundig am Institut für Zeitgeschichte referierte. In dieser beeindruckenden Edition
hat sie den vierten Band über *Geschichte – Vor den letzten Dingen* (2009), den achten Band über *Jacques Offenbach und das Paris seiner Zeit* (1994), sowie den neun-
ten Band (1,2) *Frühe Schriften aus dem Nachlaß* (2004) wie üblich mit umfangreichen
Anmerkungen und Kommentaren fachkundig herausgegeben. Schon früh hatte sie
ein beeindruckendes *Marbacher Magazin* (47/1988) einer Ausstellung über
Kracauer zusammen mit Irina Renz als illustrierten Katalog ediert.[5]

In ihrer intensiven Forschung neben ihrer hauptberuflichen Tätigkeit im
Literaturarchiv hat sich Inge immer auch einen kritisch-distanzierten Blick bewahrt.
Sei es über Josef Popper-Lynkeus als Patriarch, oder Karl Poppers Geschichtsauffassung, aber auch zum schwelenden Nahost-Konflikt mit Kritik an jedem
Nationalismus. Dabei hat sie immer zugleich eine betont humanistische und pazifistische Gesinnung durchblicken lassen und kein Blatt vor dem Mund genommen,
wenn es um die Infragestellung von gewohnten Tabus gegangen ist. Sie verkörperte
politische Moral im besten Sinne, war aber keineswegs moralisierend.

Ingrid blieb bis zuletzt eine kritische Beobachterin und Kommentatorin des
Zeitgeschehens, der politischen Entwicklung in Deutschland und der Welt. Sie
sandte mir regelmäßig Artikel des deutschen Feuilletons mit handschriftlichen
Bemerkungen und wir haben diesen Dialog oft telefonisch und via Emails

[3] Vgl. Stadler (2005).
[4] Vgl. Belke (1983/1985).
[5] Vgl. Belke und Renz (1988/1989/1994).

fortgesetzt – am intensivsten zur Sommerzeit, anlässlich von Geburtstagswünschen. Jetzt vermisse ich diese ernsten und heiteren Gespräche „über Gott und die Welt". Inge wird mir deshalb in Erinnerung bleiben, als Freundin und kritische Zeitgenossin. Die wissenschaftliche Welt verlor mit ihr eine Vertreterin, die weit über ihren beruflichen Horizont hinausgeblickt hat und als Mahnerin vor antidemokratischen Entwicklungen bis zum Lebensende unermüdlich blieb. Sie hatte sich Zeit ihres Lebens mit Außenseitern auseinandergesetzt, vielleicht weil sie selbst eine zu Unrecht unterschätzte Grenzgängerin gewesen war. Sie stand zwar als Universitätslektorin mit einem Fuß in der akademischen Welt, wurde aber in dieser nicht voll aufgenommen und gewürdigt. Deren wichtigste Vertreter wie Karl Popper, Wolfgang Benz und Hans Mommsen schätzten ihre Bedeutung, aber die universitäre Welt verzichtete auf ihre Exzellenz, ohne dass sie jemals darüber geklagt hätte. Neben ihren bereits geschilderten Vorzügen war sie auch sehr unterhaltsam und (selbst)ironisch, was in den Gesprächen immer wieder erheiterte.

Erfreulicherweise ist es auf Initiative ihres Freundeskreises gelungen, Inge Belke 2018 ein kleines Denkmal zu setzen, mit dem posthum erschienenen Sammelband *Intellektuelle, Demokraten, Emigranten. Lebensbilder und Studien zum Widerstand gegen die politischen Katastrophen des 20. Jahrhunderts*, herausgegeben mit einer würdigen biografischen Einleitung von Wolfgang Benz im Metropol Verlag (2018). Die darin gesammelten Schriften markieren sehr schön den weiten geistigen Horizont von Inge, der sich von der anti-nazistischen Publizistik, der Emigrationsgeschichte von Kurt Pinthus, Tucholsky und Antisemitismus, über die Publizistin Margret Boveri im Dritten Rech, Leo Löwenthal im US-Exil, die Identitätsprobleme deutscher Juden im Exil, über Kracauer und die Sowjetunion, bis zu biographischen Skizzen über Erich Schairer, Leonhard Frank, Wieland Herzfelde, Erich Mühsam, Ernst Niekisch und Kurt Wolff erstreckt. Das ist ein beeindruckendes Panorama einer kreativen geistigen Arbeit, das auch eine Auswahl von Inges Leben und Werk spiegelt, wenn man sich das abgedruckte Werkverzeichnis samt Vorträgen vor Augen führt. Vor allem die Veröffentlichungen zur Geschichte der Philosophie, Literatur und Historiographie sind hier als Desiderata zu erwähnen. Umso glücklicher sind wir, dass Inges letztes Manuskript über Friedrich Jodl nunmehr in diesem Band als ein Vermächtnis ihres kreativen Oeuvres veröffentlicht wird. Inge Belke wird als Intellektuelle, Forscherin, Zeitgenossin und persönliche Freundin schmerzhaft fehlen.

Literatur

Belke, I. (1978). *Die sozialreformerischen Ideen von Josef Popper-Lynkeus (1838–1921). Im Zusammenhang mit den allgemeinen Reformbestrebungen des Wiener Bürgertums um die Jahrhundertwende*. J.C.B. Mohr (Paul Siebeck).

Belke, I. (1983/1985). In den Katakomben. Jüdische Verlage in Deutschland 1933–1938. *Marbacher Magazin 25*.

Belke, I. (2004). Karl R. Popper im Exil in Neuseeland von 1937 bis 1945. In F. Stadler (Hrsg.), *Vertriebene Vernunft. Emigration und Exil österreichischer Wissenschaft* [Band II] (S. 140–154). LIT.

Belke, I. (2013). Karl Popper und die Geschichte. In E. Nemeth & F. Stadler (Hrsg.), *Die Europäische Wissenschaftsphilosophie und das Wiener Erbe* (S. 63–83). Springer.

Belke, I. (2018). *Intellektuelle, Demokraten, Emigranten. Lebensbilder und Studien zum Widerstand gegen die politischen Katastrophen des 20. Jahrhunderts*, Hrsg. Wolfgang Benz. Mit einem Werkverzeichnis von Ingrid Belke, zusammengestellt von Irina Renz. Metropol.

Belke, I., & Renz, I. (Hrsg.). (1988/1989/1994). Siegfried Kracauer 1889–1966. *Marbacher Magazin* 47.

Stadler, F. (2005). Zuspruch und Widerspruch. Erinnerungen an Viktor Matejka. *Spurensuche. Zeitschrift für Erwachsenenbildung, 16*(1–4), 143–146.

Namenregister

© The Editor(s) (if applicable) and The Author(s) 2022
C. Damböck et al. (eds.), *Logischer Empirismus, Lebensreform und die
deutsche Jugendbewegung*, Veröffentlichungen des Instituts Wiener Kreis 32,
https://doi.org/10.1007/978-3-030-84887-3

Printed in the United States
by Baker & Taylor Publisher Services